物理化学

第3版

（供药学类专业使用）

主　编　徐开俊

副主编　王险峰

编　者　（以姓氏笔画为序）

王险峰（中国药科大学）

阮秀琴（中国药科大学）

张　荣（广东药科大学）

孟　卫（中国药科大学）

袁　悦（沈阳药科大学）

徐开俊（中国药科大学）

栾玉霞（山东大学药学院）

谢　英（北京大学药学院）

中国健康传媒集团

中国医药科技出版社

内容提要

本教材是"全国高等医药院校药学类专业第五轮规划教材"之一，根据本套教材的编写指导思想和原则要求，结合专业培养目标和本课程的教学目标、内容与任务要求编写而成。本书共分九章，从热力学定律、多组分系统、化学平衡、相平衡、化学动力学、电化学、表面现象和胶体分散体系等方面介绍了物理化学知识。本教材为书网融合教材，即纸质教材有机融合电子教材、PPT 等教学配套资源，使教学资源更加多样化、立体化。

本书主要供高等医药院校药学类专业使用，也可作为广大物理化学爱好者参考用书。

图书在版编目（CIP）数据

物理化学/徐开俊主编 . — 3 版 . —北京：中国医药科技出版社，2019. 12
全国高等医药院校药学类专业第五轮规划教材
ISBN 978 - 7 - 5214 - 1466 - 0

Ⅰ. ①物…　Ⅱ. ①徐…　Ⅲ. ①物理化学 - 医学院校 - 教材　Ⅳ. ①O64

中国版本图书馆 CIP 数据核字（2020）第 000827 号

美术编辑　陈君杞
版式设计　友全图文

出版　**中国健康传媒集团**｜中国医药科技出版社
地址　北京市海淀区文慧园北路甲 22 号
邮编　100082
电话　发行：010 - 62227427　邮购：010 - 62236938
网址　www. cmstp. com
规格　889 × 1194 mm $\frac{1}{16}$
印张　22$\frac{1}{4}$
字数　496 千字
初版　2002 年 10 月第 1 版
版次　2019 年 12 月第 3 版
印次　2019 年 12 月第 1 次印刷
印刷　三河市腾飞印务有限公司
经销　全国各地新华书店
书号　ISBN 978 - 7 - 5214 - 1466 - 0
定价　**58. 00 元**

获取新书信息、投稿、为图书纠错，请扫码联系我们。

数字化教材编委会

主　编　徐开俊
副主编　王险峰
编　者　（以姓氏笔画为序）
　　　　王险峰（中国药科大学）
　　　　阮秀琴（中国药科大学）
　　　　张　荣（广东药科大学）
　　　　孟　卫（中国药科大学）
　　　　袁　悦（沈阳药科大学）
　　　　徐开俊（中国药科大学）
　　　　栾玉霞（山东大学药学院）
　　　　谢　英（北京大学药学院）

出版说明

"全国高等医药院校药学类规划教材"，于20世纪90年代启动建设，是在教育部、国家药品监督管理局的领导和指导下，由中国医药科技出版社组织中国药科大学、沈阳药科大学、北京大学药学院、复旦大学药学院、四川大学华西药学院、广东药科大学等20余所院校和医疗单位的领导和权威专家成立教材常务委员会共同规划而成。

本套教材坚持"紧密结合药学类专业培养目标以及行业对人才的需求，借鉴国内外药学教育、教学的经验和成果"的编写思路，近30年来历经四轮编写修订，逐渐完善，形成了一套行业特色鲜明、课程门类齐全、学科系统优化、内容衔接合理的高质量精品教材，深受广大师生的欢迎，其中多数教材入选普通高等教育"十一五""十二五"国家级规划教材，为药学本科教育和药学人才培养做出了积极贡献。

为进一步提升教材质量，紧跟学科发展，建设符合教育部相关教学标准和要求，以及可更好地服务于院校教学的教材，我们在广泛调研和充分论证的基础上，于2019年5月对第三轮和第四轮规划教材的品种进行整合修订，启动"全国高等医药院校药学类专业第五轮规划教材"的编写工作，本套教材共56门，主要供全国高等院校药学类、中药学类专业教学使用。

全国高等医药院校药学类专业第五轮规划教材，是在深入贯彻落实教育部高等教育教学改革精神，依据高等药学教育培养目标及满足新时期医药行业高素质技术型、复合型、创新型人才需求，紧密结合《中国药典》《药品生产质量管理规范》（GMP）、《药品经营质量管理规范》（GSP）等新版国家药品标准、法律法规和《国家执业药师资格考试大纲》进行编写，体现医药行业最新要求，更好地服务于各院校药学教学与人才培养的需要。

本套教材定位清晰、特色鲜明，主要体现在以下方面。

1.契合人才需求，体现行业要求 契合新时期药学人才需求的变化，以培养创新型、应用型人才并重为目标，适应医药行业要求，及时体现新版《中国药典》及新版GMP、新版GSP等国家标准、法规和规范以及新版《国家执业药师资格考试大纲》等行业最新要求。

2.充实完善内容，打造教材精品 专家们在上一轮教材基础上进一步优化、精炼和充实内容，坚持"三基、五性、三特定"，注重整套教材的系统科学性、学科的衔接性，精炼教材内容，突出重点，强调理论与实际需求相结合，进一步提升教材质量。

3.创新编写形式，便于学生学习 本轮教材设有"学习目标""知识拓展""重点小结""复习题"等模块，以增强教材的可读性及学生学习的主动性，提升学习效率。

4.配套增值服务，丰富教学资源 本套教材为书网融合教材，即纸质教材有机融合数字教材，配套教学资源、题库系统、数字化教学服务，使教学资源更加多样化、立体化，满足信息化教学的需求。通过"一书一码"的强关联，为读者提供免费增值服务。按教材封底的提示激活教材后，读者可通过PC、手机阅读电子教材和配套课程资源（PPT、微课、视频、图片等），并可在线进行同步练习，实时反馈答案和解析。同时，读者也可以直接扫描书中二维码，阅读与教材内容关联的课程资源（"扫码学一学"，轻松学习PPT课件；"扫码看一看"，即可浏览微课、视频等教学资源；"扫码练一练"，随时做题检测学习效果），从而丰富学习体验，使学习更便捷。

编写出版本套高质量的全国本科药学类专业规划教材，得到了药学专家的精心指导，以及全国各有关院校领导和编者的大力支持，在此一并表示衷心感谢。希望本套教材的出版，能受到广大师生的欢迎，为促进我国药学类专业教育教学改革和人才培养做出积极贡献。希望广大师生在教学中积极使用本套教材，并提出宝贵意见，以便修订完善，共同打造精品教材。

中国医药科技出版社

2019年9月

前 言

生物医药是当前乃至今后相当长时期内的核心学科之一，物理化学是在原子－分子层面上研究物质结构和性质基础的学科。2018年3月教育部高等学校药学类专业教学指导委员会制订并发布了《普通高等学校本科专业类教学质量国家标准》，在《药学类专业教学质量标准》的附录"药学类专业课程体系建议"中明确将物理化学列为基础课程。

化学是中心学科，化学的各分支学科是相互联系的有机体，每门化学课程都各有侧重和本课程的主要内容。物理化学是化学知识的系统化和定量化，课程中有许多关于化学体系的物理模型及由相关模型导出的定量公式，这是物理化学的核心内容，也是理解大自然中物质演化的基础理论，要注意理解各种模型的意义以及其对实践的指导作用，注意认识模型本身的不足之处及今后改进的方向。本质上讲化学是实验为主的学科，物理化学试图提供化学变化中的各种定量关系，但当前的科学技术水平还没有能达到相应的要求，检验理论正确性的依据仍然是实验结果。

由于目前国内本科教学中化学的课程分类中将结构化学和晶体化学单独开课，所以在内容编排上，本教材以经典化学热力学为主要内容，未涉及统计热力学，只在化学动力学部分涉及少量的量子化学知识，对在药学研究中有重大应用的量子化学和晶体化学的相关知识也未编入教材，不能不说是一大缺憾，尤其是对药剂学和制药工程相关专业，建议根据具体情况适当补充相关内容。但本教材对表面、胶体化学内容有所加强并编入了高分子溶液的内容，因为这是化学和药学应用的过渡领域之一。

本教材共分九章，主要内容为热力学定律、多组分系统、化学平衡、相平衡、化学动力学、电化学、表面现象和胶体分散体系等相关知识。具体编写分工如下：人员为袁悦（第一章）、徐开俊（第二章、第五章）、王险峰（第三章）、孟卫（第四章）、谢英（第六章）、张荣（第七章）、栾玉霞（第八章）、阮秀琴（第九章），由徐开俊和王险峰统稿。

本教材在每一章后都附有相关习题，目的是让读者加深对正文内容的理解并提供应用实例。本教材为书网融合教材，即纸质教材有机融合电子教材、PPT等教学配套资源，使教学资源更加多样化、立体化。

本书主要供全国高等医药院校药学类专业使用，也可作为相关专业的学生、相关研究人员及广大物理化学爱好者参考用书。

在编写过程中，中国医药科技出版社的编辑人员对编写工作给予了大力的支持和帮助，在此表示衷心的感谢。由于编者水平有限，本教材可能尚存在一些不足和疏漏之处，热忱欢迎各位专家及使用本书的教师和同学们批评指正，欢迎读者提出宝贵的意见和建议，以期不断完善。

编 者
2019 年 12 月

目 录

绪　论

一、化学简史与物理化学

化学是在原子和分子层面上研究物质世界的组成、结构、性质和相互作用的学科。化学从一开始就是一门高度开放的学科，一直在借鉴其他学科的先进理论和方法，尤其是物理学的理论和方法。同时化学也是一门具有高度渗透性的学科，物理学、生物医学、材料学、地球与大气科学等，凡涉及物质结构和性质及物质演化的学科无不需要化学知识，化学已经成为一门中心学科。

人类在认识自然、努力与自然和谐相处的过程中，认识物质世界从来都是人类的优先课题，早期人们对于物质世界的认识是模糊的，关于物质结构的知识也仅仅属于自然哲学的思辨，大多是直观猜测和臆想，如"五行说"、希腊原子论、四元素说等等。1661 年波义尔（R. Boyle）的元素论问世，人们对物质世界的认识和研究才开始走上了正确的轨道，波义尔开始使用科学实验的方法研究化学，使化学研究脱离了依靠观察自然现象的原始时代。波义尔一生做了大量的化学实验，获得了许多重要发现，是第一个提出把化学作为一门学科的化学家。随着科学实验数据的积累，冶金工业的发展，尤其是燃料燃烧获得热量的方法在工业上大规模应用，客观上需要对化学变化有系统的理论总结，为了解释物质的转化过程中伴随的热量释放，1702 年燃素说应运而生，燃素说不具备坚实的科学实验基础，只是一个臆想。燃素说是错误的，但在化学发展史上流行了 80 多年，对于化学学科的发展在客观上起了一定的积极作用。这一时期的化学缺少正确理论指导和定量关系，关于化学的知识，如物质结构、元素的分离和确定、化学反应等方面的认识是片面的、零碎的，没有化学学科的系统知识，属于化学的萌芽期。

1771 年，拉瓦锡（A. L. Lavoisier）发明了天平，拉瓦锡致力于测量化学反应过程中的各种定量关系，使化学实验进入了定量化时代。拉瓦锡正确识别了氧气，提出了燃烧氧化理论，1789 年出版了第一部化学教科书《化学基础论》。列出了有 33 种元素的化学元素表，论述了质量守恒定律，并据此正式推翻了燃素说。拉瓦锡的工作第一次将已经发现的独立且零碎的化学现象和实验事实归纳于化学的理论框架中。1803 年道尔顿（Dalton John）提出了原子论，在化学中引入了原子和原子量，并最早开始了原子量的测定工作，发表了第一张原子量表，道尔顿建议用符号来表示元素及化合物的组成。1811 年阿伏伽德罗（A. Avogadro）发表了阿伏伽德罗假说，提出了分子的概念，提出了物质的基本单位是分子，分子由原子组成。原子－分子论的建立使化学开始成为一门独立的学科，并使化学学科有了无机化学和有机化学等分支学科。

化学学科的建立，使化学有了明确的研究对象和方法。但化学仍停留在总结实验现象和实践经验的时代，必须有关于化学的系统理论概括和逻辑框架。1869 年左右门捷列夫（Dmitri Mendeleev）对已经发现的 63 种元素进行归纳总结，发现了著名的元素周期律，并按原子量排序列出了第一张元素周期表。门捷列夫在元素周期表中留有许多空档，并大胆预言空档中是尚未发现的新元素，门捷列夫的《化学原理》是化学界公认的标准教科书。元素周期律把各种化学元素纳入了完整的系统框架，用周期表的逻辑体系替代元素性质的自然体系，使化学研究进入了系统化时代，也使经典化学迎来了一个辉煌的发展时期。门捷列夫根据已有实验现象对化学知识进行系统化概括的研究方法，为化学家研究化学提供了全新的思维。

1850 年至 20 世纪，热力学的研究兴起并很快走向成熟，热力学第一定律和热力学第二定律特别适用于各种化学体系，尤其是溶液体系的研究。1876 年 ~1878 年之间吉布斯（Josiah Willard Gibbs）发表了《论非均相物体的平衡》的长文，提出了吉布斯能、化学势等概念，阐明了化学平衡、相平衡、表面吸附等现象的本质，为化学热力学奠定了基础。1889 年之后吉布斯又发表了《统计力学的基本原理》一书，扩展了玻尔兹曼（Ludwig Edward Boltzmann）提出的系综概念，为热力学建立了统计力学基础。1884 年阿累尼乌斯（Svante August Arrhenius）发表了《电解质的化学理论》提出了电离学说，后来又提出了活化分子和活化能的概念，导出著名的反应速率公式即阿累尼乌斯方程。

范特霍夫（Van't Hoff）1884 年出版了《化学动力学研究》，范特霍夫开始用物理学原理和数学方法研究化学现象，该书系统总结了化学反应速率理论，将质量作用定律公式化，提出反应分子数概念，提出温度对化学反应速率影响的公式，提出化学平衡是动态平衡概念，使用克－克方程定量处理气体反应，提出化学反应最大功原理。1886 年范特霍夫提出了"渗透压与溶液的浓度和温度成正比"，并用热力学方法导出了渗透压、稀溶液的冰点降低、沸点升高和蒸气压下降的关系。奥斯特瓦尔德（F. W. Ostwald）1888 年提出稀释定律，1894 年定义了催化剂的现代概念并于 1902 年应用于氨的催化氧化制备硝酸的工业生产，1894 年提出酸碱指示剂理论。1887 年奥斯特瓦尔德和范特霍夫共同创刊《物理化学杂志》（德文版），物理化学作为一门学科正式形成。1906 年路易斯（G. N. Louis）提出处理非理想体系的逸度和活度概念以及它们的测定方法，至此经典化学热力学的全部基础已经具备。

1901 年电子被发现，尽管在发现电子以前电化学已经取得了丰硕的成果，无论是电解、化学电池还是电解质溶液理论都取得了很大的进步，但没有电子的电化学只能是实验经验和实践技术的总结，没有电子的化学框架也是零碎的。1911 年卢瑟福（Ernest Rutherford）提出了原子的核式行星结构模型，电子的发现和正确的原子结构模型使化学研究深入到了微观的原子和分子层面，化学开始使用原子和分子内部结构知识解释和理解化学。

劳厄（Max von Laue）和布拉格（W. H. Bragg）用 X 射线研究原子和分子晶体结构，为经典的晶体学向近代结晶化学的发展奠定了基础。1916 年路易斯提出的共享电子对的共价键概念，1926 年量子力学研究的兴起，给物理化学研究带来了全新的理论和方法，尤其是在 1927 年海特勒（W. Heitler）和伦敦（F. W. London）把量子力学用于处理氢分子问题，1931 年鲍林（Linus Carl Pauling）把这种处理方法推广到其他双原子分子和多原子分子，形成了化学键的价键理论。1932 年马利肯（R. S. Muliken）和洪德（F. Hund）发展了分子轨道方法。鲍林等提出轨道杂化法、氢键和电负性等概念，是价键理论和分子轨道理论的补充，从此价键理论和分子轨道理论成为化学的核心理论。物理化学的其他分支也都在向微观理论发展，例如由欣谢尔伍德（Sir Cril Hinshelwood）等提出的自由基链式反应动力学，德拜－休克尔（Debye－Hüicker）的强电解质离子的互吸理论，以及电化学中电极过程的研究等。

20 世纪初至 60 年代期间，物理化学的实验研究手段和测量技术，特别是各种谱学技术快速发展，电子学、高真空和计算机技术的突飞猛进，使物理化学的传统实验方法和测量技术的准确度、精密度和时间分辨率极大提高，且出现了许多新的谱学技术。新技术的出现使物理化学的研究对象从基态稳定分子进入各种激发态的研究领域。光化学首先获得了长足的进步，因为光谱的研究弄清楚了光化学初步过程的实质，促进了对各种化学反应机理的研究。快速灵敏的检测手段可以发现反应过程中出现的暂态中间产物，使反应机理不再只从反应速率方程推测结论，这对化学动力学的发展也有很大的推动作用。结晶化学技术在测定复杂的生物大分子晶体结构方面有了重大突破，脱氧核糖核酸的螺旋结构、胰岛素的结构、青霉素、维生素 B_{12}、多种蛋白质的测定都获得成功。电子能谱的出现更使结构化学研究能够从物体的体相转到表面相，使固体表面和催化剂研究向原子－分子层面推进。分子反应动力学、激光化学和表面结构化学等物理化学分支一直位于科学的前沿阵地。大型计算机加速了量子化学在定量计算方面的发展，对于许多化学体系的薛定谔方程的解，计算值离实验测量数据已越来越近。

物理化学还在不断吸收物理和数学的研究成果，将化学研究从宏观向微观、从体相向表面、从静态向动态、从定性向定量推进，尤其是介观化学和材料化学更是发展迅速，同时物理化学的研究方法和思维也在与其它学科不断渗透。

二、物理化学的内容和研究方法

物理化学是用定量的、系统的方法研究所有物质体系的化学行为规律、原理和方法的化学分支。从化学发展简史中不难发现，化学学科是从宏观到微观、从定性到定量逐步发展的，所有的重大进步都建立在原子－分子层面的理论和实验方法创新的基础上。物理化学侧重于研究化学过程中的能量变化关系、物质的性质和相互作用的微观机制、原子－分子以及超分子层面上的物质变化规律，是化学中定量化程度和系统化程度最高的核心内容，是化学以及相关学科的理论基础。

物理化学从 1887 年建立以来，100 多年的发展过程中相关的研究内容和方法经过了相当大的变化，物理化学的主要研究内容如下。

1. 研究化学体系的宏观性质。主要研究一定条件下物质的稳定性，化学变化及与化学变化相关的物理和生物等过程的方向和限度，外界条件对化学变化的影响，以及化学变化过程中的能量变化规律。主要研究方法是热力学理论和方法，其微观机制是统计热力学理论。

2. 研究化学体系的动态性质。主要研究化学反应的速率，外界条件如温度、浓度、压力、介质和催化剂等对化学反应的影响，研究化学反应的微观分子机理以及如何提高化学反应的产率并抑制副产物，研究物理效应和生物效应的物质演化机制等。主要研究方法是经典的化学动力学，以及化学过程的电效应、光效应、及磁、声、力效应等。

3. 研究化学体系的微观结构和性质。主要是以量子力学为理论基础研究物质的结构和性质之间的关系与规律。

物理化学各部分内容之间是相互联系的，随着科学技术的发展物理化学也在不断借鉴和吸收新的科学成果丰富自己的研究方法。

三、物理化学与药学

化学已经全面渗透入药学及生物医学，化学知识已经成为药学专业不可或缺的基础理论之一，作为药学专业的物理化学课程，在架设化学和药学应用之间的桥梁中有着举足轻重的作用，物理化学的侧重点应该是化学知识的系统化、定量化及微观化，为药学研究提供分子层面上的物质演化过程中的能量变化、物质结构与性质等方面的定量关系和研究方法。但化学和药学一样都是以实验为重要基础的学科，长期以来应用都走在理论的前面，药学中的许多领域如胶束、生物膜、蛋白质结构以及物质的生物输运等方面还有待于化学提供新的理论和实验方法，很多时候药学的一些关注点和先进的研究方法也值得化学学科借鉴和学习。

第一章　热力学第一定律

　　热力学（thermodynamics）是物理和化学的分支学科，热力学研究宏观物质体系中物质的化学物理行为规律、各种形式能量之间的转换关系和各种形式的能量对物质性质与行为的影响。

　　对热本质的认识历史悠久且曲折，在 18 世纪前，人们对热本质的认识是粗略而模糊的，"燃素论"曾占据统治地位。燃素论认为存在一种叫作"燃素"的没有质量和体积的物质，它包含在一切可燃物体中，也包含在金属里，它可以从一种物体转移到另一种物体中。物质的热和冷是由物体中所含燃素的多少决定的，煤、木柴、硫磺和金属等物体的燃烧放热就是这些物体中的燃素的释放。显然燃素论是错误的。1850 年前后，焦耳（James Prescott Joule，1818～1889）建立了能量守恒定律，即热力学第一定律。人们才知道热是由于温差引起的从高温物体传递到低温物体的能量。

　　19 世纪中叶，化学反应热的研究取得了丰硕成果，但是关于化学反应推动力的认识依然不清楚，认为化学反应的推动力取决于反应热。开尔文（Lord Kelvin，1824～1907）和克劳修斯（Rudolf Clausius，1822～1888）分别于 1848 年和 1850 年建立了热力学第二定律。人们渐渐认识到化学反应的推动力不仅取决于反应热，还受到熵的制约。

　　20 世纪初建立了热力学第三定律，它告诉我们，原则上可以通过量热的方法求得物质的熵，因此宏观上熵也是热性质。随后又建立了热力学第零定律，热力学第零定律解决了热平衡的互通性，并为温度建立了严格的科学定义。这使热力学更加严格完整，热力学定律是人类科学经验的总结，有坚实的实验基础，热力学结论中没有假想、结论可靠。

　　热力学研究方法的两大特点是不管物质结构和过程的细节，例如，只要知道两个热源的温度，就能根据计算出在这两个热源之间工作的热机的最高效率是多少，而不必考虑如何制造这样的机器以及机器是怎样工作的，反过来说，不管热机的工作原理是什么都必需要遵守卡诺定理。再如，知道各物质的化学势就能判断化学反应的方向以及平衡时的产量，计算时不需要知道为什么物质的化学势是这样的数值，热力学也不能从物质结构的信息得到它的化学势数值，而只能依靠宏观实验测量来标定化学势。在进行热力学计算时不必知道物质结构的细节以及作用机理，它只是给出预测和途径而不是解释，从分子结构和性质解释热力学结论的是统计力学理论，但到目前为止统计力学的结论远不如热力学可靠。

　　用热力学的基本原理来研究化学现象以及和化学有关的物理现象就称为化学热力学（chemical thermodynamics）。化学热力学的主要内容是根据热力学第一定律计算化学反应中的热效应，根据热力学第二定律解决变化的方向和限度问题，以及相平衡和化学平衡的有关问题。热力学第三定律主要阐明了规定熵的数值，原则解决了从热化学的有关数据计算化学平衡的问题。

　　热力学在解决实际问题时，是一个非常有效的重要工具，在生产实践中已经和正在发挥着巨大的作用。

5

第一节 热力学基本概念

一、体系和环境

热力学的研究对象是由大量分子、原子和离子等物质微粒所构成的宏观物质，在物质世界中被选取出来作为研究对象的那部分物质称为体系（system），又称为系统。例如 1kg 的水、10L 的空气、一个化学反应器、一台发动机、一个化学电池等等。与体系紧密相关的周围部分的物质称之为环境（surroundings）。体系之外的物质是无限的，但热力学中只把对体系有影响的部分作为环境，其他的影响小的物质全部忽略。体系和环境之间一般有边界存在，可以是真实的物理界面，亦可以是假想的虚拟边界。

根据体系和环境之间的物质和能量交换情况，体系可分成三类。

（1）敞开体系（open system） 又称开放体系，体系和环境之间既有物质交换也有能量交换，开放体系中的物质是不守恒的。

（2）封闭体系（closed system） 体系和环境之间只有能量交换而没有物质交换，封闭体系中的物质是守恒的。

（3）孤立体系（isolated system） 体系和环境之间既没有物质交换也没有能量交换，孤立体系中的物质和能量都是守恒的。

自然界中的事物都是相互关联的，热力学实验的条件也是相对的，因此并不存在严格意义上的孤立体系，通常所说的孤立体系只是在热力学的实验研究中的近似处理。

一般来说，敞开体系比较复杂，研究起来困难较多，封闭系统则比较便于研究，有时为了方便研究问题，可以把体系和环境合并成一个新的近似的孤立体系。一个体系究竟属于上述哪一类，完全取决于如何选择研究对象。

二、体系的宏观性质

具体描述一个热力学体系通常用宏观可测的体系性质（property），如物质的量（n）、体积（V）、温度（T）、压力（p）、表面张力（σ）、黏度（η）等，这些性质都是体系的固有属性（characteristic），又称为热力学变量（thermodynamic variable）。根据它们和体系量的关系，可分为两类。

1. **广度性质（extensive property）** 又称容量性质（capacity property），广度性质的数值和体系中物质的量成正比，如质量、体积、熵、热力学能（U）等。广度性质具有加和性，即体系性质的总值是各部分该性质之和。如标准状态下，1mol 理想气体的体积是 22.4L，1.5mol 理想气体的体积就是 33.6L。

2. **强度性质（intensive property）** 强度性质取决于体系自身的特性，与体系的数量无关，其没有加和性。如温度、压力、黏度和密度等。如标准状态下 1mol 理想气体的温度是 273K、压力是 101.325kPa，1.5mol 理想气体温度和压力依然是 273K 和 101.325kPa。

一般情况下，体系的两个广度性质之比会成为强度性质，如密度就是体系的质量除以体积。若体系物质的量是 1mol，则体系的广度性质也就成为强度性质，如摩尔体积、摩尔熵等。

三、热力学平衡态

当体系的所有性质都不随时间而变化时，则体系处于热力学平衡态，简称状态（state）。当体系处于热力学平衡态时，体系和环境必须同时满足以下条件。

1. **热平衡**（thermal equilibrium）　体系各部分温度都相等，在没有绝热壁存在时和环境温度也相等。

2. **力平衡**（mechanical equilibrium）　在没有刚壁存在时，体系各部分压力相等，没有不平衡的力存在。在宏观上体系和环境的边界没有相对移动，力学平衡也称机械平衡。

3. **相平衡**（phase equilibrium）　当体系包含两个或两个以上的相时，物质在各相之间的分配达平衡，相间没有物质的净转移，即各相的组成和数量不随时间而变化。如液态水和固态冰之间的平衡。

4. **化学平衡**（chemical equilibrium）　体系中有化学反应的情况下，达化学平衡后体系的组成不随时间而变化。

以上四个平衡是相互依赖、相互影响的，如不能同时满足，体系的性质将会随时间而变化，则体系的状态就不能用简单的方法来描述。以后如不特别说明，体系的状态是指体系处于这种热力学平衡态。如果状态发生变化体系也将在另一条件下重新达到以上四个平衡。

当体系处于热力学平衡态即具有确定的状态时，体系的性质都具有确定的值。当体系的任一性质发生变化时，体系的状态随之改变。但体系的状态改变时并不是所有的性质都会发生变化。如 1mol 理想气体从状态 A：$p = 101.325\text{kPa}$，$T = 298\text{K}$，$V = 24.45\text{L}$，变化到状态 B：$p = 101.325\text{kPa}$，$T = 273\text{K}$，$V = 22.40\text{L}$。这明显是两个状态，但物质的量和压力并没有改变。

四、过程和途径

当体系的任一性质发生改变时，体系的状态发生由始态到终态的变化，这种变化称为热力学过程，简称过程（process）。

按照体系内物质的变化类型，过程通常分为简单 $p-V-T$ 变化过程、相变化过程和化学变化过程等。

按照过程进行的特定条件进行分类，常见的过程有如下几种。

1. **恒温过程**（isothermal process）　体系在变化过程中、始态、终态温度相同，如没有绝热壁存在时，和环境温度也相等，即 $T_1 = T_2 = T_{热源}$。

2. **恒压过程**（isobaric process）　体系在变化过程中，始态、终态压力不变，并与环境压力相等，即 $p_1 = p_2 = p_{外}$。

3. **恒外压过程**（constant external pressure）　体系在变化过程中，环境的压力保持不变。

4. **等容过程**（isochoric process）　体系在变化过程中保持体积不变，一般在刚性容器中发生的变化是等容过程。

5. **绝热过程**（adiabatic process）　体系在变化过程中与环境间没有热交换。最常见的绝热过程就是在体系和环境间用绝热壁隔绝热交换。有时当过程变化太快时，体系和环境间来不及进行热交换，或体系和环境间的热交换极少，也可以近似为绝热过程。

6. 循环过程（cyclic process） 体系从始态出发，经过一系列的变化后又回到始态。

体系由始态到终态的变化所经过的具体步骤称为途径（path），如果体系的始、终态相同，而经由不同的变化步骤就是不同的途径。有时，过程与途径并不严格区分。

五、状态函数和状态方程

当体系处于热力学平衡态即具有确定的状态时，体系的性质都具有确定的值。当体系的任一性质发生变化时，体系的状态随之改变。但体系的状态改变时并不是所有的性质都会发生变化。如 1mol 理想气体从状态 A（$p = 100\text{kPa}$，$T = 298.15\text{K}$，$V = 24.79\text{L}$），变化到状态 B（$p = 100\text{kPa}$，$T = 273.15\text{K}$，$V = 22.71\text{L}$），这明显是两个状态，但物质的量和压力并没有改变。

体系的性质之间是相互关联并非全部独立的，如液态纯水，若指定物质的量、温度和压力，则其他的性质，如密度、黏度、体积、热力学能等就都有了确定的数值。

确定体系的状态并不需要知道所有的状态性质，但热力学并不能指出最少需要指定多少状态性质体系才处于确定状态。根据广泛的实验事实，对于一个没有化学变化和相变化的纯物质封闭体系，一般指定两个强度性质和一个广度性质，其他的性质就随之确定了。如理想气体，用温度、压力和物质的量就能确定体系的状态。由于强度性质由体系本身的属性所决定，在确定体系的状态时尽可能使用易于直接测量的强度性质，再加上必要的广度性质来描述体系的状态。

用来确定体系状态的宏观性质也称为状态函数（state function），状态函数具有以下特征。

1. 状态函数是状态的单值函数。当体系的状态确定后，状态函数就有确定的值。

2. 状态函数的变量只与始、终态有关而与变化途径无关。在循环过程中状态函数的变量为零。

3. 状态函数具有全微分的性质。

4. 不同状态函数通过相加、相减、相乘或相除构成的初等基本函数也是状态函数。如 $H = U + pV$，$G = H - TS$ 等。

下面以理想气体为例，说明状态函数的数学特征。

1mol 气体，温度为 T、压力为 p，给定这三个变量理想气体的状态就确定了，气体的体积和物质的量及 T、p 间函数存在如下函数关系

$$V = f(n, T, p) \tag{1-1}$$

若知道这个方程的数学表达式就能计算体积，同时体系的其他性质，如密度、热容、热力学能、熵等都具有确定的值。如理想气体 $V = nRT/p$。

若发生状态 1→状态 2 的变化时

$$\Delta V = V_2 - V_1 = \int_1^2 \mathrm{d}V$$

如发生一个微小的变化，则有

$$\mathrm{d}V = \left(\frac{\partial V}{\partial T}\right)_p \mathrm{d}T + \left(\frac{\partial V}{\partial p}\right)_T \mathrm{d}p \tag{1-2}$$

如发生一个循环变化，则体积保持不变，有

$$\oint \mathrm{d}V = 0$$

上述关系的逆定理同样成立，即当体系某函数的全微分的环积分为零时，此变量必是状态函数。

状态函数之间的定量关系式称为状态方程，例如

理想状态方程 $\qquad\qquad\qquad pV = nRT$

范德华（Johannes van der Waals, 1837 ~ 1923）气体状态方程

$$\left(p + \frac{a}{V_{\mathrm{m}}^2} \right)\left(V_{\mathrm{m}} - b \right) = RT$$

当函数关系不确定时可以简化表达为：$V = f(n, T, p)$

热力学定律并不能给出具体的状态方程，状态方程都是由实验确定的。一般可以根据体系中的物质分子的基本性质和相互作用，基于某些假定，用数学方法推导出状态方程，再用实验数据来验证其正确与否。有时根据某些简单物理模型得出的状态方程有着特殊的意义和简洁的数学表达形式，但与实验结果有着明显的误差，例如理想气体状态方程，常见的做法是增加校正项，这样既保持了简洁的数学表达形式又符合实验结果，如范德华气体状态方程和维利方程。

六、热和功

热力学体系和环境间，由于存在温差而交换的能量称之为"热（heat）"，用符号 Q 来表示，体系吸热 Q 取正值，即 $Q > 0$，体系放热 Q 取负值，即 $Q < 0$。除热以外在体系和环境之间交换的能量称之为"功（work）"，用 W 表示，环境对体系作功 W 取正值，即 $W > 0$，体系对环境作功 W 取负值，即 $W < 0$。

热和功都不是状态函数，它们是和过程密切联系的，不同的途径变化值是不一样的，微小的变化用"δ"表示，而不用全微分符号"d"。热和功的单位都是能量单位 J（焦耳）。

热本质上是物质运动的一种表现形式，它和大量物质微粒的无规则运动相联系（要注意的是微观上个体分子或原子的运动是无规则的，但宏观上大量物质微粒的集体表现是可以统计的）。分子热运动激烈程度的宏观指标是温度，物质热运动的强度越大分子的热运动能量越高，物体的温度也就越高。当两个相接触的物体温度不等时，则分子热运动的强度就不同，分子就可能通过分子的碰撞而交换能量。热就是通过这种方式交换的能量。热力学方法是宏观的，不需要考虑热的本质，因此用"温差"从宏观上定义热交换。但是，恒温相变化和恒温化学反应也会产生热效应，而宏观温度不变，此时，体系和环境之间依然存在温差趋势"dT"，dT 同样可以驱动体系和环境间的热交换。

功是除热以外的，在体系和环境之间交换的所有能量，常见的有膨胀功、电功、表面功等。一般来说，各种形式的功都可以看成是强度因素和广度因素变化量的乘积（表 1-1）。

表 1-1 各种功的表达

功	强度性质	广度性质变量	功表达式
机械功	F（力）	dl（位移）	Fdl
膨胀功	p_{e}（外压）	dV（体积改变量）	$-p_{\mathrm{e}}$dV
电功	E（电势差）	dQ（通过的电量）	EdQ
表面功	γ（表面张力）	dA（面积改变量）	γdA
重力势	mg（重力）	dh（高度改变量）	mgdh

强度因素的大小决定了能量的传递方向，而广度因素则决定了传递能量的大小。例如，

在一个装有气体的带活塞的圆筒中，当气体的压力大于外压时，会抵抗外压做膨胀功。当电池的电动势大于外加的对抗电压时，则电池放电做出电功。当克服液体的表面张力而使表面积发生变化时，就做了表面功。所以强度因素也可以看成是一种广义力。由于强度因素不同，相应的广度因素就会发生变化而有能量的传递，这种被传递的能量就是功。广度因素的变化也可以成是广义位移。通常体系抵抗外力所作的功可以表示为

$$\delta W = -p_e dV + (Xdx + Ydy + Zdz + \cdots) = \delta W_e + \delta W_f \qquad (1-3)$$

式中 p_e，X，Y，Z，…是强度因素；dV，dx，dy，dz…是相应的广度因素的变化；W_e 是体积功，W_f 代表除膨胀功以外所有其他形式的功，简称为非膨胀功。

从微观角度来说，功是大量质点以有序运动而传递的能量，热是大量质点以无序运动方式而传递的能量。

七、热力学第零定律和温度

朴素的温度的概念最初起源于生活中对冷热的感觉，温度代表了冷热程度。但这种凭主观感觉来确定温度的方式，不但粗糙而且容易发生错误。如冬天时，用手触摸铁棒和木棒，感觉铁棒温度低于木棒，但实际上它们的温度是相同的，这种感觉上的差别是由于两种物质的热传导速率不同所致。因此要定量地表示物体的温度，必须要有客观的标准和方法。

温度的概念和测量都是以热平衡为基础的。一个不受外界影响的体系，最终会达到平衡态，这时体系的所有性质不随时间而变化，即处于定态。如有两个冷热程度不同的平衡体系 A 和 B，如果通过绝热壁相接触，则它们的状态函数不变，仍保持原来的状态。如果接触边界是导热壁，则它们的状态函数将会相互影响、自动调整，直至所有状态函数不再随时间而变，即到达新的共同平衡态。在 A 和 B 通过导热壁接触时，彼此互不作功，只有通过热交换而相互影响，这种接触称为热接触，只通过热接触而达到的平衡态称为热平衡，如图 1-1。

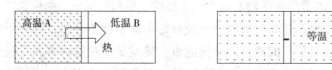

图 1-1 热通过导热壁从高温体系传向低温体系

当 A 和 B 达热平衡时所有的状态函数都不随时间变化，这时 A 和 B 是相同的"冷热程度"，客观上应该存在一个共同热力学性质，我们把决定体系热平衡的热力学性质称为"温度"，用符号"θ"表示。温度只由体系的状态所决定，是体系的性质，也是状态函数，两个体系彼此处于热平衡时温度相等。如果两个体系的温度不同，则彼此不处于热平衡，将会有能量以热的形式在体系之间交换，如果热从体系 A 传向体系 B，我们称体系 A 的温度高于体系 B。

如果体系 A 和体系 B 分别与体系 C 相接触并处于热平衡态，则体系 A 和 B 也彼此处于平衡态，这时有如下关系成立。

如果：$\theta_A = \theta_C$，$\theta_B = \theta_C$，则：$\theta_A = \theta_B$。

以上的结论是大量实验事实的总结和概括，我们称之为热平衡定律，也称为热力学第零定律（zeroth law of thermodynamics）。

热力学第零定律给出了温度的定义，也给出了温度的比较方法。严格意义上说温度是不能被测量的，只可以比较和标志。能标志温度的标准体系称为温度计。如果要比较物体 A 和 B 的温度，不需要让物体 A 和 B 直接接触，只要将温度计分别和物体 A 与 B 相接触，并达到热平衡，温度计就能标志出物体 A 和 B 的温度了，这过程也简称为温度的测量。一般选择物体的宏观上容易被测量的某种性质来标志温度，如体积、电阻、电势差等。

第二节　热力学第一定律

扫码"学一学"

一、能量守恒定律

热力学第一定律是大量实验事实的经验总结，许多科学家在这方面作出了贡献，目前科学界公认，迈耶（J. R. von Mayer，1814 ~ 1878），焦耳和亥姆霍茨（H. V. Helmholtz，1821 ~ 1894）是热力学第一定律的奠基人。他们各自独立地测定了热功当量并建立能量守恒的概念。起决定性作用的是焦耳的热功当量（mechanical equivalent of heat）实验，焦耳从 1840 年起，历经 20 多年，先后用各种不同的实验方法测量了热功当量。实验结果证实了热和各种形式功之间可以相互转换，热功当量为 1 cal = 4.17J。现在精确的实验测量值为 1 cal = 4.1840J。

1847 年亥姆霍茨（Helmholtz）在焦耳实验的基础上建立了第一定律的数学表达形式，到 1850 年，科学界已经公认能量守恒是自然界的普遍规律。热力学第一定律的表述形式是热力学范畴的"能量守恒与转化定律"，即"自然界的一切物质都具有能量，能量不能凭空产生或消灭，能量有各种不同形式，能量可以从一种形式转化为另一种形式，在转化中遵守严格的当量关系"。

能量守恒定律的表述方式很多，但都是说明同一个问题，就是能量守恒。另一种常用的说法：不需要供给任何能量而可连续不断的对外做功的机器称为第一类永动机，无数事实证明，第一类永动机是不存在的。

孤立体系由于不能和环境交换物质和能量，因此孤立体系能量是常量。

二、热力学能

通常，体系的能量由三部分组成：体系整体运动的动能、体系在外力场中的位能以及体系内部各种形式能量的总和。体系内部各种能量的总和称为热力学能（thermodynamic energy），也称为内能（internal energy），用符号 U 表示，它包含了体系内一切形式的能量，如分子的平动能、转动能、振动能、电子运动能和核能，以及分子相互作用的势能等能量。在化学热力学中，通常是研究宏观静止的体系，无整体运动，一般没有特殊的外力场存在（如电磁场、离心力场等），因此只考虑热力学能。在特殊情况下，若外力场影响体系，必要时可以将特殊力场所引起的能量计入热力学能中。

热力学能是体系的状态函数，这个结论可由热力学第一定律用反证法证明。现有体系 A，从状态 1 变化到状态 2，设有两条不同的途径 I 和 II，如图 1-2。两条

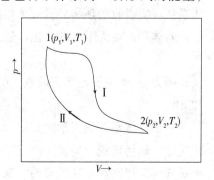

图 1-2　热力学能途径

途径的热力学能变化分别为 ΔU_I 和 ΔU_{II}，则 $\Delta U_I = U_2 - U_1$，$\Delta U_{II} = U_1 - U_2$。

如果体系从状态 1 经由途径 I 变化到状态 2，再从状态 2 经由途径 II 回到状态 1。

假设途径 I 的热力学能变化大于途径 II，则有 $\Delta U_I > \Delta U_{II}$。经过以上循环变化后，体系回到原状。由于 $\Delta U_I - \Delta U_{II} > 0$，我们将能凭空得到额外能量 $E = |\Delta U_I - \Delta U_{II}|$，这就是一台第一类永动机，结果明显违反热力学第一定律，因此该假设不正确。用同样的方法可证明 $\Delta U_{II} > \Delta U_I$ 不成立，所以 $\Delta U_I = \Delta U_{II}$，即在始终态相同时，热力学能的变量只与体系的始终态有关而与途径无关，所以热力学能是体系的状态函数。

热力学能是广度函数，其绝对数值目前还不可测定，不同体系的热力学能也无法比较，但对热力学来说，热力学能的变量 ΔU 比热力学能的绝对数值更重要，因为它是可以通过实验测定的。

在密闭体系中，如果将 U 看成是 T、V 的函数（图 1-3），则有

$$U = f(T, V)$$

$$dU = \left(\frac{\partial U}{\partial T}\right)_V dT + \left(\frac{\partial U}{\partial V}\right)_T dV$$

$$\oint dU = 0$$

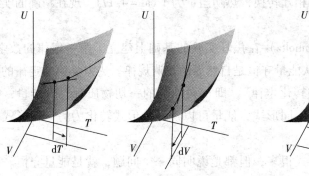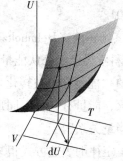

图 1-3　热力学能 U

三、热力学第一定律的数学表达式

对于密闭体系，当体系发生任意变化时，假设体系从环境吸收热为 Q，同时得到功 W，根据能量守恒定律，则有

$$\Delta U = Q + W \tag{1-4}$$

这就是热力学第一定律（first law of thermodynamics）的数学表达式。此式表明，封闭体系从环境吸收的热和环境对体系所做的功之和等于体系的热力学能增量。

若体系发生无限小的变化，热力学能的变化 dU 为

$$dU = \delta Q + \delta W \tag{1-5}$$

因为 Q 和 W 不是状态函数，所以用 δQ 和 δW 表示无限小变化，而不用全微分符号 dQ 和 dW。

如果将体系的热力学能扩展为一切形式的能量，则热力学第一定律就是能量守恒与转化定律。确切地说，能量守恒定律和热力学第一定律并不能完全等同，热力学第一定律是能量守恒定律在涉及热现象的宏观过程中的具体表述。

第三节　体积功和可逆过程

一、体积功

功不是状态函数，其大小与途径相关。因体系体积变化而引起的与环境之间交换的能量称为体积功，体积功在热力学中具有特殊意义。

设有一无摩擦、无质量、横截面积为 A 的理想活塞，恒温下将一定量的气体密封其中，如图 1-4 所示。圆筒内气体压力为 p_i，外压为 p_e，如 $p_i > p_e$，则气体膨胀，活塞向上移动 dl。气体膨胀是体系对环境做功，体系做的功为：

$$F_{外} = p_e \cdot A$$

$$\delta W = -F_{外}dl = -p_e \cdot Adl = -p_e dV \quad (1-6)$$

式中 dV 是体积的变化，式（1-6）是体积功表示式，p_e 是作用在活塞上的外压力，无论是膨胀还是压缩体积功都是 $-p_e dV$，膨胀 $dV > 0$，压缩 $dV < 0$。

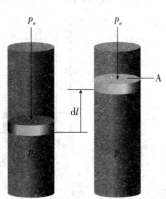

图 1-4　膨胀功

功是与途径相关的，现用具体计算说明。有理想气体，始态为 $T = 298K$，$V_1 = 10dm^3$，$p_1 = 100kPa$，膨胀至终态 $T = 298K$，$V_2 = 50dm^3$，$p_2 = 20kPa$，在此相同始终态间，计算以下不同途径的体积功。为了保持体系恒温，可将体系和恒温热源保持密切接触。

1. 向真空膨胀　如果外压为零，即向真空膨胀，这种膨胀也称为自由膨胀。$p_{外} = 0$，$W = 0$，所以系统在自由膨胀过程中对环境不做功。

2. 气体在恒外压下膨胀　$p_{外} = $ 常量，系统所作的功为

$$W_a = -\int_{V_1}^{V_2} p_e dV = -p_e(V_2 - V_1)$$

如果是在终态压力下膨胀，$p_e = p_2$，则功为

$$W_a = -p_2(V_2 - V_1) = -20 \times 10^3 \times (50 - 10) \times 10^{-3} J = -800J$$

功的绝对值相当于图 1-5（a）中的阴影面积。

3. 多次等外压膨胀　第一步，$p_e = 80kPa$，体积从 $10dm^3$ 膨胀至 $12.5dm^3$。第二步，$p_e = 60kPa$，体积从 $12.5dm^3$ 膨胀至 $16.67dm^3$。第三步，$p_e = 40kPa$，体积从 $16.67dm^3$ 膨胀至 $25dm^3$。第四步，$p_e = 20kPa$，体积从 $25dm^3$ 膨胀至 $50dm^3$。

$$W_1 = -80 \times 10^3 \times (12.5 - 10) \times 10^{-3} J = -200J$$

$$W_2 = -60 \times 10^3 \times (16.67 - 12.5) \times 10^{-3} J = -250J$$

$$W_3 = -40 \times 10^3 \times (25 - 12.5) \times 10^{-3} J = -500J$$

$$W_4 = -20 \times 10^3 \times (50 - 25) \times 10^{-3} J = -500J$$

$$W_b = W_1 + W_2 + W_3 + W_4 = -1450J$$

显然，分步膨胀比一步膨胀，体系对环境所做的功要大，步数越多功越大。如图 1-5（b）中的阴影面积。

4. 准静态膨胀　若在膨胀过程中内压 p_i 总是比外压 p_e 大一个无限小 dp，即 $p_e = p_i - dp$，可以认为在图 1-3 的活塞上每次减少一粒微小粉末的重量，直至膨胀至体系压力为 p_2。则

此膨胀过程的功

$$W_c = -\sum p_e dV = -\sum (p_i - dp) dV$$

忽略二阶无穷小，用积分替代求和，体系对环境所做的功

$$W_c = -\int_{V_1}^{V_2} \frac{nRT}{V} dV = -nRT\ln\frac{V_2}{V_1} = -1609J$$

即等于图1-5（c）中的阴影面积。

在几种膨胀过程中，准静态膨胀过程体系对环境所做的功最大。

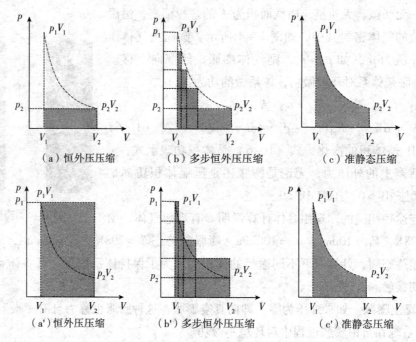

图1-5　不同途径下的膨胀功和压缩功

二、可逆过程和不可逆过程

上述理想气体膨胀后，若考虑把体系从 V_2 压缩回 V_1，用三种不同的方式压缩。

1. 恒外压压缩　p_1 下，从 p_2，V_2 压缩回 p_1，V_1，则功为

$$W_a' = -p_1(V_1 - V_2) = -1000 \times 10^3 \times (10-50) \times 10^{-3}J = 4000J$$

功的绝对值相当于图1-5（a'）中的阴影面积。

2. 多步恒外压压缩　压缩过程的功为

$$W_1' = -40 \times 10^3 \times (25-50) \times 10^{-3}J = 1000J$$

$$W_2' = -60 \times 10^3 \times (25-16.67) \times 10^{-3}J = 500J$$

$$W_3' = -80 \times 10^3 \times (16.67-12.5) \times 10^{-3}J = -333.34J$$

$$W_4' = -100 \times 10^3 \times (12.5-10) \times 10^{-3}J = 250J$$

$$W_b' = W_1' + W_2' + W_3' + W_4' = 2083.34J$$

此数值相当于图1-5（b'）中的阴影面积。

3. 准静态压缩　若在压缩过程中外压 p_e 总是比内压 p_i 大一个无限小 dp，即 $p_e = p_i + dp$，可以认为在图1-3的活塞上每次加上一粒微小粉末，直至压缩至体系压力为 p_1。则压缩过程的功

$$W_c' = -\sum p_e dV = -\sum (p_i + dp) dV$$

忽略二阶无穷小，用积分替代求和，环境对体系所做的功

$$W_c' = -\int_{V_2}^{V_1} \frac{nRT}{V} dV = -nRT\ln\frac{V_1}{V_2} = 1609J$$

即等于图 1-5（c'）中的阴影面积。

在几种压缩过程中，准静态压缩过程环境所消耗的功最小，比较膨胀过程知道准静态膨胀和压缩的功大小相等、符号相反。

准静态膨胀过程是热力学中极其重要的过程。这种膨胀方式无限缓慢，在整个过程中体系都无限接近平衡，其中的每一步都是可以向相反的方向进行。如果在准静态膨胀和压缩过程中没有任何功的耗散，例如没有摩擦等，当体系恢复原状时，在环境中没有功的得失。由于 $\Delta U = Q + W$，环境中也没有热的得失，也就是说当体系恢复原状时，环境也恢复原状。当某过程进行之后，体系恢复原状的同时，环境也恢复原状而不留下任何永久的变化，这种过程称为"热力学可逆过程"（reversible process）。

如果体系发生了某一过程之后，在使体系恢复原状的同时，环境中必定会留下某种永久性变化，即环境没有复原，则此过程称为"热力学不可逆过程"。在上例中，第 1、2、3 种膨胀方法中环境得到的功分别为 0、800 和 1450J。用压缩的方法使体系恢复原状时，环境消耗的功分别为 4000J、4000J 和 2083.34J，显然环境中有功的损失，即为永久性变化，所以这几种膨胀过程是不可逆过程（irreversible process）。

可逆膨胀过程中，体系对环境做的功最大，使体系复原的压缩过程中环境做的功最小。上述准静态过程就是可逆过程。在实际变化中，有很多过程接近可逆的过程，例如，液体在其沸点时的蒸发和冷凝，固体在其熔点时的熔化和凝固。在恒温恒压下液滴缓慢扩展表面。可逆电池在外加电压与电池电动势近似相等时的充电和放电反应。化学反应在一定条件下达平衡时的正、逆反应等。

不可逆过程并非是指体系不可复原的过程，一个不可逆过程发生后，体系是可以复原的，只是当体系复原后环境中留下了某些变化。上述的 1、2、3 种膨胀方法是不可逆过程，用压缩的方法使体系复原后，环境失去了功得到了相同数量的热，这是一个不可逆的变化。

总结起来，可逆过程有下面几个特点。

（1）可逆过程是以无限小的变化进行的，整个过程是由一连串非常接近于平衡态的状态所构成。

（2）在反向的过程中，用同样的程序，循着原来过程的逆过程，可以使系统和环境都完全恢复到原来的状态，而无任何耗散效应。

（3）在恒温可逆膨胀过程中系统对环境做最大功，在恒温可逆压缩过程中环境对系统做最小功。

可逆过程是一种理想过程，是一种科学的抽象，客观世界中并不存在可逆过程，自然界的一切宏观过程都是不可逆过程，实际过程只能无限地趋近于它。但是可逆过程的概念却很重要。可逆过程是在系统接近平衡的状态下发生的，因此它和平衡态密切相关。以后我们可以看到一些重要的热力学函数的增量，只有通过可逆过程才能求得。从消耗及获得能量的观点（当然不能从时间的观点）看，可逆过程是效率最高的过程，是提高实际过程效率的最高限度。

三、可逆相变的体积功

物质的相变化过程一般都伴随有体积变化，如液体的蒸发、固体的升华、固体的熔化、固体晶型的转变等。在一定温度和一定压力下相变化是可以可逆进行的。可逆相变过程是恒压过程，所以

$$W = -\int p_e dV = -\int (p - dp) dV = -\int p dV = -p\Delta V \qquad (1-7)$$

式中的 p 为两相平衡时的压力，ΔV 为相变化时体积的变化。

以液体的蒸发为例，将一个具有理想活塞的容器置于恒温槽中，让液体与其蒸气平衡共存。若活塞上的外压等于此温度时液体的饱和蒸气压，则容器中的液体不蒸发，蒸气亦不凝聚。当活塞上的外压比液体的饱和蒸气压小无限小的数值（dp）时，则容器中的液体将蒸发，直到全部变成蒸气为止。在这一过程中，虽然液体蒸发了，但在每一瞬间体系都接近于平衡态。由此可见，在液体可逆蒸发时，式（1-7）中的 p 应为液体的饱和蒸气压，ΔV 为蒸发过程中体积的变化，等于 $V(g) - V(l)$，$V(g)$ 是所产生蒸气的体积，$V(l)$ 是蒸发成蒸气的那一部分液体的体积。如果蒸发时的温度离临界温度相当远，那么 $V(l)$ 比之 $V(g)$ 就可略去不计，于是

$$W = -pV(g)$$

假定蒸气是理想气体，则 $V(g) = nRT/p$，将此式代入上式可得

$$W = -pV(g) = -p\frac{nRT}{p} = -nRT$$

式中的 n 为所蒸发的液体或所形成的蒸气的物质的量。上式亦可用于固体的升华，但对固-液相变化和固体晶型转化却不能应用。因为对这些过程来说，两个相的体积差别不大，因此只能应用式（1-7）。

对于液体的快速蒸发严格来说是不可逆过程，因为此时活塞上的外压与液体的饱和蒸气压差得较大。

第四节 焓

当体系发生一过程时，如果此过程只做体积功而不做其他功（如电功等），则式（1-4）可写为

$$dU = \delta Q - p_e dV \qquad (1-8)$$

如果过程是恒容的，$dV = 0$，式（1-8）可写为

$$\delta Q_V = dU \qquad (1-9)$$

积分后可得

$$Q_V = \Delta U \qquad (1-10)$$

因为 ΔU 只取决于系统的始态和终态，所以恒容热 Q_V 亦必然只取决于系统的始态和终态。热不是状态性质，其变化值与具体途径相关，但是在某些特定的条件下，某一特定过程的热却可变成一个定值，此定值仅仅取决于系统的始态和终态。式（1-10）也是实验测定体系热力学能变化的基础。

对恒压下发生的过程来说，因为 $p_e = p_{始} = p_{终}$，并且是一常数，因此，将式（1-8）积分可得

扫码"学一学"

$$Q_p = \Delta U + p_e \Delta V$$
$$= (U_2 - U_1) + p_e(V_2 - V_1)$$
$$= (U_2 + p_2 V_2) - (U_1 + p_1 V_1) \qquad (1-11)$$

p 和 V 是系统的状态性质，所以 $U + pV$ 亦是系统的状态性质，它的改变量仅仅取决于系统的始态和终态。这一新的状态性质定义为"焓"（enthalpy），用符号 H 表示，即

$$H \equiv U + pV \qquad (1-12)$$

所以

$$\Delta H = H_2 - H_1 = \Delta U + \Delta(pV)$$

当 p 一定时，上式可写为

$$\Delta H = H_2 - H_1 = \Delta U + p\Delta V$$

因此式（1-11）可以写成

$$Q_p = \Delta H \qquad (1-13)$$

恒压过程中，体系所吸收的热全部用来增加体系的焓。U 和 V 的数值都与系统中物质的量成正比，故此 H 必然亦是系统的容量性质，同样体系的焓的绝对值也是无法知道的，但可以通过测定恒压过程的热 Q_p 来比较体系焓的变化 ΔH。由于一般情况下的化学反应和相变化都是在恒压条件下进行的，所以 ΔH 的实际应用价值更大。

焓和热力学能是系统的状态性质，体系发生任何过程，都有 ΔU 和 ΔH。通过恒容和恒压过程热效应的测定可以确定体系的 ΔU 和 ΔH，并非说只有恒容过程和恒压过程才有 ΔU 和 ΔH。例如，恒压过程中的 $\Delta H = Q_p$，而此时的 ΔU 可以用 $\Delta U = \Delta H - p\Delta V = Q_p - p\Delta V$ 来计算。所以千万要注意热力学公式的限制条件和适用范围，应弄清楚公式的来源和它的应用条件。

第五节 热 容

扫码"学一学"

对于没有相变化和化学变化、不作非膨胀功的均相密闭体系，热容（heat capacity）定义为，体系升高 1K 时所吸收的热，用符号 C 表示，单位为 $J \cdot K^{-1}$。

$$C \equiv \frac{\delta Q}{dT} \qquad (1-14)$$

此热容称为真热容，它是温度的函数。如果在 $T_1 \sim T_2$ 的温度范围内 C 是常量，则可以定义平均热容 $\overline{C}(T_1 \rightarrow T_2)$

$$\overline{C}(T_1 \rightarrow T_2) \equiv \frac{Q}{T_2 - T_1} \qquad (1-15)$$

显然热容与体系中物质的量和升温条件有关，真热容除以物质的量称为摩尔热容，用 C_m 表示，单位为 $J \cdot mol^{-1} \cdot K^{-1}$。

$$C_m = C/n$$

恒容摩尔热容用 $C_{V,m}$ 表示，恒压摩尔热容用 $C_{p,m}$ 表示。

$$C_{V,m} \equiv \frac{1}{n}\frac{\delta Q_V}{dT} = \frac{1}{n}\left(\frac{\partial U}{\partial T}\right)_p \quad \Delta U = Q_V = n\int C_{V,m}dT \qquad (1-16)$$

$$C_{p,m} \equiv \frac{1}{n}\frac{\delta Q_p}{dT} = \frac{1}{n}\left(\frac{\partial H}{\partial T}\right)_p \quad \Delta H = Q_p = n\int C_{p,m}dT \qquad (1-17)$$

热容是温度的函数，这种函数关系因物质、物态、温度的不同而不同，气体的恒压摩

尔热容一般具有如下的经验方程式

$$C_{p,\mathrm{m}} = a + bT + cT^2 \tag{1-18}$$

$$C_{p,\mathrm{m}} = a' + b'T^{-1} + c'T^{-2} \tag{1-19}$$

式中的 a，b，c，a'，b'，c' 是经验常数，由物质自身的特性决定。一些常见物质的恒压摩尔热容的经验常数列于附录 1 中。

物质的摩尔热容是体系的性质，恒容热容是体系的热力学能和温度的变化曲线在一定温度下的斜率，如图 1-3 所示。

扫码"学一学"

第六节　热力学第一定律的应用

一、理想气体的热力学能和焓

盖-吕萨克（Joseph Louis Gay - Lussac，1778～1850）在 1870 年，焦耳（Joule）在 1843 年，做了著名的焦耳实验。将两个较大且中间有旋塞相通的导热容器置于水浴中，其一装满气体，另一容器抽成真空，如图 1-6。

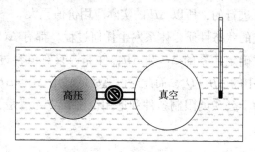

高压　　真空

图 1-6　焦耳实验

将中间的旋塞打开，气体将由装有气体的容器向真空容器中膨胀，最后系统达平衡，这时没有观察到温度计读数发生变化。在此实验中，水温和气体温度在气体膨胀前后均没有变化，说明膨胀过程中 $Q=0$；同时气体向真空膨胀，对外没有做功，$W=0$，根据热力学第一定律，$\Delta U = 0$。据此，得出如下结论，理想气体在膨胀过程中温度不变，热力学能不变。

对于定量的纯物质系统，热力学能 U 由 p，V，T 中的任意两个独立变量来确定。设以 T，V 为独立变量，则

$$\mathrm{d}U = \left(\frac{\partial U}{\partial T}\right)_V \mathrm{d}T + \left(\frac{\partial U}{\partial V}\right)_T \mathrm{d}V$$

令温度不变，$\mathrm{d}T = 0$，又因为 $\mathrm{d}U = 0$，故

$$\left(\frac{\partial U}{\partial V}\right)_T \mathrm{d}V = 0$$

因为 $\mathrm{d}V \neq 0$，所以

$$\left(\frac{\partial U}{\partial V}\right)_T = 0 \tag{1-20}$$

此式的物理意义是：在恒温时，改变体积，气体的热力学能不变（见图 1-3）。同法若以 T，p 为变量，可以证明

$$\left(\frac{\partial U}{\partial p}\right)_T = 0 \tag{1-21}$$

从式（1-20）和式（1-21）表明气体的热力学能仅是温度的函数，而与体积、压力无关。

理想气体是一个理想模型，Joule 实验所用的气体只能是实际气体。根据分子运动论的观点，在通常温度下，气体的热力学能是分子的动能和分子间相互作用能之和。分子的热运动能仅与温度有关，而分子间相互作用能与分子间距离有关，即与气体的体积有关。对于实际气体，分子间存在着相互作用，所以实际气体的热力学能不仅与温度相关，还与气体的体积有关，即 $(\partial U/\partial V)_T \neq 0$。而理想气体是实际气体当压力趋向于零时的极限情况，$p \to 0$ 时分子间的相互作用可以忽略，所以理想气体的热力学能仅是热运动的动能之和，而与体积无关。

严格讲，Gay-Lussac-Joule 的实验并不够精确。因为水浴中水的热容量远大于气体，即使气体膨胀时吸收了少量热量，水温的变化也很小，未必能被测量到。尽管如此，依然可以认为，气体的压力越小，越接近于理想气体，$(\partial U/\partial V)_T$ 越接近于 0。可以合理外推，当 $p \to 0$ 时式（1-20）完全正确，即 $(\partial U/\partial V)_T = 0$，理想气体的热力学能仅为温度的函数。根据式（1-20）可以推论

$$\left(\frac{\partial H}{\partial p}\right)_T = 0 \ , \ \left(\frac{\partial H}{\partial V}\right)_T = 0$$

总之，理想气体的热力学能和焓都仅为温度的函数，而与 p，V 无关（这在热力学第二定律的 Maxwell 方程的应用中也可以进一步得到证明）。因此理想气体的 C_V 与 C_p 也仅是温度的函数。

二、理想气体的 C_V 与 C_p 之差

在等容过程中，系统不做体积功，当升高温度时，它从环境所吸收的热全部用来增加热力学能。但在等压过程中，升高温度时，系统除增加热力学能外，还要多吸收一部分热以对外做膨胀功。因此对于气体来说，C_p 恒大于 C_V。

对于任意的系统，

$$C_p - C_V = \left(\frac{\partial H}{\partial T}\right)_p - \left(\frac{\partial U}{\partial T}\right)_V = \left[\frac{\partial(U+pV)}{\partial T}\right]_p - \left(\frac{\partial U}{\partial T}\right)_V$$

$$= \left(\frac{\partial U}{\partial T}\right)_p + p\left(\frac{\partial V}{\partial T}\right)_p - \left(\frac{\partial U}{\partial T}\right)_V \qquad (1-22)$$

根据复合函数的偏微商公式

$$\left(\frac{\partial U}{\partial T}\right)_p = \left(\frac{\partial U}{\partial T}\right)_V + \left(\frac{\partial U}{\partial V}\right)_T \left(\frac{\partial V}{\partial T}\right)_p \qquad (1-23)$$

把式（1-23）代入式（1-22），得

$$C_p - C_V = \left(\frac{\partial U}{\partial V}\right)_T \left(\frac{\partial V}{\partial T}\right)_p + p\left(\frac{\partial V}{\partial T}\right)_p = \left[p + \left(\frac{\partial U}{\partial V}\right)_T\right]\left(\frac{\partial V}{\partial T}\right)_p \qquad (1-24)$$

至此，我们一直没有引进任何条件，因此式（1-24）是一个一般化的通式，可使用于任何均匀的系统。对于理想气体，因为

$$\left(\frac{\partial U}{\partial V}\right)_T = 0 \ , \ \left(\frac{\partial V}{\partial T}\right)_p = \frac{nR}{p}$$

代入上式，则得

$$C_p - C_V = nR \ \text{或} \ C_{p,m} - C_{V,m} = R \qquad (1-25)$$

对于理想气体，根据统计热力学可以证明，单原子分子 $C_{V,m} = \dfrac{3}{2}R$，$C_{p,m} = \dfrac{5}{2}R$；双原子分子 $C_{V,m} = \dfrac{5}{2}R$，$C_{p,m} = \dfrac{7}{2}R$；多原子分子（非线型）$C_{V,m} = 3R$，$C_{p,m} = 4R$。并在常温下均为常量。

三、绝热过程的功和绝热可逆过程方程式

在绝热系统中发生的过程称为绝热过程（adiabatic process）。气体若在绝热条件下膨胀，由于不能从环境吸取热，只能降低自身的热力学能对外做功，因此系统的温度必然降低。

在绝热过程中，$Q = 0$，根据热力学第一定律，得

$$dU = \delta W \qquad (1-26)$$

已知

$$dU = \left(\frac{\partial U}{\partial T}\right)_V dT + \left(\frac{\partial U}{\partial V}\right)_T dV$$

对理想气体

$$dU = C_V dT \quad \Delta U = \int_{T_1}^{T_2} C_V dT$$

理想气体，C_V 为常数，则

$$W = \Delta U = C_V(T_2 - T_1) \qquad (1-27)$$

由式（1-27）可以计算理想气体在绝热过程中的功。因为热力学能是状态函数，仅决定于始态和终态，所以此式对于绝热可逆和不可逆过程都适用。但是，绝热可逆与不可逆过程的终态温度是不同的。

理想气体在任何变化过程中 $p-V-T$ 始终服从状态方程，在绝热可逆条件的变化过程中，$p-V$ 关系还应该遵从绝热可逆过程方程。在等温过程中，$pV = $ 常量，绝热可逆过程中，气体的 $p-V$ 关系与等温可逆过程不同，绝热过程中的 $p-V$ 关系可如下求得。

对于理想气体　　　　　　$dU = C_V dT$，$p = \dfrac{nRT}{V}$

该过程可逆且不做非膨胀功，根据式（1-26）得 $dU + pdV = 0$

则　　　　　　　　　　　$C_V dT + \dfrac{nRT}{V} dV = 0$

整理后得　　　　　　　　$\dfrac{dT}{T} + \dfrac{nR}{C_V} \dfrac{dV}{V} = 0$

前已证明，对于理想气体，　　$C_p - C_V = nR$

令 $\dfrac{C_p}{C_V} = \gamma$，$\gamma$ 称为热容比（heat capacity ratio）。则

$$\frac{nR}{C_V} = \frac{C_p - C_V}{C_V} = \gamma - 1$$

代入前式，得　　　　　　$\dfrac{dT}{T} + (\gamma - 1)\dfrac{dV}{V} = 0$

此式无论 C_V 是否与 T 有关，均能成立。对于理想气体 C_V 是常数，上式积分后得

$$\ln T + (\gamma - 1)\ln V = 常数$$

或写作　　　　　　　　　$TV^{\gamma-1} = 常数$

若以 $pV/nR = T$ 代入上式，就得到

$$pV^{\gamma} = \text{常数} \qquad (1-28)$$

式（1-28）是理想气体在绝热可逆过程中的过程方程式（adiabatic reversible process equation）。从理想气体的 $p-V-T$ 图可以说明绝热过程方程式与状态方程式的区别。$pV = nRT$ 为三维空间曲面，曲面上的任一点都代表系统的一个状态。而过程方程是曲面上的一条线，代表一个过程。对于等温可逆过程，用 $pV = $ 常量表示。对于绝热可逆过程方程则用 $pV^{\gamma} = K$ 表示。

有了理想气体绝热可逆过程的 $p-V$ 关系，也可以直接求出绝热可逆过程中的功。

$$W = -\int_{V_1}^{V_2} p\,\mathrm{d}V = -\int_{V_1}^{V_2} \frac{K}{V^{\gamma}}\mathrm{d}V = -\left[\frac{K}{(1-\gamma)V^{\gamma-1}}\right]_{V_1}^{V_2} = -\frac{K}{1-\gamma}\left[\frac{1}{V_2^{\gamma-1}} - \frac{1}{V_1^{\gamma-1}}\right]$$

由于 $p_1 V_1^{\gamma} = p_2 V_2^{\gamma} = K$，所以上式又可写为

$$W = \frac{p_2 V_2 - p_1 V_1}{\gamma - 1} = \frac{nR(T_2 - T_1)}{\gamma - 1} \qquad (1-29)$$

此式和式（1-27）的结果是相同的。

绝热可逆过程和等温可逆过程中的功可用图 1-7 来表示。图中 AB 线下的面积代表等温可逆过程所做的功，AC 线下的面积代表绝热可逆过程所做的功。气体从同一始态出发，终态体积都为 V_2，在绝热膨胀过程中，气体温度有所降低，所以压力的降低要比在等温膨胀过程中更大，即绝热可逆过程的 AC 线的坡度为陡。对式（1-28）微分，可得

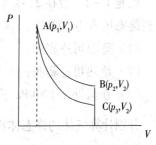

$$\left(\frac{\partial p}{\partial V}\right)_S = -\gamma\frac{p}{V} \qquad (1-30)$$

图 1-7　恒温可逆和绝热可逆过程的功

因为绝热可逆过程是等熵过程（见热力学第二定律，所以下标用"S"表示）。而等温线的斜率为

$$\left(\frac{\partial p}{\partial T}\right)_T = -\frac{p}{V} \qquad (1-31)$$

因为 $\gamma > 1$，所以绝热过程曲线的坡度较大。在绝热膨胀过程中，一方面气体的体积变大做膨胀功，另一方面气体的温度下降，这两个因素都使气体的压力降低。而在等温过程中却只有第一个因素。

在实际过程中完全理想的绝热或完全理想的热交换都是不可能的，实际上一切过程都不是严格地绝热或等温，而是介于两者之间。这种过程称为多方过程（polytropic process），其方程式可表示为

$$pV^n = \text{常数} \qquad (1-32)$$

式中 $1 < n < \gamma$。当 n 接近于 1 时，过程接近于等温过程；当 n 接近于 γ 时，则过程接近于绝热过程。

例题 1-1　298K 时，有 2mol 理想气体，从 $V_1 = 15.0\mathrm{dm}^3$ 到 $V_2 = 40.0\mathrm{dm}^3$，经下列三种不同过程：

（1）在等温可逆膨胀；

（2）保持外压为 100kPa，做等外压膨胀；

（3）始终保持气体的压力和外压不变，将气体从 $T_1 = 298\mathrm{K}$ 加热到 T_2，使体积膨胀到 V_2。

分别求出其相应过程中所做的功，并判断何者为可逆过程？

解：（1）$W = -nRT\ln\dfrac{V_2}{V_1} = nRT\ln\dfrac{V_1}{V_2}$

$$= 2\text{mol} \times 8.314\text{ J} \times \text{K}^{-1} \cdot \text{mol}^{-1} \times 298\text{K} \times \ln\dfrac{15.0}{40.0} = -4.86\text{kJ}$$

（2）$W = -p(V_2 - V_1)$

$$= -100\text{kPa} \times (40.0 - 15.0)\text{ dm}^3 = -2.50\text{kJ}$$

（3）气体的压力为

$$p = \dfrac{nRT}{V} = \dfrac{2\text{mol} \times 8.314\text{J} \cdot \text{K}^{-1} \cdot \text{mol}^{-1} \times 298\text{K}}{15.0 \times 10^{-3}\text{m}^3} = 330.3\text{kPa}$$

$$W = -\int_{V_1}^{V_2} p\mathrm{d}V = -p(V_2 - V_1)$$

$$= -330.3\text{kPa} \times (40.0 - 15.0)\text{dm}^3 = -8.26\text{kJ}$$

过程（1）和（3）是可逆过程，而过程（2）是不可逆过程。

例题 1-2 设在 273K 和 1000kPa 时，取 10.0dm³ 理想气体。今用下列几种不同过程膨胀到终态压力为 100kPa：

（1）等温可逆膨胀；

（2）绝热可逆膨胀；

（3）在恒外压 100kPa 下绝热不可逆膨胀；

分别计算气体的终态体积和所做的功。设 $C_{V,m} = \dfrac{3}{2}R$，且与温度无关。

解：气体的物质的量为

$$n = \dfrac{pV}{RT} = \dfrac{1000\text{kPa} \times 10.0\text{dm}^3}{8.314\text{J} \cdot \text{K}^{-1} \cdot \text{mol}^{-1} \times 273\text{K}} = 4.41\text{mol}$$

（1）$V_2 = \dfrac{p_1 V_1}{p_2} = \dfrac{1000\text{kPa} \times 10.0\text{dm}^3}{100\text{kPa}} = 100\text{dm}^3$

$$W = -\int_{V_1}^{V_2} p\mathrm{d}V = nRT\ln\dfrac{V_1}{V_2}$$

$$= 4.41\text{mol} \times 8.314\text{J} \cdot \text{K}^{-1} \cdot \text{mol}^{-1} \times 273\text{K} \times \ln\dfrac{10}{100} = -23.05\text{kJ}$$

（2）$\gamma = \dfrac{C_{p,m}}{C_{V,m}} = \dfrac{\frac{3}{2}R + R}{\frac{3}{2}R} = \dfrac{5}{3}$

$$V_2 = \left(\dfrac{p_1}{p_2}\right)^{1/\gamma} V_1 = 10^{\frac{3}{5}} \times 10.0\text{ dm}^3 = 39.8\text{ dm}^3$$

$$T_2 = \dfrac{p_2 V_2}{nR} = \dfrac{100\text{kPa} \times 39.8\text{ dm}^3}{4.41\text{mol} \times 8.314\text{J} \cdot \text{K}^{-1} \cdot \text{mol}^{-1}} = 108.6\text{K}$$

在绝热过程中

$$W_2 = \Delta U = nC_{V,m}(T_2 - T_1)$$

$$= 4.41\text{mol} \times 1.5 \times 8.314\text{J} \cdot \text{K}^{-1} \cdot \text{mol}^{-1} \times (108.6 - 273)\text{K} = -9.04\text{kJ}$$

（3）将外压骤减至 100kPa，气体在这压力下作绝热不可逆膨胀，首先要求出系统终态温度。因为是绝热过程，所以

$$W = \Delta U = nC_{V,m}(T_2 - T_1)$$

对于等外压膨胀过程功的计算式为

$$W = -p_2(V_2 - V_1) = p_2\left(\frac{nRT_1}{p_1} - \frac{nRT_2}{p_2}\right)$$

联系功的两个计算式得

$$C_{V,m}(T_2 - T_1) = p_2\left(\frac{RT_1}{p_1} - \frac{RT_2}{p_2}\right)$$

已知 $C_{V,m} = \dfrac{3}{2}R$，$T_1 = 273\text{K}$，$p_1 = 1000\text{kPa}$，$p_2 = 100\text{kPa}$，代入解得 $T_2 = 175\text{K}$

$$\begin{aligned}
W_3 &= nC_{V,m}(T_2 - T_1)\\
&= 4.41\text{mol} \times 1.5 \times 8.314\text{J} \cdot \text{K}^{-1} \cdot \text{mol}^{-1} \times (175 - 273)\ \text{K} = -5.39\text{kJ}
\end{aligned}$$

由此可见，系统从同一始态出发，经 3 个不同过程达到相同的终态压力，由于过程不同，终态的温度、体积不同，所做的功也不同。等温可逆膨胀系统做最大功，其中不可逆绝热膨胀做功最小。

四、实际气体的节流膨胀

Joule（焦耳）在 1843 年所作的自由膨胀实验是不够精确的。1852 年 Joule 和 Thomson（汤姆逊）重新设计了一个新的实验，比较精确地观察了气体由于膨胀而发生的温度改变。这个实验使我们对实际气体的热力学能和焓等性质有所了解，并且在获得低温及气体的液化工业中有着重要的应用。

图 1-8 是实验装置的示意图。在一个圆形绝热筒的中部，有一个用棉花或软木塞之类物质制成的固定多孔塞，它的作用是使气体缓慢平稳的通过，并能在多孔塞的两边能够维持一定的压力差。左边是高压气体 p_1，右边为低压气体 p_2，p_1 到 p_2 的压力降低过程基本上发生在多孔塞内。将某种高压气体（p_1，V_1，T_1），连续地压过多孔塞，使气体在多孔塞右边的压力恒定在 p_2（p_2，V_2，T_2）。当气体通过一定的时间达到稳态后，可以观察到两边的气体温度分别稳定于 T_1 和 T_2。这个过程称为节流膨胀过程（throttling process）。

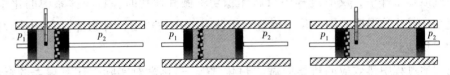

图 1-8　实际气体节流膨胀过程

节流膨胀过程是一个不可逆过程，因为 p_1 和 p_2 不是相差无限小。

在实验刚开始时，右方温度计的读数会有波动，这是由于实验装置不可能绝对的绝热，即使绝热，绝热筒本身仍然有一定的热容量，开始膨胀时所产生的热效应一部分要用来与器壁进行热交换，所以开始时温度不稳定。但是如果让气流连续地通过，并一直维持进气的压力为 p_1，温度为 T_1，右边的压力为 p_2，经过一定的时间后，热交换达到平衡，右边的温度就稳定在 T_2。此时就可以比较准确地观察到某一定量气体膨胀前后所发生的变化。

下面我们来讨论节流过程的热力学特征。当系统稳定后，一定量的气体的始态为 p_1，V_1，T_1，经过节流过程，终态为 p_2，V_2，T_2。左方，环境对气体所做的功为

$$W_1 = p_1 V_1$$

而这部分气体在右方对环境所做的功为

$$W_2 = -p_2 V_2$$

因此，气体所做的净功

$$W = W_1 + W_2 = p_1V_1 - p_2V_2$$

由于过程是绝热的，$Q = 0$，因此根据第一定律，可以得到

$$U_2 - U_1 = \Delta U = W = p_1V_1 - p_2V_2$$

移项后得 $\qquad\qquad U_2 + p_2V_2 = U_1 + p_1V_1$

所以 $\qquad\qquad\qquad H_2 = H_1 \ 或 \ \Delta H = 0$

即实际气体节流膨胀为一恒焓过程。

气体节流膨胀过程中温度随压力的变化值可表示为

$$\mu_{J-T} = \left(\frac{\partial T}{\partial p}\right)_H \qquad\qquad (1-33)$$

μ_{J-T} 称为 Joule – Thomson 系数，简称焦 – 汤系数。它表示经过 Joule – Thomson 实验后气体的温度随压力的变化率，是一个微分效应。μ_{J-T} 是系统的强度性质，是 T、p 的函数。由于在实验过程中 dp 是负值，所以，若 μ_{J-T} 为正值，则表示节流后气体的温度下降。反之，若 μ_{J-T} 为负值，则节流膨胀后，气体的温度反而升高。例如，空气在 273.15K 及 101.325kPa 时，$\mu_{J-T} = 0.4 \times 10^{-5} K \cdot Pa^{-1}$，这表示，此时若经 Joule – Thomson 节流过程，当压力平均降低 100kPa 时，则温度将降低 0.4K。在常温下，大多数气体的 μ_{J-T} 均为正值，而 H_2 和 He 在常温下为负值。但是实验证明，在很低的温度时，它们的 μ_{J-T} 也可转变为正值。当 $\mu_{J-T} = 0$ 时的温度，称为转化温度（inversion temperature）。

Joule – Thomson 效应最重要的用途是使系统降温及气体液化。

第七节　热化学

扫码"学一学"

一、化学反应的热效应

恒压或恒容条件下，反应过程中只做体积功不做其他功时，封闭体系中的化学反应，当产物温度与反应物温度相同，化学反应所吸收和放出的热量，称为此过程的热效应，通常亦成为"反应热"。

研究化学过程中热效应的科学叫做"热化学"。热化学对实际工作有很大的意义。例如，确定化工设备的设计和生产流程，常常需要有关热化学的数据；计算平衡常数，热化学的数据更是不可缺少的。

热化学中诸定律均由热力学定律而来，实际上热化学就是热力学第一定律在化学过程中的应用。化学反应所以能吸热或放热，从热力学定律的观点来看，是因为不同物质有着不同的热力学能或焓，反应产物的总热力学能或总焓通常与反应物的总热力学能或总焓是不同的，所以发生化学反应时总是伴随有能量的变化，这种能量变化以热的形式与环境交换就是反应的热效应。

二、恒容反应热与恒压反应热

如果一化学反应在反应前后物质的量有变化，特别是在有气体物质参加反应的情况下，则反应热的量值将与反应是在恒压下进行还是在恒容下进行有关。恒容下的反应叫"恒容反应热"。

$$Q_V = \Delta_r U$$

一个化学反应的 $\Delta_r U$ 代表在一定温度和一定体积下，产物的总热力学能与反应物总热力学能之差，即

$$\Delta_r U = \sum U(产物) - \sum U(反应物) \qquad (1-34)$$

恒压下的反应热叫"恒压反应热"。

$$Q_p = \Delta_r H$$

一化学反应的 $\Delta_r H$ 代表在一定温度和一定压力下，产物的总焓与反应物的总焓之差，即

$$\Delta_r H = \sum H(产物) - \sum H(反应物) \qquad (1-35)$$

恒压反应热和恒容反应热之间的关系为

$$\Delta_r H = \Delta_r U + p\Delta V$$

上式中的 ΔV 表示恒压下反应工程中系统总体积的变化，$p\Delta V$ 是恒压下，反应进行时反抗外压所做膨胀功。由上式可以清楚地看出，恒压反应热与恒容反应热相差 $p\Delta V$（膨胀功）。这种差别是因为在恒容反应时不需要反抗外压做功，系统吸收或释放的热只是热力学能的变化。但在恒压反应中，体积可能有变化，所以体系和环境之间有体积功的交换，所吸收或释放的热除了热力学能的变化之外，还要加上体积功的能量交换部分。如果在恒压过程中系统的体积减小，即 $\Delta V < 0$，则 $\Delta_r H < \Delta_r U$ 或 $Q_p < Q_V$。这就是说，在恒压过程中如果环境对系统做功，则系统可以得到一部分能量，所以恒压反应热比恒容反应热要小一些。当然如果 $\Delta V = 0$，$\Delta_r H = \Delta_r U$。

对不同的化学反应来说，$\Delta_r H$ 和 $\Delta_r U$ 的相差亦是不同的。如果反应中只有液体或固体，则 ΔV 的变化很小，因此 $p\Delta V$ 比之反应热来说可以忽略不计，这是 $\Delta_r H \approx \Delta_r U$。如果反应中有气体，则 ΔV 就可能比较大，在反应过程中，始态（反应物）和终态（产物）的 T、p 相同，因此反应中的 ΔV 是由物质的量之变化而来的，假定把反应中的气体看作为理想气体，则 $\Delta V = \Delta n(RT/p)$，所以

$$\Delta_r H = \Delta_r U + \Delta n RT \qquad (1-36)$$

Δn 为产物中气体的总物质的量与反应物中气体总物质的量之差。

当 $\Delta n > 0$ 时，则 $\Delta_r H > \Delta_r U$；$\Delta n < 0$，则 $\Delta_r H < \Delta_r U$；$\Delta n = 0$，则 $\Delta_r H = \Delta_r U$。

三、化学反应进度

对于化学反应

	aA	+	dD	=	gG	+	hH

反应前各物质的量　　$n_A(0)$　　$n_B(0)$　　$n_G(0)$　　$n_H(0)$
反应后各物质的量　　n_A　　　n_B　　　n_G　　　n_H
该时刻的反应进度（extent of reaction）以 ξ 表示，定义为

$$\xi = \frac{n_B - n_B(0)}{\nu_B} \qquad (1-37)$$

其中 B 表示参与反应的任一种物质；ν_B 为反应方程式中的化学计量数，对于产物取正值，对于反应物取负值，ξ 的单位为 mol。显然，对于同一化学反应，ξ 的量值与反应计量方程式的写法有关，但与选取参与反应的哪一种物质来求算则无关。

由于 U 和 H 都是系统的容量性质，故反应热的量值必然与反应进度成正比。当反应进

度 ξ 为 1mol 时，其定容反应热和定压反应热分别以 $\Delta_r U_m$ 和 $\Delta_r H_m$ 表示，显然

$$\Delta_r U_m = \frac{\Delta_r U}{\xi} \qquad \Delta_r H_m = \frac{\Delta_r H}{\xi} \tag{1-38}$$

式中，$\Delta_r U_m$ 和 $\Delta_r H_m$ 的单位应为 $J \cdot mol^{-1}$ 或 $kJ \cdot mol^{-1}$。

四、热化学方程式

写热化学方程式时，除写出普通的化学方程式以外，还需在方程式后面加写反应热的量值。如果反应是在标准状态下进行，反应热可表示为 $\Delta_r H_m^\ominus(T)$ 或 $\Delta_r U_m^\ominus$，称为标准摩尔反应焓和标准反应热力学能。

标准状态，简称标准态，是热力学中为了研究和计算方便而人为规定的某种状态，以此作为计算或比较的基准。在我国国家标准中，标准态的压力统一选择为 100kPa，而不是标准大气压力 101.325kPa，用上标符号 ⊖ 表示，读音为标准。因此，标准态压力记为 $p^\ominus$，称为标准压力。气体标准态为 $p = p^\ominus = 100kPa$ 的纯理想气体；液体和固体分别是 $p = p^\ominus = 100\,kPa$ 的纯液体和纯固体。多组分系统标准态的选取将在以后章节中详细讨论。

由于温度对反应热的影响较为明显，因此讨论反应热时温度均必须标明，如不标示，默认为 298K。由于压力对反应热的影响很小，通常情况下，压力取 100kPa。

如果改变某一反应物或产物的物态，则反应的热效应亦会改变，所以写热化学方程式时必须注明物态。气态用（g）表示，液态用（l）表示，固态用（s）表示。如果固态的晶型不同，则需注明晶型，如 C（石墨）、C（金刚石）等。

根据以上原则，在标准压力和 298K 下，石墨和氧生成二氧化碳的热化学方程式可表示如下

$$C(石墨) + O_2(g) = CO_2(g); \qquad \Delta_r H_m^\ominus(298K) = -393.5\ kJ \cdot mol^{-1}$$

此式表示恒压条件下，化学反应进度 $\xi = 1mol$ 时，化学反应所释放的热量，即 12.01g 固体石墨和 32.00g 气体氧，在 298K 和标准压力下完成该反应，生成 44.01g CO_2 气体时，放出热量 393.5kJ。

反应进度 $\xi = 1mol$ 表示一个化学反应已经按化学方程式完成，而不管反应是否真正完成。例如，在 300℃时氢和碘的热化学方程式为

$$H_2(g) + I_2(g) = 2HI(g); \qquad \Delta_r H_m^\ominus(573K) = -12.84kJ \cdot mol^{-1}$$

此式并不代表在 300℃时，将 1mol H_2（g）和 1mol I_2（g）放在一起就有 12.84kJ 热放出；而是代表有 2mol HI（g）生成时，方有 12.84kJ 热放出。

如果是溶液中溶质参加反应，则需注明溶剂，如水溶液就用（aq）表示。例如

$$HCl(aq,\infty) + NaOH(aq,\infty) = NaCl(aq,\infty) + H_2O(l); \qquad \Delta_r H_m^\ominus(298K) = -57.32kJ \cdot mol^{-1}$$

反应式中（aq，∞）的含义是指溶液稀释到这样的程度，再加水时不再有热效应发生，称为"无限稀释"。

五、反应热的测量

随着科学技术的发展，量热实验技术发展也是日新月异，关于各种量热计在此不再赘述。不过需要提醒读者注意，有一种最常用的"弹式热量计"，是测定物质的燃烧反应热效应的，它测量的是恒容热效应，即反应的 $\Delta_r U$。

例题 1-3　正庚烷的燃烧反应为

$$C_7H_{16}（l）+11O_2（g）=7CO_2（g）+8H_2O（l）$$

25℃时，在弹式热量计中 1.2500g 正庚烷充分燃烧所放出的热为 60.089kJ。试求该反应在标准压力及 25℃进行时的恒压反应热效应 $\Delta_r H_m^{\ominus}（298K）$。

解：正庚烷的摩尔质量 $M=100g\cdot mol^{-1}$，反应前的物质的量为

$$n（0）=\frac{1.2500}{100}mol=0.0125mol$$

由于充分燃烧，反应后其物质的量 $n=0$，所以反应进度

$$\xi=\frac{n-n（0）}{\nu}=\frac{0-0.0125}{-1}mol=0.0125mol$$

在弹式热量计中为恒容反应，故

$$\Delta_r U=-60.089kJ$$

$$\Delta_r U_m=\frac{\Delta_r U}{\xi}=\frac{-60.089}{0.0125}kJ\cdot mol^{-1}=-4807kJ\cdot mol^{-1}$$

由反应方程式可知，反应前后气体物质计量数之差为

$$\Delta\nu=7-11=-4$$

所以 $\Delta_r H_m^{\ominus}（298K）=\Delta_r U_m+\Delta\nu RT$

$$=（-4807-4\times8.314\times10^{-3}\times298）kJ\cdot mol^{-1}=-4817kJ\cdot mol^{-1}$$

六、赫斯定律

对于不做其他功的恒容或恒压化学反应，其恒容反应热与恒压反应热分别与化学反应的热力学能变和焓变两状态函数相等，而与化学反应的途径无关。也就是说，"一个化学反应不论是一步完成还是分成几步完成，其热效应总是相同的。"这一规律称为赫斯（Hess）定律。

赫斯定律的意义与作用在于能使热化学方程式像普通代数方程那样进行运算，从而可以根据已经准确测定了的反应热，来计算难于测定或根本不能测定的反应热；可以根据已知的反应热，计算出未知的反应热。

例题 1-4 计算：$C（石墨）+\frac{1}{2}O_2（g）=CO（g）$ 的热效应。

已知：$C（石墨）+O_2（g）=CO_2（g）；\Delta_r H_m^{\ominus}（298K）=-393.5kJ\cdot mol^{-1}$　　　　（1）

$$CO（g）+\frac{1}{2}O_2（g）=CO_2（g）；\Delta_r H_m^{\ominus}（298K）=-282.8kJ\cdot mol^{-1}\qquad（2）$$

解：这个反应的热效应是很难直接测量的，因为人们很难控制碳的氧化停留在 CO 而不继续氧化成 CO_2，但是碳和 CO（g）全部氧化成 CO_2 的反应热是比较容易测定的。

$$C（石）+\frac{1}{2}O_2（g）\xrightarrow{\Delta_r H_m^{\ominus}（298K）（1）}CO_2（g）$$

$$C（石）+\frac{1}{2}O_2（g）\xrightarrow{\Delta_r H_m^{\ominus}（298K）}CO（g）\xrightarrow{\Delta_r H_m^{\ominus}（298K）（2）}CO_2（g）$$

根据赫斯定律

$$\Delta_r H_m^{\ominus}（298K）（1）=\Delta_r H_m^{\ominus}（298K）+\Delta_r H_m^{\ominus}（298K）（2）$$

所以 $\Delta_r H_m^{\ominus}（298K）=\Delta_r H_m^{\ominus}（298K）（1）-\Delta_r H_m^{\ominus}（298K）（2）$

$$=-393.5-（-282.8）kJ\cdot mol^{-1}=-110.7kJ\cdot mol^{-1}$$

七、标准生成焓和标准燃烧焓

任何一化学反应的 $\Delta_r H$ 都是产物的总焓与反应物的总焓之差，即

$$\Delta_r H = \sum H(\text{产物}) - \sum H(\text{反应物})$$

如果能够知道各种物质焓的绝对量值，利用上式可很方便地计算出化学反应的反应焓。但是物质的焓的绝对量值无法求得。于是人们就采用一种相对标准求出焓的改变量，标准生成焓和标准燃烧焓就是常用的两种相对的焓变，利用它们，结合赫斯定律，就可使反应焓的求算大大简化。

1. **标准摩尔生成焓**　在标准压力和指定温度下，由最稳定的单质生成单位物质的量某物质的恒压反应热，称该物质的标准摩尔生成焓（standard molar enthalpy of formation）。以符号 $\Delta_f H_m^{\ominus}$ 表示。例如，在298K及标准压力下

$$C（石墨）+ O_2（g）= CO_2（g）;\quad \Delta_f H_m^{\ominus}(298K) = -393.5 \text{kJ} \cdot \text{mol}^{-1}$$

则 CO_2 在298K时的标准摩尔生成焓 $\Delta_f H_m^{\ominus}(CO_2, g, 298K) = -393.5 \text{kJ} \cdot \text{mol}^{-1}$

$$H_2（g）+ \frac{1}{2}O_2（g）= H_2O（l）;\quad \Delta_f H_m^{\ominus}(298K) = -285.9 \text{kJ} \cdot \text{mol}^{-1}$$

则 $H_2O（l）$ 在298K时的标准摩尔生成焓 $\Delta_f H_m^{\ominus}(H_2O, l, 298K) = -285.8 \text{kJ} \cdot \text{mol}^{-1}$。

定义生成焓时，实际上是规定了"各种稳定单质（在任意温度）的生成焓值为零"。对于一给定化学反应，可以假设反应物和产物都从稳定单质反应而来，则反应热效应就是生成物有总生成焓减去反应物的总生成焓，即

$$\Delta_r H_m^{\ominus} = \sum \nu_B \Delta_f H_m^{\ominus}(B) \tag{1-39}$$

其中 ν_B 为物质B在反应式中的化学计量数。

例如下列反应的反应焓

$$3C_2H_2（g）= C_6H_6（l）$$

我们可以设计如下的过程，先分别从单质制备反应物 $C_2H_2（g）$ 和产物 $C_6H_6（l）$，再进行从反应物到产物的化学反应 $3C_2H_2（g）= C_6H_6（l）$。反应过程如下

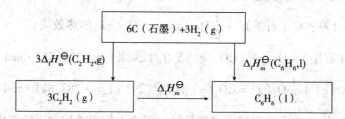

按赫斯定律

$$3\Delta_f H_m^{\ominus}(C_2H_2, l) + \Delta_r H_m^{\ominus} = \Delta_f H_m^{\ominus}(C_6H_6, l)$$

所以

$$\Delta_r H_m^{\ominus} = \Delta_f H_m^{\ominus}(C_6H_6, l) - 3\Delta_f H_m^{\ominus}(C_2H_2, g)$$

这就是式（1-39）的结论。有了这条规则，计算反应焓就大大简化了，只要知道上百种化合物的生成焓，就可以计算成千上万种反应的 $\Delta_r H_m$。

例题1-5　根据生成焓数据，计算下面反应的 $\Delta_r H_m^{\ominus}(298K)$。

$$CH_4（g）+ 2O_2（g）\rightarrow CO_2（g）+ 2H_2O（l）$$

解：查得

$$\Delta_f H_m^{\ominus}(CH_4, g, 298K) = -74.8 \text{kJ} \cdot \text{mol}^{-1}$$

$$\Delta_f H_m^{\ominus}(CO_2, g, 298K) = -393.5 \text{ kJ} \cdot \text{mol}^{-1}$$

$$\Delta_f H_m^{\ominus}(\text{H}_2\text{O},\text{l},298\text{K}) = -285.8 \text{ kJ} \cdot \text{mol}^{-1}$$

因此
$$\Delta_r H_m^{\ominus}(298\text{K}) = [-393.5 - 2 \times 285.8 - (-74.8) - 0]\text{kJ} \cdot \text{mol}^{-1}$$
$$= -890.3 \text{ kJ} \cdot \text{mol}^{-1}$$

2. 标准摩尔燃烧焓 在标准压力及指定温度下，单位物质的量的某种物质被完全氧化时的反应焓，称为该物质的标准摩尔燃烧焓（standard molar enthalpy of combustion）。以 $\Delta_c H_m^{\ominus}$ 表示。所谓完全氧化是指该化合物中 C 变为 CO_2（g），H 变为 H_2O（l），N 变为 N_2（g），S 变为 SO_2（g），Cl 变为 HCl（aq），金属元素变为游离态。例如，在 298K 及标准压力下

$$\text{CH}_3\text{COOH}(\text{l}) + 2\text{O}_2(\text{g}) = 2\text{CO}_2(\text{g}) + 2\text{H}_2\text{O}(\text{l}); \quad \Delta_c H_m^{\ominus}(298\text{K}) = -870.3 \text{ kJ} \cdot \text{mol}^{-1}$$

则 CH_3COOH（l）在 298K 时的标准摩尔燃烧焓为

$$\Delta_c H_m^{\ominus}(\text{CH}_3\text{COOH},\text{l},298\text{K}) = -870.3 \text{ kJ} \cdot \text{mol}^{-1}$$

标准摩尔燃烧焓对于绝大部分有机化合物特别有用，因绝大部分有机物不能由元素直接化合而成，故生成焓无法测得，而绝大部分有机物均可燃烧，故用燃烧焓比较方便，部分有机物的标准摩尔燃烧焓可参见附录2。

定义标准燃烧焓时实际上规定了完全氧化产物的标准燃烧焓为零。对于一给定化学反应，可以假设反应物和产物分别单独和氧反应，氧化到完全氧化产物，则任意一反应的反应焓等于反应物燃烧焓之和减去产物燃烧焓之和。即

$$\Delta_r H_m^{\ominus} = -\sum \nu_B \Delta_c H_m^{\ominus} (\text{B}) \qquad (1-40)$$

例如化学反应：$(\text{COOH})_2(\text{s}) + 2\text{CH}_3\text{OH}(\text{l}) = (\text{COOCH}_3)_2(\text{l}) + 2\text{H}_2\text{O}(\text{l})$

可以设计如下的过程，分别反应物 $(\text{COOH})_2(\text{s})$、$2\text{CH}_3\text{OH}(\text{l})$ 和产物 $(\text{COOCH}_3)_2(\text{l})$ 全部完全氧化到 $4\text{CO}_2(\text{g}) + 5\text{H}_2\text{O}(\text{l})$。反应过程如下

```
┌─────────────────────────────┐   Δ_r H_m^⊖   ┌──────────────────────────────┐
│ (COOH)₂(s) +2CH₃OH(l)       │──────────────→│ (COOCH₃)₂(l) +2H₂O(l)        │
└─────────────────────────────┘               └──────────────────────────────┘
   │ Δ_c H_m^⊖ [(COOH)₂,s]                          │ Δ_c H_m^⊖ [(COOCH₃)₂,l]
   │ +2Δ_c H_m^⊖ (CH₃OH,l)                          │
   ↓                          ┌──────────────────┐  ↓
                              │ 4CO₂(g) +5H₂O(l) │
                              └──────────────────┘
```

按赫斯定律

$$\Delta_c H_m^{\ominus}[(\text{COOH})_2,\text{s}] + 2\Delta_c H_m^{\ominus}(\text{CH}_3\text{OH},\text{l}) = \Delta_r H_m^{\ominus} + \Delta_c H_m^{\ominus}[(\text{COOCH}_3)_2,\text{l}]$$

因此
$$\Delta_r H_m^{\ominus} = \Delta_c H_m^{\ominus}[(\text{COOH})_2,\text{s}] + 2\Delta_c H_m^{\ominus}(\text{CH}_3\text{OH},\text{l}) - \Delta_c H_m^{\ominus}[(\text{COOCH}_3)_2,\text{l}]$$

已知
$$\Delta_c H_m^{\ominus}[(\text{COOH})_2,\text{s}] = -251.5 \text{ kJ} \cdot \text{mol}^{-1}$$
$$\Delta_c H_m^{\ominus}(\text{CH}_3\text{OH},\text{l}) = -726.6 \text{ kJ} \cdot \text{mol}^{-1}$$
$$\Delta_c H_m^{\ominus}[(\text{COOCH}_3)_2,\text{l}] = -1677.8 \text{ kJ} \cdot \text{mol}^{-1}$$

则该反应的焓为

$$\Delta_r H_m^{\ominus} = [-251.5 + 2 \times (-726.6) - (-1677.8)]\text{kJ} \cdot \text{mol}^{-1}$$
$$= -26.9\text{kJ} \cdot \text{mol}^{-1}$$

应该注意是，燃烧焓数值往往都很大，而一般的反应焓数值较小，从两个大数之差求一较小的值易造成误差，因为只要燃烧焓的数据有一个不大的误差，将会使计算出的反应焓有严重的误差。例如，上例中 $(\text{COOCH}_3)_2$ 的燃烧焓若只有 1% 的偏差时为 16.8kJ，但对酯化反应的 $\Delta_r H_m^{\ominus}$ 就可能造成 60% 以上的偏差。所以用燃烧焓计算反应时，必须注意其数

据的可靠性。

有机化合物的燃烧焓有着重要的意义。例如,燃料的热值即为其燃烧焓,其数值决定了燃料的品质。在营养学的研究中,往往将脂肪、碳水化合物和蛋白质的燃烧焓作为食物的能量指标,但需参考食物的生物利用度。

利用燃烧焓还可以求算有机化合物的生成焓。

八、反应焓变与温度的关系——基尔霍夫反应

化学反应的热效应是随着温度的改变而改变的。这种改变究竟与系统的什么性质有关系,可根据热力学第一定律加以证明。在温度为 T,压力为 p 时的任意一化学反应

$$A \rightarrow B$$

A 是始态即反应物,B 是终态即产物。此反应的反应焓为

$$\Delta_r H = H_B - H_A$$

如果保持 p 不变,此反应在另一温度下进行,反应焓 $\Delta_r H$ 随温度变化的关系,可以将上式在恒压下对温度 T 求微商,即得

$$\left(\frac{\partial \Delta_r H}{\partial T}\right)_p = \left(\frac{\partial H_B}{\partial T}\right)_p - \left(\frac{\partial H_A}{\partial T}\right)_p$$

根据式(1-17),$(\partial H / \partial T)_p$ 即为恒压热容,上式可写为

$$\left(\frac{\partial \Delta_r H}{\partial T}\right)_p = C_p(B) - C_p(A) = \Delta C_p \qquad (1-41)$$

ΔC_p 为产物的恒压热容与反应物恒压热容之差。当反应物和产物不止一种物质时,则

$$\Delta C_p = \sum \nu_B C_{p,m}(B) \qquad (1-42)$$

由式(1-42)可知,一化学反应的热效应随温度而变化是由于产物和反应物的热容不同而引起的。如果 $\Delta C_p < 0$,则 $(\partial H / \partial T)_p < 0$,当温度升高时反应焓要减小;若 $\Delta C_p > 0$,则 $(\partial H / \partial T)_p > 0$,当温度升高时反应焓要增大;当 $\Delta C_p = 0$ 或很小时,反应焓将不随温度改变。式(1-41)是由基尔霍夫(G. R. Kirchhoff)导出的,故通常称为基尔霍夫方程。

式(1-41)仅是反应焓随温度变化的微分式,欲使它在实际计算中得以应用,就必须在 T_1 和 T_2 之间积分,即

$$\int_{\Delta H(T_1)}^{\Delta H(T_2)} d(\Delta_r H) = \Delta_r H(T_2) - \Delta_r H(T_1) = \int_{T_1}^{T_2} \Delta C_p \, dT \qquad (1-43)$$

一般反应焓都比较大,而 C_p 较小,如果温度变化范围不大时,为简便起见,可将 ΔC_p 近似看成与温度无关的常数,式(1-43)可以写为

$$\Delta_r H(T_2) - \Delta_r H(T_1) = \Delta C_p (T_2 - T_1) \qquad (1-44)$$

此时各物质的 C_p 应当是在 T_1 和 T_2 温度区间内的平均恒压热容。

例题 1-6 在标准压力,298K 时液体水的生成焓为 -285.8kJ·mol^{-1},又知在 298K 至 373K 的温度区间内,H$_2$(g)、O$_2$(g)、H$_2$O(l)的平均恒压摩尔热容分别为 28.83、29.16、75.31J·K^{-1}·mol^{-1}。试计算 373K 时液体水的生成焓。

解:反应方程式为

$$H_2(g) + \frac{1}{2}O_2(g) = H_2O(l)$$

$$\Delta C_p = \left[75.31 - \left(28.83 + \frac{1}{2} \times 29.16\right)\right] J \cdot K^{-1} \cdot mol^{-1}$$

$$= 31.90 \text{J} \cdot \text{K}^{-1} \cdot \text{mol}^{-1}$$

$$\Delta_r H_m^\ominus(373\text{K}) = \Delta_r H_m^\ominus(298\text{K}) + \Delta C_p(373\text{K} - 298\text{K})$$

$$= \left[-285.8 \times 10^3 + 31.90 \times (373 - 298) \right] \text{J} \cdot \text{mol}^{-1}$$

$$= -2.83 \times 10^5 \text{J} \cdot \text{mol}^{-1} = -283 \text{kJ} \cdot \text{mol}^{-1}$$

以上计算是近似的。因为实际上热容是温度的函数，因此要精确地计算反应焓随温度的变化时，必须将反应物和产物的 C_p 表达成温度的函数关系，然后代入式（1-43）积分。如果采用式（1-18）表示 C_p 和 T 的关系

$$C_{p,m} = a + bT + cT^2$$

则有

$$\Delta C_p = \Delta a + (\Delta b) T + (\Delta c) T^2 \qquad (1-45)$$

式中

$$\Delta a = \sum \nu_B a_B$$

$$\Delta b = \sum \nu_B b_B$$

$$\Delta c = \sum \nu_B c_B$$

将式（1-45）代入式（1-43）积分可得

$$\Delta_r H_m^\ominus(T_2) - \Delta_r H_m^\ominus(T_1) = \Delta a(T_2 - T_1) + \frac{1}{2}\Delta b(T_2^2 - T_1^2) + \frac{1}{3}\Delta c(T_2^3 - T_1^2) \qquad (1-46)$$

例题 1-7 标准压力下，反应 $N_2(g) + 3H_2(g) \rightarrow 2NH_3(g)$ 在298K 时反应焓 $\Delta_r H_m^\ominus(298K)$ $= -92.38 \text{kJ} \cdot \text{mol}^{-1}$，又知

$$C_{p,m}(N_2) = 26.98 + 5.912 \times 10^{-3} T - 3.376 \times 10^{-7} T^2$$

$$C_{p,m}(H_2) = 29.07 - 0.837 \times 10^{-3} T + 20.12 \times 10^{-7} T^2$$

$$C_{p,m}(NH_3) = 25.89 + 33.00 \times 10^{-3} T - 30.46 \times 10^{-7} T^2$$

计算此反应在398K 的反应焓。

解：$\Delta a = 2 \times 25.89 - 26.98 - 3 \times 29.07 = -62.41$

$\Delta b = \left[(2 \times 33.00 - 5.912 + 3 \times 0.837) \right] \times 10^{-3} = 62.60 \times 10^{-3}$

$\Delta c = \left[-(2 \times 30.46) + 3.376 - 3 \times 20.12 \right] \times 10^{-7} = -117.9 \times 10^{-7}$

所以 $\Delta C_p = \Delta a + \Delta bT + \Delta cT^2$

$$= (-62.41 + 62.62 \times 10^{-3} T/\text{K} - 117.9 \times 10^{-7} T^2/\text{K}^2) \text{J} \cdot \text{mol}^{-1} \cdot \text{K}^{-2}$$

$$\Delta_r H_m^\ominus(398\text{K}) = \Delta_r H_m^\ominus(298\text{K}) + \int_{298\text{K}}^{398\text{K}} \Delta C_p \, \mathrm{d}T$$

$$= -92.38 \times 10^3 \text{J} \cdot \text{mol}^{-1} + \left[-62.41 \times (398 - 298) + 31.30 \times 10^{-3} \right.$$

$$\left. \times (398^2 - 298^2) - 39.3 \times 10^{-7} \times (398^3 - 298^3) \right] \text{J} \cdot \text{mol}^{-1}$$

$$= -92.38 \times 10^3 \text{J} \cdot \text{mol}^{-1} - 4.21 \times 10^3 \text{J} \cdot \text{mol}^{-1}$$

$$= -96.59 \text{kJ} \cdot \text{mol}^{-1}$$

基尔霍夫方程的另一种常用不定积分形式，用来表达 $\Delta_r H$ 与温度的函数关系，即

$$\Delta_r H = \Delta_r H_0 + \int \Delta C_p \, \mathrm{d}T \qquad (1-47)$$

$\Delta_r H_0$ 是积分常数，用298K 时的数据即可求得。如果用式（1-45）代入上式后，积分即得

$$\Delta_r H = \Delta_r H_0 + (\Delta a) T + \frac{1}{2}(\Delta b) T^2 + \frac{1}{3}(\Delta c) T^3 \qquad (1-48)$$

式中 ΔH_0、(Δa)、(Δb)、(Δc) 均为反应的特性常数，反应不同，这些常数的量值亦不同。

例题 1 – 8 利用例题 1 – 7 所给数据，求出反应 $N_2(g) + 3H_2(g) \rightarrow 2NH_3(g)$ 的 $\Delta_r H$ 与温度的变化关系表达式。

解： 根据上例，此反应的 $\Delta a = -62.41\ J \cdot mol^{-1} \cdot K^{-1}$；$\Delta b = 62.60 \times 10^{-3}\ J \cdot mol^{-1} \cdot K^{-2}$；$\Delta c = -117.9 \times 10^{-7}\ J \cdot mol^{-1} \cdot K^{-3}$，所以，其式 $\Delta_r H$ 与温度的变化关系可表达为

$$\Delta_r H = \Delta_r H_0 - 62.41T + 31.30 \times 10^{-3}T^2 - 39.3 \times 10^{-7}T^3$$

已知 298K 时，$\Delta_r H = -92.38\ kJ \cdot mol^{-1}$，代入（1 – 48）式可求得

$$\Delta_r H_0 = -76.65\ kJ \cdot mol^{-1}$$

所以，该反应的反应焓与温度关系的通式为

$$\Delta_r H = (-76.65 \times 10^3 - 62.41T + 31.30 \times 10^{-3}T^2 - 39.3 \times 10^{-7}T^3)\ J \cdot mol^{-1}$$

若一化学反应在温度变化区间范围内，参加反应的物质有了物态变化，不能直接套用基尔霍夫方程，因为这时物质的 $C_p \sim T$ 关系不是一连续函数。在这种情况下，欲计算反应焓的变化，最简单而又清楚的方法，就是将在一温度下的反应物通过两种途径转变成另一温度下的产物。这两种途径的总的焓变化应当相等。

上述用基尔霍夫方程计算反应焓与温度关系的方法，亦可近似适用于物质在物态变化时相变焓（如气化焓、升华焓、熔化焓等）与温度的关系。

🤔 思考题

1. 一切研究对象是否都可作为热力学系统？有没有大小的限制？

2. 高温物体比低温物体具有更多的热这种说法对不对？为什么？

3. 热是系统与环境间因为温差而被传递的能量，所以当系统有热传递时一定伴随着温度的变化，对不对？为什么？

4. 下列物理量中，哪些是状态函数？哪些是广度性质？哪些是强度性质？p、T、V、Q、W、U、H、G、ΔH、C、ρ、m、η、C_p、C_V、U_m、H_m、G_m 等。

5. 若一封闭系统从某一始态变化到某一终态。

（1）Q、W、$Q + W$、ΔU 是否已完全确定；

（2）若在绝热条件下，使系统从某一始态变化到某一终态，则（1）中的各量是否已完全确定？为什么？

6. 有人说，因 $Q_P = \Delta H$，$Q_V = \Delta U$，而内能和焓是状态函数，所以虽然 Q 不是状态函数，但 Q_P 与 Q_V 都是状态函数，此话对吗？请阐明理由。

7. 封闭系统在压力恒定的过程中吸收的热等于该系统的焓，对不对？为什么？

8. 气缸内有一定量理想气体，反抗一定外压做绝热膨胀，则 $\Delta H = Q_p = 0$，对不对？

9. 气体膨胀时一定对外做功，气体被压缩时环境一定对系统做功。这句话对不对？为什么？

10. 判断下列八个过程中，哪些是可逆过程？

（1）用摩擦的方法生电；

（2）房间内一杯水蒸发为水蒸气；

（3）水在沸点时变成同温同压下的水蒸气；

（4）用干电池使灯泡发光；

（5）对消法测电动势；

（6）在等温等压下混合 N_2（g）和 O_2（g）；

（7）理想气体向真空膨胀；

（8）水在冰点时变成同温同压的冰。

11. 理想气体在无化学变化、只做体积功的变温过程中有 $dU = C_V dT$, $dH = C_p dT$, 上述两式为何无需附加等容或等压条件？

12. 一恒压反应系统，若产物和反应物的 $\Delta_r C_{p,m} > 0$, 则升高温度反应的热效应大小如何变化？

13. 一定量理想气体，从同一初态出发，体积从 V_1 膨胀到 V_2, 分别经历三种过程：①等压；②等温可逆；③绝热可逆。其中吸收热量最多的是哪一种？

习题

1. 一热机通过一个可逆循环，对外作功 8000J, 若以热机的工作物质为系统，计算该系统的热效应？

2. 一绝热密闭的容器，用隔板分成相等的两部分，左边盛有一定量的理想气体，压强为 p_1, 右边为真空，若突然抽去隔板，当气体达到平衡时，试求系统的 p、W、ΔU。

3. 在一个绝热箱内装有浓硫酸和水，开始中间用隔膜分开，然后弄破隔膜，使水和浓硫酸混合，以水和浓硫酸为系统，判断 Q、W、ΔU 是增大还是减小。

4. 试证明 1mol 理想气体在恒压下升温 1K 时，气体与环境交换的功等于摩尔气体常数 R。

5. 1kg 液氮装在一个保温瓶中，保温瓶体积为 $0.01m^3$。若室温 298K, 试求保温瓶塞打开，1kg 液氮挥发过程中氮气所做的体积功。

6. 一圆柱形汽缸的截面积为 $2.5 \times 10^{-2} m^2$, 内盛有 0.01kg 的氮气，活塞重 10kg, 外部大气压为 $1 \times 10^5 Pa$, 当把气体从 300K 加热到 800K 时，设过程无热量损失，也不考虑摩擦，问：

（1）气体做功多少？

（2）气体容积增大多少？

（3）内能增加多少？

7. 已知冰和水的密度分别为 $0.92 \times 10^3 kg \cdot m^{-3}$ 和 $1.0 \times 10^3 kg \cdot m^{-3}$, 现有 1mol 的水发生如下变化：

（1）在 100℃、101.325kPa 下蒸发为水蒸气，且水蒸气可视为理想气体；

（2）在 0℃、101.325kPa 下变为冰。

试求上述过程系统所作的体积功。

8. 1mol 理想气体从 373K、$0.025m^3$ 经下述四个过程变为 100℃、$0.1m^3$:

（1）恒温可逆膨胀；

（2）向真空膨胀；

（3）恒外压为终态压力下膨胀；

（4）恒温下先以恒外压等于 $0.05m^3$ 的压力膨胀至 $0.05m^3$, 再以恒外压等于终态压力下膨胀至 $0.1m^3$。

求诸过程系统所作的体积功。

9. （1）100kPa，100K 下将 1mol 惰性气体等压加热到 300K，计算该过程的 ΔH、ΔU。

（2）将 30.6L、100K 的 1mol 惰性气体等容加热到 300K，计算该过程的 ΔH、ΔU。

比较上述两题的结果并说明原因。（惰性气体可视为理想气体）

10. 已知 PbO 固体的热容与温度的关系为 $C_{p,m}/(\mathrm{J \cdot K^{-1} \cdot mol^{-1}}) = 44.35 + 1.67 \times 10^{-3}T/\mathrm{K}$，求：

（1）将 1kg PbO 从 500K 冷却至 300K 的焓变；

（2）求在这个温度范围内氢的平均恒压摩尔热容。

11. 已知氢的 $C_{p,m}/(\mathrm{J \cdot K^{-1} \cdot mol^{-1}}) = 29.07 - 0.836 \times 10^{-3}(T/\mathrm{K}) + 20.1 \times 10^{-7}(T/\mathrm{K})^2$，求：

（1）恒压下 1mol 氢的温度从 300K 上升到 1000K 时需要吸收多少热量；

（2）若在恒容下需要吸收多少热？

12. 将氮气视为范德华气体，其 Joule - Thomson 系数为：$\mu_{J-T} = (2a/RT - b)/C_{p,m}$。300K，$p^{\ominus}$ 下将 1mol 氮气等温压缩到 10^3kPa，计算该过程的焓变 ΔH。已知：$a = 0.136\mathrm{m^6 \cdot Pa \cdot mol^{-2}}$，$b = 0.0391\mathrm{dm^3/mol}$，$C_{p,m} = 20.92\mathrm{J \cdot K^{-1} \cdot mol^{-1}}$。

13. 某气体状态方程式为 $pV_m = RT + ap$（a 为正数），证明该气体经节流膨胀后温度必然上升。

14. 1mol 双原子理想气体在 373K 时 10L 绝热可逆膨胀到 20L，求该气体的终态温度、Q、W 及 ΔU。

15. 在 298K 和 10^3kPa 时，取 10.00$\mathrm{dm^3}$ 的单原子理想气体。绝热可逆膨胀到最终压力为 100kPa。计算过程的 Q、W、ΔU、ΔH。

16. 1mol 单原子分子的理想气体，在 $p-V$ 图上完成由两条等容线和两条等压线构成的循环过程 abcda，如图所示。已知状态 a 的温度为 T_1，状态 c 的温度为 T_3，状态 b 和状态 d 位于同一等温线上，试求：状态 b 的温度。

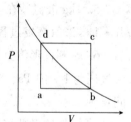

17. 证明 $\left(\dfrac{\partial U}{\partial T}\right)_p = C_p - p\left(\dfrac{\partial V}{\partial T}\right)_p$。

18. 证明 $C_p - C_V = -\left(\dfrac{\partial p}{\partial T}\right)_V\left[\left(\dfrac{\partial H}{\partial p}\right)_T - V\right]$。

19. 当以 10mol H_2 与 4mol Cl_2 混合，在反应进行的 t 时刻生成 3mol HCl 气体。若以 $H_2(g) + Cl_2(g) \rightarrow 2HCl(g)$ 为基本单元，试求该反应方程式的反应进度 ξ 值。

20. 300K 时 0.125mol 正庚烷（液体）在弹式量热计中完全燃烧，放热 602 kJ，求该燃烧反应的热力学能变化量 $\Delta_r U_m$ 及正庚烷在的 300K 时的燃烧焓 $\Delta_c H_m$。

21. 利用书后附录的生成焓或燃烧焓数据计算下列反应在 298.15K 时的等容热效应和等压热效应。

（1）$C_3H_8(g) + 5O_2(g) = 3CO_2(g) + 4H_2O(l)$

（2）$SO_3(g) + H_2O(g) = H_2SO_4(l)$

（3）$C_6H_5COOH(s) + 7.5O_2(g) = 7CO_2(g) + 3H_2O(l)$

22. 试求下列反应在 298K、101.325kPa 时的恒压热效应。

（1）$2H_2S(g) + SO_2(g) = 3H_2O(l) + 3S(斜方)$ $\quad Q_V = -223.8\mathrm{kJ \cdot mol^{-1}}$

（2）$2C(石墨) + O_2(g) = 2CO(g)$ $\quad\quad\quad\quad\quad Q_V = -231.3\mathrm{kJ \cdot mol^{-1}}$

（3）$H_2(g) + Cl_2(g) = 2HCl(g)$ $\qquad\qquad Q_V = -184kJ \cdot mol^{-1}$

23. 已知下列反应在25℃、100kPa时的热效应

$$2H_2S(g) + Fe(s) = FeS_2(s) + 2H_2(g)；\qquad \Delta_r H_m = -137.0kJ/mol \qquad (1)$$

$$H_2S(g) + 3/2O_2(g) = H_2O(l) + SO_2(g)；\qquad \Delta_r H_m = -562.0kJ/mol \qquad (2)$$

化合物 SO_2（g）和 H_2O（l）的标准摩尔生成焓分别是 $-296.81kJ/mol$ 和 $-285.83kJ/mol$，试计算 H_2S（g）和 FeS_2（s）的标准生成焓 $\Delta_f H_m^{\ominus}$。

24. 已知下述反应在298K时的热效应。

$$C_6H_5COOH(s) + 15/2O_2(g) = 7CO_2(g) + 3H_2O(l)；\qquad \Delta_r H_m = -3230kJ/mol \qquad (1)$$

$$C（石墨）+ O_2(g) = CO_2(g)；\qquad \Delta_r H_m = -394kJ/mol \qquad (2)$$

$$H_2(g) + 1/2O_2(g) = H_2O(l)；\qquad \Delta_r H_m = -286kJ/mol \qquad (3)$$

求 C_6H_5COOH（s）的标准生成焓 $\Delta_f H_m^{\ominus}$。

25. 已知：甲烷气体的标准摩尔燃烧焓为 $-8.9 \times 10^5 J \cdot mol^{-1}$，氢气的等压摩尔燃烧热为 $-2.86 \times 10^5 J \cdot mol^{-1}$，碳（石墨）的标准摩尔燃烧焓为 $-3.93 \times 10^5 J \cdot mol^{-1}$。求甲烷的标准摩尔燃烧焓？

26. 在298K，100kPa时查表得下列数据：

化合物	TiO_2（s）	Cl_2（g）	C（石墨）	CO（g）	$TiCl_4$（l）
$C_{p,m}$（$J \cdot K^{-1} \cdot mol^{-1}$）	55.06	33.93	8.53	29.14	145.2

$TiO_2(s) + 2C（石墨）+ 2Cl_2(g) = 2CO(g) + TiCl_4(l)$，$\Delta_r H_m^{\ominus}(298K) = -80kJ/mol$。已知 $TiCl_4$ 的沸点为409K，计算该温度下上述反应的 $\Delta_r H_m^{\ominus}$。

27. 反应 N_2（g）$+ 3H_2$（g）$= 2NH_3$（g）在298K时的 $\Delta_r H_m^{\ominus} = -92.88kJ \cdot mol^{-1}$，求 NH_3（g）在398K时的 $\Delta_r H_m^{\ominus}$。已知：

$$C_{p,m}(N_2, g) = [26.98 + 5.912 \times 10^{-3}T/K - 3.376 \times 10^{-7}(T/K)^2]J \cdot K^{-1} \cdot mol^{-1}$$

$$C_{p,m}(H_2, g) = [29.07 + 0.837 \times 10^{-3}T/K + 20.12 \times 10^{-7}(T/K)^2]J \cdot K^{-1} \cdot mol^{-1}$$

$$C_{p,m}(NH_3, g) = [25.89 + 33.00 \times 10^{-3}T/K - 30.46 \times 10^{-7}(T/K)^2]J \cdot K^{-1} \cdot mol^{-1}$$

28. 已知下述反应的热效应（kJ/mol）。

$$CH_3COOH(l) + 2O_2(g) = 2CO_2(g) + 2H_2O(l)；\qquad \Delta_r H_m^{\ominus}(298K) = -871.5 \qquad (1)$$

$$H_2O(l) = H_2O(g)；\qquad \Delta_r H_m^{\ominus}(373.15K) = 40.6561 \qquad (2)$$

$$CH_3COOH(l) = CH_3COOH(g)；\qquad \Delta_r H_m^{\ominus}(391.4K) = 24.4 \qquad (3)$$

化合物 CH_3COOH（l）、O_2（g）、CO_2（g）、H_2O（l）和 H_2O（g）在 $298 \sim 391.4K$ 范围内的等压摩尔热容分别为 123.88、29.35、37.08、75.28 和 $33.57J \cdot K^{-1} \cdot mol^{-1}$，试求算在391.4K时反应 CH_3COOH（g）$+ 2O_2$（g）$= 2CO_2$（g）$+ 2H_2O$（g）的 $\Delta_r H_m^{\ominus}$。

第二章　热力学第二定律

热力学第一定律是关于能量守恒和转化应遵循的规律，它是自然界的基本规律之一，自然界的所有过程都不违反能量守恒定律。但是遵守热力学第一定律的过程不一定就能发生，例如从单一的热源吸热对外做功而不引起其他变化，热自动从低温物体传到高温物体的过程等。虽然这些过程能量是守恒的，但无数事实证明，它们从来没有发生过。这类现象涉及热和功的本质上的差异、能量在不同形式之间转换时的耗散、过程的方向性以及限度等问题。自然界有无数简单或复杂的具有方向性的过程和反应，如溶液自动从高浓度向低浓度扩散，常温常压下丹尼尔电池对外输出电压等，历史上曾有许多试图使用热力学第一定律来解决过程的方向性和限度的尝试，但都没有能得到定量关系而失败，也就是说只用体系的热力学能变化（ΔU）不能解决自发变化的方向性和限度问题，需要新的定律和新的状态函数。热力学第二定律就是用来解决自发变化的方向和限度相关问题的。

热力学的发展过程中，关于蒸汽机的研究起了很大作用。蒸汽机是人类历史上第一台原动机，蒸汽机以水蒸气为工作介质，可以使用各种燃料，将蒸汽的热能转换为机械功对外输出。当时还没有关于蒸汽机的理论，如何提高蒸汽机的热功转换效率是科学和实业界的大事，1824 年法国科学家卡诺（S. Carnot，1796 ~ 1832）创建了工作在高、低温热源之间的可逆热机模型，并证明了卡诺定理。1834 年法国工程师克拉珀龙（E. Clapeyron，1799 ~ 1864）用理想气体的两个恒温可逆过程和两个绝热可逆过程实现了理想气体的卡诺循环，并绘制了 $p - V$ 图。尽管卡诺的证明是错误的，但结论是正确的，要证明卡诺定理必须要热力学第二定律。克劳修斯（R. J. E. Clausius，1822 ~ 1888）和开尔文（L. Kelvin，1824 ~ 1907）分别在 1850 年和 1851 年提出了热力学第二定律，1865 年克劳修斯提出了熵函数及熵增加原理。

第一节　自发过程

在一定条件下，不需要任何外界驱动力就能自动进行的过程称为自发过程（spontaneous process）。自发过程具有明显的热力学特征，且具有相同的热力学特征。

1. 自发过程都是不可逆过程　自发过程的逆过程在环境不加干涉的情况下，都不能自动完成。例如，氧气和氮气混合时，自发地形成均匀的混合气体，要想实现两者的分离，则必需环境对系统做功。金属锌能从硫酸铜水溶液中置换出铜，逆过程，金属铜不能从硫酸锌水溶液中置换出锌，但是，可利用电解装置，在环境做电功的情况下，让逆反应发生。因此对所有自发过程的研究给出了一致的结论：自发过程的逆过程都需外界环境对系统做功才能发生。

对自发过程研究最多的是热传导，Q_2 自动从高温物体传向低温物体，如果要使体系恢复原状，可以将热量 Q_2 从低温物体中重新取出送回高温物体，这个过程是非自发的。需要环境对系统做功 W，从低温热源吸收 Q_2 的热量传给高温热源。高温热源将与 W 等量的热传给环境。因此系统回到始态后，对环境而言，消耗 W 的功，得到 $Q = W$ 的热。热传导自发过程是否可逆，最终也在于是否能将热全部变成功而不引起其他的变化。实际自发过程多

扫码"学一学"

种多样，但经过分析最终都可以归结为热功转换的方向和限度问题。注意其他变化是指系统状态的永久性改变，比如体积变大，理想气体恒温可逆膨胀就能实现热全部转化为功，但体积变大了。化学反应从反应物变成产物也是永久变化，物质存在状态变化也是永久变化。总之系统状态函数的改变就是变化痕迹。因此对于系统发生一自发变化后，通过环境对系统做功使其逆过程发生，系统回到始态，由热力学第一定律，环境必得到相应的热效应，也就是对环境而言，一定量的功转化为热，能量形式发生了改变。而大量经验告诉我们，功可以全部转化为热，而在不引起其他任何变化的情况下，热不可能全部转化为功。也就是说，系统回到了始态，而环境没有回到始态，留下了功变热的痕迹。因此可以得出一切自发过程是热力学不可逆过程的结论。不可逆性是自发过程的共同特征，其本质就是热功转换的不可逆性。

2. 自发过程都有明确的方向性和限度　自发过程的方向性是由体系的本性所决定的，并且都有限度，决定方向和限度的物理量往往都是系统的强度性质。如热自发地从高温物体传到低温物体直至两物体温度相等，决定热传导方向和限度的是温度；物质自发地从高浓度溶液向低浓度扩散直至浓度相等，两气体接触自发混合直至均匀，决定因素都是物质浓度。常温常压下葡萄糖氧化，不管中间产物是什么，最终限度是 CO_2 和 H_2O 组成的化学平衡态，这个过程中的决定因素是什么我们还不知道，需要发展新理论加以研究。

3. 自发过程都有对环境做功的潜在能力　自发过程只要条件适当都能对外做功。上述各自发过程都可以制作成对外做功的装置而对环境输出功。例如热自发从高温物体传到低温物体可制成热机，葡萄糖氧化可为生命体提供能量，物质自发从高浓度溶液向低浓度扩散可制成浓差电池等。随着自发过程的发生，系统逐渐趋于平衡，压力差、高度差、电势差等逐渐减小，系统做功能力也随之减小，直至达到平衡态，做功能力完全丧失。

第二节　热力学第二定律

扫码"学一学"

所有自发过程的共同特征是不可逆性。一切实际过程都是热力学不可逆过程，自然界的所有不可逆过程都是相互关联的，可以从某一自发过程的不可逆性推断另一过程的不可逆性，热力学第二定律就是人们总结出来的关于自发变化的方向和限度的规律，热力学第二定律有多种表述方式，其中最经典的表述是克劳修斯和开尔文的表述。

1. 克劳修斯表述　不可能把热从低温物体传给高温物体而不引起其他变化。表明了热传导过程的不可逆性，即热量总是自发地从高温热源传给低温热源，要想使热量从低温热源传给高温热源，必需借助环境对制冷机做功来实现，结果是有热量从低温物体传给了高温物体，但环境消耗了功而得到了相等数量的热。

2. 开尔文表述　不可能从单一热源吸热使之变为相等数量的功而不引起其他变化。表明了热功转化过程的不可逆性。

理想气体恒温可逆膨胀过程从热源吸热 Q，对外做功 W，系统 $\Delta U = 0$，$Q = -W$，热全部转化为功，但体积膨胀了，留下了永久性的变化。可以用等温可逆压缩使系统恢复原状，环境对系统做功，同时得到等量的热，功全部转化成了热，$-Q = W$，环境失去功得到相等的热，这依然是永久性变化。这说明功可以完全转换为热而不引起永久性变化，但热在转换为功时不能达到 100%，而不引起其他变化。其实质就是热转换为功时必定有损耗，但并不违反能量守恒定律。开尔文表述又可以表述成：第二类永动机是不可能造成的。人们不可能制造一台这样的机器，它源源不断地从单一热源吸热变成相等数量的功而不留下永久性的变化。显然这样的机器遵守热力学第一定律，我们称之为第二类永动机（second kind of perpetual motion machine）。无数事实证明这样的机器并不存在。

我们并没有办法来证明以上结论的正确性，但这是无数实验事实的总结，因此和能量守恒定律一样，热力学第二定律也是经验定律。

热力学第二定律的两种表述是等价的，如果违背克劳修斯说法，就必然违背开尔文说法。如图 2-1 所示，假如有违背克劳修斯表述的过程发生，即热可以从低温物体传给高温物体而不引起其他任何变化，那么就可以利用热机从高温热源吸热 Q_2，Q_1 的热量传给低温热源，同时对外做功 W。然后不引起其他任何变化的情况下使 Q_1 的热从低温热源传给高温热源。其净结果为单一高温热源吸热 $Q_2 - Q_1$，并完全转变为功而无其他变化，从而也违背了开尔文说法。

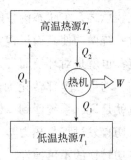

图 2-1　热力学第二定律的两种表述

第三节　卡诺定理

一切自发过程的不可逆性都和热功转化的不可逆性等价，如果解决了热功转化的方向和限度问题，也就解决了自发过程的方向和限度的问题。因此任何过程都可以转换成热传递过程或热与功的转化过程，然后应用热力学第二定律的克劳修斯说法或开尔文说法判断其能否自发进行。但通过这样的方法来判断一个过程的方向和限度太过麻烦，甚至还有许多过程无法演变成热功转换过程，因此最好的方法就是寻找一个新的状态函数，由系统的该状态函数的改变量来判断一定条件下某个过程能否自发进行。

19 世纪 50 年代至 60 年代，德国物理学家克劳修斯经过十几年的深入研究和思考，从卡诺定理得到启发，在对实际热机的研究中指出，任何实际热机都是不可逆的，使用过程中会产生一些"无法利用"的热量（比如热机的摩擦和振动产生的热）。在此基础上，克劳修斯提出了熵的概念，熵是体系的基本性质，是组成系统的大量微观粒子无序程度的量度。系统越无序，混乱度越大，熵就越大。热力学过程不可逆性的微观本质就是系统从有序趋于无序，从概率较小的状态趋于概率较大的状态自发进行。

一、卡诺热机

利用热循环而实现热功转换的装置称为热机。法国工程师萨迪·卡诺（S·Carnot，1796～1832）认为蒸汽机的实质是热功转换。他提出了一种理想热机模型，这种理想机没有机械摩擦、振动和热损失等，从高温热源吸热对外做功同时向低温热源释放部分热量，于1824 年发表了《关于火的动力的思考》。卡诺认为热在转换为机械功时不可避免地要向低温热源释放一定的热。

如图 2-2 所示，热机在两个不同温度的热源之间工作，从温度为 T_2 的高温热源吸热 Q_2，将部分热量转换为功 W 对外输出，同时部分热量 Q_1 传给温度为 T_1 的低温热源。显然该热机的热功转换效率（efficiency of the heat engine）η，为

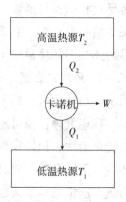

图 2-2　卡诺热机

$$\eta = \frac{-W}{Q_2} = \frac{Q_2 + Q_1}{Q_2} = 1 + \frac{Q_1}{Q_2} \tag{2-1}$$

式中，W 前加负号是因为把热机作为系统，热机对环境做功为负值，而热机效率是正值。其中 $Q_1 < 0$、$Q_2 > 0$，热机效率始终小于 1。

显然卡诺机已经有了热力学第二定律的基本思想，同时卡诺提出了卡诺定理来解决热机效率问题。

二、卡诺定理

卡诺定理包含两个重要内容：①一切工作在高温热源和低温热源之间的热机，可逆热机效率最高，为 $\eta_r = (T_2 - T_1)/T_2$；②可逆热机的效率与工作介质无关。

卡诺在证明卡诺定理时使用了错误的热质说，人们现在知道要证明卡诺定理需要热力学第二定律，尽管卡诺对卡诺定理的证明是错误的，但卡诺定理是正确的。卡诺是人类历史上第一个提出热不可能全部转换为功的人，他的热机模型为提高热机效率指明了方向，事实上也确实在按照卡诺定理的方向改善热机，如内燃机、超临界蒸汽机等都是基于提高高温热源的温度从而提高热功转换效率。

现在从热力学第二定律出发，利用反证法来证明卡诺定理。

有可逆热机 R 和任意热机 I 工作在温度为 T_2 的高温热源和温度为 T_1 的低温热源之间。如图 2-3 所示，任意热机 I 从高温热源吸热为 Q_2，其热功转换效率为 $\eta_I = -W'/Q_2$，可逆机 R 的效率为 $\eta_R = -W/Q_2$。任意热机 I 从高温热源吸热 Q_2，对外做功 W'，传给低温热源 T_1 的热为 Q_1'。可逆热机 R，从高温热源 T_2 吸热 Q_2，向低温热源 T_1 传热 Q_1。假设任意热机 I 的热功转换效率大于可逆机 R，即 $\eta_I > \eta_R$，则有 $|W'| > |W|$，$|Q_1'| < |Q_2|$。从 W' 中利用 W 的功来倒开可逆热机 R，使其向高温热源 T_2 释放的热为恰好为 Q_2，根据卡诺定理必从低温热源 T_1 吸热 Q_1。

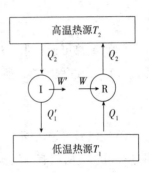

图 2-3 卡诺定理的证明

我们现在考察一下热机 I 驱动热机 R 逆转，循环一周后的热功转换净结果。高温热源 T_2 没有变化，低温热源 T_1 净失去热量 $Q = |Q_2| - |Q_1'|$，环境将获得净功 $W'' = |W'| - |W|$。这就实现了第二类永动机，违反了热力学第二定律，因此假设 $\eta_I > \eta_R$ 不成立，所以

$$\eta_I \leqslant \eta_R \tag{2-2}$$

现在我们利用以上相同的反证法来证明卡诺定理的第二条内容。假设有两台使用不同工作介质的卡诺可逆热机 R_1 和 R_2 工作于两个相同的高温热源和低温热源之间，例如 R_1 的工作介质是理想气体，R_2 的工作介质是水蒸气。若 R_1 带动 R_2 逆转则有 $\eta_{R_1} \leqslant \eta_{R_2}$，若 R_2 带动 R_1 逆转则有 $\eta_{R_2} \leqslant \eta_{R_1}$，因此必有 $\eta_{R_2} = \eta_{R_1}$ 的结论。

也就是说，无论可逆热机中的工作物质是什么，在两个相同的热源之间工作的可逆热机其热机效率都相等，即卡诺热机的效率与参与循环的工作物质的本性无关。因此可以用理想气体作为卡诺热机的工作介质研究循环后的热功转换结果，其结果可进行普遍化推论，这样解决热机的效率问题及寻找热功转换不可逆性的本质问题都可以在理想气体的简单模型中得到解决。

三、理想气体的卡诺循环

1834 年克拉珀珑（B. P. E. Clapeyron，1799 – 1864）用理想气体实现了卡诺循环，并绘制了卡诺循环的压力 – 容积图，如图 2 – 4。

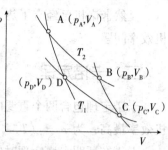

1mol 理想气体，在 T_2 温度下从状态 A 经由恒温可逆膨胀至状态 B、经绝热可逆膨胀至状态 C、在 T_1 温度下从状态 C 恒温可逆压缩至状态 D、再经绝热可逆压缩回到状态 A。理想气体经由四个连续步骤，最后气体恢复到始态。理想气体卡诺循环可构成热机，且由于四个过程均为可逆过程，显然这是一个可逆热机，该热机中的理想气体经由 AB 过程从高温热源吸热，经由 CD 过程向低温热源放热，对外所做的功是 p – V 关系图中曲线所包围的面积。下面分别计算每一步骤的功和热，从而研究可逆热机的效率。

图 2 – 4　理想气体卡诺循环

（1）恒温可逆膨胀　理想气体从状态 A（p_A，V_A，T_2）恒温可逆膨胀至状态 B（p_B，V_B，T_2）。因理想气体的内能只是温度的函数，所以此过程系统有 $\Delta U_1 = 0$。

$$Q_2 = -W_1 = nRT_2 \ln \frac{V_B}{V_A}$$

（2）绝热可逆膨胀　理想气体从状态 B（p_B，V_B，T_2）绝热可逆膨胀至状态 C（p_C，V_C，T_1）。此过程绝热，所以

$$W_2 = \Delta U_2 = \int_{T_2}^{T_1} nC_{V,m} dT$$

（3）恒温可逆压缩　理想气体从状态 C（p_C，V_C，T_1）恒温可逆压缩至状态 D（p_D，V_D，T_1）。因过程恒温，所以有 $\Delta U_3 = 0$。

$$Q_1 = -W_3 = nRT_1 \ln \frac{V_D}{V_C}$$

（4）绝热可逆压缩　理想气体从状态 D（p_D，V_D，T_1）绝热可逆压缩回到状态 A（p_A，V_A，T_2）。此过程绝热，所以

$$W_4 = \Delta U_4 = \int_{T_1}^{T_2} nC_{V,m} dT$$

系统经过以上四个步骤构成一个循环过程回到始态，所以

$$W = W_1 + W_2 + W_2 + W_4$$

$$= -nRT_2 \ln \frac{V_B}{V_A} + \int_{T_2}^{T_1} nC_{V,m} dT - nRT_1 \ln \frac{V_D}{V_C} + \int_{T_1}^{T_2} nC_{V,m} dT$$

$$= nRT_2 \ln \frac{V_A}{V_B} + nRT_1 \ln \frac{V_C}{V_D} \tag{2 – 3}$$

$$\Delta U = Q + W = 0 = (Q_1 + Q_2) + W$$

$$Q_1 + Q_2 = -W$$

对于步骤（2）和（4）为理想气体的绝热可逆过程，由绝热可逆过程方程

$$T_1 V_C^{\gamma-1} = T_2 V_B^{\gamma-1}$$

$$T_1 V_D^{\gamma-1} = T_2 V_A^{\gamma-1}$$

两式相除可得

$$\frac{V_C}{V_D} = \frac{V_B}{V_A}$$

所以式又可写为 $W = -(Q_1 + Q_2) = -nR(T_2 - T_1)\ln\frac{V_B}{V_A}$

所以卡诺热机的效率为

$$\eta_R = \frac{Q_2 + Q_1}{Q_2} = \frac{-W}{Q_2} = \frac{nR(T_2 - T_1)\ln\frac{V_B}{V_C}}{nRT_2\ln\frac{V_B}{V_C}} = \frac{T_2 - T_1}{T_2} \qquad (2-4)$$

可逆热机的转换效率只与两个热源的温度相关，两个热源的温度差越大，热功转换效率越高。若 $\Delta T = 0$，$\eta = 0$，即从单一热源吸热全部转化为功的机器即第二类永动机是不可能造成的。在实际应用中，低温热源通常是热机排放室温度，最低是大气，高温热源常用高压蒸汽锅炉、燃油或燃气的燃烧室等，工作介质使用水蒸气或燃气。对于蒸汽机的高温热源温度，19 世纪末期最高可达 250℃，到 20 世纪 30 年代可达到 480℃，目前最先进的超临界热电机组的高温热源已近 600℃。实际热机的效率也已大于 45%，但与电池能量效率相比，蒸汽机的效率其实并不高。

例题 2-1 某卡诺热机在两个温度分别为 393.2K 与 293.2K 的热源之间工作。试求：

（1）该热机的效率；

（2）若使环境得到 2000J 的功，热机需从高温热源吸收多少热?

解：（1）根据题意，由卡诺热机的效率公式

$$\eta_R = \frac{T_2 - T_1}{T_2} = \frac{393.2 - 293.2}{393.2} = 25.43\%$$

（2）又因为 $\eta_R = \frac{-W}{Q_2} = \frac{2000J}{Q_2} = 25.43\%$，$Q_2 = \frac{2000J}{25.43\%} = 7864\ J$

第四节 熵

一、可逆过程的热温商和熵

扫码"学一学"

对于卡诺循环，有

$$\eta_R = \frac{T_2 - T_1}{T_2} = \frac{Q_2 + Q_1}{Q_2}$$

移项整理得

$$\frac{Q_1}{T_1} + \frac{Q_2}{T_2} = 0 \qquad (2-5)$$

式（2-5）表明卡诺循环的热温商之和等于零。卡诺循环遵守能量守恒，即 $\Delta U = 0$，显然式（2-5）不仅仅是能量守恒的结果，克劳修斯认为式（2-5）揭示了其他未知状态量的守恒。要寻找这个状态函数首先应将卡诺循环的热温商之和为零的结论推广至任意的热力学可逆循环。

先看一个任意的热力学可逆过程 A → B，如图 2-5。在图 2-5 所示的任意的可逆过程 AB 线上，选 PQ 作为微小过程，过 P、Q 两点作两条可逆绝热线 VP 和 QW，在 PQ 间选择一点 O，经 O 点作一条等温可逆线 VOW 与两条绝热可逆线分别相交于 V 与 W，使得曲线所围的 PVO 和 OWQ 两部分面积相等。P → Q 是一任意可逆过程，原途径是始态 P 经 O 点

变化至终态 Q。现设计一条新变化途径，始态 P 经绝热可逆变化至 V，从 V 点做恒温可逆变化至 W，再做绝热可逆变化终态 Q。由于 PVO 和 OWQ 两部分面积相等，原可逆途径 P→O→Q 和设计的理论途径 P→V→O→W→Q 的热功效应完全相同，因此 P→Q 和 P→V→W→Q 两条途径是热力学完全等价的。对于任意可逆过程 AB 就可以用无限多无限小的恒温可逆和绝热可逆过程之和来替换，即恒温可逆与绝热可逆过程可以构成任意的热力学可逆过程，由于恒温可逆和绝热可逆过程是构成卡诺循环的基本过程，有明确的过程方程，各种热力学函数的计算简单方便，这使得任意可逆过程中的热力学处理变得简便了。

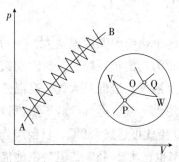

图 2-5　任意可逆过程的变换图

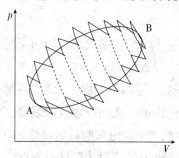

图 2-6　可逆循环变换图

由于卡诺循环是由恒温可逆和绝热可逆过程构成的，利用同样的原理，可以将任意可逆循环分割成多个小的卡诺循环，如图 2-6 所示。图中循环 ABA 是任意可逆循环，虚线部分表示相邻两个小卡诺循环的绝热可逆膨胀线与绝热可逆压缩线重叠部分，所做的功相互抵消，这些小卡诺循环的总热力学效应与封闭折线 ABA 代表的循环是等价的。如果使用无限多个无限小的卡诺循环，任意循环 ABA 将和微小卡诺之和的总效应完全等同。因此，任意循环过程都可以用无限多个无限小的卡诺循环代替。

因为卡诺循环都有热温商之和为零，所有的小卡诺循环加合即为整个任意可逆循环的热温商之和。因而对任意循环过程也有热温商之和等于零的结论。

$$\sum_i \left(\frac{Q_i}{T_i}\right)_R = 0 \qquad (2-6)$$

如果这些小卡诺循环无限多无限小，上式也可表示为

$$\oint \left(\frac{Q_i}{T_i}\right)_R = 0 \qquad (2-7)$$

式（2-7）中，下标 R 表示可逆，T 为热源温度即环境温度，对可逆过程，T 也是系统温度。该式表示在任意的可逆循环过程中工作物质的热温商之和为零，即可逆过程热温商循环积分等于零。

如图 2-7 所示，图中的闭合曲线代表一个任意的可逆循环。曲线上任意选取两个状态 A 和 B，循环途径是从 A 经途径 R_1 到 B，再从 B 经途径 R_2 回到始态 A。循环被分成了两个可逆途径 R_1 和 R_2，则（2-7）式可写为

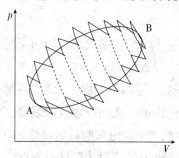

图 2-7　可逆过程的两条途径

$$\int_A^B \left(\frac{\delta Q}{T}\right)_{R_1} + \int_B^A \left(\frac{\delta Q}{T}\right)_{R_2} = 0$$

移项、变换积分上下限得

$$\int_A^B \left(\frac{\delta Q}{T}\right)_{R_1} = -\int_B^A \left(\frac{\delta Q}{T}\right)_{R_2} = \int_A^B \left(\frac{\delta Q}{T}\right)_{R_2} \qquad (2-8)$$

式（2-8）表明从始态 A 到终态 B 沿两条不同可逆途径 R_1 和 R_2，其热温商之和相等，因为 R_1 和 R_2 是任意的两条可逆途径，所以可以推论所有可逆过程热温商之和只与系统的始终态相关，与途径无关。这是状态函数的重要特性，那么可逆过程的热温商之和应该是某特定状态函数的变化量，1865 年，克劳修斯定义该状态函数为熵（entropy），用符为 S 表示。系统由始态 A 变化到终态 B，ΔS 数值等于从 A 到 B 的可逆途径的热温商之和。S_A 和 S_B 分别表示系统的始态熵和终态熵，则

$$\Delta S = S_B - S_A = \sum_B \left(\frac{\delta Q_B}{T}\right)_R \text{ 或 } \Delta S - \int_A^B \frac{\delta Q_R}{T} = 0 \qquad (2-9)$$

对于微小变化为

$$dS = \frac{\delta Q_R}{T} \qquad (2-10)$$

熵是系统的状态函数，其量纲为 $J \cdot K^{-1}$。熵和 p、T、V、U 一样是系统和物质的基本属性，熵是广度量，具有加和性，也就是系统的总熵等于系统各部分的熵之和。系统从始态变化至终态，其熵的变化是可逆过程的热温商之和，而物质的熵的物理意义及其数值随后介绍。

二、克劳修斯不等式

根据卡诺定理有

$$\eta_I \leqslant \eta_R$$

即

$$\frac{Q_2 + Q_1}{Q_2} \leqslant \frac{T_2 - T_1}{T_2}$$

整理上式，得

$$\frac{Q_2}{T_2} + \frac{Q_1}{T_1} \leqslant 0 \qquad (2-11)$$

结合式（2-5）可知，式（2-11）中的等号适用于可逆热机，小于号适用于不可逆热机。也就是说可逆循环过程的热温商之和等于零，不可逆循环过程的热温商之和小于零。即对不可逆循环过程有

$$\frac{Q_2}{T_2} + \frac{Q_1}{T_1} < 0 \qquad (2-12)$$

将式（2-12）推广至含不可逆过程的循环，则式（2-12）可表示为

$$\sum_i \left(\frac{\delta Q_i}{T_i}\right)_{IR} < 0 \qquad (2-13)$$

式中，下标 IR 表示含有不可逆过程的循环，Q_i 指系统在循环过程中与一系列不同温度 T_i 的热源接触时系统和环境之间所交换的热效应。在不可逆过程中，除终态外系统并非处于平衡态，因此系统温度并无确定值，不可逆过程中的 T_i 可使用环境温度。

如图 2-8，假设系统从始态 A 出发，经一不可逆过程 I 到达状态 B，再经一可逆过程 R 回到状态 A。因为该循环过

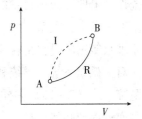

图 2-8 含不可逆过程的循环

程中含有不可逆过程，有时称此循环为不可逆循环。其系统的热温商之和为

$$\left(\sum_{A}^{B} \frac{\delta Q}{T}\right)_{I} + \left(\sum_{B}^{A} \frac{\delta Q}{T}\right)_{R} < 0$$

因为可逆过程的热温之和就是该过程的熵变，即

$$\left(\sum_{B}^{A} \frac{\delta Q}{T}\right)_{R} = S_A - S_B$$

所以

$$\left(\sum_{A}^{B} \frac{\delta Q}{T}\right)_{I} < S_B - S_A$$

$$\Delta S_{A \to B} > \left(\sum_{A}^{B} \frac{\delta Q}{T}\right)_{I} \qquad (2-14)$$

从式（2-14）可以知道，系统从始态到终态经由不可逆变化过程时，其热温商之和小于始终态相同时可逆过程的热温商之和，即小于系统的熵变。对于一个微小的变化，则有

$$dS > \frac{\delta Q}{T}$$

结合式（2-10），可写为

$$dS \geqslant \frac{\delta Q}{T} \qquad (2-15)$$

式（2-14）和式（2-15）称作克劳修斯不等式，是热力学第二定律的数学表达式，用于判断一个过程是否可逆。δQ 指实际过程中系统和环境交换的热效应，T 为环境温度。式中等号适用于可逆过程，此时系统与环境处于平衡状态，两者温度相等。如实际过程为不可逆过程取大于号。因为在两个指定热源之间工作的热机中卡诺热机的效率最大，所以有 $dS < \delta Q/T$ 的过程是不可能发生，否则就违反了热力学第二定律。

三、熵增加原理

在封闭系统的绝热过程中，因为 $\delta Q = 0$，根据克劳修斯不等式，有

$$\Delta S \geqslant 0 \text{ 或 } dS \geqslant 0 \qquad (2-16)$$

对于绝热可逆过程，$\Delta S = 0$，系统的熵将保持不变。发生绝热不可逆过程时，$\Delta S > 0$，系统的熵值增加，不可能有 $\Delta S < 0$ 的过程发生，即封闭系统从一平衡始态出发到达另一平衡终态，只要过程是绝热的，系统的熵不减少。这是热力学第二定律导出的重要结论，可以用来判断封闭系统绝热是否可逆，如果系统的熵增加了就是不可逆的绝热过程，如果熵不变就是一个可逆绝热过程。这就是熵增原理（principle of entropy increasing）。

在总结自发过程的特征时曾指出，一切自发过程均是不可逆过程，那么封闭系统的绝热不可逆过程一定是自发的吗？答案显然不是。因为封闭系统的绝热过程是可以不自发进行的，绝热过程中系统和环境之间没有热的交换但可存在功的交换，我们可以通过环境对系统作功迫使一个不自发的不可逆绝热过程发生。例如可以通过环境对系统作功来使系统的温度升高，这时系统的熵增加，但并不是一个自发过程。因此对于系统的绝热过程，熵增原理只能判断过程是否可逆，不能用来判断过程是否自发。

对于孤立系统，系统和环境之间既无物质交换，也无任何形式的能量交换，必然是绝热系统，式（2-16）同样成立。孤立系统不受环境任何方式的干扰，因此孤立系统若发生不可逆过程则必然就是自发过程。

$$\Delta S_{孤立} \geqslant 0 \qquad (2-17)$$

因此对于孤立系统，其自发过程总是朝着熵值增大的方向进行，即 $\Delta S_{孤立} \geqslant 0$ 的过程是

自发过程。孤立系统的熵永远增加，一直增加到该条件下的最大值，此时系统达到平衡，也就是熵增加到最大就是孤立体系变化过程的限度。所以熵增加原理可以作为孤立系统自发变化的判据，也称为熵判据。

由此可见，孤立体系熵增原理可以用来判断过程的方向和限度。对于封闭体系发生一个具体的过程，可以将系统与环境加和在一起，整体上构建为一个近似孤立系统，再利用孤立体系的熵增原理来判断过程是否自发。近似孤立体系熵变等于系统的熵变加上环境的熵变，即

$$\Delta S_{孤立} = \Delta S_{系统} + \Delta S_{环境} \geq 0 \qquad (2-18)$$

对一个给定的系统，只要能计算系统熵变和环境熵变，就可以根据式（2-18）来判断过程的自发方向和限度。$\Delta S_{孤立} > 0$ 为自发过程，$\Delta S_{孤立} = 0$ 为可逆过程，为所给条件下的反应限度。$\Delta S_{孤立} < 0$ 的过程不可能发生。因此孤立体系熵增原理解决了热力学第二定律有关自发过程方向和限度的判断问题。

第五节　熵变的计算

扫码"学一学"

熵是系统的状态函数，其变化值取决于系统的始终态，与具体途径无关。因此熵变的计算基于其定义，即系统从始态 A 经过某一过程变化至终态 B 时，过程的熵变为可逆过程的热温商之和，即

$$\Delta S = S_B - S_A = \int_A^B \frac{\delta Q_R}{T}$$

对于组成不变的系统，计算任意过程的熵变，都必须是可逆过程的热温商之和。如果发生的是不可逆过程，则需要在始终态之间设计可逆变化途径，熵变是所设计的可逆过程的热温商之和，而并非是实际发生的过程的热温商之和。

一、环境熵变的计算

环境是一个恒温热源，不论系统发生的过程是否可逆，对环境而言都可以视为恒温可逆过程，且环境的热效应总是系统热效应的负值，根据熵变的定义可知

$$\Delta S_{环境} = \frac{Q_{环境}}{T_{环境}} = -\frac{Q_{系统}}{T_{热源}} \qquad (2-19)$$

二、系统熵变的计算

（一）理想气体简单状态变化过程熵变的计算

1. 恒温过程熵变的计算　对于 n mol 理想气体体系，由始态 A (p_1, V_1, T) 等温变化至终态 B (p_2, V_2, T)，在始终态间设计等温可逆膨胀变化，则

$$\Delta U = 0, \quad Q_R = -W_R = nRT\ln\frac{V_2}{V_1} = nRT\ln\frac{p_1}{p_2}$$

代入熵变的计算公式，可得

$$\Delta S = \frac{Q_R}{T} = nR\ln\frac{V_2}{V_1} = nR\ln\frac{p_1}{p_2} \qquad (2-20)$$

熵是状态函数，其改变量只决定于始态与终态，与途径无关，因此理想气体等温变化

过程，均在始终态之间设计恒温可逆膨胀过程来计算，例如绝热自由膨胀、等温恒外压变化等。

例题 2-2 1mol 理想气体，由始态（300K，100kPa）恒温条件下反抗恒定外压 10kPa 膨胀至终态。求系统、环境的熵变以及孤立体系总熵变，并判断过程的方向性。

解：根据题意可知，理想气体恒温膨胀过程系统的熵变为

$$\Delta S_{系统} = nR\ln\frac{p_1}{p_2} = (1 \times 8.314 \times \ln 10)J \cdot K^{-1} = 19.14 J \cdot K^{-1}$$

对于理想气体恒温过程，$\Delta U = 0$

$$W = \int -p_外 dV = -p_2(V_2 - V_1)$$

$$= -p_2\left(\frac{nRT}{p_2} - \frac{nRT}{p_1}\right) = -nRT\left(1 - \frac{p_2}{p_1}\right)$$

$$= -8.314 \times 300 \times \left(1 - \frac{10 \times 10^3}{100 \times 10^3}\right)J = -2244.78J$$

由热力学第一定律 $\Delta U = Q + W$，所以该过程发生，系统和环境交换的热效应为

$$Q = -W = 2244.78 \ J$$

环境熵变为

$$\Delta S_{环境} = -\frac{Q_{系统}}{T_{环境}} = -\frac{2244.78J}{300K} = -7.48 J \cdot K^{-1}$$

孤立体系总熵变为

$$\Delta S_{孤立} = \Delta S_{系统} + \Delta S_{环境} = (19.14 - 7.48)J \cdot K^{-1} = 11.66 J \cdot K^{-1} > 0$$

由孤立体系熵增原理可知，该过程自发进行。

2. 理想气体等压、等容变化过程　对于组成为 n mol 的理想气体体系，由始态 A（p_1，V_1，T_1）等压变化至终态 B（p_2，V_2，T_2），在始终态间设计可逆变化，则

$$\Delta S = \int_{T_1}^{T_2} \frac{\delta Q_R}{T}$$

如果是等压过程，又理想气体的 $C_{p,m}$ 不随温度而变化

$$\Delta S = \int_{T_1}^{T_2} \frac{nC_{p,m}dT}{T} = nC_{p,m}\ln\frac{T_2}{T_1} \tag{2-21}$$

又因为系统发生等压过程，由 $pV = nRT$ 可得 $\frac{V_2}{V_1} = \frac{T_2}{T_1}$ 所以上式也可写为

$$\Delta S = nC_{p,m}\ln\frac{T_2}{T_1} = nC_{p,m}\ln\frac{V_2}{V_1} \tag{2-22}$$

如果发生的是等容过程，有

$$\Delta S = \int_{T_1}^{T_2} \frac{\delta Q_R}{T} = \int_{T_1}^{T_2} \frac{nC_{V,m}dT}{T}$$

理想气体的 $C_{V,m}$ 不随温度而变化

$$\Delta S = \int_{T_1}^{T_2} \frac{nC_{V,m}dT}{T} = nC_{V,m}\ln\frac{T_2}{T_1} = nC_{V,m}\ln\frac{p_2}{p_1} \tag{2-23}$$

对于理想气体从始态 A（p_1，V_1，T_1）变化至终态 B（p_2，V_2，T_2）的熵变的计算，可通过设计不同的可逆途径来实现。如图 2-9 所示，可设计途径先恒温可逆膨胀至终态压力，再恒压升温至终态 B：A(p_1, V_1, T_1) → C(p_2, T_1) → B(p_2, V_2, T_2)，熵变的计算式

$$\Delta S = \Delta S_1 + \Delta S_2 = nR\ln\frac{p_1}{p_2} + nC_{p,m}\ln\frac{T_2}{T_1} \tag{2-24}$$

也可设计途径先恒温可逆膨胀至终态体积，再恒容升温至终态 B：$A(p_1, V_1, T_1) \rightarrow D(V_2, T_1) \rightarrow B(p_2, V_2, T_2)$，熵变的计算式

$$\Delta S = \Delta S_1 + \Delta S_2 = nR\ln\frac{V_2}{V_1} + nC_{V,m}\ln\frac{T_2}{T_1} \qquad (2-25)$$

根据理想气体状态方程 $pV = nRT$ 以及 $C_{p,m} - C_{V,m} = R$，以上还可变形为

$$\Delta S = nC_{V,m}\ln\frac{p_2}{p_1} + nC_{p,m}\ln\frac{V_2}{V_1} \qquad (2-26)$$

式（2-24）、（2-25）和（2-26）都是等价的。适用于组成不变的理想气体简单状态变化过程熵变的计算。

理想气体的简单状态变化，除按图 2-9 设计的可逆过程之外，也可以直接使用热力学第一定律来计算。

$$dS = \frac{\delta Q_R}{T} = \frac{dU - \delta W}{T} = \frac{dU}{T} - \frac{-p_{外}dV}{T}$$

$$= \frac{C_V dT}{T} - \frac{pdV}{T}$$

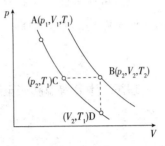

图 2-9　理想气体熵变的计算

则有

$$\Delta S = \int_{T_1}^{T_2}\frac{nC_{V,m}dT}{T} + \int_{V_1}^{V_2}\frac{nRdV}{V} = nC_{V,m}\ln\frac{T_2}{T_1} + nR\ln\frac{V_2}{V_1}$$

这个结果与式（2-25）是完全相同的。

例题 2-3　5mol H_2 从始态 353.15K、100kPa 变化至终态 293.15K、1000kPa，求体系的熵变。

解：根据题意体系变化可设计如下可逆途径：等压可逆降温，再恒温可逆膨胀至终态。

5mol H_2 353.15K，100kPa	→	5mol H_2 293.15K，100kPa	→	5mol H_2 293.15K，1000kPa

$$\Delta S_1 = nC_{p,m}\ln\frac{T_2}{T_1} = 5 \times \frac{7}{2} \times 8.314 \times \ln\frac{293.15}{353.15}\text{J}\cdot\text{K}^{-1} = -27.09\text{J}\cdot\text{K}^{-1}$$

$$\Delta S_2 = nR\ln\frac{p_1}{p_2} = \left(5 \times 8.314 \times \ln\frac{1}{10}\right)\text{J}\cdot\text{K}^{-1} = -95.72\text{J}\cdot\text{K}^{-1}$$

$$\Delta S_{总} = \Delta S_1 + \Delta S_2 = -122.81\text{J}\cdot\text{K}^{-1}$$

或直接利用式（2-24），代入数据解得 $\Delta S = nR\ln\frac{p_1}{p_2} + nC_{p,m}\ln\frac{T_2}{T_1} = -122.81\text{J}\cdot\text{K}^{-1}$

（二）理想气体等温条件下简单混合过程熵变的计算

这里讨论的混合过程是不发生化学反应的不同理想气体之间的混合。混合过程是不可逆过程，必须以混合前状态为始态设计可逆变化途径到达混合后的终态，利用理想气体状态变化的熵变计算公式计算混合过程的熵变。

1. 恒温恒容混合　理想气体 A 与 D 混合前后的状态如下所示。

A(g) T，V	+	D(g) T，V	→	A(g) ＋D(g) T，V

设计两个变化过程来完成，理想气体 A 和 D 分别从恒容变化到终态，这两个过程的熵

变都是零，因此理想气体等温等容混合过程熵变为零，即 $\Delta S_{mix}(T, V) = 0$。

2. 等温等压混合　混合前的始态分别为：理想气体 A (T, p, V_A) 和理想气体 D (T, p, V_D)，两者等温等压混合后的终态为 $[T, p, (V_A + V_D)]$，即

$$\boxed{\begin{array}{c} n_A \text{mol A (g)} \\ T, p, V_A \end{array}} + \boxed{\begin{array}{c} n_D \text{mol D (g)} \\ T, p, V_D \end{array}} \longrightarrow \boxed{\begin{array}{c} n_A \text{mol A} + n_D \text{mol D} \\ T, p, V_A + V_D \end{array}}$$

设计可逆过程为 A 和 D 分别从 A (T, p, V_A) 和 D (T, p, V_D) 恒温可逆膨胀至 $[T, p, (V_A + V_D)]$，则 A 恒温可逆膨胀的熵变为 ΔS_1

$$\Delta S_1 = n_A R \ln \frac{V_A + V_D}{V_A}$$

理想气体 D 等温膨胀至终态时的熵变为 ΔS_2

$$\Delta S_2 = n_D R \ln \frac{V_A + V_D}{V_D}$$

所以理想气体 A 和 D 等温等压混合过程熵变的计算为

$$\Delta S_{混合}(T, p) = \Delta S_1 + \Delta S_2 = n_A R \ln \frac{V_A + V_D}{V_A} + n_B R \ln \frac{V_A + V_D}{V_D}$$

即
$$\Delta S_{mix}(T, p) = -n_A R \ln x_A - n_D R \ln x_D = -R \sum_B (n_B \ln x_B) \qquad (2-27)$$

式 $(2-27)$ 中，x_B 是理想气体 B 的摩尔分数，恒小于 1，$\ln x_B < 0$，所以等温等压混合过程的熵变恒大于零，$\Delta S_{混合}(T, p) > 0$。

例题 2-4　$0.78 mol\ N_2$、$0.21 mol\ O_2$ 和 $0.01 mol\ He$ 等温等压混合形成 $1 mol$ 的空气，若上述诸气体可视为理想气体，求系统、环境的熵变及总熵变，并判断过程的方向。

解：理想气体等温等压混合过程的熵变为

$$\Delta S_{混合} = -R \sum_B n_B \ln x_B$$
$$= -8.314 \times (0.78 \ln 0.78 + 0.21 \ln 0.21 + 0.01 \ln 0.01) J \cdot K^{-1}$$
$$= 4.72 J \cdot K^{-1}$$

该过程等温等压混合，系统和环境之间没有功和热的交换。因此

$$\Delta S_{环境} = 0 J \cdot K^{-1}$$

孤立体系总熵变 $\Delta S_{孤立} = \Delta S_{混合} + \Delta S_{环境} = 4.72 J \cdot K^{-1} > 0$

由孤立体系熵增原理，得知该混合过程为自发过程，气体自发趋向于均匀分布。理想气体混合过程中有温度变化时，依然是在始态和终态之间设计可逆过程计算混合过程熵变。

（三）凝聚态物质简单状态变化过程熵变的计算

凝聚态物质在等温过程以及恒压变温和恒容变温时熵变的计算与理想气体的熵变计算极为相似。

例题 2-5　已知水的 $C_{p,m} = 75.4 J \cdot K^{-1} \cdot mol^{-1}$，且视为不随温度而变的常数。在标准压力下，将 $373.15K$ 的热源与 $1 mol$ 的水相接触，水温由 $298.15K$ 升到 $373.15K$，求系统、环境的熵变及总熵变，并判断过程的方向性。

解：根据题意可知，$1 mol$ 水恒压条件下升温，其熵变由恒压可逆升温过程计算，即

$$\Delta S_{系统} = \int_{T_1}^{T_2} \frac{C_{p,m} dT}{T} = C_{p,m} \ln \frac{T_2}{T_1}$$

$$= 1 \times 75.4 \times \ln \frac{373.15}{298.15} \mathrm{J \cdot K^{-1}} = 16.92 \mathrm{J \cdot K^{-1}}$$

该升温过程实际热效应，即

$$Q_{\text{实际}} = C_{p,\mathrm{m}}(T_2 - T_1) = 75.4 \times (373.15 - 298.15) \mathrm{J} = 5655 \mathrm{J}$$

环境熵变为 $\Delta S_{\text{环境}} = -\dfrac{Q_{\text{实际}}}{T_{\text{环境}}} = -\dfrac{5655 \mathrm{J}}{373.15 \mathrm{K}} = -15.15 \mathrm{J \cdot K^{-1}}$

孤立体系总熵变为

$$\Delta S_{\text{孤立}} = \Delta S_{\text{系统}} + \Delta S_{\text{环境}} = (16.92 - 15.15) \mathrm{J \cdot K^{-1}} = 1.77 \mathrm{J \cdot K^{-1}} > 0$$

由孤立体系熵增原理可知，该过程为自发进行的过程，实际上这是一个热从高温热源自动传至低温物体的过程。

例题 2 – 6 100kPa 时，1mol H_2O（l）自 298.15K 升温至 323.15K，已知 $C_{p,\mathrm{m}} = 75.4$ $\mathrm{J \cdot K^{-1} \cdot mol^{-1}}$，求下列过程的熵变及热温商，并判断过程的可逆性：

（1）热源温度为 973K；

（2）热源温度为 373K。

解：（1）根据题意可知，系统熵变计算如下

$$\Delta S_{\text{系统}} = \int_{T_1}^{T_2} \frac{C_p \mathrm{d}T}{T} = n C_{p,\mathrm{m}} \ln \frac{T_2}{T_1}$$

$$= 1 \times 75.4 \times \ln \frac{323.15}{298.15} \mathrm{J \cdot K^{-1}} = 6.046 \mathrm{J \cdot K^{-1}}$$

环境熵变为

$$\Delta S_{1,\text{环境}} = -\frac{Q_p}{T_{1,\text{环境}}} = -\frac{\int_{T_1}^{T_2} n C_{p,\mathrm{m}} \mathrm{d}T}{T_{1,\text{环境}}} = -\frac{n C_{p,\mathrm{m}}(T_2 - T_1)}{T_{1,\text{环境}}}$$

$$= -\frac{75.4 \times (323.15 - 298.15)}{973} \mathrm{J \cdot K^{-1}} = -1.937 \mathrm{J \cdot K^{-1}}$$

$$\Delta S_{1,\text{孤立}} = \Delta S_{\text{系统}} + \Delta S_{1,\text{环境}} = (6.046 - 1.937) \mathrm{J \cdot K^{-1}} = 4.109 \mathrm{J \cdot K^{-1}} > 0$$

过程（2）和过程（1）有相同的始终态，所以系统熵变 $\Delta S_{\text{系统}} = 6.046 \mathrm{J \cdot K^{-1}}$

环境熵变为

$$\Delta S_{2,\text{环境}} = -\frac{n C_{p,\mathrm{m}}(T_2 - T_1)}{T_{2,\text{环境}}}$$

$$= -\frac{75.4 \times (323.15 - 298.15)}{373} \mathrm{J \cdot K^{-1}} = -5.054 \mathrm{J \cdot K^{-1}}$$

$$\Delta S_{2,\text{孤立}} = \Delta S_{\text{系统}} + \Delta S_{2,\text{环境}} = (6.046 - 5.054) \mathrm{J \cdot K^{-1}} = 0.992 \mathrm{J \cdot K^{-1}} > 0$$

因此过程（1）和（2）均为自发进行的不可逆的过程。但 $\Delta S_{1,\text{孤立}} > \Delta S_{2,\text{孤立}} > 0$，过程（1）偏离可逆平衡较远，不可逆程度较大。

（四）相变过程熵变的计算

1. 可逆相变过程的熵变计算 恒温恒压、非体积功为零的条件下发生可逆相变，其热效应 $Q_p = \Delta H$，因此可逆过程的熵变等于其相变过程的焓变除以相变温度。即

$$\Delta S = \frac{\Delta H}{T} \tag{2-28}$$

例题 2 – 7 求 10g 冰在 273.15K 时熔化的熵变。已知 273.15K 时 1g 冰的熔化焓为 333J。

解：冰的正常凝固点为273.15K，因此此过程为恒温恒压下的可逆相变过程，则

$$\Delta S = \frac{\Delta H}{T} = \frac{333 \times 10}{273.15} \text{J} \cdot \text{K}^{-1} = 12.2 \text{J} \cdot \text{K}^{-1}$$

因为固体熔化为液体，液体蒸发为气体的相变潜热均为正值，则对应相变过程熵值增加，从而可以得出结论：等量的同样物质，液态的熵大于固态的熵，气态的熵大于液态的熵。

2. 不可逆相变过程的熵变计算　不可逆相变过程熵变的计算需要在始态和终态之间设计可逆过程，然后再计算熵变。

例题2-8　已知冰和水热容分别为$C_{p,\text{m}}$（s）$=37\text{J} \cdot \text{K}^{-1} \cdot \text{mol}^{-1}$和$C_{p,\text{m}}$（l）$=76\text{J} \cdot \text{K}^{-1} \cdot \text{mol}^{-1}$，273.15K、标准压力下冰的熔化焓为6000 J/mol。标准压力下，使1mol 263.15K的过冷水变为同温同压的冰。计算：

（1）系统的熵变；

（2）环境的熵变；

（3）总熵变，并判断过程的方向。

解：根据题意可知，该相变为等压条件下的不可逆相变过程，计算系统熵变必需设计可逆途径来实现，设计的具体途径如下

1 mol H₂O（l）263.15K，$p^{\ominus}$	$\xrightarrow{\Delta S, \Delta H}$	1 mol H₂O（s）263.15K，$p^{\ominus}$
$\Delta S_1, \Delta H_1 \downarrow$		$\Delta S_3, \Delta H_3 \uparrow$
1 mol H₂O（l）273.15K，$p^{\ominus}$	$\xrightarrow{\Delta S_2, \Delta H_2}$	1 mol H₂O（s）273.15K，$p^{\ominus}$

（1）标准压力下，263.15K的液态水可逆升温至273.15K，则

$$\Delta S_1 = nC_{p,\text{m}}\text{（l）} \ln \frac{T_2}{T_1} = 76 \times \ln \frac{273.15}{263.15} \text{J} \cdot \text{K}^{-1} = 2.83 \text{J} \cdot \text{K}^{-1}$$

（2）273.15K、标准压力下液态水经可逆相变转变为固态冰，则

$$\Delta S_2 = \frac{\Delta H_2}{T_2} = \frac{-6000}{273.15} \text{J} \cdot \text{K}^{-1} = -21.97 \text{J} \cdot \text{K}^{-1}$$

（3）标准压力下，273.15K的固态冰可逆降温至263.15K，则

$$\Delta S_3 = nC_{p,\text{m}}\text{（s）} \ln \frac{T_1}{T_2} = 37 \times \ln \frac{263.15}{273.15} \text{J} \cdot \text{K}^{-1} = -1.38 \text{J} \cdot \text{K}^{-1}$$

$$\Delta S = \Delta S_1 + \Delta S_2 + \Delta S_3 = -20.52 \text{J} \cdot \text{K}^{-1}$$

该实际过程是发生在263.15K时的等压非平衡相变，过冷水放热$Q_p = \Delta H$，可以使用赫斯定律求得ΔH，也可以分步计算。

$$\Delta H_1 = nC_{p,\text{m}}\text{（l）}\Delta T = 76 \times (273.15 - 263.15) \text{J} = 760 \text{J}$$

$$\Delta H_2 = n\Delta_{\text{fus}}H_{\text{m}} = -6000 \text{J}$$

$$\Delta H_3 = nC_{p,\text{m}}\text{（s）}\Delta T = 37 \times (263.15 - 273.15) \text{J} = -370 \text{J}$$

$$Q_p = \Delta H = \Delta H_1 + \Delta H_2 + \Delta H_3 = -5610 \text{J}$$

环境熵变为　　$$\Delta S_{\text{环境}} = -\frac{Q_{\text{sys}}}{T_{\text{sur}}} = -\frac{-5610}{263.15} \text{J} \cdot \text{K}^{-1} = 21.32 \text{J} \cdot \text{K}^{-1}$$

孤立体系总熵变　　$$\Delta S_{\text{孤立}} = \Delta S + \Delta S_{\text{环境}} = 0.8 \text{J} \cdot \text{K}^{-1} > 0$$

因此该过程为自发过程。

扫码"学一学"

第六节 熵的统计意义和规定熵

克劳修斯不等式和熵增加原理在判断过程的自发和限度方面的成功，使得热力学第二定律有了简便的数学形式，从而不再依靠热功转换的不可逆性来阐述过程的自发性。熵是热力学平衡系统的状态函数，当系统的状态确定后，熵的数值也就确定了。热力学系统都是由大量微观粒子组成的宏观系统，所有微观粒子都在不停地运动，每个粒子也都遵守力学规律，但使用力学运动的微分方程组来描述热力学系统宏观性质在数学上是不可能完成的任务，结果也不一定准确。经典热力学忽略了微观粒子的结构及其相互作用的细节，凭借经验定律和数学演绎得出了热力学的基本结论，大量的实验事实证明了这些结论是正确的。然而系统宏观性质必定是由微观粒子的基本行为所决定的，是微观粒子运动性质的统计平均结果，从微观结构理解和推算宏观性质就是统计热力学理论的任务。玻耳兹曼（Ludwig Edward Boltzmann，1844 ~ 1906）是统计热力学理论做出最大贡献的人，他在麦克斯韦的分子运动论基础上发展统计理论，根据微观粒子的力学性质，如速度、动量、振动和转动等，用统计学方法直接推求热力学系统的宏观性质，如压力、熵、热容等热力学函数。统计热力学是根据物质结构的一些合理假定，从光谱学实验数据求算分子中原子间的核间距、键长和键角、振动频率等，然后求算配分函数（partition function），再求宏观热力学函数。1877 年玻尔兹曼提出了著名的 $S = k\ln\Omega$，关联了系统宏观性质和粒子微观结构之间的关系。1902 年吉布斯推广和发展了麦克斯韦和玻尔兹曼创立的统计方法，建立了较为完整的统计热力学理论，随着量子理论的创立和发展，在玻尔兹曼经典统计理论基础上又发展了玻色 – 爱因斯坦和费米 – 狄拉克统计，分别适应于不同的系统。理解熵的物理意义必须从统计理论出发，我们并不准备介绍完整的热力学统计理论，只引用最基本的概念和公式，重点是说明熵的统计意义，同时也对功和热作一个简单的微观说明。

一、熵与热力学概率的关系

（一）热力学概率

1. **等概率假设** 现欲将四个可分辨的小球 a、b、c 和 d 分装在两个体积相同的盒子中，则可能出现表 2 – 1 中所示的五种分配方式。

表 2 – 1 小球的分配状况

序号	宏观分配方式		微观分配方式		微观状态数 (Ω)	微观概率
	盒子 1	盒子 2	盒子 1	盒子 2		
①	4	0	abcd		$C_4^4 = 1$	$\frac{1}{16}$
②	3	1	abc	d	$C_4^1 = 4$	$\frac{4}{16}$
			abd	c		
			acd	b		
			bcd	a		

序号	宏观分配方式		微观分配方式		微观状态数（Ω）	微观概率
	盒子1	盒子2	盒子1	盒子2		
③	2	2	ab ac ad bc cd bd	cd bd bc ad ab ac	$C_4^2 = 6$	$\dfrac{6}{16}$
④	1	3	a b c d	bcd acd abd abc	$C_4^1 = 4$	$\dfrac{4}{16}$
⑤	0	4		abcd	$C_4^4 = 1$	$\dfrac{1}{16}$

总的分配花样数，即总的微观状态数是 $2^4 = 16$ 种（2 为盒子数，4 指四个小球）。小球的分配是随机的，每一种微观状态出现的概率相同，这就是等概率假设，这种假设显然是合理的。每种分布方式对应于宏观状态，总微观状态数为 Ω，具体而言，方式①和方式⑤均只有一种分布；方式②和方式④均有四种分布；均匀分布的方式③对应有 6 种分布，即 $\Omega = 6$。不同类型的分配方式的微观分布状态数是不同的，出现的概率不同。其中分布方式③的概率为最大，等于 6/16。集中在某一边的分布方式①和⑤的概率为 1/16 = $(1/2)^4$。不难理解的是，若有 1mol 气体分子（即有 $L = 6.02 \times 10^{23}$ 个）分子，那么集中在某一边的概率为 $(1/2)^L \approx 0$，而均匀分布的概率最大。

2. 最概然分布　在 U、V、N 确定的系统中，设有 N 个可以区分的、无相互作用的分子，分布在 ε_1，ε_2，ε_3，...，ε_i。分布方式如下：

能级：ε_1，ε_2，ε_3，...，ε_i

能级上分布的分子数：N_1，N_2，N_3，...，N_i

显然，任何分布方式都应符合

$$\sum_i N_i = N, \quad \sum_i N_i \varepsilon_i = U$$

实现上述这种分布的总分布方法数 t 为

$$t = \frac{N!}{\prod_i N_i!}$$

所有的各种不同分布方式的总微观状态数 Ω 等于

$$\Omega = \sum_{\substack{\sum_i N_i = N \\ \sum_i N_i \varepsilon_i = U}} t_i = \sum_{\substack{\sum_i N_i = N \\ \sum_i N_i \varepsilon_i = U}} \frac{N!}{\prod_i N_i!}$$

Boltzmann 认为 Ω 求算式中的加和项中有一个最大项，用 t_m 来表示，t_m 对 Ω 的贡献最大，可以证明此值的数值大到以至于可以忽略其他所有项的贡献部分。这称为撷取最大项原理，这个最大项 t_m 称为最概然分布。最概然分布是微观状态数最多的一种分布，也称为最可几分布，就是平衡分布。用对数形式表示就是：$\ln\Omega \approx \ln t_m$。

Boltzmann 求出了上述分布方式的最概然分布，又称为 Boltzmann 分布，即

$$N_i = N \frac{e^{-\varepsilon_i/kT}}{\sum e^{-\varepsilon_i/kT}} \text{ 或 } \frac{N_i}{N} = \frac{e^{-\varepsilon_i/kT}}{\sum\limits_{i=1}^{n} e^{-\varepsilon_i/kT}} = \frac{e^{-\varepsilon_i/kT}}{q} \tag{2-29}$$

上式中 k 为玻尔兹曼（Boltzmann）常数。$e^{-\varepsilon_i/kT}$ 称为 Boltzmann 因子。q 称为配分函数（partition function），是对系统中粒子的所有可能状态的 Boltzmann 因子求和，又称为状态和。假设基态能为 ε_0，占据该能级的分子数为 N_0，某能级 ε_j，分布的分子数为 N_j，平衡时两个能级上分布的分子数服从 Boltzmann 分布，$N_j = N_0 e^{-(\varepsilon_j - \varepsilon_0)/kT}$。如果以 1mol 物质计量，$N_j = N_0 e^{-\Delta E/RT}$，其中 $\Delta E = E_j - E_0$。

例题 2-9 4-甲基环己醇的两种典型构象是甲基分别在 e-键和 a-键，e-构象的分子能级比 a-构象低 4.2kJ/mol，估算在室温下两种构象的比例。

解：这是分子在两个能级上的平衡分布问题，一般服从 Boltzmann 分布。e-构象和 a-构象的平衡分布分子数分别为 N_e 和 N_a

$$\frac{N_e}{N_a} = e^{-\frac{\Delta E}{RT}} = e^{-\frac{4200}{8.314 \times 298}} = 0.1836$$

如果分子只取这两种分布，则有 $N_e + N_a = 1$，$0.1836 N_a + N_a = 1$

$$N_a = \frac{1}{1 + 0.1836} = 85\% ; \quad N_e = 1 - 85\% = 15\%$$

（二）玻耳兹曼熵定理

孤立系统的熵 S 与热力学概率 Ω 两者有相同的变化方向，即都趋于增加。两者又都是状态函数，都可以表示为系统的分子数、内能及体积的函数。S 与 Ω 之间必定存在数学关联，即 $S = f(\Omega)$。假设一个系统由独立的无相互作用的两部分 A 与 B 组成，熵函数具有加和性，系统总熵 $S = S_A + S_B$。根据概率定理，复杂事件的总概率等于各个简单、互不相关的事件的概率的乘积。系统总微观状态数为各部分微观状态数的乘积，$\Omega = \Omega_A \times \Omega_B$。因此有

$$f(\Omega) = f(\Omega_A \times \Omega_B) = f(\Omega_A) + f(\Omega_B)$$

S 和 Ω 只有借助对数关系才能符合以上要求，其具体表达式为

$$S = k\ln\Omega \tag{2-30}$$

该公式称为玻耳兹曼公式，又称为玻耳兹曼熵定理。有了玻耳兹曼熵定理和玻耳兹曼熵分布式，就可以直接求算系统的熵了。式（2-30）说明了熵与热力学概率的关系，是联系宏观量 S 和微观量 Ω 重要的桥梁。

自发变化总是向热力学概率较大的方向进行，即在大量质点构成的宏观体系中，从热力学概率较小的状态向热力学概率较大的状态进行的变化是自发的。宏观状态实际上是各种微观状态的统计结果。因此均匀分布的微观状态数最多，可用均匀分布的微观状态数代替全部微观状态数目，也就是均匀分布的状态就是热力学平衡态。

对应于一个确定的宏观状态，系统内的微观粒子可能具有各种不同的能级排布方式，一种排布方式称为一种分布。每一种分布中，粒子还可能处于不同的微观状态，这些微观状态的数目称为该分布的微观状态数（简称微态数）。各种分布的微观状态数之和称为该宏观状态的总微观状态数。统计热力学将某种分布的微观状态数定义为该分布的热力学概率（probability of thermodynamic），用 Ω 表示。一个宏观状态的总微观状态数定义为该状态的总热力学概率。一种分布的微观状态数与总微观状态数的比值即该分布的数学概率。因为数学概率与热力学概率成正比，所以通常用热力学概率表示某种分布的可能性。

单纯地从孤立体系熵增方向与系统混乱程度增加的方向一致来定性描述自发变化的方

向是远远不够的。我们必需利用统计热力学的知识，了解热力学概率的概念，找出熵函数与概率间的函数关系。

二、熵的物理意义

根据 $S = k\ln\Omega$，系统微观状态数 Ω（可以存在的状态总数，许多时候称为无序程度）越多熵值越大，这就是熵的本质。

根据 Boltzmann 分布律，在大量质点构成的系统中，粒子在各能级之间的分布都是最概然分布，就是平衡分布。决定系统微观状态数的是能级结构 ε_i 和温度 T，分子优先占据低能级，温度升高时分子才能分配到更高的能级上，Ω 增加，熵增加，熵随温度的升高而增加。

高温物体和低温物体接触传热时，热自动从高温物体传向低温物体，直至达到相同的 Boltzmann 分布，而反过程是不可能自发发生的，如图 2 - 10。从微观角度看，熵值变化的过程总是伴随着系统中分子分布微态数的变化。例如，系统从环境中吸热时系统能级结构保持不变，体系温度升高，同时分子热运动加剧，分子可以分布到更高的能级上，系统的分子微观状态数增加，熵值增大。理想气体恒温膨胀时，体积增大，分子能级的能隙减小，分子可分布的能级数量增加，微观状态数增加，熵值增加（图 2 - 11）。

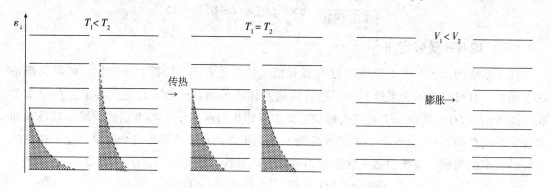

图 2 - 10　系统温度不同时分子在　　　　图 2 - 11　理想气体恒温可逆膨
量子能级上的不同分布状态　　　　　　　胀时改变分子的量子能级结构

在不引起其他变化时，功可以完全变为热，热则不能完全变为功。功是与有方向的运动相联系的，使分子整体跃迁至高能级，或改变能级的结构，高能级上的分子通过碰撞等运动传递能量，使系统中分子重新趋近 Boltzmann 平衡分布，所以功转变为热的过程，都是伴随着系统微观状态数的增加，是熵增加的过程。热转换为功的过程，高温状态下的高能级上的分子部分能量对外做功，系统的分子重新在低温状态下的能级上做 Boltzmann 平衡分布，为了维持低温时系统中的平衡分布，所以热不能全部转换为功，除非存在 0K 的低温热源。

由上述各例子可知，自发进行的不可逆变化，都是熵值增加的过程，这就是熵增加原理的微观机制。有时也认为熵函数是系统混乱度的量度，熵增过程也是系统从有序到无序的变化，混乱度增加的过程。热力学第二定律所阐述的不可逆过程的本质，也是熵函数的物理意义，其本质是系统微观状态数的增加。

三、热力学第三定律及规定熵

（一）热力学第三定律

1906 年，德国物理学家能斯特（H. W. Nernst，1864 ~ 1941）在研究低温条件下物质的变化时，把热力学原理应用到低温现象和化学反应过程中，发现"在温度趋于0K时的等温过程中，凝聚体系反应的熵值不变。"

$$\lim_{T \to 0} \Delta S = 0$$

该式通常被称为能斯特定理（Nernst heat theorem）。

1912年德国著名物理学家普朗克（M. Planck，1858～1947）把能斯特定理推进了一步，假定温度为0K时，纯凝聚态的熵值等于零。

$$\lim_{T \to 0} S = 0$$

1920年路易士（Lewis）和吉普逊（Gibson）指出上述结论只适用于完美的晶体，也就是晶格无缺陷，晶体中的原子或分子只有一种排列形式。热力学第三定律表述为"在0K时任何完美晶体的熵等于零"。热力学第三定律只是宏观测量上给物质的熵值规定一个基准点，在统计热力学上，0K时只有一种分布，即 $\Omega = 1$，根据玻耳兹曼熵定理，$S = 0$。

（二）规定熵

根据热力学第三定律 $S_{0K} = 0 \mathrm{J \cdot K^{-1}}$，据此基准可求得物质B在温度 T 时的熵值，称为物质B在温度 T 时的规定熵（conventional entropy）。

$$S_T = \int_0^T \frac{C_p}{T} \mathrm{d}T \tag{2-31}$$

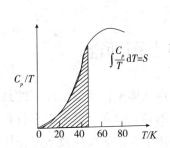

图2-12　图解积分求得规定熵

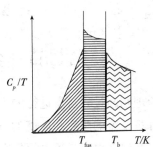

图2-13　图解积分法

测定系统各温度下的 C_p，以 C_p/T 对 T 作图，使用图解积分法求曲线下所包含的面积，就是该物质在温度 T 时的规定熵（图2-12）。在极低温度范围内（10K以下），C_p 的数据很难测定，可以利用德拜（Debye）公式来计算（$C_V \approx \alpha T^3$），低温下物质均以凝聚态存在，物质的 $C_p \approx C_V$，从而实现了规定熵的计算。在 $0 \sim T$ 区间内使用分段区间积分（图2-13）。因此某纯物质标准压力下从0K升温至 T，转变为气体，则具体过程如下

$$S_m^{\ominus}(T) = \int_0^{T'} \alpha T^2 \mathrm{d}T + \int_{T'}^{T_{\mathrm{fus}}} \frac{C_{p,m(s)}^{\ominus}}{T} \mathrm{d}T + \frac{\Delta_{\mathrm{fus}} H_m^{\ominus}}{T_{\mathrm{fus}}} + \int_{T_{\mathrm{fus}}}^{T_{\mathrm{vap}}} \frac{C_{p,m(l)}^{\ominus}}{T} \mathrm{d}T + \frac{\Delta_{\mathrm{vap}} H_m^{\ominus}}{T_{\mathrm{vap}}} + \int_{T_{\mathrm{vap}}}^{T} \frac{C_{p,m(g)}^{\ominus}}{T} \mathrm{d}T$$

T' 是低温范围内的某一温度，在该温度以下 $C_{p,m}$ 的数据难测定，借助德拜公式来计算 $0 \to T'$ 区间的熵值。

利用上述方法测量的熵，在298K，100kPa时1mol物质B的熵的绝对值称为规定熵，记作 $S_{m,B}^{\ominus}$，各物质298.15K时的规定熵可查阅热力学数据表得到。

四、化学反应的标准摩尔反应熵

根据热力学第三定律，物质B在任意温度 T 和任意压力 p 下的规定熵均可以计算得出，因此很容易实现化学反应的熵变的计算。例如，标准压力下和温度为 T 时发生以下化学反

应，则

$$0 = \sum_B \nu_B B$$

$$\Delta_r S_m^\ominus(T) = \sum_B \nu_B S_{m,B}^\ominus(T) \tag{2-32}$$

手册中所给数值通常为 298.15K 时的数值，欲求其他温度下的 $\Delta_r S(T)$，可利用以下两式计算

$$S_{m,B}^\ominus(T_2) = S_{m,B}^\ominus(298.15) + \int_{298.15}^{T_2} \frac{C_{p,m}(B)}{T}dT \tag{2-33}$$

$$\Delta_r S_m^\ominus(T_2) = \Delta_r S_m^\ominus(298.15) + \int_{298.15}^{T} \frac{\Delta C_p}{T}dT \tag{2-34}$$

需要注意的是，如果在 298.15K 到 T_2 的温度区间内有相变发生，必须考虑相变熵。

例题 2-10　计算 298.15K 时反应 $CO(g) + 2H_2(g) = CH_3OH(g)$ 的 $\Delta_r S_m^\ominus(T)$，已知 $CO(g)$、$H_2(g)$、$CH_3OH(g)$ 的规定熵分别为 197.56、130.57、239.70 $J\cdot K^{-1}\cdot mol^{-1}$。

解：根据题意，已知参与反应各物质的规定熵，化学反应熵变为

$$\Delta_r S_m^\ominus(T) = \sum_B \nu_B S_{m,B}^\ominus(T)$$

$$= (239.70 - 197.56 - 2 \times 130.57) J\cdot K^{-1}\cdot mol^{-1}$$

$$= -219 J\cdot K^{-1}\cdot mol^{-1}$$

第七节　亥姆霍兹能和吉布斯能

熵增原理判断过程自发进行的方向和限度只适用于孤立体系，多数情况下的封闭系统可以通过计算系统的熵变和环境的熵变来求得孤立系统的熵。但通常情况下多数化学变化和相变化是在恒温恒容或恒温恒压条件下进行的，为了便于在化学反应或多组分体系中的热力学第二定律的应用，需要新的函数来作为恒温恒容和恒温恒压条件下的自发变化方向和限度的判据。

一、亥姆霍兹能

封闭系统热力学第一定律的表达式为

$$dU = \delta Q + \delta W$$

δW 包括了体积功 $-p_{外}dV$ 和非体积功 $\delta W'$。

热力学第二定律的表达式为 $dS \geq \dfrac{\delta Q}{T}$，即 $TdS \geq \delta Q$ 两式联立得

$$dU - TdS \leq \delta W \tag{2-35}$$

式（2-35）取等号表示发生可逆变化，小于号表示非可逆变化过程。

等温条件下，系统的始、终态温度和环境的温度相等，有 $T_1 = T_2 = T_{热源}$，式（2-35）可变形为

$$dU - d(TS)_T \leq \delta W$$

或者

$$-d(U - TS)_T \geq -\delta W$$

定义

$$F \equiv U - TS \tag{2-36}$$

则有

$$-dF_T \geq -\delta W \quad 或 \quad -\Delta F_T \geq -W \tag{2-37}$$

F 称为亥姆霍兹能（Helmholtz energy），又称功函（work function），也可称为亥姆霍兹函数，是体系的状态函数。F 是系统的广度性质，量纲为能量量纲 J。因为 U 的绝对值无法确知，所以 F 也是绝对值无法确知的物理量。

式（2-37）中大于号适用于恒温不可逆过程，等号适用于恒温可逆过程。该式表明，封闭系统的恒温可逆过程中，系统亥姆霍兹能减少等于系统对环境所做的功，不可逆过程中系统对环境所做的功小于系统亥姆霍兹能减少，即可逆过程系统对外做最大功。亥姆霍兹能 F 是系统的状态函数，其变化值 ΔF 取决于始终态，与变化的具体途径是否可逆无关，因此可以比较过程的功和亥姆霍兹能的变化值 ΔF 的是否相等，来判断实际过程是否是可逆过程。

对于恒温恒容且非体积功为零的情况下，可得

$$dF_{T,V,W'=0} \leqslant 0 \text{ 或 } \Delta F_{T,V,W'=0} \leqslant 0 \tag{2-38}$$

式（2-38）中等号适用于可逆变化过程，小于号适用于不可逆过程，因非体积功为零，环境对系统不做功，所以不可逆过程就一定是自发过程。

恒温恒容且非体积功为零的条件下，系统自发变化的方向是亥姆霍兹能减少的方向，一直进行到该条件下亥姆霍兹能达到最小值，即达平衡为止。显然系统不可能自发地向亥姆霍兹能增大的方向进行。也就是说恒温恒容且非体积功为零时，系统亥姆霍兹能增加的方向是不自发的，但并非不可能进行，可以通过环境向系统做非膨胀功，如电功迫使系统往 $\Delta F > 0$ 的方向进行。式（2-35）是恒温恒容且非体积功为零时自发过程的判据。

二、吉布斯能

对于封闭系统的等温等压过程，$\delta W = -pdV + \delta W'$，式（2-35）可表示为

$$dU - d(TS) \leqslant -pdV + \delta W'$$

或者

$$d(U + pV - TS)_{T,p} \leqslant \delta W'$$

$$d(H - TS)_{T,p} \leqslant \delta W'$$

因为 H、T、S 均为状态函数，所以其组合也是状态函数。故定义

$$G \equiv H - TS \tag{2-39}$$

G 称为吉布斯能（Gibbs energy）、又称为吉布斯函数，是系统的广度性质，量纲为能量量纲 J，G 也是一个绝对值无法确知的物理量。在等温等压条件下

$$-dG_{T,p} \geqslant -\delta W' \text{ 或 } dG_{T,p} \leqslant \delta W' \tag{2-40}$$

式（2-40）式表明在等温等压条件下，封闭系统吉布斯能的减少等于可逆过程中对环境所能做的最大非体积功。需要注意的是，吉布斯能 G 是系统的状态函数，其变化值 ΔG 取决于始终态，与变化的具体途径是否可逆无关。在等温等压可逆过程中系统对外做最大非体积功（$W_{\max}'$），因此利用式（2-40）比较过程的功和状态函数变化值 ΔG 的大小关系，可以判断实际过程是否可逆。

若体系在等温等压且非体积功为零的条件下，则式（2-40）变为

$$dG_{T,p,W'=0} \leqslant 0 \text{ 或 } \Delta G_{T,p,W'=0} \leqslant 0 \tag{2-41}$$

式（2-41）表明在等温等压、非体积功为零的条件下，系统自发变化是吉布斯能减少的方向，一直进行到该条件下吉布斯能达到最小值，即达平衡为止。在等温等压非体积功为零的条件下，系统不可能自发地向吉布斯能增大的方向进行，即 $\Delta G > 0$ 的过程是不自发的。

功不是状态函数，某一反应体系能否对外做非体积功，与途径相关。例如，置换反应：$Zn + Cu^{2+} \rightarrow Cu + Zn^{2+}$，等温等压条件下能自发进行。若直接在烧杯中进行，则无非体积功。如该反应设计成可逆电池，则对外做电功 W_{max}'。而吉布斯能为状态函数，系统始终态确定后 ΔG 则为定值，与途径无关。该反应无论是在烧杯中进行还是在电池中进行，ΔG 的数值均相同。等温等压时，$\Delta G < 0$ 的变化过程，系统具有对外做非体积功的能力，其所作功的最大值为 $W_{max}' = \Delta G$。但环境能否获得非体积功与具体变化途径密切相关。

三、自发过程方向和限度的判据

判断自发过程方向和限度是热力学第二定律关注的核心。热力学中用于判断变化方向和限度以及过程是否可逆的不等式，是依据熵函数的克劳修斯不等式 $dS \geq \delta Q/T$，由克劳修斯不等式导出了熵判据，熵判据只能应用于孤立系统。为了在封闭体系中，等温等容或等温等压条件下寻找自发过程的判据，导出了亥姆霍兹能判据（ΔF）和吉布斯能判据（ΔG），从而可以实现在封闭体系中更常见的条件下，判别自发过程的方向和限度，尤其是吉布斯能判据（ΔG），特别适用于相变化和化学反应。三大主要判据的应用条件各不相同，现总结于表 2-2。这三个判据分别适用于不同的条件，原理都来自于熵增加原理，在具体情况下根据变化过程的条件使用合适的判据。在化学热力学中，吉布斯能判据最常用。

表 2-2　常见自发过程方向和限度的判据总结

判据名称	适用系统	适用条件	方向	限度	表达式
熵判据	孤立系统	任何过程	$\Delta S > 0$	S_{max}	$dS_{U,V} \geq 0$
亥姆霍兹能	封闭系统	等温等容、$W' = 0$	$\Delta F < 0$	F_{min}	$dF_{T,V,W'=0} \leq 0$
吉布斯能	封闭系统	等温等压、$W' = 0$	$\Delta G < 0$	G_{min}	$dG_{T,p,W'=0} \leq 0$

第八节　ΔG 的计算

扫码"学一学"

大多数化学反应是在等温等容非体积功为零或等温等压非体积功为零的条件下进行的，与之对应的自发方向和限度的判据为亥姆霍兹能判据和吉布斯能判据，因此 ΔG 和 ΔF 的计算非常重要。

亥姆霍兹能 F 和吉布斯能 G 都是系统的状态函数，始终态确定后，ΔG 和 ΔF 就有确定值。如果实际发生的是不可逆过程，则必须在始终态之间设计可逆过程来完成 ΔG 的计算。

由定义式 $G = H - TS$ 可得，$dG = dH - TdS - SdT$

恒温过程 $T_1 = T_2 = T_{热源}$，$dT = 0$，得，$dG = dH - TdS$

积分得 ΔG 的一般表达式

$$\Delta G = \Delta H - T\Delta S \tag{2-42}$$

即等温条件下可利用 ΔH 和 ΔS 就可以计算 ΔG 和 ΔF。

$dG = dH - TdS - SdT$，根据焓的定义：$dH = dU + pdV + Vdp$

$dG = dU + pdV + Vdp - TdS - SdT$，因为可逆过程中：$dU = TdS - pdV$

所以

$$dG = Vdp - SdT \tag{2-43}$$

式（2-43）适用于无相变、组成不变的封闭系统中，求 T、p 变化时的 ΔG。

一、理想气体简单状态变化的 ΔG

理想气体的简单状态变化，使用式（2-43），如果是恒温过程，则

$$\Delta G = \int_{p_1}^{p_2} V dp = nRT\ln\frac{p_2}{p_1} = nRT\ln\frac{V_1}{V_2} \tag{2-44}$$

例题 2-11 在 300K、10^6Pa 的条件下，1mol 理想气体经历以下两个不同的途径恒温膨胀到终态压力为 10^5Pa：

（1）恒温可逆膨胀；

（2）一次反抗恒外压膨胀。

求两个过程的 ΔG。

解：（1）理想气体恒温可逆膨胀过程

$$\Delta G = nRT\ln\frac{p_2}{p_1} = 1 \times 8.314 \times 300 \times \ln\frac{10^5}{10^6} J = -5.743kJ$$

（2）恒温条件下反抗恒外压膨胀

该过程与过程（1）具有相同的始、终态，G 为状态函数，状态函数的改变量只与体系的始、终态有关，与过程无关。故 $\Delta G = -5.743kJ$。

变温过程的 ΔG，直接使用式（2-42）不合适，如某封闭系统由状态 1 变为状态 2，其 ΔG 的计算可由其定义式求得

$$\Delta G = \Delta H - \Delta(TS) = \Delta H - (T_2 S_2 - T_1 S_1)$$

例题 2-12 已知 473K 时氦气的标准摩尔熵为 135J·K^{-1}·mol^{-1}。标准压力下，1mol 氦气从 473K 加热至 673K。若视氦气为理想气体，求上述过程系统的 ΔH、ΔS、ΔG。若 ΔG <0，是否意味着该过程为自发过程？

解：将 He 视为理想气体，则 $C_{p,m}$（He）$= \frac{5}{2}R$，则对于该恒压下的升温过程，有

$$\Delta H = nC_{p,m}\Delta T = 1 \times \frac{5}{2} \times 8.314 \times (673 - 473) J = 4157J$$

$$\Delta S = nC_{p,m}\ln\frac{T_2}{T_1} = \frac{5}{2} \times 8.314 \times \ln\frac{673}{473} J\cdot K^{-1} = 7.33 J\cdot K^{-1}$$

$$S_m^\ominus(673K) = S_m^\ominus(473K) + \Delta S = (135 + 7.33) J\cdot K^{-1}\cdot mol^{-1} = 142.33 J\cdot K^{-1}\cdot mol^{-1}$$

$$\begin{aligned}\Delta G &= \Delta H - \Delta(TS) = \Delta H - (T_2 S_2 - T_1 S_1)\\ &= [4157 - (673 \times 142.33 - 473 \times 135)] J\\ &= -2.78 \times 10^4 J\end{aligned}$$

该过程并不是等温等压过程，因此不能由 ΔG <0 来判断过程是否自发。

理想气体等温等压混合过程，因为 $\Delta_{mix}U = 0$，$\Delta_{mix}H = 0$，两种气体的混合熵可用式（2-27）求算，$\Delta S_{mix}(T,p) = -R\sum_B(n_B\ln x_B)$，混合过程的吉布斯能变为

$$\Delta G_{mix}(T,p) = 0 - T\Delta S_{mix}(T,p) = RT\sum_B(n_B\ln x_B)$$

显然等温等压的理想气体混合过程的 ΔG <0，是自发过程。

二、相变过程的 ΔG

对于可逆相变，因为是恒温恒压和 $W' = 0$ 的可逆过程，则系统已达平衡，$\Delta G = 0$。对

于不可逆相变，则需设计可逆途径计算。

例题 2-13 已知 298.15K 时水的饱和蒸汽压为 3168Pa，水的密度为 $1.000 kg \cdot dm^{-3}$，且可视为不随温度而变的常数。试计算在 298.15K、101325Pa 下，1mol 的 $H_2O(g)$ 变为 $H_2O(l)$ 的 ΔG。设 $H_2O(g)$ 可视为理想气体。

解： 该过程为恒温恒压及无非体积功的条件下进行的不可逆相变，为计算 ΔG，设计如下可逆途径

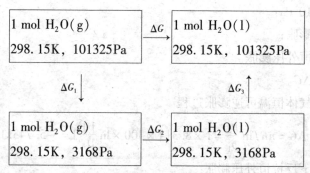

$$\Delta G_1 = nRT\ln\frac{p_2}{p_1} = 1 \times 8.314 \times 298.15 \times \ln\frac{3168}{101325} J = -8589.7J$$

$$\Delta G_2 = 0$$

$$\Delta G_3 = \int_{p_1}^{p_2} V_l dp = \frac{18 \times 10^{-3}}{1 \times 10^3} \times (101325 - 3168)J = 1.77J$$

$$\Delta G = \Delta G_1 + \Delta G_2 + \Delta G_3 = -8588J$$

$\Delta G < 0$ 表明该过程为自发进行的过程。

三、化学反应的 ΔG

化学反应的 ΔG 的计算将在"化学平衡"一章中详细讨论，这里仅简单讨论等温条件下由 $\Delta G = \Delta H - T\Delta S$ 来计算的情况。由热力学数据计算化学反应的焓变、熵变，从而得出 ΔG。

例题 2-14 请计算化学反应 $H_2O(l) + CO(g) = CO_2(g) + H_2(g)$ 在 298.15K 及 $p^{\ominus}$ 下的 $\Delta_r G_m^{\ominus}$ 并判断该反应在此条件下能否自发进行。具体热力学数据见下表。

物质	$H_2(g)$	$CO_2(g)$	$H_2O(l)$	$CO(g)$
$\Delta_f H_m^{\ominus} / (kJ \cdot mol^{-1})$	0	−393.51	−285.84	−110.52
$S_m^{\ominus} / (J \cdot K^{-1} \cdot mol^{-1})$	130.59	213.64	69.94	197.91

解： 根据题意，可得

$$\Delta_r H_m^{\ominus} = \sum_B \nu_B \Delta_f H_{m,B}^{\ominus}$$

$$= (0 - 393.51 + 285.84 + 110.52)kJ \cdot mol^{-1}$$

$$= 2.85kJ \cdot mol^{-1}$$

$$\Delta_r S_m^{\ominus} = \sum_B \nu_B S_{m,B}^{\ominus}$$

$$= (213.64 + 130.59 - 197.91 - 69.94)J \cdot K^{-1} \cdot mol^{-1}$$

$$= 76.38J \cdot K^{-1} \cdot mol^{-1}$$

$$\Delta_r G_m^\ominus = \Delta_r H_m^\ominus - T\Delta_r S_m^\ominus$$
$$= [2850 - 298.15 \times 76.38] J \cdot mol^{-1}$$
$$= -19.92 kJ \cdot mol^{-1} < 0$$

故该反应在此条件下能自发进行。

第九节　热力学基本方程

扫码"学一学"

在热力学第一定律和第二定律的框架中，描述热力学系统的最基本函数是物质的量，描述热力学平衡态的基本独立变量是 p、V、T 和 S。它们的单位各不相同，说明描述的是系统的不同属性，且都是可以标度出绝对值的宏观性质。p 和 V 可以认为是描述功的一对函数，T 和 S 是描述热的一对函数，可以称为共轭函数。U、H、F、G 都具有能量的单位，可以称为能量类函数，这些热力学能量函数中只有 U 才是系统的总能量，H、F、G 都不是系统的能量本身，而是由热力学能和基本独立变量组合成的能量函数，用来表达系统在特定条件下的能量变化。热力学基本方程是用热力学基本独立变量 p、V、T 和 S 来描述 U、H、F、G 四个能量函数的方程组，在经典热力学中是由四个基本方程组成的方程组，它们描述的是热力学过程中的基本过程或最常见过程的能量变化。热力学基本方程的变量是由实践经验总结出来的，方程中的所有项都具有明确的物理意义，方程本身是纯数学关系，可以进行各种数学变换处理，可以用于研究函数之间关系的研究，可使不易测量的性质、难以测量的偏微分转化为可测量的偏微分等。

一、热力学基本方程

U 是系统的总能量，随着环境对系统作用的条件不同，又从热力学能与四个热力学基本变量组合定义了三个能量类函数 H、F、G。

$$H = U + pV$$
$$F = U - TS$$
$$G = H - TS = U + pV - TS = F + pV$$

四个能量类函数间的关系表示在图 2-14 中，注意图中的线段长短并不代表数值的大小，仅表示 U、H、F 和 G 之间的组合关系。

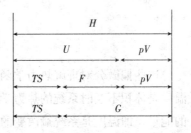

图 2-14　热力学函数间的关系

对于封闭系统，非体积功为零的条件下，系统的热力学能 U 可作为热力学第一定律的数学表达式，$dU = \delta Q + \delta W$，δQ 和 δW 是系统环境之间交换的热和功，显然这必须依赖于环境的测量才能完成，也不能反映出热力学能的本质。为了准确写出热力学基本方程，我们引入热力学第二定律，并设定发生的是可逆变化，有 $\delta Q_R = TdS$，$\delta W(\delta W' = 0) = -pdV$，则有

$$dU = TdS - pdV \tag{2-45}$$

式（2-45）的基本依据是热力学第一定律，热的计算借用了热力学第二定律，功限定为只有体积功，热和功的计算都使用了可逆过程。在不可逆过程，不管外界条件如何变化，状态量的变化值仍然是通过系统状态函数的变化来计算的，所以以对于非可逆过程同样适用。式（2-45）结合各能量类热力学函数的定义式可得

$$dH = TdS + Vdp \qquad (2-46)$$

$$dF = -SdT - pdV \qquad (2-47)$$

$$dG = -SdT + Vdp \qquad (2-48)$$

式（2-45）至式（2-48）称为热力学基本方程。以上四个方程中不含组成变量，因此只适用于双变量系统。这就是适用于纯组分的单相封闭系统，或多组分但组成不变的单相系统。

以上四个热力学基本方程不同于普通的全微分方程，因为 U、H、F、G 所使用的基本热力学变量有严格限定，分别是 (S, V)、(S, p)、(T, V)、(T, p) 四个共轭函数对。

$$U = u\ (S,\ V);\ H = h\ (S,\ p);\ G = g\ (T,\ p);\ F = f\ (T,\ V)$$

这种成对的共轭变量又称为特征变量，用特征变量表示的能量函数称为特征函数，其微分方程称为特征方程。后续章节时我们会把热力学基本方程向多组分系统、有电功、表面功存在的系统推广，推广时的各种代换就是依据特征方程的数学特点进行的。使用热力学特征方程计算各种热力学函数的变化量时，可以只考虑系统的热力学性质变化，而不考虑环境的变化。例如，用系统的吉布斯能，特征变量是 T、p，特征方程是 $dG = -SdT + Vdp$，由 T、p、G 及其微分表达式便可得到热力学量 S、V、U、H、F 等。这些特征函数在相应独立变量的限制条件下可作为过程自发与否的判据。比如等温等压、非体积功为零时采用吉布斯能判据；等温等容、非体积功为零时使用亥姆霍兹能判据；不难得出，等熵等容、非体积功为零时应该使用热力学能判据，即 $dU_{S,V} \leqslant 0$；等熵等压、非体积功为零时应该使用焓判据，即 $dH_{S,p} \leqslant 0$。注意系统的熵没有特征方程，所以计算熵变时，尤其是孤立系统的熵变计算就必须要同时计算系统和环境的熵变。

由式（2-45）~（2-48）热力学基本方程变形可得

$$T = \left(\frac{\partial U}{\partial S}\right)_V = \left(\frac{\partial H}{\partial S}\right)_p \qquad (2-49)$$

$$p = -\left(\frac{\partial U}{\partial V}\right)_S = -\left(\frac{\partial F}{\partial V}\right)_S \qquad (2-50)$$

$$V = \left(\frac{\partial H}{\partial p}\right)_S = \left(\frac{\partial G}{\partial p}\right)_T \qquad (2-51)$$

$$S = -\left(\frac{\partial F}{\partial T}\right)_V = -\left(\frac{\partial G}{\partial T}\right)_p \qquad (2-52)$$

这些偏微分对理解热力学函数的物理意义非常有帮助，如由式（2-49）可知，系统的温度是体积不变时系统的热力学能与熵的偏微分，是保持体积不变时系统单位熵变所需要的能量，即温度是系统熵改变的难易程度。

二、麦克斯韦关系式

状态函数在数学上具有全微分性质，设状态函数 $Z = f\ (x,\ y)$，则

$$dZ = \left(\frac{\partial Z}{\partial x}\right)_y dx + \left(\frac{\partial Z}{\partial y}\right)_x dy = Mdx + Ndy$$

式中 M 和 N 分别为 Z 对 x 和 y 的一阶偏导数。

$$M = \left(\frac{\partial Z}{\partial x}\right)_y \qquad N = \left(\frac{\partial Z}{\partial y}\right)_x$$

而状态函数具有全微分的倒易性，即二阶混合偏导数与求导次序无关。故有

$$\left(\frac{\partial M}{\partial y}\right)_x = \left(\frac{\partial N}{\partial x}\right)_y$$

该关系式应用于热力学基本关系式，可得

$$\left(\frac{\partial T}{\partial V}\right)_S = -\left(\frac{\partial p}{\partial S}\right)_V \qquad (2-53)$$

$$\left(\frac{\partial T}{\partial p}\right)_S = \left(\frac{\partial V}{\partial S}\right)_p \qquad (2-54)$$

$$\left(\frac{\partial S}{\partial V}\right)_T = \left(\frac{\partial p}{\partial T}\right)_V \qquad (2-55)$$

$$\left(\frac{\partial S}{\partial p}\right)_T = -\left(\frac{\partial V}{\partial T}\right)_p \qquad (2-56)$$

式（2-53）～（2-56）称为麦克斯韦（Maxwell）关系式，这些公式可以将一些难测量热力学性质的偏微分转换为易测热力学量的偏微分。尤其是，可以根据状态方程由式（2-55）和式（2-56）求出熵随压力、体积的变化关系，在实际中有重大的应用价值。从下面部分应用实例中，大家可以体会到热力学基本方程及其麦克斯韦关系式在热力学研究中的应用价值。

例题 2-15 求温度恒定时体系焓 H 随压力 p 的变化关系，对于理想气体，有什么结论？

解：由热力学基本公式 $dH = TdS + Vdp$，可得

$$\left(\frac{\partial H}{\partial p}\right)_T = T\left(\frac{\partial S}{\partial p}\right)_T + V$$

其中恒温下熵随压力的偏导数很难通过实验测定，由 Maxwell 关系式，可知

$$\left(\frac{\partial H}{\partial p}\right)_T = T\left(\frac{\partial S}{\partial p}\right)_T + V = -T\left(\frac{\partial V}{\partial T}\right)_p + V$$

对于理想气体体系，$pV = nRT$，则

$$\left(\frac{\partial V}{\partial T}\right)_p = \frac{V}{T}$$

代入得 $\left(\frac{\partial H}{\partial p}\right)_T = 0$，因此证明了理想气体的焓只是温度的函数，与压力和体积无关。

上述结论可以用来计算系统由始态 1（p_1，V_1，T_1）变化到终态 2（p_2，V_2，T_2）的过程的 ΔH。将热力学能 H 写为 T、p 的函数，即

$$dH = \left(\frac{\partial H}{\partial T}\right)_p dT + \left(\frac{\partial H}{\partial p}\right)_T dp$$

$$= C_p dT + \left[V - T\left(\frac{\partial V}{\partial T}\right)_p\right]dp$$

$$\Delta H = \int C_p dT + \int\left[V - T\left(\frac{\partial V}{\partial T}\right)_p\right]dp \qquad (2-57)$$

如系统的状态方程已知，就能通过式（2-57）求出第二项的值而得到 ΔH。

例题 2-16 试证明范德华气体 $\left(p + \frac{a}{V_m^2}\right)(V_m - b) = RT$ 的 $\left(\frac{\partial U}{\partial V}\right)_T = \frac{a}{V_m^2}$

证明：由热力学基本公式 $dU = TdS - pdV$，并结合 Maxwell 关系式可得

$$\left(\frac{\partial U}{\partial V}\right)_T = T\left(\frac{\partial S}{\partial V}\right)_T - p = T\left(\frac{\partial p}{\partial T}\right)_V - p$$

由范式方程可得

$$p = \frac{RT}{V_m - b} - \frac{a}{V_m^2}$$

$$\left(\frac{\partial p}{\partial T}\right)_V = \frac{R}{V_m - b}$$

因此

$$\left(\frac{\partial U}{\partial V}\right)_T = T\left(\frac{\partial p}{\partial T}\right)_V - p = \frac{RT}{V_m - b} - p = \frac{RT}{V_m - b} - \left(\frac{RT}{V_m - b} - \frac{a}{V_m^2}\right) = \frac{a}{V_m^2}$$

例题 2 – 17 试证明 $\left(\frac{\partial H}{\partial T}\right)_p \left(\frac{\partial T}{\partial p}\right)_H \left(\frac{\partial p}{\partial H}\right)_T = -1$。

证明：对于一给定的双变量系统，其焓是温度和压力的函数，即 $H = f(T, p)$。

根据其全微分性质，则有

$$dH = \left(\frac{\partial H}{\partial T}\right)_p dT + \left(\frac{\partial H}{\partial p}\right)_T dp$$

当焓恒定时，即

$$dH = \left(\frac{\partial H}{\partial T}\right)_p dT + \left(\frac{\partial H}{\partial p}\right)_T dp = 0$$

变形可得

$$\left(\frac{\partial H}{\partial T}\right)_p dT = -\left(\frac{\partial H}{\partial p}\right)_T dp$$

两边同除 dp 得

$$\left(\frac{\partial H}{\partial T}\right)_p \left(\frac{\partial T}{\partial p}\right)_H = -\left(\frac{\partial H}{\partial p}\right)_T$$

也可写为

$$\left(\frac{\partial H}{\partial T}\right)_p \left(\frac{\partial T}{\partial p}\right)_H \left(\frac{\partial p}{\partial H}\right)_T = -1$$

对于双变量系统的任意状态函数 Z 可写为其他两个物理量 (x, y) 的函数 $Z = f(x, y)$，同理可得

$$\left(\frac{\partial Z}{\partial x}\right)_y \left(\frac{\partial x}{\partial y}\right)_Z \left(\frac{\partial y}{\partial Z}\right)_x = -1$$

该式称为循环公式。

例题 2 – 18 试证明焦耳 – 汤姆逊系数的表达式 $\mu = -\frac{1}{C_p}\left[V - T\left(\frac{\partial V}{\partial T}\right)_p\right]$。

证明：根据上面的循环公式，焦耳 – 汤姆逊系数可以写为

$$\mu = \left(\frac{\partial T}{\partial p}\right)_H = -\frac{1}{\left(\frac{\partial p}{\partial H}\right)_T \left(\frac{\partial H}{\partial T}\right)_p} = -\frac{1}{C_p}\left(\frac{\partial H}{\partial p}\right)_T$$

又因为 $\left(\frac{\partial H}{\partial p}\right)_T = T\left(\frac{\partial S}{\partial p}\right)_T + V = -T\left(\frac{\partial V}{\partial T}\right)_p + V$，则有

$$\mu = -\frac{1}{C_p}\left[V - T\left(\frac{\partial V}{\partial T}\right)_p\right]$$

故得证，根据该公式，利用状态方程可以求出焦 – 汤系数，并可解释为何其值有时为正，有时为负。

第十节 吉布斯能变与温度的关系
——吉布斯 – 亥姆霍兹公式

扫码"学一学"

对非体积功为零的封闭系统根据热力学基本关系式 $dG = -SdT + Vdp$，可知温度压力对状态函数 G 的影响。

一、温度对吉布斯能变的影响——吉布斯－亥姆霍兹公式

在讨论化学反应问题时，一般是根据标准状态下（298.15K、100kPa）的热力学数据，利用 $\Delta G = \Delta H - \Delta S$ 得某一化学反应的 $\Delta_r G_m^{\ominus}$（298.15K）。如化学反应并不在标准状态下进行，就需要求算实际反应温度时的 $\Delta_r G_m^{\ominus}$（T），因此温度对 ΔG 的影响是重要课题。

根据热力学函数之间的关系 $S = -\left(\dfrac{\partial G}{\partial T}\right)_p$，应用于某一变化过程可得

$$\left(\frac{\partial \Delta_r G}{\partial T}\right)_p = \left(\frac{\partial G_2}{\partial T}\right)_p - \left(\frac{\partial G_1}{\partial T}\right)_p = -S_2 + S_1 = -\Delta_r S$$

即压力恒定时，过程的 $\Delta_r G$ 随温度的变化率与该过程的熵变的负值相等。温度指定时，有 $\Delta_r G = \Delta_r H - T\Delta_r S$，所以

$$\left(\frac{\partial \Delta_r G}{\partial T}\right)_p = \frac{\Delta_r G - \Delta_r H}{T} \tag{2-58}$$

两边同除以 T，移项可得

$$\frac{1}{T}\left(\frac{\partial \Delta_r G}{\partial T}\right)_p - \frac{\Delta_r G}{T^2} = -\frac{\Delta_r H}{T^2}$$

即

$$\left(\frac{\partial \left(\dfrac{\Delta_r G}{T}\right)}{\partial T}\right)_p = -\frac{\Delta_r H}{T^2} \tag{2-59}$$

式（2-58）、（2-59）称为吉布斯－亥姆霍兹公式。式（2-58）分离变量积分处理可得

$$\int d\left(\frac{\Delta G}{T}\right) = -\int \frac{\Delta H}{T^2} dT \tag{2-60}$$

1. 如果温度变化范围不大，$\Delta_r H$ 视为常数可得

$$\frac{\Delta_r G(T_2)}{T_2} - \frac{\Delta_r G(T_1)}{T_1} = \Delta_r H\left(\frac{1}{T_2} - \frac{1}{T_1}\right) \tag{2-61}$$

例题 2-19　已知 298.15K、100kPa 下，反应 $2SO_3(g) = 2SO_2(g) + O_2(g)$ 的 $\Delta_r G_m^{\ominus}$ 为 $1.4 \times 10^5 J/mol$，已知该反应 $\Delta_r H_m^{\ominus}$ 为 $1.966 \times 10^5 J/mol$ 且不随温度的变化而变化。求压力不变的条件下该反应在 873.15K 进行时的 $\Delta_r G_m^{\ominus}$。

解：根据题意，将已知条件代入下式

$$\frac{\Delta_r G_{m,2}^{\ominus}}{T_2} - \frac{\Delta_r G_{m,1}^{\ominus}}{T_1} = \Delta_r H_m^{\ominus}\left(\frac{1}{T_2} - \frac{1}{T_1}\right)$$

$$\Delta_r G_{m,2}^{\ominus} = 873.15 \times \left[\frac{140000}{298.15} + 196600 \times \left(\frac{1}{873.15} - \frac{1}{298.15}\right)\right] J \cdot mol^{-1}$$

$$= 30.82 kJ \cdot mol^{-1}$$

2. 如果 ΔH 与温度有关或温度变化范围较大时，首先根据基尔霍夫公式确定 ΔH 与 T 的关系

$$\Delta H = \Delta H_0 + \int \Delta C_p dT = \Delta H_0 + \Delta aT + \frac{1}{2}\Delta bT^2 + \frac{1}{3}\Delta cT^3 + \cdots \tag{2-62}$$

代入式（2-59）积分得

$$\Delta G = \Delta H_0 - \Delta aT\ln T - \frac{\Delta b}{2}T^2 - \frac{\Delta c}{6}T^3 + \cdots + I'T \tag{2-63}$$

式（2-63）中 I' 为积分常数。

二、压力对吉布斯能变的影响

根据热力学函数之间的关系 $\left(\dfrac{\partial G}{\partial p}\right)_T = V$，对某一等温条件下压力发生变化的过程

$$\left(\frac{\partial \Delta_r G}{\partial p}\right)_T = \Delta_r V \tag{2-64}$$

因此等温时

$$\int_{p_1}^{p_2} \mathrm{d}(\Delta_r G) = \Delta_r G(T, p_2) - \Delta_r G(T, p_1) = \int_{p_1}^{p_2} \Delta_r V \mathrm{d}p$$

对于凝聚态反应体系，压力对体积的影响较小，在压力变化范围不大时可认为吉布斯能变为常量，但当压力变化很大时，压力也可以改变 ΔG 的方向。

第十一节　非平衡态热力学简介

扫码"学一学"

热力学第二定律指出，一切自发过程均向熵增大，即混乱度增大的方向进行，也就是说，自发过程是系统的微观状态从有序趋向无序的过程。然而，生物界的情形似乎刚好相反。生物进化总是沿着从单细胞到多细胞，从简单到复杂，从无序到有序的方向进行。因此，历史上曾有人认为，热力学只适用于物理、化学系统，而不适用于其他系统。比利时理论物理学家普利高津（Prigogine）及其领导的布鲁塞尔学派则反对这种看法。他们认为生命现象同样受热力学规律的支配，只不过，生命系统是与环境有物质和能量交换的敞开系统，生物体内的各种过程远离平衡而已。他们将经典热力学的原理推广应用于敞开系统的非平衡态和不可逆过程，进而开创了非平衡态热力学理论。下面就非平衡态热力学关注的问题所采用的方法、基本假定、基本定理，以及在生命现象研究中的应用等作一简单介绍。

一、传递现象与昂萨格倒易关系

根据热力学第二定律，孤立系统的自发过程是系统由非平衡态自发转变为平衡态的过程。该过程中，系统的温度、压力、组成等强度性质将由不均匀变为均匀。这种变化必然伴随着某些物理量的传递。例如，温度的变化必伴随着热的传递。传递现象源于强度性质的梯度，例如热传递来自于温度传递，扩散现象来自于浓度或压力梯度，动量传递来自于速度梯度等等。人们将这些引起传递现象的梯度称为广义力。而要定量地描述传递过程，就必须引进时间的概念。传递过程中，单位时间内通过单位面积的物理量称为广义通量或广义流（flux）。至于封闭系统和敞开系统，除了系统内的各种传递外，还可能发生系统与环境间的各种传递。在不可逆过程中，广义流与广义力之间存在耦合作用（coupling），即一个广义流来自于多种广义力，一种广义力同时影响多个广义流。

根据偏离平衡态的程度，非平衡态分为近平衡态和远平衡态。在近平衡态，广义流 J 与广义力 X 呈线性关系，若有 n 个广义力，就有 n 个广义流，而且，每个广义流同时受到 n 个广义力的影响。于是，第 i 个广义流可表示为

$$J_i = \sum_j L_{ij} X_j \tag{2-65}$$

式（2-65）中，J_i 表示系统中任一广义流，X_i 表示影响 J_i 的任一广义力，L_{ij} 称作唯象系数（phenomenological coefficient）。昂萨格（Onsager）于1931年证明，在广义流与广义力的线性关系式中，影响第 i 个流的第 j 个力的唯象系数与影响第 j 个流的第 i 个力的唯象系数相等，即

$$L_{ij} = L_{ji} \qquad (2-66)$$

式（2-66）称为昂萨格倒易关系式。在式（2-66）适用范围内，它所反映的不可逆过程中的基本关系不受系统及广义力本性的影响。昂萨格倒易关系在非平衡态热力学中占有极其重要的地位，奠定了非平衡态热力学发展的基础，也使非平衡态热力学得到了重要的实际应用。

二、局部平衡假设

对于一个变化中的系统，无法用"状态"和"状态函数"来描述。为了能继续利用经典热力学中有关状态和状态函数的一些概念和公式，普里高津提出了局部平衡（local equilibrium）的假设。

设想将处于非平衡态的系统划分为许多可以利用宏观方法处理的小的子系统，每个子系统小到可以认为其温度压力组成是均匀的。这样，每个子系统都处于平衡态，而子系统之间强度性质则不一致，整个系统处于非平衡态，整个系统的不平衡程度是各子系统之间的不平衡程度之和。应用局部平衡假设，经典热力学的一些原理就可以用来处理非平衡态的一些问题了。

三、熵产生和熵流

熵增原理指出，孤立系统的自发过程向熵增大的方向进行。普利高津将这一原理推广到封闭系统和敞开系统，将系统的熵变分为两部分，一部分来自系统内部的自发过程，用 $d_i S$ 表示，称为熵产生（entropy production）；另一部分来自系统与环境间能量及物质的传递，用 $d_e S$ 表示，称为熵流（entropy flux）。系统的熵变为熵产生与熵流之和。

$$dS = d_i S + d_e S \qquad (2-67)$$

熵流 $d_e S$ 可大于零，也可小于零。对于孤立系统，$d_e S = 0$。因而有

$$dS（孤立）= d_i S \qquad (2-68)$$

式（2-68）即为适用于孤立系统的熵增原理。

熵产生 $d_i S$ 永远不会小于零。对任何系统，总有

$$d_i S \geqslant 0 \qquad (2-69)$$

系统发生不可逆过程时，$d_i S > 0$；系统发生可逆过程时，$d_i S = 0$。因此，可以认为式（2-69）是热力学第二定律最一般的表达式。

四、稳定态与耗散结构

稳定态（steady state）简称稳态或定态，指的是系统的物理量不随时间改变的状态。对于孤立系统，稳态即平衡态。处于平衡态的孤立系统，宏观上不发生任何过程，熵产生率 $dS/dt = 0$。对于封闭系统和敞开系统，不意味着 $d_i S/dt = 0$，系统中仍可以发生一些自发过程，使得 $d_i S > 0$，同时系统可以通过与环境进行能量与物质交换，获得负熵流，使得 $d_e S < 0$，从而 $dS = d_i S + d_e S$。也就是说，系统可以通过从环境获得负熵流维持低熵，从而处于一

种较为有序的稳定状态。敞开系统的稳态不同于孤立系统的平衡态。敞开系统达稳态时，内部仍可能进行各种自发过程，系统依赖负熵流有可能维持一种低熵的有序状态。敞开系统从较为无序的结构变为较为有序的稳态结构，以及稳态的维持，都需要消耗环境的物质或能量。普利高津将这样形成和维持的有序结构成为耗散结构（dissipative structure）。

五、熵与生命现象

如果一个生命个体是一个孤立系统，它将因体内各种自发过程而有序性逐渐减小，做功能力逐渐降低，很快达到熵最大，有序性最小，完全丧失做功能力的状态而死亡。事实上，一个活的生物体是一个敞开系统，其结构是一种耗散结构，处于一种 $dS \approx 0$ 的较为有序的稳态。由于体内不断进行着诸如扩散、渗透、血液流动以及各种生化反应等自发过程，熵产生 $d_iS > 0$，要保持 $dS \approx 0$ 的有序的稳态，生物体就必须从环境获得负熵流。就动物而言，吃的食物是糖、脂肪以及蛋白质等高度有序的低熵大分子化合物，排泄的是水、二氧化碳及其他小分子高熵物质，从而保证了 $d_eS < 0$。一个成长的生物个体就是以摄入低熵物质，排出高熵物质为代价，维持其耗散结构，进行着从无序到有序的成长过程。人体若因某些原因而变得熵流不畅通，体内将因熵的累积而生病，称为熵病。中暑就是一种典型的熵病。医药学界对熵病已经展开了从理论到实践的广泛研究。

思考题

1. 简述自发过程的主要特征。

2. 孤立体系从同一始态出发经可逆过程和不可逆过程两种途径能否到达相同的终态？

3. 不可逆过程一定是自发过程，自发过程一定是不可逆的过程。这种说法对吗？

4. 地球内部的热岩体和地表的温度不同，因此我们可以据此设计制造地热发电机。这种设想是否正确？利用大气层中不同高度上的压力差对外做功，这种设想对吗？

5. 总结系统变化过程方向和限度的判据。

6. 恒温恒压、非体积功为零的条件下，由 $\Delta G_{T,p,W'=0} < 0$ 可知体系经不可逆变化，封闭体系的吉布斯能会降低。然而由 $dG = -SdT + Vdp$ 得出了 $dG = 0$ 的结论。为什么？

7. 填出下列各个过程体系的 ΔU、ΔH、ΔS、ΔG 和 ΔA 与零比较的大小关系。

（1）理想气体卡诺循环；

（2）理想气体等温可逆膨胀；

（3）理想气体绝热可逆膨胀；

（4）理想气体自由膨胀；

（5）H_2 和 O_2 在绝热钢瓶中发生反应生成液态水；

（6）液态水在 373.15K、100kPa 下蒸发为水蒸气。

	ΔU	ΔH	ΔS	ΔG	ΔA
(1)					
(2)					
(3)					
(4)					
(5)					
(6)					

8. 曾经有人用下述实验否定热力学第二定律，试找出错误所在。

（1）理想气体的等温膨胀过程内能不变，体系从环境中吸收的热效应全部转化成功，因此与热力学第二定律开尔文说法不符。

（2）冷冻机的正常运转实现了从低温热源吸热传给高温热源，与热力学第二定律克劳修斯表述矛盾。

9. 373.15K、101325Pa 的液态水向真空膨胀为 373.15K、101325Pa 的水蒸气，该过程能否利用 $\Delta G_{T,p,W'=0} < 0$ 来判断过程是否自发？为什么？

10. 系统经过一个不可逆的循环过程，环境的熵变一定大于零。为什么？

11. 对于理想气体的 Carnot 循环 $A \rightarrow B \rightarrow C \rightarrow D \rightarrow A$，若以温度 T 纵坐标、熵 S 为横坐标，应是什么样子？图中各线围成的面积代表什么？

 习题

1. 某 $1dm^3$ 理想气体从 3000K、1519.9kPa 经等温膨胀到 $10dm^3$，计算此过程 W_{max}、ΔH、ΔU、及 ΔS。

2. $10mol$ O_2 在 300K 的条件下发生以下变化，试计算各过程的熵变并比较，可以得出什么结论？

（1）从初始体积为 $10dm^3$ 等温可逆膨胀至终态体积为 $100dm^3$；

（2）从同一始态经自由膨胀至同一终态。

3. 标准压力下，$1mol$ 303.15K 的液态水冷却转变为 273.15K 的冰，计算该过程的熵变。已知水和冰的平均恒压摩尔热容 $C_{p,m}$ 分别为 75.3 和 37.6J·K^{-1}·mol^{-1}，冰在 273.15K 的摩尔熔化热 $\Delta_{fus}H_m^\ominus = 6007J·mol^{-1}$。

4. 标准压力下将 $1mol$ 303.15K 的水和 $5mol$ 343.14K 的水混合均匀达平衡，求体系的熵变。已知水的平均恒压摩尔热容 $C_{p,m}$ 为 75.3J·K^{-1}·mol^{-1}。

5. $1mol$ 水在 373K、101325Pa 下向真空蒸发为同温同压的水蒸汽，试求此过程的 Q、W、ΔS、ΔG，并判断此过程能否自发进行？已知该温度下水摩尔汽化热为 40.67kJ·mol^{-1}，水蒸气可视为理想气体。

6. $1mol$ 理想气体经过 Carnot 循环，请列出每一步变化中的 ΔU、ΔH 及 ΔS。

	（1）等温可逆膨胀	（2）绝热可逆膨胀	（3）等温可逆压缩	（4）绝热可逆压缩
ΔU				
ΔH				
ΔS				

7. 一个理想 Carnot 热机在温差 $(T_2 - T_1)$ 为 100K 的两个热源之间工作，若热机效率为 25%，计算 T_1、T_2 和功。已知每一循环中热源 T_1 吸热 1000J，假定所做的功 W 以摩擦热的形式完全消失在 T_2 热源上，该热机每循环一周，体系的熵变以及环境的熵变分别为多少？

8. $5mol$ H_2 从始态 353.15K、100kPa 变化至终态 293.15K、1000kPa，求体系的熵变。

9. 某一绝热体系如图所示，中间隔板为导热壁。气体的平均恒容摩尔热容 $C_{V,m}$ 为 28.03J·K^{-1}·mol^{-1}，试计算：

（1）不抽掉隔板达平衡后的熵变；

（2）抽掉隔板达平衡后的熵变。

1mol O_2	1mol H_2
283K，V	293K，V

10. 在室温为300K的条件下，对某温度为370K的恒温槽进行恒温性能测试。经过相当一段时间后，因为恒温槽绝热不良而导致4184J的热传给了室内空气。试计算：

（1）恒温槽的熵变；

（2）室内空气的熵变；

（3）此过程是否自发？

11. 某一溶液中的化学反应，298K、标准压力下进行放热40000J。若使该反应通过可逆电池来完成，吸热4000J。试计算：

（1）该化学反应的熵变；

（2）该反应等温等压下进行时，环境的熵变和孤立体系总熵变，并判断是否自发进行；

（3）该体系可能做的最大功。

12. 已知268.15K时，固体苯的饱和蒸气压为2.28kPa，过冷液体苯的饱和蒸气压为2.64kPa，设苯蒸气视为理想气体，求268.15K时1mol过冷液体苯凝固为固体苯的 ΔG。

13. 5mol H_2 通过以下两种途径从始态298.15K、100kPa 变化至终态298.15K、1000kPa。求体系的算 Q、W、ΔU、ΔH、ΔS、ΔF 和 ΔG。

（1）等温可逆压缩；

（2）一次恒外压压缩。

14. 已知298.15K、标准压力下，石墨和金刚石的热力学数据如下表：

	石墨	金刚石
$\Delta_c H_m^{\ominus}/$（kJ·mol^{-1}）	-393.511	-395.407
$S_m^{\ominus}/$（J·K^{-1}·mol^{-1}）	5.694	2.439
$\rho/$（kg·m^{-3}）	2.260×10^3	3.520×10^3

试判断298.15K、标准压力下哪种晶型稳定？并根据经典热力学估计该温度下多大压力时石墨方可转化为金刚石？

15. 利用热力学数据表计算以下各反应298.15K时的 $\Delta_r G_m^{\ominus}$、$\Delta_r H_m^{\ominus}$ 和 $\Delta_r S_m^{\ominus}$。

（1）$CO(g) + H_2O(g) \Longleftrightarrow CO_2(g) + H_2(g)$

（2）$CH_4(g) + H_2O(g) \Longleftrightarrow CO(g) + 3H_2(g)$

（3）$CO(g) + 2H_2(g) \Longleftrightarrow CH_3OH(g)$

16. 298.15K、标准压力下某蛋白质由天然构象变性结构破坏的过程，其焓变 ΔH 和熵变 ΔS 分别为251.04kJ·mol^{-1}和753J·K^{-1}·mol^{-1}。试计算

（1）该温度下此蛋白质变性过程的 ΔG；

（2）求发生变性的最低温度。

17. 将1mol 双原子理想气体从始态298.15K、100kPa，绝热可逆压缩到体积为5dm^3，试计算终态的温度、压力和过程的 Q、W、ΔU、ΔH、ΔS。双原子理想气体，$C_{V,m} = 2.5R$，$C_{p,m} = 3.5R$，$\gamma = 1.4$。

18. 已知氨的合成反应 $\frac{1}{2}N_2(g) + \frac{3}{2}H_2(g) = NH_3(g)$ 的。298.15K 和 $p^{\ominus}$ 下，各物质的

热力学数据如下表，并已知 $\Delta_r C_p^{\ominus} = -25.46 + 18.33 \times 10^{-3}T - 2.05 \times 10^{-7}T^2$。试计算该反应 1000K 时的 $\Delta_r G_m^{\ominus}$。

物质	H$_2$(g)	N$_2$(g)	NH$_3$(g)
$\Delta_f H_m^{\ominus}/(\text{kJ} \cdot \text{mol}^{-1})$	0	0	-46.19
$S_m^{\ominus}/(\text{J} \cdot \text{K}^{-1} \cdot \text{mol}^{-1})$	130.59	191.49	192.51

19. 在 600K、100kPa 压力下，生石膏的脱水反应为

$$CaSO_4 \cdot 2H_2O(s) \longrightarrow CaSO_4(s) + 2H_2O(g)$$

已知各物质在 298.15K、100kPa 时的热力学数据如下。

	CaSO$_4 \cdot$2H$_2$O(s)	CaSO$_4$(s)	H$_2$O(g)
$\Delta_f H_m^{\ominus}/(\text{kJ} \cdot \text{mol}^{-1})$	-2021.12	-1432.68	-241.82
$S_{m,i}^{\ominus}/(\text{J} \cdot \text{K}^{-1} \cdot \text{mol}^{-1})$	193.97	106.70	188.83
$C_{p,m}^{\ominus}/(\text{J} \cdot \text{K}^{-1} \cdot \text{mol}^{-1})$	186.20	99.60	33.58

试计算反应进度为 1mol 的 Q、W、$\Delta_r U_m^{\ominus}$、$\Delta_r H_m^{\ominus}$、$\Delta_r G_m^{\ominus}$、$\Delta_r F_m^{\ominus}$ 和 $\Delta_r S_m^{\ominus}$。假设各物质热容与温度无关，气体近似为理想气体，气–固共存时，固态体积可忽略不计。

20. （1）试求非体积功为零的封闭体系在等温条件下，其热力学能随体积的变化关系；

（2）对于理想气体能得到什么结论？

21. 试证明 $\left(\dfrac{\partial T}{\partial V}\right)_p \left(\dfrac{\partial V}{\partial p}\right)_T \left(\dfrac{\partial p}{\partial T}\right)_V = -1$。并用理想气体体系加以验证。

第三章　多组分系统热力学

多组分系统（multi – component system）是指由两种以及两种以上的物质组成的系统。在单组分密闭系统中，物质的量（n）或多组分密闭系统中各物质的量（n_B）保持常量，则可以用两个独立变量就能确定系统的状态。前两章中介绍的热力学公式只适用于这种双变量系统，即纯物质系统，或组成不变的多组分单相密闭系统。但是，多组分组成可变的密闭系统，物质的量（n_B）是变化的，如密闭系统中的相变化或化学反应，对于这样的密闭系统，物质的量的改变必然引起系统热力学函数的变化，因此为了确定系统的状态必须引入各组分物质的量 n_B 作为状态变量，这样才能在组成可变的多组分系统中应用前两章的热力学函数关系式。

在确定组成可变的多组分系统的状态时，偏摩尔量（partial mole quantity）是一个关键性的概念，其中最重要的物理量是化学势（chemical potential），本章将导出这些概念，并讨论其在多组分系统中的应用。

扫码"学一学"

第一节　多组分系统的组成表示法

对于多组分系统，为了描述其状态，除了需要列出温度 T、压力 p 外，还应标明各组分的物质的量，即系统的组成。组成的表示方法中浓度表示法是最方便的。浓度的表示方法有很多种，如质量浓度 ρ_B、质量分数 w_B、物质的量浓度 c_B、物质的量分数 x_B、质量摩尔浓度 m_B 等。

一、质量浓度

质量浓度（mass of concentration，titer），定义为物质 B 的质量 W_B 与系统体积 V 之比，即

$$\rho_B = \frac{W_B}{V} \qquad (3-1)$$

对于纯物质，质量浓度就是密度，质量浓度具有和密度相同的量纲、单位、甚至符号。多组分时，系统中所有组分质量浓度之和等于密度，即

$$\sum_B \rho_B = \boldsymbol{\rho} \qquad (3-2)$$

这里，$\boldsymbol{\rho}$ 表示密度，加粗以示区别。

因为体积是温度的函数，所以质量浓度是温度的函数，温度不同，质量浓度亦不同。比如，水在 $0 \sim 4{}^\circ\!C$ 之间，ρ_B 随温度升高而升高，$4{}^\circ\!C$ 以上随温度升高而降低，ρ_B 在 $4{}^\circ\!C$ 时存在极大值。在实践中，定温下乙醇、$CaCl_2$ 等水溶液密度的测量快速方便，密度和百分含量之间的关系常常制成表格以方便换算。

二、质量分数

质量分数（mass fraction）是指定物质 B 的质量 W_B 占系统总质量 $\sum_B W_B$ 的分额，并以

小数表示，即

$$w_B = \frac{W_B}{\sum_B W_B} \tag{3-3}$$

质量分数是量纲一的量，既不是温度的函数，也不是压力的函数。封闭系统无相变及化学变化时，质量分数是定值。

显然，系统中所有组分的质量分数之和为一，即

$$\sum_B w_B = 1 \tag{3-4}$$

质量分数与质量百分数（mass percentage）表达的物理意义相同。

三、物质的量浓度

物质的量浓度（amount of substance concentration，molarity，molar density）用物质 B 的物质的量 n_B 除以系统的体积 V 定义，即

$$c_B = \frac{n_B}{V} \tag{3-5}$$

单位是 $mol \cdot m^{-3}$，常用单位为 $mol \cdot dm^{-3}$。实践中经常用 M 表示 $mol \cdot dm^{-3}$ 作为 c_B 的单位。与 ρ_B 相似，c_B 是温度的函数。分析化学中常用物质的量浓度。

四、摩尔分数

摩尔分数（mole fraction）又称为物质的量分数，是物质 B 的物质的量 n_B 占系统总物质的量 $\sum_B n_B$ 的比值，以小数表示。

$$x_B = \frac{n_B}{\sum_B n_B} \tag{3-6}$$

单位为 1，是量纲为一的纯数。系统封闭无相变及化学变化时，x_B 是定值，与温度及压力无关。气、液两相平衡共存时，可以用 x_B 表示液相组成，气相组成常用 y_B 表示以示区别。显然

$$\sum_B x_B = 1 \tag{3-7}$$

即系统中所有组分的物质的量分数之和为一。

五、质量摩尔浓度

质量摩尔浓度（molality）是以物质 B 的物质的量 n_B 除以系统中溶剂的质量 W_A 定义，即

$$m_B = \frac{n_B}{W_A} \tag{3-8}$$

无相变化及化学变化的封闭系统中，m_B 亦仅是定值。因为质量常用 m 表示，因此也常见用 b_B 表示质量摩尔浓度以增加辨识性。m_B 单位是 $mol \cdot kg^{-1}$，非正式场合用 m 表示 $mol \cdot kg^{-1}$。电化学中常用质量摩尔浓度。

浓度表示方法虽然各不相同，各学科、各领域根据需要而选用，不同表示方法其实质是等同的，可以相互换算。例如，可以从质量摩尔浓度求物质的量浓度，根据定义 $m_B =$

$\dfrac{n_B}{W_A}$，稀的水溶液中，溶剂的质量几乎就是系统的质量，即

$$m_B = \frac{n_B}{W_A} \approx \frac{n_B}{W_A + W_B} = \frac{n_B}{\rho V} = \frac{1}{\rho} \times c_B$$

因为是稀的水溶液，$\rho \approx 1 g \cdot cm^{-3}$，所以 $m_B \approx c_B$，这里 c_B 的单位指定为 $mol \cdot dm^{-3}$。

例题 3-1 在 298K 和 100kPa 时，有一 $AgNO_3$ 水溶液，其质量分数为 0.12，质量浓度为 1.108 $kg \cdot dm^{-3}$。求 $AgNO_3$ 的物质的量分数、物质的量浓度及质量摩尔浓度。

解： 所求物理量均是强度性质，与系统的体量无关，因此不妨设系统质量为 1.0kg。系统中水和硝酸银的物质的量分别为

$$n_{AgNO_3} = \frac{0.12 \times 1.0 kg}{169.87 \times 10^{-3} kg \cdot mol^{-1}} = 0.7064 mol$$

$$n_{H_2O} = \frac{(1.00 - 0.12) \times 1.0 kg}{18.015 \times 10^{-3} kg \cdot mol^{-1}} = 48.85 mol$$

根据定义，各浓度分别可求

$$x_{AgNO_3} = \frac{0.7064}{0.7064 + 48.85} = 0.01425$$

$$m_B = \frac{n_B}{W_A} = \frac{0.07064 mol}{1.0 kg \times (1.00 - 0.12)} = 0.8027 mol \cdot kg^{-1}$$

$$c_B = \frac{n_B}{V} = \frac{0.7064 mol}{\dfrac{1.0 kg}{1.108 mol \cdot dm^{-3}}} = 0.7827 mol \cdot dm^{-3}$$

扫码"学一学"

第二节 偏摩尔量

一、偏摩尔量

现在，我们知道，对于单组分封闭系统，可以用两个变量描述，即

$$X = X(T, p) \tag{3-9}$$

X 为系统任一广延变量。等温、等压下，系统广延性质 X 得满足加和性，即

$$X_B = X_{B,m}^* n_B \tag{3-10}$$

这里 $X_{B,m}^*$ 表示纯物质 B 广延性质 X 的摩尔质量，n_B 是 B 的物质的量。当涉及相变化、化学变化及多组分时，双变量无法完整描述系统状态，即多组分系统中式（3-10）不再成立。表 3-1 所示是 298K 时水（A）-乙醇（B）混合系统不同配比下的混合前、后体积的体积数据。

表 3-1 298K 时水（A）-乙醇（B）混合液的体积与浓度关系

$m_{乙醇}$	$V_{水}$*/mL	$V_{乙醇}$*/mL	V_0/mL	V/mL	ΔV/mL
0.10	90.36	12.67	103.03	101.84	-1.19
0.20	80.32	25.34	105.66	103.24	-2.42
0.30	70.28	38.01	108.29	104.84	-3.45
0.40	60.24	50.68	110.92	106.93	-3.99
0.50	50.20	63.35	113.55	109.43	-4.12

续表

$m_{乙醇}$	$V_{水}$ */mL	$V_{乙醇}$ */mL	V_0/mL	V/mL	ΔV/mL
0.60	40.16	76.02	116.18	112.22	−3.96
0.70	32.12	88.69	120.81	115.25	−5.56
0.80	20.08	101.36	121.44	118.56	−2.88
0.90	10.04	114.32	124.36	112.25	−12.11

从表中最后一列可以看出，水 - 乙醇混合系统的体积（V）不等于水、乙醇在纯态时的体积之和（$V_0 = V_A + V_B$），且 $\Delta V = V - V_0$ 为负值。因此式（3 - 9）中必须加入系统的组成变量，则

$$X = X(T, p, n_A, n_B, \cdots) \tag{3-11}$$

引入组成变量后，将有与式（3 - 10）对应的新公式表示广延性质的加和性，新公式与 $X_{B,m}^*$ 相应的变量是偏摩尔量 $X_{B,m}$。

对式（3 - 11）求全微分，得

$$dX = \left(\frac{\partial X}{\partial T}\right)_{p,n_i} dT + \left(\frac{\partial X}{\partial p}\right)_{T,n_i} dp + \sum_B \left(\frac{\partial X}{\partial n_B}\right)_{T,p,n_{i\neq B}} dn_B \tag{3-12}$$

$\left(\dfrac{\partial X}{\partial n_B}\right)_{T,p,n_{i\neq B}}$ 表示等温、等压下，除组分 B 外其他组分保持不变，向无限大的系统中加入 1mol 物质 B 导致系统性质 X 的改变量，为了简化，将该偏导数记作 $X_{B,m}$，即

$$X_{B,m} = \left(\frac{\partial X}{\partial n_B}\right)_{T,p,n_{i\neq B}} \tag{3-13}$$

$X_{B,m}$ 称为物质 B 在系统中的偏摩尔 X。若 X 是体积，$V_{B,m}$ 是系统中 B 的偏摩尔体积，$V_{B,m} = \left(\dfrac{\partial V}{\partial n_B}\right)_{T,p,n_{i\neq B}}$；若 X 是热力学能，则 $U_{B,m}$ 就是系统中 B 的偏摩尔热力学能，$U_{B,m} = \left(\dfrac{\partial U}{\partial n_B}\right)_{T,p,n_{i\neq B}}$；若 X 是吉布斯能，则 $G_{B,m}$ 就是系统中 B 的偏摩尔吉布斯能，$G_{B,m} = \left(\dfrac{\partial G}{\partial n_B}\right)_{T,p,n_{i\neq B}}$。

二、偏摩尔量的性质

从定义式（3 - 13）可以看出，偏摩尔量是温度、压力及组成的函数，温度、压力、组成不同，$X_{B,m}$ 一般不同。根据偏导数的数学意义知，偏摩尔量 $X_{B,m}$ 是性质 X 与组成 n_B 曲线上某点的斜率。各点浓度不同，各点斜率亦不同。图 3 - 1 是水 - 乙醇系统 298K 时各组分偏摩尔体积随浓度变化图。低浓度时，乙醇的偏摩尔体积随浓度增加而减小，达到一极小值后，随浓度增加而增加；而水的偏摩尔体积变化正好相反，随乙醇浓度增加，其值逐渐增加，达到一极大值后逐渐减小。这说明系统中，水与乙醇的偏摩尔体积之间存在某种关联，不是孤立的。

纯物质的摩尔体积永远是正值，然而偏摩尔体积未必如此。例如，水 - 硫酸镁系统中，极限硫酸镁偏摩尔

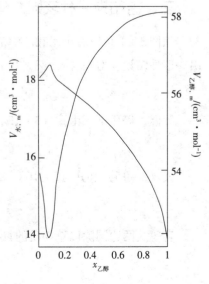

图 3 - 1　水 - 乙醇 298K 偏摩尔体积与浓度关系

体积（硫酸镁浓度无限稀）为 $-1.4 \text{ cm}^3 \cdot \text{mol}^{-1}$，这意味着往极大量的纯水中加入 1mol $MgSO_4$ 后，系统的体积缩减了 1.4 cm^3。这是因为 Mg^{2+}、SO_4^{2-} 的水化使得水的空间结构发生了轻微的坍塌，$MgSO_4$ 对总体积的贡献是负值。

等温、等压，组成不变的条件下将式（3－12）积分，得

$$X = \sum_B X_{B,m} n_B \qquad (3-14)$$

这就是偏摩尔量的集合公式。与式（3－10）相比，二者是极为相似的，只是后者只能用于纯物质，不能用于多组分系统。

例题 3－2 298K 时，含乙醇 1.000kg 的水－乙醇系统的体积与乙醇物质的量关系如下

$$V = 1002.93 + 54.6664x - 0.36394x^2 + 0.028256x^3$$

式中 V 单位为 cm^3，$x = n_{乙醇}/\text{mol}$。求乙醇的偏摩尔体积。

解：根据定义，对多项式求导

$$\frac{dv}{dx} = 54.6664 - 2 \times 0.36394x + 3 \times 0.028256x^2$$

$$= 54.6664 - 0.72788x + 0.084768x^2$$

所以乙醇的偏摩尔体积为

$$V_{乙醇,m}/(\text{cm}^3 \cdot \text{mol}^{-1}) = 54.6664 - 0.72788\frac{n_{乙醇}}{\text{mol}} + 0.084768\left(\frac{n_{乙醇}}{\text{mol}}\right)^2$$

例题 3－3 298 时，质量分数为 0.500 的水－乙醇系统的密度为 $0.914\text{g}/\text{cm}^3$。设该浓度下水的偏摩尔体积为 $17.4\text{cm}^3/\text{mol}$，试求乙醇的偏摩尔体积。

解：根据式（3－14），可写出

$$V = V_{水,m} n_水 + V_{乙醇,m} n_{乙醇}$$

不妨设系统总量为 100.0g，则

$$\frac{100.0\text{g}}{0.914\text{g} \cdot \text{cm}^{-3}} = 17.4 \text{ cm}^3 \cdot \text{mol}^{-1} \times \frac{100.0\text{g} \times 0.500}{18.015\text{g} \cdot \text{mol}^{-1}} + V_{乙醇,m} \times \frac{100.0\text{g} \times 0.500}{46.069\text{g} \cdot \text{mol}^{-1}}$$

解得乙醇的偏摩尔体积为 $V_{乙醇,m} = 56.3\text{cm}^3 \cdot \text{mol}^{-1}$。

三、吉布斯－杜亥姆方程

从图 3－1 可以看出水和乙醇的偏摩尔体积存在负相关关系，其实可以根据数学推导得出一般性结论。对集合式（3－14）全微分，得

$$dX = \sum_B X_{B,m} dn_B + \sum_B n_B dX_{B,m} \qquad (3-15)$$

等温、等压下，由式（3－12）及式（3－13）可知

$$dX = \sum_B X_{B,m} dn_B \qquad (3-16)$$

式（3－15）和式（3－16）对比可得

$$\sum_B n_B dX_{B,m} = 0 \qquad (3-17)$$

若等式两边同除以总物质的量 $\sum_B n_B$，则有

$$\sum_B x_B dX_{B,m} = 0 \qquad (3-18)$$

式（3－17）、（3－18）均称为吉布斯－杜亥姆（Gibbs－Dehum）公式，他表示等温、等压下，各偏摩尔量随组成的变化不是孤立的，而是相互关联的。二组分系统中，吉布

斯－杜亥姆公式允许我们根据一个组分偏摩尔量与组成的关系求另一组分偏摩尔量与组成的关系。

例题 3 - 4　298K 时，实验测得水－硫酸钾系统中硫酸钾的偏摩尔体积与其浓度的关系如下

$$v_B = 32.280 + 18.216x^{1/2} \tag{3-19}$$

上式中，$v_B = V_{K_2SO_4,m}/(cm^3 \cdot mol^{-1})$，$x = m_{K_2SO_4}/m^{\ominus}$。若已知纯水的摩尔体积为 18.079 cm^3/mol，试导出水的偏摩尔体积与浓度的关系。

解：为方便，将水标记为 A，硫酸钾标记为 B。根据式（3 - 18）可以写出二组分系统的吉布斯－杜亥姆公式

$$n_A dV_{A,m} + n_B dV_{B,m} = 0 \tag{3-20}$$

即意味着，$dv_A = -(n_B/n_A) dv_B$，积分

$$v_A = v_{A,m}^* - \int_0^{v_B} \frac{n_B}{n_A} dv_B \tag{3-21}$$

将式（3 - 19）对 x 求导，得

$$\frac{dv_B}{dx} = 9.108x^{-1/2} \tag{3-22}$$

将之代入式（3 - 21），得

$$v_A = v_{A,m}^* - 9.108 \int_0^{m_B/m^{\ominus}} \frac{n_B}{n_A} dx \tag{3-23}$$

设系统中水为 1kg，则

$$\frac{n_B}{n_A} = \frac{n_B}{1kg/M_A} = \frac{n_B M_A}{1kg} = m_B M_A = x m^{\ominus} M_A \tag{3-24}$$

代入式（3 - 23），有

$$v_A = v_{A,m}^* - 9.108 M_A m^{\ominus} \int_0^{m_B/m^{\ominus}} x^{1/2} dx$$

$$= v_{A,m}^* - \frac{2}{3} \times (9.108 M_A m^{\ominus})(m_B/m^{\ominus})^{3/2}$$

代入相关数据，得

$$V_{H_2O,m}/(cm^3 \cdot mol^{-1}) = 18.079 - 0.1094 (m_{K_2SO_4}/m^{\ominus})^{3/2}$$

第三节　化学势

一、化学势的定义

偏摩尔吉布斯能具有特殊的意义，物质 B 的偏摩尔吉布斯能又称为 B 的化学势（chemical potential）μ_B，即

$$\mu_B = \left(\frac{\partial G}{\partial n_B}\right)_{T,p,n_{i \neq B}} \tag{3-25}$$

与一般的偏摩尔量相同，化学势是强度性质，是温度、压力及组成的函数。单位为 kJ/mol。

二、扩展的热力学基本方程

根据式（3 - 11），对吉布斯函数，有

扫码"学一学"

$$G = (T, p, n_A, n_B, \cdots) \tag{3-26}$$

对其微分，得

$$dG = \left(\frac{\partial G}{\partial T}\right)_{p,n_i} dT + \left(\frac{\partial G}{\partial p}\right)_{T,n_i} dp + \sum_B \left(\frac{\partial G}{\partial n_B}\right)_{T,p,n_{i \neq B}} dn_B \tag{3-27}$$

将化学势定义代入

$$dG = \left(\frac{\partial G}{\partial T}\right)_{p,n_i} dT + \left(\frac{\partial G}{\partial p}\right)_{T,n_i} dp + \sum_B \mu_B dn_B \tag{3-28}$$

组成不变时，将式（3-28）与热力学基本方程比较，不难发现，$\left(\frac{\partial G}{\partial T}\right)_{p,n_i} = -S$，$\left(\frac{\partial G}{\partial p}\right)_{T,n_i} = V$，因此式（3-28）可记作

$$dG = -SdT + Vdp + \sum_B \mu_B dn_B \tag{3-29}$$

式（3-29）可看作热力学基本方程的扩展式，适用于没有非体积功的组成可变之系统。将式（3-29）代入下列关系

$$dU = d(G - pV + TS)$$
$$dH = d(G + TS)$$
$$dF = d(G - pV)$$

可得另外三个热力学基本方程扩展式

$$dU = TdS - pdV + \sum_B \mu_B dn_B \tag{3-30}$$

$$dH = TdS + Vdp + \sum_B \mu_B dn_B \tag{3-31}$$

$$dF = -SdT - pdV + \sum_B \mu_B dn_B \tag{3-32}$$

从式（3-30）、（3-31）、（3-32）可知，化学势还可以定义为

$$\mu_B = \left(\frac{\partial U}{\partial n_B}\right)_{S,V,n_{i \neq B}} \tag{3-33}$$

$$\mu_B = \left(\frac{\partial H}{\partial n_B}\right)_{S,p,n_{i \neq B}} \tag{3-34}$$

$$\mu_B = \left(\frac{\partial F}{\partial n_B}\right)_{T,V,n_{i \neq B}} \tag{3-35}$$

式（3-33）、（3-34）、（3-35）可称为化学势的广义定义。一般所言的化学势是指式（3-25）所定义的化学势，只有该化学势才是偏摩尔量，其余三个广义定义不是偏摩尔量。

三、化学势的影响因素

与得出麦克斯韦关系式类似，对式（3-29）应用欧拉关系

$$\left(\frac{\partial \mu_B}{\partial T}\right)_{p,n_i} = -\left(\frac{\partial S}{\partial n_B}\right)_{T,p,n_{i \neq B}} = -S_{B,m} \tag{3-36}$$

$$\left(\frac{\partial \mu_B}{\partial p}\right)_{T,n_i} = \left(\frac{\partial V}{\partial n_B}\right)_{T,p,n_{i \neq B}} = V_{B,m} \tag{3-37}$$

式（3-36）、（3-37）中 $S_{B,m}$、$V_{B,m}$ 分别是 B 的偏摩尔熵和偏摩尔体积。式（3-36）、（3-37）表示化学势随温度、压力而变化。

吉布斯函数的定义为，$G = H - TS$，等温等压下对 n_B 求偏导数

$$\left(\frac{\partial G}{\partial n_{\mathrm{B}}}\right)_{T,p,n_{i\neq \mathrm{B}}} = \left(\frac{\partial H}{\partial n_{\mathrm{B}}}\right)_{T,p,n_{i\neq \mathrm{B}}} - T\left(\frac{\partial S}{\partial n_{\mathrm{B}}}\right)_{T,p,n_{i\neq \mathrm{B}}}$$

同理可得
$$\mu_{\mathrm{B}} = H_{\mathrm{B,m}} - TS_{\mathrm{B,m}} \tag{3-38}$$

即
$$\left[\frac{\partial\left(\dfrac{\mu_{\mathrm{B}}}{T}\right)}{\partial T}\right]_{p,n_i} = -\frac{H_{\mathrm{B,m}}}{T^2} \tag{3-39}$$

把这些公式与纯物质的公式比较，发现多组分系统中他们与纯物质的公式具有相同的数学形式，只需将纯物质的摩尔量替换为偏摩尔量即可。

四、化学势判据

根据吉布斯能判据，等温、等压非体积功为零时，$\Delta G_{T,p} \leqslant 0$，将式（3-29）代入，得

$$\sum_{\mathrm{B}} \mu_{\mathrm{B}}(\alpha)\,\mathrm{d}n_{\mathrm{B}}(\alpha) \leqslant 0 \tag{3-40}$$

此即多组分系统等温、等压非体积功为零时自发性判据。"<"时系统自发进行，"="时系统达到平衡。

设在等温等压非体积功为零时，有 $\mathrm{d}n_{\mathrm{B}}$ 的组分从 α 相迁移至 β 相，显然 $-\mathrm{d}n_{\mathrm{B}}(\alpha) = \mathrm{d}n_{\mathrm{B}}(\beta)$。根据式（3-40），有

$$\mu_{\mathrm{B}}(\alpha)\,\mathrm{d}n_{\mathrm{B}}(\alpha) + \mu_{\mathrm{B}}(\beta)\,\mathrm{d}n_{\mathrm{B}}(\beta) = \left[\mu_{\mathrm{B}}(\beta) - \mu_{\mathrm{B}}(\alpha)\right]\mathrm{d}n_{\mathrm{B}}(\beta) \leqslant 0$$
$$\mu_{\mathrm{B}}(\alpha) \geqslant \mu_{\mathrm{B}}(\beta) \tag{3-41}$$

式（3-41）表示物质总是从化学势高的相向化学势低的相迁移，直至在两相中的化学势相等止，所以化学势是表达物质发生迁移及变化能力高低的物理量。此所谓化学势的物理意义。

例题 3-5 已知 373K、100kPa 下，液态水和气态水达到平衡状态，试问 373K、150kPa 下平衡向哪个方向移动？

解：因为题设温度相同，所以要考虑压力对平衡的影响。根据式（3-37），压力对化学势的影响取决于各相偏摩尔体积的大小，对纯物质而言，偏摩尔体积即为摩尔体积

$$\Delta\mu(g) = \int_{p^{\ominus}}^{1.5p^{\ominus}} V_{\mathrm{m}}^*(g)\,\mathrm{d}p \qquad \Delta\mu(l) = \int_{p^{\ominus}}^{1.5p^{\ominus}} V_{\mathrm{m}}^*(l)\,\mathrm{d}p$$

液态水的体积基本不随温度而变化，而气态水的体积显然是压力的函数，取其平均值以简化讨论，有

$$\Delta\mu(g) = \overline{V_{\mathrm{m}}^*(g)}\,\Delta p = 0.5p^{\ominus}\overline{V_{\mathrm{m}}^*(g)} \qquad \Delta\mu(l) = V_{\mathrm{m}}^*(l)\,\Delta p = 0.5p^{\ominus}V_{\mathrm{m}}^*(l)$$

显然，$\overline{V_{\mathrm{m}}^*(g)} \gg V_{\mathrm{m}}^*(l)$，所以 $\Delta\mu(g) > \Delta\mu(l)$。

$$\Delta\mu(g) = \mu(g, 1.5p^{\ominus}) - \mu(g, 1.0p^{\ominus}) \quad \Delta\mu(l) = \mu(l, 1.5p^{\ominus}) - \mu(l, 1.0p^{\ominus})$$

而 $\mu(g, 1.0p^{\ominus}) = \mu(l, 1.0p^{\ominus})$，所以 $\mu(g, 1.5p^{\ominus}) > \mu(l, 1.5p^{\ominus})$，根据化学势判据，气态水将凝结为液态水。

例题 3-6 硫酸亚铁的分解反应
$$2\,\mathrm{FeSO_4(s)} \Longrightarrow \mathrm{Fe_2O_3(s)} + \mathrm{SO_2(g)} + \mathrm{SO_3(g)}$$

下列条件下，平衡如何移动？

（1）等温、等容下，加入固体 $\mathrm{FeSO_4}$；

（2）等温、等压下，加入惰性气体；

（3）等温、等容下，加入惰性气体。

解：本例可以由化学势判据得出结果而不必借助于其他原理。

（1）平衡时，$2\mu(FeSO_4,s)=\mu(Fe_2O_3,s)+\mu(SO_2,g)+\mu(SO_3,g)$，因为化学势是强度量，数量的变化不影响化学势，所以加入固体 $FeSO_4$，平衡不移动。

（2）等温、等压下加入惰性气体，SO_2 及 SO_3 的分压降低，$FeSO_4$ 和 Fe_2O_3 受压不变。根据式（3-37），SO_2 及 SO_3 的化学势降低，$FeSO_4$ 和 Fe_2O_3 的化学势保持不变

$$\mu(FeSO_4,s)'=\mu(FeSO_4,s) \quad \mu(Fe_2O_3,s)'=\mu(Fe_2O_3,s)$$
$$\mu(SO_2,g)'<\mu(SO_2,g) \quad \mu(SO_3,g)'<\mu(SO_3,g)$$

$2\mu(FeSO_4,s)'>\mu(Fe_2O_3,s)'+\mu(SO_2,g)'+\mu(SO_3,g)'$，所以平衡朝分解方向进行。

（3）等温、等容下加入惰性气体，SO_2 及 SO_3 的分压不变，$FeSO_4$ 和 Fe_2O_3 受压增加。根据式（3-37），SO_2 及 SO_3 的化学势不变，$FeSO_4$ 和 Fe_2O_3 的化学势有些微增加（压力变化不大时可以忽略不计），$FeSO_4$ 和 Fe_2O_3 分居等式两侧，可以相互抵消一部分，因此可判定平衡基本不移动。

第四节　理想气体组分的化学势

扫码"学一学"

一、纯理想气体

纯理想气体（perfect gas）的化学势实际就是其摩尔吉布斯能，据式（3-29）有

$$\Delta\mu = \Delta G_m = -\int S_m dT + \int V_m dp$$

等温条件下

$$\Delta\mu = \int V_m dp \tag{3-42}$$

对理想气体，$V_m = \dfrac{RT}{p}$，所以 $\Delta\mu = \displaystyle\int \dfrac{RT}{p}dp$。若积分区间为 $p^{\ominus}\sim p$，则

$$\mu = \mu^{\ominus} + RT\ln\dfrac{p}{p^{\ominus}} \tag{3-43}$$

$\mu^{\ominus}$ 为 $p=p^{\ominus}=100kPa$ 时，即标准态（standard state）时的化学势。式（3-43）表明对理想气体而言，化学势随压力升高而呈对数增加，化学势与压力的关系并非线性关系。

二、理想气体混合物

由于理想气体除了碰撞外并无其他作用，因此理想气体混合物组分的化学势表达式应与式（3-43）相同。但因为混合物中有不同的组分，为区别应进行适当标记，这样，式（3-43）衍变为

$$\mu_B^{\ominus} = \mu_B^{\ominus} + RT\ln\dfrac{p_B}{p^{\ominus}} \tag{3-44}$$

式中的 $\mu_B^{\ominus}$ 为 $p_B=p^{\ominus}$ 时，气体 B 处于其标准态时的化学势。式（3-44）适用于其中的任意组分。

例题 3-7　298K 时，2mol 水蒸气的压力由 100kPa 等温可逆增加至 200kPa，问该过程中系统的吉布斯能变为多少？

解：视水蒸气为理想气体，末态压力记作 p_f，初态压力记作 p_i，则

$$\Delta G = n\Delta \mu$$

$$= n\left[\left(\mu^{\ominus} + RT\ln \frac{p_f}{p^{\ominus}}\right) - \left(\mu^{+} + RT\ln \frac{p_i}{p^{\ominus}}\right)\right] = nRT\ln\ln \frac{p_f}{p_i}$$

$$= \left(2 \times 8.314 \times 298 \times \ln \frac{200}{100}\right)\mathrm{J}$$

$$= 3434.6\mathrm{J}$$

第五节　实际气体组分的化学势

扫码"学一学"

一、纯实际气体

对于实际气体（real gas），若已知其状态方程，则只需将状态方程代入式（3-42）即可得其表达式。比如，某实际气体，其状态方程为 $p(V_m - b) = RT, V = \dfrac{RT}{p} + b$，将其代入后有

$$\Delta \mu = \int V_m^* \mathrm{d}p = \int \left(\frac{RT}{p} + b\right)\mathrm{d}p$$

$$\mu = \mu^{\ominus} + RT\ln \frac{p}{p^{\ominus}} + b(p - p^{\ominus}) \qquad (3-45)$$

当气体方程更复杂时，求解过程更复杂，甚至无法计算。Lewis 通过引入逸度 f（fugacity），使方程保持与理想气体相同的数学形式，还避免了复杂的计算

$$\mu = \mu^{\ominus} + RT\ln \frac{f}{p^{\ominus}} \qquad (3-46)$$

逸度通过逸度系数 φ（fugacity coefficient）与压力关联

$$f = \varphi p \qquad (3-47)$$

当压力趋于零时，实际气体趋于理想气体，逸度系数趋于 1，即

$$\lim_{p \to 0}\varphi = \lim_{p \to 0}\frac{f}{p} = 1 \qquad (3-48)$$

从式（3-46）可知，逸度具有压力的单位和量纲，因此可看作有效压力；由式（3-47）及（3-48）可知，逸度系数 φ 的单位为 1，是量纲为一的纯数。实际气体 φ 偏离 1 的程度表示了其对理想气体的偏离程度。

当 $p = p^{\ominus}$，且假定 $\varphi = 1$ 时，$f = p^{\ominus}$，此时假定状态的化学势即为 $\mu^{\ominus}$。如图 3-2 所示，横轴为气体压力 p，纵轴为逸度 f。图中实线是实际气体的逸度-压力关系，虚线是理想气体的逸度-压力线。二者均通过原点，低压下虚线和实线趋于重合。根据标准态的定义，显然 a 点是标准态，b 点则不是，因此 b 点的压力不等于标准压力 $p^{\ominus}$，但 b 点的化学势等于标准态的化学势 $\mu^{\ominus}$，这是要注意分辨的。

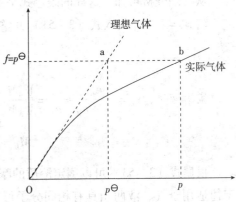

图 3-2　实际气体的逸度-压力关系图

二、实际气体混合物

对于实际气体混合物，任意组分 B 的化学势依然保留与理想气体相同的形式

$$\mu_B = \mu_B^\ominus + RT\ln\frac{f_B}{p^\ominus} \tag{3-49}$$

f_B 是实际气体混合物中组分 B 的逸度。针对 f_B，有路易斯 – 兰道尔（Lewis – Randoll）近似规则

$$f_B = f_B^* x_B \tag{3-50}$$

式中 x_B 是混合气中组分 B 的摩尔分数，f_B^* 是同温下，纯 B 组分压力等于混合气体总压时的逸度。该规则对于常见气体近似适用至 $100p^\ominus$ 左右。

例题 3 – 8 某气体 200K、5×10^3 kPa 时的逸度系数为 0.72，试计算该状态下与理想气体的摩尔吉布斯能之差。

解：由真实气体与理想气体的化学势表达式可得

$$\Delta G_m = \mu(\mathrm{rg}) - \mu(\mathrm{pg})$$

$$= \left(\mu^\ominus + RT\ln\frac{f}{p^\ominus}\right) - \left(\mu^\ominus + RT\ln\frac{p}{p^\ominus}\right) = RT\ln\frac{f}{p} = RT\ln\varphi$$

$$= (8.314\times200\times\ln0.72)\,\mathrm{J}$$

$$= -546.24\,\mathrm{J}$$

第六节　拉乌尔定律和亨利定律

扫码"学一学"

一、拉乌尔定律

一定温度下，纯溶剂 A 中加入非电解质溶质 B，溶剂 A 的蒸气分压下降。1887 年，拉乌尔（Raoult）根据实验得出结论：一定温度下，稀溶液中溶剂的蒸气压 p_A 等于同温下纯溶剂的饱和蒸气压 p_A^* 与溶液中溶剂的摩尔分数 x_A 之积，即

$$p_A = p_A^* x_A \tag{3-51}$$

式（3-51）不能改用其他浓度形式表示，例如

$$p_A = p_A^* m_A, \quad p_A = p_A^* c_A$$

从量纲分析可知，这样的表达式是不能成立的。

将 $x_A = 1 - x_B$ 代入式（3-51）并整理，得

$$\frac{p_A^* - p_A}{p_A^*} = x_B \tag{3-52}$$

稀溶液时，$x_B = \dfrac{n_B}{n_A + n_B} \approx \dfrac{n_B}{n_A} = \dfrac{W_B M_A}{W_A M_B}$，代入上式

$$M_B = M_A\frac{W_B}{W_A}\frac{p_A^*}{(p_A^* - p_A)} \tag{3-53}$$

根据式（3-53）可以测定溶质的摩尔质量，还可以确定溶质在溶剂中的形态。拉乌尔定律适用于气、液两相具有相同分子形态的系统，如水在气相中以 H_2O 单分子形态存在，液相中尽管有水因为氢键存在的二聚体等多聚体形态，但亦存在 H_2O 单分子形态，所以拉乌尔定律是适用的。

二、亨利定律

1803 年，亨利（Henry）总结出稀溶液另一条经验定律：一定温度下，气体的溶解度与该气体的平衡分压成正比。即

$$p_B = k_{x,B} x_B \qquad (3-54)$$

x_B 是气体溶质 B 的摩尔分数，表示其溶解度，$k_{x,B}$ 是与浓度表示方式对应的常数，称为亨利常数。当浓度用其他方式如 m_B、c_B 表示时，亨利定律表示为

$$p_B = k_{m,B} m_B \qquad (3-55)$$

$$p_B = k_{c,B} c_B \qquad (3-56)$$

亨利系数为 $k_{m,B}$、$k_{c,B}$。与拉乌尔定律不同，式（3-55）、（3-56）是成立的。

稀溶液中，$x_B \approx M_A m_B \approx (M_A/\rho_A) c_B$，代入式（3-54）、（3-55）、（3-56）有

$$k_{x,B} \approx (1/M_A) k_{m,B} \approx (\rho_A/M_A) k_{c,B} \qquad (3-57)$$

浓度标度不同时，亨利系数数值、单位也不同，应用亨利定律时要充分注意。几种常见气体在水和苯中的亨利系数如表 3-2 所示。

表 3-2 298K 时几种气体在水和苯中的亨利系数

	溶质	H_2	N_2	O_2	CO	CO_2	CH_4
$\dfrac{k_x}{GPa}$	水为溶剂	7.2	8.68	4.40	5.79	0.166	4.18
	苯为溶剂	0.367	0.239	—	0.163	0.114	0.0569

三、拉乌尔定律与亨利定律的比较

拉乌尔定律和亨利定律是经验的总结，是极为重要的极限定律，任何液体建模是否正确必须在一定条件下满足这两个定律。这两个定律既有联系又有区别。

（1）拉乌尔定律描述的是稀溶液中溶剂的行为，亨利定律描述的则是溶质的行为。

（2）两定律均认为组分的分压与浓度成正比，但拉乌尔定律的比例系数是纯溶剂在该温度下的饱和蒸气压，亨利定律的系数不是溶质的饱和蒸气压。

（3）拉乌尔定律的比例系数仅是温度的函数，与溶剂的本性有关，亨利系数与温度、压力、溶剂、溶质均有关。

（4）当组分对拉乌尔定律成正偏差时，对亨利定律成负偏差，反之亦然。

如图 3-3 所示，直线 AC、AD 是组分 B 的拉乌尔

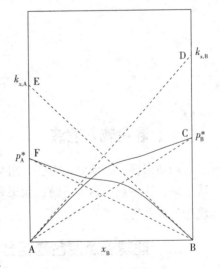

图 3-3 完全互溶液态二组分系统蒸气压-组成关系图

定律、亨利定律线，曲线 AC 是实际蒸气压-组成关系线；C 点的数值等于 p_B^*，D 点的数值为 $k_{x,B}$。曲线 AC 在直线 AC 之上表示对拉乌尔定律呈正偏差，在直线 AD 之下表示对亨利定律成呈负偏差。

例题 3-9 有一个分子式未知且不挥发的碳氢化合物，元素分析结果表明，碳、氢的质量分数分别为 0.9434 和 0.0566。今将 0.5455 g 该化合物溶解在 25.00 g 的四氯化碳中，

测得 292K 时溶液的蒸气压为 11.189kPa，四氯化碳在该温度下的饱和蒸气压为 11.401kPa。试确定该化合物的分子式。

解：设系统中 CCl_4 的行为遵守拉乌尔定律，$11.189kPa = 11.401kPa \times x_{CCl_4}$，$x_{CCl_4} = 0.9814$。

将未知物标记为 B，摩尔质量为标记为 M_B，则

$$\frac{\frac{0.5455g}{M_B}}{\frac{0.5455g}{M_B} + \frac{25.00}{153.822}mol} = x_B = 1 - x_{CCl_4} = 1 - 0.9814$$

解得 $M_B = 177.1g \cdot mol^{-1}$。该未知物中的碳、氢数量之比为

$$\frac{n_C}{n_H} = \frac{0.9434/12.000}{0.0566/1.008} = \frac{7}{5}$$

$$y(7 \times M_C + 5 \times M_H) = 177.1g \cdot mol^{-1}, y = 1.99 \approx 2$$

因此未知物的分子式为 $C_{14}H_{10}$。

例题 3-10 已知 298K，海平面大气中氧的分压为 21kPa，氧气的亨利常数 $k_{m,O_2} = 7.9 \times 10^4 kPa \cdot kg \cdot mol^{-1}$，水的密度为 $0.99709kg \cdot dm^{-3}$，试求海平面处氧气以物质的量浓度表示的溶解度。

解：氧的饱和质量摩尔浓度为

$$m_{饱和} = \frac{21kPa}{7.9 \times 10^4 kPa \cdot kg \cdot mol^{-1}} = 2.66 \times 10^{-4} mol \cdot kg^{-1}$$

溶液很稀，可以认为溶液的密度就是水的密度，因此

$$c_{饱和} = m_{饱和} \times \rho_{溶液} \approx m_{饱和} \times \rho_水$$
$$= 2.66 \times 10^{-4} mol \cdot kg^{-1} \times 0.99709kg \cdot dm^{-3}$$
$$= 0.27mmol \cdot dm^{-3}$$

第七节　液态混合物

扫码"学一学"

一、混合物与溶液

前述内容已经谈到，有些二组分系统，溶剂和溶质性质差异较大，对各组分的处理方法不同，这种系统称为溶液；如果各组分性质差异较小，按相同的方法进行处理，这种系统称为混合物。

二、理想液态混合物组分的化学势

理想液态混合物是任一组分在全部浓度范围（$0 \leq x_B \leq 1$）内均遵守拉乌尔定律的混合物。由对映体所形成的外消旋混合物、紧邻同系物的混合物可近似认为是理想液态混合物。

由于各组分的相似性，所以任一组分均有足够代表性。设 B 代表系统中的任一组分，平衡时，组分 B 在气、液两相中的化学势相等，即

$$\mu_B(sln) = \mu_B(g)$$

当气相压力不大时，气相可以认为是理想气体混合物，其表达式为

$$\mu_B(g) = \mu_B^\ominus(g) + RT\ln\frac{p_B}{p^\ominus}$$

所以
$$\mu_B(sln) = \mu_B^{\ominus}(g) + RT\ln\frac{p_B}{p^{\ominus}} \qquad (3-58)$$

p_B 是 B 的气相分压，符合拉乌尔定律，$p_B = p_B^* x_B$，代入式（3-58）得

$$\mu_B(sln) = \mu_B^{\ominus}(g) + RT\ln\frac{p_B^*}{p^{\ominus}} + RT\ln x_B \qquad (3-59)$$

将等式右边前两项合并为一项，记作 $\mu_B^{\ominus}(sln)$，即 $\mu_B^{\ominus}(sln) = \mu_B^{\ominus}(g) + RT\ln\frac{p_B^*}{p^{\ominus}}$，显然 $\mu_B^{\ominus}(sln)$ 是温度 T 时物质 B 的纯液态的化学势，该状态可看作物质 B 在二组分系统中 B 的标准态。引入标记 $\mu_B^{\ominus}(sln)$ 后，式（3-59）可简化为

$$\mu_B(sln) = \mu_B^{\ominus}(sln) + RT\ln x_B \qquad (3-60)$$

这就是理想液态混合物中任意组分 B 的化学势表达式。与式（3-43）、（3-44）、（3-46）、（3-49）相比，具有完全相似的数学形式，只是其表达的内涵有所不同罢了。

三、理想液态混合物的混合性质

设系统由 A、B 二组分构成，则混合后的吉布斯能为
$$\sum_B G_f(B) = \sum_B n_B \mu_f(B) = n_A[\mu_A^{\ominus}(sln) + RT\ln x_A] + n_B[\mu_B^{\ominus}(sln) + RT\ln x_B]$$

混合物前的吉布斯能为
$$\sum_B G_i(B) = \sum_B n_B \mu_i(B) = n_A \mu_A^{\ominus}(sln) + n_B \mu_B^{\ominus}(sln)$$

混合过程的吉布斯能变为
$$\Delta_{mix}G = \sum_B G_f(B) - \sum_B G_f(B) = RT(n_A\ln x_A + n_B\ln x_B)$$

将上式一般化，则有
$$\Delta_{mix}G = RT\sum_B n_B\ln x_B \qquad (3-61)$$

由于 $x_B < 1$，$\ln x_B < 0$，因此 $\Delta_{mix}G < 0$，过程是自发的。

由于 $\left(\dfrac{\partial G}{\partial T}\right)_p = -S$，所以

$$\Delta_{mix}S = -\left(\frac{\partial \Delta_{mix}G}{\partial T}\right)_p = -R\sum_B n_B\ln x_B \qquad (3-62)$$

$\ln x_B < 0$，所以 $\Delta_{mix}S > 0$。

$\left(\dfrac{\partial G}{\partial p}\right)_T = V$，故

$$\Delta_{mix}V = \left(\frac{\partial \Delta_{mix}G}{\partial p}\right)_T = 0 \qquad (3-63)$$

$$\Delta_{mix}F = \Delta_{mix}G - \Delta_{mix}(pV) = \Delta_{mix}G - p\Delta_{mix}V = \Delta_{mix}G = RT\sum_B n_B\ln x_B$$

$$\Delta_{mix}H = \Delta_{mix}G + T\Delta_{mix}S = 0 \qquad (3-64)$$

$$\Delta_{mix}U = \Delta_{mix}F + T\Delta_{mix}S = 0 \qquad (3-65)$$

$Q_p = \Delta_{mix}H = 0$，环境熵变 $\Delta_{mix}S_{sur} = 0$，$\Delta_{mix}S > 0$，所以

$$\Delta_{mix}S_{iso} = \Delta_{mix}S + \Delta_{mix}S_{sur} > 0$$

系统混合过程是自发的，从熵判据得出的结论与式（3-61）的结论完全一致。上述讨论结果可以归纳如下表。

表 3-3　理想液态混合物的混合性质

$\Delta_{mix}U$	$\Delta_{mix}H$	$\Delta_{mix}V$	$\Delta_{mix}S$	$\Delta_{mix}F$	$\Delta_{mix}G$
0	0	0	$-R\sum\limits_{B}n_B\ln x_B$	$RT\sum\limits_{B}n_B\ln x_B$	$RT\sum\limits_{B}n_B\ln x_B$

表 3-3 中罗列的 $\Delta_{mix}U$、$\Delta_{mix}H$、$\Delta_{mix}V$ 均为零，这是因为理想液态混合物，分子之间的作用几乎相同，分子大小接近，因此 $\Delta_{mix}U=0$、$\Delta_{mix}H=0$、$\Delta_{mix}V=0$ 是可以想见的。由于混合热效应为零，因此 $\Delta_{mix}F=\Delta_{mix}G=RT\sum n_B\ln x_B<0$，混合过程的吉布斯能（或亥姆霍兹能）减少。$\Delta_{mix}S=-R\sum n_B\ln x_B>0$，混合过程是熵增加的过程。$\Delta_{mix}G=\Delta_{mix}H-T\Delta_{mix}S=-T\Delta_{mix}S$，因此理想液态混合物形成过程的驱动力来自于熵增加。

例题 3-11　300K 时，纯 A 和纯 B 可形成理想的液态混合物。

（1）从大量的等物质的量的纯 A 与纯 B 形成的混合物中，分离出 1mol 的纯 A，求 ΔG；

（2）从纯 A 与纯 B 各为 2mol 所形成的混合物中，分离出 1mol 纯 A，求 ΔG。

解：（1）设纯 A、B 的物质的量为 n，分离前后的吉布斯能分别为

$$G_i = n\left[\mu_A^{\ominus}(sln)+RT\ln x_A\right]+n\left[\mu_B^{\ominus}(sln)+RT\ln x_B\right]$$

$$G_f = (n-1)\left[\mu_A^{\ominus}(sln)+RT\ln x_A\right]+n\left[\mu_B^{\ominus}(sln)+RT\ln x_B\right]+\mu_A^{\ominus}(sln)$$

分离过程的 ΔG

$$\Delta G = G_f - G_i = -RT\ln x_A$$
$$= (-8.314\times300\times\ln 0.5)J$$
$$= 1.729J$$

（2）分离前后的吉布斯能分别为

$$G_i = 2mol\times\left[\mu_A^{\ominus}(sln)+RT\ln 0.5\right]+2mol\times\left[\mu_B^{\ominus}(sln)+RT\ln 0.5\right]$$

$$G_f = 1mol\times\left[\mu_A^{\ominus}(sln)+RT\ln\frac{1}{3}\right]+2mol\times\left[\mu_B^{\ominus}(sln)+RT\ln\frac{2}{3}\right]+1mol\times\mu_A^{\ominus}(sln)$$

分离过程的 ΔG

$$\Delta G = G_f - G_i$$
$$= RT\ln\frac{1}{3}+2RT\ln\frac{2}{3}-4RT\ln 0.5$$
$$= 2152J$$

第八节　稀溶液

溶剂遵守拉乌尔定律，溶质遵守亨利定律的溶液是稀溶液。与理想混合物不同，溶剂和溶质将选择不同的标准态，分别用拉乌尔定律和亨利定律推导出形式相似，但内涵不同的化学势表达式。

一、溶剂的化学势

由于溶剂遵守拉乌尔定律，因此其化学势表达式与理想液态混合物中任意组分 B 的化学势表达式形式相同，只需将式中的下角标 B 换成 A 即可

$$\mu_A(sln) = \mu_A^{\ominus}(sln)+RT\ln x_A \tag{3-66}$$

$\mu_A^{\ominus}(sln)$ 是溶剂 A 的标准态的化学势，仅为温度的函数。

扫码"学一学"

二、溶质的化学势

溶质与溶剂不同，溶质遵守亨利定律。但导出化学势表达式的过程与溶剂大同小异的。达到平衡时，溶质 B 在气相和液相中的化学势相等，即

$$\mu_B(\text{sln}) = \mu_B(\text{g})$$

设气相可当作理想气体处理，则

$$\mu_B(\text{sln}) = \mu_B^{\ominus}(\text{g}) + RT\ln\frac{p_B}{p^{\ominus}} \tag{3-67}$$

根据亨利定律，$p_B = k_{x,B}x_B$，则

$$\mu_B(\text{sln}) = \mu_B^{\ominus}(\text{g}) + RT\ln\frac{k_{x,B}}{p^{\ominus}} + RT\ln x_B \tag{3-68}$$

将等式右边前两项合记为一项，即 $\mu_{B,x}^{\ominus}(\text{sln}) = \mu_B^{\ominus} + RT\ln\frac{k_{x,B}}{p^{\ominus}}$，上式简化为

$$\mu_B(\text{sln}) = \mu_{B,x}^{\ominus}(\text{sln}) + RT\ln x_B \tag{3-69}$$

这就是稀溶液中溶质 B 的化学势表达式。按亨利定律，$x_B = 1$ 时，$p_B = k_{x,B}$，显然这不是 B 的实际分压力，因此该状态是假想虚构的，但该状态却是式（3-69）选定的溶质 B 标准态。

设若 B 在液相中的浓度以 m_B 表示，则式（3-68）演变为

$$\mu_B(\text{sln}) = \mu_B^{\ominus}(\text{g}) + RT\ln\frac{k_{m,B}m^{\ominus}}{p^{\ominus}} + RT\ln\frac{m_B}{m^{\ominus}} \tag{3-70}$$

类似地，将 $\mu_B^{\ominus}(\text{g}) + RT\ln\frac{k_{m,B}m^{\ominus}}{p^{\ominus}}$ 记作 $\mu_{B,m}^{\ominus}(\text{sln})$，则

$$\mu_B(\text{sln}) = \mu_{B,m}^{\ominus}(\text{sln}) + RT\ln\frac{m_B}{m^{\ominus}} \tag{3-71}$$

显然 $\mu_{B,m}^{\ominus}(\text{sln})$ 是 $m_B = m^{\ominus}$ 时仍然符合亨利定律的假想态的化学势。

当将 c_B 取代 x_B 时，过程与上述 m_B 代替 x_B 类似，式（3-68）被下式取代

$$\mu_B(\text{sln}) = \mu_B^{\ominus}(\text{g}) + RT\ln\frac{k_{c,B}c^{\ominus}}{p^{\ominus}} + RT\ln\frac{c_B}{c^{\ominus}} \tag{3-72}$$

式（3-69）则变为

$$\mu_B(\text{sln}) = \mu_{B,c}^{\ominus}(\text{sln}) + RT\ln\frac{c_B}{c^{\ominus}} \tag{3-73}$$

这里 $\mu_{B,c}^{\ominus}(\text{sln})$ 是 $c_B = c^{\ominus}$ 时仍然符合亨利定律的假想态的化学势，$\mu_{B,c}^{\ominus}(\text{sln}) = \mu_B^{\ominus} + RT\ln\frac{k_{c,B}c^{\ominus}}{p^{\ominus}}$。

对比式（3-66）、（3-69）、（3-71）、（3-73）发现，无论是溶剂还是溶质，无论采用何种浓度表示法，其化学势表达式形式上是一致的，只是其内涵有所不同。稀溶液中各组分化学势的表示法如表 3-4 所示。

表 3-4　稀溶液中各组分化学势的表示法

组分	化学势表达式	标准态	参考态
溶剂	$\mu_A(\text{sln}) = \mu_A^\ominus(\text{sln}) + RT\ln x_A$	$\mu_A^\ominus(\text{sln}) = \mu_A^\ominus(g) + RT\ln\dfrac{p_A^*}{p^\ominus}$ 是真实纯态	$x_A = 1$ $\gamma_A = 1$
溶质	$\mu_B(\text{sln}) = \mu_{B,x}^\ominus(\text{sln}) + RT\ln x_B$	$\mu_{B,x}^\ominus(\text{sln}) = \mu_B^\ominus(g) + RT\ln\dfrac{k_{x,B}}{p^\ominus}$ 是假想纯态	$x_B = 0$ $\gamma_{x,B} = 1$
	$\mu_B(\text{sln}) = \mu_{B,m}^\ominus(\text{sln}) + RT\ln\dfrac{m_B}{m^\ominus}$	$\mu_{B,m}^\ominus(\text{sln}) = \mu_B^\ominus + RT\ln\dfrac{k_{m,B}m^\ominus}{p^\ominus}$ 是假想态	$m_B = 0$ $\gamma_{m,B} = 1$
	$\mu_B(\text{sln}) = \mu_{B,c}^\ominus(\text{sln}) + RT\ln\dfrac{c_B}{c^\ominus}$	$\mu_{B,c}^\ominus(\text{sln}) = \mu_B^\ominus + RT\ln\dfrac{k_{c,B}c^\ominus}{p^\ominus}$ 是假想态	$c_B = 0$ $\gamma_{c,B} = 1$

扫码"学一学"

第九节　实际溶液与实际混合物

实际溶液中，溶剂、溶质不遵守拉乌尔定律和亨利定律。路易斯引入活度、活度系数来矫正实际组分对拉乌尔定律、亨利定律的偏差，得到与理想混合物、稀溶液形式一致的化学势表达式。

一、实际溶液中溶剂的化学势

相平衡时，气、液两相中溶剂的化学势相等，所以

$$\mu_A(\text{sln}) = \mu_A(g)$$

气相中的 A 当理想气体处理

$$\mu_A(\text{sln}) = \mu_A^\ominus(g) + RT\ln\frac{p_A}{p^\ominus} \tag{3-74}$$

溶剂的蒸气压偏离拉乌尔定律行为，但可以假定

$$p_A = p_A^* a_A \tag{3-75}$$

a_A 称为活度（activity），a_A 与 x_A 通过活度系数（activitycoefficient）γ_A 联系

$$a_A = \gamma_A a_A \tag{3-76}$$

显然

$$\lim_{x_A \to 1} \gamma_A = \lim_{x_A \to 1} \frac{a_A}{x_A} = 1 \tag{3-77}$$

引入活度概念后，式（3-74）可写为

$$\mu_A(\text{sln}) = \mu_A^\ominus(g) + RT\ln\frac{p_A^*}{p^\ominus} + RT\ln a_A \tag{3-78}$$

再次将 $\mu_A^\ominus(g) + RT\ln\dfrac{p_A^*}{p^\ominus}$ 记作 $\mu_A^\ominus(\text{sln})$，则式（3-78）演变为

$$\mu_A(\text{sln}) = \mu_A^\ominus(\text{sln}) + RT\ln a_A \tag{3-79}$$

和（3-66）相比，不同之处在于 x_A 被 a_A 取代，因此活度也可以看作有效浓度。其量纲为一，单位为1，是纯数。活度系数类似于逸度系数，其大小表示了对理想系统的偏离。$\gamma > 1$，对拉乌尔定律呈正偏差；$\gamma < 1$，对拉乌尔定律呈负偏差。

如图 3-4 中虚线 BD 是溶剂 A 的拉乌尔定律线，实线是溶剂 A 真实的蒸气压曲线。在接近纯溶剂 A 的区域内，实线和虚线重合。在远离纯溶剂的区域，实线和虚线是分离的，

实线和虚线的离合程度表示系统中溶剂 A 的不理想程度。设系统中溶剂 A 的浓度为 m，溶剂 A 的蒸气压为 mo，其理论蒸气压为 mq，根据活度定义，$mo = AD \times a_A$，$a_A = \frac{mo}{AD}$。$mo = np$，

$a_A = \frac{np}{AD} = \frac{Bn}{BA} = Bn$。而活度系数，$\gamma_A = \frac{Bn}{Bm} < 1$，说明系统存在负偏差。

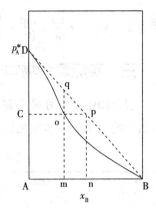

图 3 - 4 真实溶液中溶剂的活度和活度系数

二、实际溶液中溶质的化学势

系统中溶质的行为由亨利定律描述，因此推导化学势表达式与溶剂的推导过程有差异。

平衡时，气、液两相 B 的化学势相等

$$\mu_B(sln) = \mu_B(g)$$

设气相可视为理想气体，则

$$\mu_B(sln) = \mu_B^\ominus(g) + RT\ln\frac{p_B}{p^\ominus}$$

B 的气相分压不符合亨利定律，引入活度恢复亨利定律的形式，则

$$\mu_B(sln) = \mu_B^\ominus(g) + RT\ln\frac{k_{x,B}}{p^\ominus} + RT\ln a_B \qquad (3-80)$$

将等式右侧前两项记作 $\mu_B^\ominus(sln)$，则式（3 - 80）衍变为

$$\mu_B(sln) = \mu_{x,B}^\ominus(sln) + RT\ln a_{B,x} \qquad (3-81)$$

这就是溶质 B 在实际溶液中化学势表达式。在推理过程中引入了活度 $a_{B,x}$，活度 $a_{B,x}$ 与 x_B 的关系为 $a_{B,x} = \gamma_{x,B} x_B$，$\gamma_{x,B}$ 是活度系数，无限稀时 $\lim\limits_{x_B \to 0} \gamma_{x,B} = \lim\limits_{x_B \to 0} \frac{a_{B,x}}{x_B} = 1$。$\mu_{x,B}^\ominus$（sln）是

$\mu_B^\ominus$（g）$+ RT\ln\frac{k_{x,B}}{p^\ominus}$ 简记，是假定 $x_B = 1$ 时，仍然符合亨利定律，即 $\gamma_B = 1$ 的假想标准态的化学势。$\gamma_{x,B}$ 的大小表示溶质对亨利定律的偏离，$\gamma_{x,B} > 1$ 为正偏差，$\gamma_{x,B} < 1$ 为负偏差。

如果将 x_B 置换为 m_B 和 c_B，则式（3 - 81）可分别改写为

$$\mu_B(sln) = \mu_{m,B}^\ominus(sln) + RT\ln a_{B,m} \qquad (3-82)$$

$$\mu_B(sln) = \mu_{c,B}^\ominus(sln) + RT\ln a_{B,c} \qquad (3-83)$$

这里，$\mu_{m,B}^\ominus(sln) = \mu_B^\ominus(g) + RT\ln\frac{k_{m,B} m^\ominus}{p^\ominus}$，$\mu_{c,B}^\ominus(sln) = \mu_B^\ominus$

（g）$+ RT\ln\frac{k_{c,B} c^\ominus}{p^\ominus}$。$\mu_{m,B}^\ominus(sln)$ 是 $m_B = m^\ominus$ 时，假定 $\gamma_{m,B} = 1$ 的假想标准态的化学势；$\mu_{c,B}^\ominus$（sln）是 $c_B = c^\ominus$ 时，假定 $\gamma_{c,B} = 1$ 的假想标准态的化学势。显然 $\mu_{x,B}^\ominus$（sln）、$\mu_{m,B}^\ominus$（sln）、$\mu_{c,B}^\ominus$（sln）的数值是不同的，所指的标准态也是不同的，相应的活度系数 $\gamma_{x,B}$、$\gamma_{m,B}$、$\gamma_{c,B}$ 亦不同，但化学势 μ_B（sln）相同。

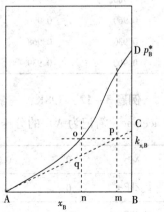

如图 3 - 5 所示，实线 AD 是溶质 B 的实际蒸气压，虚线 AC 是溶质 B 的亨利定律线。真实系统 B 的组成由 n 点表示，其实际蒸气压为 no，而根据亨利定律的理论气压为 nq，其活

图 3 - 5 真实溶液中溶质的活度和活度系数

度为 $a_{x,B}=\dfrac{p_B}{k_{x,B}}=\dfrac{no}{BC}=\dfrac{mp}{BC}=\dfrac{Am}{AB}=Am(no=mp)$。活度系数 $\gamma_{x,B}=\dfrac{a_B}{x_B}=\dfrac{Am}{An}>1$。

三、实际混合物中组分的化学势

混合物中各组分采用完全相同的处理方法导出化学势表达式，所以其结论与实际溶液中组分的化学势表达式相同，无需缀述。

表 3 – 5　实际溶液中中各组分化学势的各种表示法

组分	化学势表达式	活度与标准态	参考态
溶剂	$\mu_A(sln)=\mu_A^{\ominus}(sln)+RT\ln a_A$	$a_A=\gamma_A x_A,\ a_A=\dfrac{p_A}{p_A^*}$ $\mu_A^{\ominus}(sln)=\mu_A^{\ominus}(g)+RT\ln(p_A^*/p^{\ominus})$	$\lim\limits_{x_A\to 1}\gamma_A=1$
溶质	$\mu_B(sln)=\mu_{B,x}^{\ominus}(sln)+RT\ln a_{B,x}$	$a_{B,x}=\gamma_{B,x}x_B,\ a_{B,x}=\dfrac{p_B}{k_{x,B}}$ $\mu_{x,B}^{\ominus}(sln)=\mu_B^{\ominus}(g)+RT\ln(k_{x,B}/p^{\ominus})$	$\lim\limits_{x_B\to 0}\gamma_{B,x}=1$
溶质	$\mu_B(sln)=\mu_{B,m}^{\ominus}(sln)+RT\ln a_{B,m}$	$a_{B,m}=\gamma_{B,m}\dfrac{m_B}{m^{\ominus}},\ a_{B,m}=\dfrac{p_B}{k_{m,B}}$ $\mu_{m,B}^{\ominus}(sln)=\mu_B^{\ominus}(g)+RT\ln(k_{m,B}m^{\ominus}/p^{\ominus})$	$\lim\limits_{m_B\to 0}\gamma_{B,m}=1$
溶质	$\mu_B(sln)=\mu_{B,c}^{\ominus}(sln)+RT\ln a_{B,c}$	$a_{B,c}=\gamma_{B,c}\dfrac{c_B}{c^{\ominus}},\ a_{B,c}=\dfrac{p_B}{k_{c,B}}$ $\mu_{c,B}^{\ominus}(sln)=\mu_B^{\ominus}(g)+RT\ln(k_{c,B}c^{\ominus}/p^{\ominus})$	$\lim\limits_{c_B\to 0}\gamma_{B,c}=1$

如表 3 – 5 所示，实际溶液中，与稀溶液中情况相似，针对溶剂和溶质可以选择不同的惯例、不同的浓度标度：溶剂以拉乌尔定律为基准，浓度以物质的量分数表示；溶质以亨利定律为基准，浓度有多种表示方法。不同的惯例下，标准态和参考态是不同的，活度的定义不同，活度系数亦不同，但化学势相同，平衡蒸气压也相同，因此不同惯例下的活度系数间有以下关系

$$p_B=p_B^*x_B\gamma_B=k_{x,B}x_B\gamma_{x,B}=k_{m,B}\dfrac{m_B}{m^{\ominus}}\gamma_{m,B}=k_{c,B}\dfrac{c_B}{c^{\ominus}}\gamma_{c,B} \tag{3-84}$$

表 3 – 6 的数据提供的实例可以验证上式。

表 3 – 6　298K、100kPa 下蔗糖（B）– 水（A）溶液中各组分在各种惯例下的活度系数

x_A	γ_A	$\gamma_{x,B}$	$\gamma_{m,B}$	$\gamma_{c,B}$	φ_x
0.995	0.9999	1.047	1.042	1.103	1.020
0.980	0.998	1.23	1.21	1.50	1.099
0.960	0.990	1.58	1.51	2.26	1.246
0.930	0.968	2.31	2.15	4.07	1.448
0.900	0.939	3.23	2.91	6.78	1.597

例题 3 – 12　298K，三氯甲烷 – 丙酮系统中三氯甲烷（chloroform，简记为 C）、丙酮（acetone，简记为 A）的分压如下表所示。

x_C	0	0.20	0.40	0.60	0.80	1
p_C/kPa	0	4.7	11	18.9	26.7	36.4
p_A/kPa	46.3	33.3	23.3	12.3	4.9	0

求三氯甲烷及丙酮的活度、活度系数。

解：分别绘制出 $p_C - x_C$ 和 $p_A - x_C$ 曲线。过 A 点作 $p_C - x_C$ 在 $x_C = 0$ 处的切线 AD，此即为组分 C 的亨利定律线。过 C 点作 $p_A - x_C$ 在 $x_C = 1$ 处的切线 CG，此即为组分 A 的亨利定律线。

对组分 C，若以拉乌尔定律为基准，其活度为各浓度下的分压力与饱和压力 36.4kPa 的比值，相应的活度系数为活度与浓度之比，兹列表如下：

x_C	0	0.20	0.40	0.60	0.80	1
a_C	0	0.13	0.30	0.52	0.73	1.00
γ_C	–	0.65	0.76	0.87	0.92	1.00

若以亨利定律为参照，则活度为各浓度下 C 的分压力除以直线 AD 在 $x_C = 1$ 上的截距 23.5kPa，活度系数亦是活度与浓度之比。兹列表如下：

x_C	0	0.20	0.40	0.60	0.80	1
$a_{x,C}$	0	0.20	0.47	0.80	1.14	1.55
$\gamma_{x,C}$	1.00	1.00	1.17	1.34	1.42	1.55

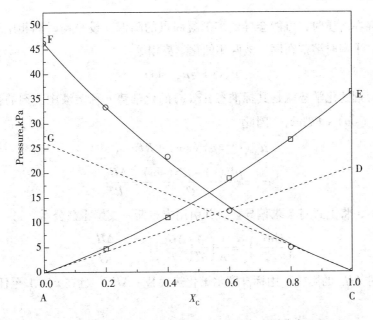

对组分 A，处理方法完全相同，亨利系数为 24.5kPa。列表如下：

x_C	0	0.20	0.40	0.60	0.80	1	基准
a_A	1.00	0.72	0.50	0.27	0.11	0	Raoult
γ_A	1.00	0.90	0.84	0.66	0.52	–	
$a_{x,A}$	1.89	1.36	0.95	0.50	0.20	0	Henry
$\gamma_{x,A}$	1.89	1.70	1.59	1.26	1.00	1.00	

扫码"学一学"

第十节 稀溶液依数性

稀溶液的依数性（colligative property）是指其性质依赖于溶液中溶质颗粒的数目，与溶质本性无关的一类性质。通常是溶剂蒸气压下降、沸点升高、凝固点下降、渗透压的统称。

一、溶剂蒸气压下降

当向纯溶剂中加入不挥发性溶质后，溶剂的蒸气压将下降。设溶剂以 A 标记，溶质为 B 标记。对于稀溶液，平衡后溶剂的蒸气压遵守拉乌尔定律，即

$$p_A = p_A^* x_A$$

因为 $x_A + x_B = 1$，所以上式可改写为

$$p_A = p_A^* (1 - x_B)$$

移项整理得
$$p_A^* - p_A = p_A^* x_B \tag{3-85}$$

可见，溶剂 A 的蒸气压降低 $\Delta p_A = p_A^* - p_A$ 与 x_B 成正比。

二、凝固点降低

当溶剂中存在溶质时，可能会导致溶剂凝固点的降低。设平衡时固相中不含溶质，即固相为纯溶剂，平衡时溶剂在固、液两相的化学势相等

$$\mu_A(s) = \mu_A(sln)$$

而固态纯溶剂的化学势就是其标准态 $\mu_A^\ominus(s)$ 的化学势，稀溶液中溶剂的化学势表达式为 $\mu_A(sln) = \mu_A^\ominus(sln) + RT\ln x_A$，因此

$$\mu_A^\ominus(s) = \mu_A^\ominus(sln) + RT\ln x_A$$

$$\ln x_A = \frac{\mu_A^\ominus(s) - \mu_A^\ominus(sln)}{RT} = \frac{\Delta G_m}{RT}$$

恒定压力下，将上式对 T 求偏导数，并引用吉布斯－亥姆霍兹公示，得

$$\left(\frac{\partial \ln x_A}{\partial T}\right)_p = \frac{1}{R}\left[\frac{\partial}{\partial T}\left(\frac{\Delta G_m}{T}\right)\right]_p = -\frac{\Delta H_m}{RT^2}$$

忽略温度对 ΔH_m 的影响，用标准摩尔熔化热代替 $-\Delta H_m$，且在 $x_A = 1$ 至任意值 x_A 间积分，得

$$\ln x_A = \frac{\Delta_{fus}H_m^\ominus}{R}\left(\frac{1}{T_f^*} - \frac{1}{T_f}\right) \tag{3-86}$$

对于稀溶液，x_B 很小，有下述近似

$$\ln x_A = \ln(1 - x_B) \approx -x_B = \frac{\Delta_{fus}H_m^\ominus}{R}\left(\frac{T_f - T_f^*}{T_f^* \cdot T_f}\right) \approx \frac{\Delta_{fus}H_m^\ominus}{R} \cdot \frac{-\Delta T_f}{(T_f^*)^2}$$

所以
$$\Delta T_f = \frac{R(T_f^*)^2}{\Delta_{fus}H_m^\ominus} x_B \tag{3-87}$$

这说明凝固点降低幅度 ΔT_f 与溶液中溶质的浓度 x_B 成正比。

浓度 x_B 改用 m_B 表示，则

$$\Delta T_f = \frac{R(T_f^*)^2}{\Delta_{fus}H_m^\ominus} \cdot M_A \cdot m_B = K_f m_B \tag{3-88}$$

$K_f = \dfrac{R\,(T_f^*)^2}{\Delta_{fus}H_m^{\ominus}} \cdot M_A$，仅与溶剂的性质有关而与溶质的本性无关，称为凝固点降低常数。

表 3 - 7　常见溶剂的凝固点降低常数

溶剂	水	醋酸	苯	二硫化碳	萘
$K_f/$（$K \cdot kg \cdot mol^{-1}$）	1.86	3.90	5.12	3.8	6.94

$m_B = \dfrac{W_B/M_B}{W_A}$，代入式（3 - 88）后有

$$M_B = K_f \frac{W_B}{\Delta T_f W_A} \tag{3-89}$$

式（3 - 89）就是凝固点降低法测定溶质分子量的原理。应用凝固点降低法时要注意两点：①溶液是稀溶液；②析出的固体是纯固体溶剂。

例题 3 - 12　某种情形下需配制 25.00kg 的甘油水溶液，要求零下 17.8℃不结冰。已知冰的熔化热为 6025 J/mol，甘油的摩尔质量为 92.095 g/mol，试估算最小需要甘油多少千克？

解：设溶液可视为稀溶液，将题设条件代入式（3 - 89），有

$$0.092095 = 1.86 \times \frac{W_B/kg}{17.8 \times (25.00 - W_B/kg)}$$

解得　　　　　　　　　　$W_B = 11.7kg$

三、沸点升高

当溶剂中溶有溶质时，不但造成凝固点下降，还可导致沸点升高。稀溶液沸点升高幅度可证明亦与溶质 B 的浓度成正比，与溶质本性无关。

气、液平衡时，溶剂 A 在气、液两相中化学势相等

$$\mu_A(g) = \mu_A(sln)$$

而 $\mu_A(sln) = \mu_A^{\ominus}(sln) + RT\ln x_A$，所以

$$\mu_A(g) = \mu_A^{\ominus}(sln) + RT\ln x_A$$

$$\ln x_A = \frac{\mu_A(g) - \mu_A^{\ominus}(sln)}{RT} = \frac{\Delta_{vap}G_m}{RT}$$

两边对 T 求偏导数，并联合吉布斯 - 亥姆霍兹公式得

$$\left(\frac{\partial \ln x_A}{\partial T}\right)_p = \frac{1}{R}\left[\frac{\partial}{\partial T}\left(\frac{\Delta_{vap}G_m}{T}\right)\right]_p = \frac{\Delta_{vap}H_m}{RT^2}$$

在 $x_A = 1$ 至 x_A 之间定积分，得

$$\ln x_A = \frac{\Delta_{vap}H_m}{R}\left(\frac{1}{T_b} - \frac{1}{T_b^*}\right) = \frac{\Delta_{vap}H_m}{R}\left(\frac{T_b^* - T_b}{T_b \cdot T_b^*}\right)$$

$\ln x_A = \ln(1 - x_B) \approx -x_B$，$-x_B = \dfrac{\Delta_{vap}H_m}{R}\left(\dfrac{T_b^* - T_b}{T_b \cdot T_b^*}\right)$，所以

$$\Delta T_b = T_b - T_b^* = \frac{R\,(T_b^*)^2}{\Delta_{vap}H_m} \cdot x_B$$

忽略温度对 $\Delta_{vap}H_m$ 的影响，x_B 置换为 m_B，则

$$\Delta T_b = \frac{R\,(T_f^*)^2}{\Delta_{vap}H_m^{\ominus}} \cdot M_A \cdot m_B \tag{3-90}$$

$$\frac{R\,(T_f^*)^2}{\Delta_{vap}H_m^{\ominus}} \cdot M_A \text{ 记作 } K_b,\text{ 则}$$

$$\Delta T_b = K_b \cdot m_B \qquad (3-91)$$

可见 ΔT_b 与 m_B 成正比，K_b 称为沸点升高常数，与 K_f 类似，K_b 仅与溶剂的本性有关，与溶质无关。表 3-8 是常见溶剂的沸点升高常数，对比表 3-7 知，同种溶剂 $K_f > K_b$，这是常用凝固点降低法测定分子量而不选择沸点升高法的原因之一。

表 3-8　常见溶剂的沸点升高常数

溶剂	水	醋酸	苯	二硫化碳	萘
$K_b /$ (K·kg·mol^{-1})	0.51	3.07	2.53	2.37	5.8

四、渗透压

稀溶液中，溶剂化学势 μ_A (sln) $= \mu_A^{\ominus}$ (sln) $+ RT\ln x_A$，$x_A < 1$，$\ln x_A < 0$，所以 μ_A (sln) $< \mu_A^{\ominus}$ (sln)，即溶液中溶剂化学势永远比纯溶剂化学势小。当将纯溶剂和溶液用半透膜隔离时，纯溶剂有向溶液一侧渗透的趋势，这种现象称为渗透现象。向溶液一侧施加压力可以使溶液中溶剂的化学势增加，当压力达到某一数值时，半透膜两侧的溶剂的化学势相等，不再出现溶剂的净流动，此时所施加的压力称为溶液的渗透压（osmotic pressure）。当施加的压力大于渗透压，溶液侧的溶剂流向纯溶剂一侧，此现象称为反渗透（reverse osmosis）。利用反渗透可以为严重缺水地区提供可以饮用的水源。反渗透的关键在于性能良好的半透膜。人体的肾脏具有反渗透的作用，如果肾功能缺陷，血液中的糖分将可能在渗透压作用下进入尿液而形成糖尿病。

可以证明，稀溶液中渗透压仅与溶质的浓度有关，与溶质本性无关。

如图 3-6 所示，半透膜左侧为纯溶剂，右侧为溶液。平衡时，溶剂 A 在左右两侧的化学势相等。

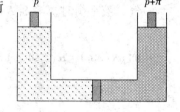

$$\mu_A^{\ominus}(1,p) = \mu^A(\text{sln},p+\pi) + RT\ln x_A$$

而 $\mu_A^{\ominus}(\text{sln},p+\pi) - \mu_A^{\ominus}(1,p) = \int_p^{p+\pi} V_{m,A}^* \mathrm{d}p$，所以

$$\int_p^{p+\pi} V_{m,A}^* \mathrm{d}p = -RT\ln x_A$$

图 3-6　渗透压示意图

因为压力对 $V_{m,A}^*$ 影响很小，所以

$$V_{m,A}^*\pi = -RT\ln x_A \qquad (3-92)$$

$\ln x_A = \ln(1 - x_B) \approx -x_B$，$x_B = \dfrac{n_B}{n_B + n_A} \approx \dfrac{n_B}{n_A}$，代入上式有

$$n_A V_{m,A}^*\pi = n_B RT$$

$n_A V_{m,A}^* = V_A \approx V$，故

$$\pi V = n_B RT \qquad (3-93)$$

式（3-93）类似于理想气体状态方程，称为范霍夫（van't Hoff）渗透压公式。将 $n_B = \dfrac{W_B}{M_B}$ 代入，有

$$\pi = \frac{W_B}{V M_B}RT = \rho_B \frac{RT}{M_B}$$

移项，有

$$\frac{\pi}{\rho_B} = \frac{RT}{M_B} \tag{3-94}$$

可认为式（3-94）是范霍夫公式的另一种写法，溶液愈稀，公式越准确。

例题 3-13　100 g 水中溶解 29 g NaCl 形成的溶液，在 373K 时的蒸气压为 82.9kPa，373K 时水的比容为 1.043 cm³/g，求此溶液在 373K 时的渗透压。

解：该溶液中水的活度 $a_{H_2O} = \dfrac{82.9}{101.325} = 0.818$

将式中摩尔分数替换为活度，有

$$\pi = -\frac{RT}{V_{m,A}^*} \ln a_{H_2O}$$

$$= -\frac{8.314 \times 373}{1.043 \times 18.015 \times 10^{-6}} \times \ln 0.818 \, Pa$$

$$= 3.31 \times 10^7 \, Pa$$

第十一节　分配定律

扫码"学一学"

化学势判据告诉我们，当溶质 B 在两相的化学势不等时，物质将从化学势高的相向化学势低的相迁移，直至两相的化学势相等而达到相平衡。一定温度下，相平衡时，物质在两相中的浓度比维持定值而与两相大小无关，这一规律被称作分配定律（distribution law）。分配定律可以从热力学角度推导出来。

温度 T 时，设有任意相 α、β，组分 B 在两相中分布达到平衡，则

$$\mu_B(\alpha) = \mu_B^{\ominus}(\alpha) + RT\ln a_B(\alpha) \quad \mu_B(\beta) = \mu_B^{\ominus}(\beta) + RT\ln a_B(\beta)$$

平衡时，$\mu_B(\alpha) = \mu_B(\beta)$，即 $\mu_B^{\ominus}(\alpha) + RT\ln a_B(\alpha) = \mu_B^{\ominus}(\beta) + RT\ln a_B(\beta)$，整理得

$$\frac{a_B(\alpha)}{a_B(\beta)} = \exp\left[\frac{\mu_B^{\ominus}(\beta) - \mu_B^{\ominus}(\alpha)}{RT}\right] = K(T, P)$$

$K(T, P)$ 称为分配系数（distribution coefficient），他表示平衡时组分 B 在两相中的活度比为定值，浓度不大时，可认为浓度比是定值。

分配的定律的一个重要应用是物质的萃取（extraction），利用分配定律可计算萃取的效率。

设体积为 V_1 的溶液中含有溶质 B 的质量为 W，一次加入 V_2 体积的溶剂进行萃取，平衡时，原液中剩余的溶质质量为 W_1。

一次萃取平衡时，原液的浓度为 $c_1 = \dfrac{W_1/M_B}{V_1}$；萃取液中 B 的浓度为 $c_2 = \dfrac{(W-W_1)/M_B}{V_2}$。

根据分配定律

$$\frac{c_1}{c_2} = \frac{W_1/V_1}{(W-W_1)/V_2} = K$$

解得 $W_1 = W\dfrac{KV_1}{KV_1 + V_2}$。用相同体积的溶剂进行二次萃取后，原液中剩余 B 的量为 $W_2 = W\left(\dfrac{KV_1}{KV_1 + V_2}\right)^2$。不难推断，进行 n 次萃取后，萃余液中 B 的量为 $W_n = W\left(\dfrac{KV_1}{KV_1 + V_2}\right)^n$。

$$\frac{KV_1}{KV_1 + V_2} < 1$$，n 越大，W_n 越小；V_2 越大，W_n 亦越小。数学上还可以证明多次萃取比单次萃取效果好。

例题 3-14 288.15K 时，将碘溶解于含 0.100mol/dm^3 的 KI 水溶液中，与四氯化碳一起振荡，达平衡后分为两层。经滴定法测定，水层中碘的平衡浓度为 0.050mol/dm^3，CCl_4 层中为 0.085mol/dm^3。碘在四氯化碳和水之间的分配系数 $c(I_2/CCl_4)/c(I_2/H_2O) = 85$。求反应 $I_2 + I^- \rightleftharpoons I_3^-$ 在 288.15K 的平衡常数。

解： 因为反应只在水相进行，设平衡时的物料关系为

$$
\begin{array}{ccccc}
I_2 & + & I^- & \rightleftharpoons & I_3^- \\
c_0 - x & & 0.1M - x & & x
\end{array}
$$

根据分配定律，$\dfrac{0.085M}{c_0 - x} = 85$，$x = c_0 - \dfrac{0.085M}{85} = 0.049M$

平衡常数

$$
\begin{aligned}
K_c &= \frac{x}{(0.1M - x) \times (c_0 - x)} \\
&= \frac{0.049M}{(0.50M - 0.049M) \times (0.1M - x)} \\
&= 961\,\text{dm}^3/\text{mol}
\end{aligned}
$$

❓ 思考题

1. 多组分系统的任何广延性质都不具备加和性，这个论断是不是太绝对了？

2. 爱斯基摩人通过将海水冻结成冰以制取淡水，若以液态纯水为标准态，试问冰的化学势相对如何？

3. 比容定义为密度的倒数，即 $v = \dfrac{1}{\rho}$，你认为物质 B 的偏比容该如何定义？

4. 偏摩尔量 $\tilde{X}_B$ 可以理解为组分 B 单位物质的量对系统广延性质 X 的贡献吗？

5. 加入溶质 B 均会导致溶剂 A 的凝固点下降，对吗？

6. 逸度 f 可以理解为有效压力，所以公式 $fV = nRT$ 对所有气体均成立，对吗？

7. 为什么说"溶液的化学势等于溶剂与溶质化学势之和"这句话是错的？

8. 0.01mol/kg 的葡萄糖和 0.01mol/kg 的氯化钠溶液的渗透压相同吗？

9. 吃冰棒时，边吃边吸，感觉甜味越来越淡，为什么？

10. 萃取是不是次数越多越好？

 习题

1. 298K、100kPa 下，70.0 g 的苯和 30.0 g 的甲苯混合形成溶液，已知苯和甲苯的分子量分别为 78.12 和 92.14，试计算苯及甲苯的物质的量分数。

2. 298K 时，有摩尔分数为 0.4000 的甲醇水溶液，若往大量的此种溶液中加入 1mol 的水，溶液的体积增加 17.35cm^3；若往大量的此种溶液中加入 1mol 的甲醇，溶液的体积增加 39.01cm^3。试计算将 4.0mol 的甲醇和 6.0mol 的水混合成溶液时，体积为多少？相比混合

前，体积的变化率是多少？已知 298K 时，甲醇及水的密度分别为 0.7911 和 0.9971g/cm^3。

3. 298K、100kPa 下，醋酸（B）溶于 1kg 水（A）中所形成溶液的体积与醋酸物质的量 n_B 的关系如下：

$$\frac{V}{cm^3} = 1002.935 + 51.832 \frac{n_B}{mol} + 0.1394 \left(\frac{n_B}{mol}\right)^2$$

试将水和醋酸的偏摩尔体积表示为 n_B 的函数，并求 $n_B = 1.00mol$ 时水和醋酸的偏摩尔体积。

4. 在一定温度下，设二组分系统组分 A 的偏摩尔体积与浓度的关系为 $V_{A,m} = V_A^* + \alpha x_B^2$，$\alpha$ 是常数，试导出 $V_{B,m}$ 以及混合物的平均摩尔体积 V_m 的表达式。

5. 288K、100kPa 下，某酒窖中存有乙醇质量百分数 96% 的酒 10.0m^3。已知该条件下，纯水的质量浓度为 999.1kg/m^3，水和乙醇的偏摩尔体积如下。

$w_{乙醇}$	$V_水/$ $(10^{-6} \cdot m^3 \cdot mol^{-1})$	$V_{乙醇}/$ $(10^{-6} m^3 \cdot mol^{-1})$
96%	14.61	58.01
56%	17.11	56.58

今欲加水调制为 56% 的酒，试计算：
（1）应加入水的体积；
（2）加水后，酒的体积。

6. 一定温度下碳酸钙达到分解平衡，$CaCO_3(s) \rightleftharpoons CaO(s) + CO_2(g)$，若将普通碳酸钙更换为纳米碳酸钙，试问平衡如何移动？已知纳米碳酸钙蒸气压比常规碳酸钙大。

7. 298K、100kPa 下，苯（A）和甲苯（B）混合形成 $x_A = 0.8$ 的理想溶液，将 1mol 苯从 $x_A = 0.8$ 的状态用甲苯稀释到 $x_A = 0.6$ 的状态，求此过程所需的最小功。

8. 试证明：（1）$\left(\dfrac{\partial H_{i,m}}{\partial T}\right)_{p,n_j} = C_{p,m,i}$；（2）$\mu_i = H_{i,m} - TS_{i,m}$。

9. 293K 时，从一组成为 $n_{NH_3}: n_{H_2O} = 1:8.5$ 的大量溶液中取出 1mol NH_3 转移到另一组成为 $n_{NH_3}: n_{H_2O} = 1:21$ 的大量溶液中，求此过程的吉布斯能变。

10. 293K、100kPa 下，将 1mol NH_3 溶于组成为 $n_{NH_3}: n_{H_2O} = 1:21$ 的大量溶液中，已知该溶液中氨的分压为 3.60kPa，求此过程的吉布斯能变。

11. 273K、100kPa 下，氧气在 100g 水中可溶解 4.490mL，求氧气的亨利常数 k_x、k_m。

12. 313K、105.4kPa 时，H_2、N_2 和 100g 水处于平衡，平衡气体经干燥后测得 H_2 的体积分数为 0.40。设该溶液的水蒸气压分压即为纯水的气压 7.33kPa，H_2 和 N_2 在水中的亨利系数 k_x 分别为 7.61GPa 和 10.5GPa，求该温度下水中能溶解的 H_2 和 N_2 的质量。

13. 某油田向油井注水，对水质量要求之一是其中含氧量不超过 1mg/dm^3。若河水温度为 293.15K，空气中氧的体积分数为 0.21，氧气在水中的亨利常数为 4.0631GPa，试问 293.15K 时用此河水做油井用水，水质是否合格？

14. 实验测得某水溶液的凝固点为 258K，求该溶液中水的活度以及 298K 时该溶液的渗透压。

15. 三氯甲烷（A）和丙酮（B）混合形成溶液，其中丙酮的物质的量分数为 $x_B = 0.713$。301K，溶液的总压为 29.4kPa，气相中丙酮的摩尔分数 $y_B = 0.818$。该温度时，纯三氯甲烷的蒸气压为 29.6kPa。求该溶液中三氯甲烷的活度 a_A 及活度系数 γ_A。

16. 288K 时，将 1mol 氢氧化钠和 4.559mol 水混合形成溶液的蒸气压为 596Pa，而纯水的蒸气压为 1705Pa。求：

（1）该溶液中水活度；

（2）该溶液的沸点；

（3）在该溶液和在纯水中，水的化学势相差多少？

17. 262.5K 时，于 1.0kg 水中溶解 3.30mol KCl 形成饱和溶液，该温度下该饱和溶液与冰共存。若以纯水为标准态，试计算饱和溶液中水的活度和活度系数。已知冰的摩尔熔化热为 6.025kJ/mol。

18. 333K 时，纯苯胺和水的饱和蒸气压分别为 0.76kPa 和 19.9kPa。该温度下，苯胺和水部分互溶。两个液相中，苯胺的摩尔分数分别为 0.732 和 0.088。设两个液层中溶剂遵守拉乌尔定律，溶质遵守亨利定律。试求：

（1）两液层中，分别作为溶质的水和苯胺的亨利系数；

（2）水层中，每个组分的相对活度系数。

19. 人的血浆凝固点为 $-0.56℃$，求人体中血浆的渗透压。

20. 某不挥发性溶质的理想水溶液，其凝固点为 $-1.5℃$。298K 下纯水饱和气压为 3.17kPa，冰的正常熔化热、气化热分别为 6.03 和 40.7kJ/mol，试求算：

（1）该溶液的正常沸点；

（2）298K 时的蒸气压；

（3）298K 时的渗透压。

21. 若把 200g 蔗糖（$M=342.3g/mol$）溶解在 2000g 水中，373K 时，水的蒸气压下降多少？

22. 测得浓度为 $20kg/m^3$ 血红蛋白水溶液在 298K 时的渗透压为 763Pa，求血红蛋白的摩尔质量。

23. 298K 时，0.1mol NH_3 溶于 $1dm^3$ 三氯甲烷中，此溶液的 NH_3 的分压为 4.433kPa，同温度下同量的 NH_3 溶于同量的水中，NH_3 的分压为 0.887kPa。求 NH_3 在水与三氯甲烷中的分配系数。

24. 293K 时，某有机酸在水和乙醚中的分配系数为 0.4。今该有机物 5g 溶于 $100cm^3$ 水中形成溶液。

（1）$40cm^3$ 乙醚一次萃取，问水中还剩多少有机酸（乙醚事先被水饱和）？

（2）将 $40cm^3$ 分成两等分，两次萃取，问水中最后还剩多少有机酸？

第四章 化学平衡

化学平衡的概念最早是在研究化学反应速率的过程中提出的。19世纪60年代法国化学家贝塞洛（Berthelot P. E. M.）和圣吉尔（de Saint Gilles L. P.）在研究醋酸和乙醇的酯化反应时发现，酯化反应与逆向的皂化反应都不能进行完全，反应最后会达到平衡，平衡时各物质间的比例是确定的。他们意识到，化学反应有可逆与不可逆之分，可逆反应存在限度，反应达最大限度时为平衡状态。在这期间，挪威科学家古德贝格（Guldberg N. C. M.）和瓦格（Waage P.）确立了化学反应速率的质量作用定律，并指出反应达平衡时正、逆反应速率相等，正、逆反应速率常数之比只是温度的函数。1878年吉布斯提出了化学势的概念，将热力学推广到多组分的多相体系，为用热力学方法处理化学平衡问题奠定了基础。范特霍夫（Van't Hoff J. H.）提出用K代表平衡常数，并在1884年论述化学反应速度等化学动力学问题时，提出了动态化学平衡理论和以化学势为基础的亲和力理论。1989年范特霍夫以吉布斯工作为指导，得到了平衡常数与温度的关系，及范特霍夫等温方程式。

化学平衡是化学中最重要的平衡之一。在宏观条件一定，正反两个方向的化学反应速率相等时，体系中各个物质的组成将不再随时间发生改变，系统就达到了化学平衡。只要外界条件保持不变，系统的状态就保持不变。当外界条件发生改变时，系统则自发地变化至新的平衡状态，即平衡发生移动。因此从本质上来讲化学平衡是一种动态平衡。

化学平衡知识在科学实验和生产实践中有着广泛的意义。在化工产品生产工艺的研究和设计过程中，利用化学平衡知识可以更好地控制反应的温度，压力以及原料配比等反应条件，并能从理论上预测产率等问题。本章将运用热力学基本原理和定律，讨论化学反应的方向和限度、化学平衡的条件和平衡组成的计算以及温度、压力、惰性气体等因素对化学平衡的影响等。

第一节 化学反应的平衡条件

一、化学反应的吉布斯能变化

封闭体系中，无非膨胀功时发生一个任意化学反应

$$aA + dD \rightarrow eE + fF$$

当体系中发生了微小变化，则

$$dG = -SdT + Vdp + \sum_B \mu_B dn_B \tag{4-1}$$

如果反应在等温等压条件下进行，则式（4-1）可写成

$$dG_{T,p} = \sum_B \mu_B dn_B \tag{4-2}$$

体系中化学反应的微小变化，相当于化学反应进度由ξ变化至$\xi + d\xi$，则体系中各物质的量的变化可表示为$dn_B = \nu_B d\xi$，代入式（4-2）中得

$$dG_{T,p} = \sum_B \nu_B \mu_B d\xi \tag{4-3}$$

扫码"学一学"

因此有
$$\left(\frac{\partial G}{\partial \xi}\right)_{T,p} = \sum_B \nu_B \mu_B = \Delta_r G_m \qquad (4-4)$$

式（4-3）中，ν_B 是化学反应计量系数，反应物取负值，产物取正值。μ_B 为参加反应的各物质的化学势，μ_B 在化学反应进度由 ξ 至 $\xi + d\xi$ 时保持常量。

式（4-4）表示的是在等温等压、非体积功为零的封闭体系中，体系的总吉布斯能随反应进度 ξ 的变化率。图 4-1 是体系的总吉布斯能和化学反应进度的关系，显然 $\left(\frac{\partial G}{\partial \xi}\right)_{T,p}$ 为 $G \sim \xi$ 曲线的斜率。$\Delta_r G_m$ 是化学反应的摩尔吉布斯能变化，单位为 $J \cdot mol^{-1}$。其意义是等温等压条件下，在无限大的反应体系中，发生 $\xi = 1mol$ 反应，即按计量方程完成一个化学反应时而引起的系统吉布斯能变化。

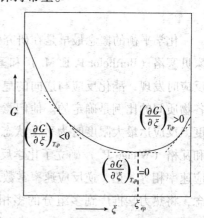

图 4-1　等温等压时的化学反应体系的总吉布斯能和反应进度的关系

有时把 $A = -\Delta_r G_m = -(\partial G / \partial \xi)_{T,p}$ 称为化学反应亲和势，显然其值只与各物质的化学势有关，与化学反应发生的具体途径无关。化学反应亲和势可用来表示化学反应的亲和力，也可用来表示化学反应的方向。

二、化学平衡的条件

等温等压、化学反应进度为 ξ 时，根据式（4-4），若 $(\Delta_r G_m)_{T,p} = \sum_B \nu_B \mu_B < 0$，表示反应向右自发进行；如果 $\Delta_r G_m = \sum_B \nu_B \mu_B = 0$，表示此时系统的 G 随 ξ 变化率为零，即化学反应系统已经达到平衡态，此时反应系统的吉布斯能为最低值，反应进度为 ξ_{eq}；若 $(\Delta_r G_m)_{T,p} = \sum_B \nu_B \mu_B > 0$，表明该条件下反应不能自发向右进行，其逆向反应可自发进行。综上所述，可得

$$\Delta_r G_m = \left(\frac{\partial G}{\partial \xi}\right)_{T,p} = \sum_B \nu_B \mu_B \begin{cases} > 0 & \text{正向自发进行} \\ = 0 & \text{已达平衡} \\ < 0 & \text{正向非自发} \end{cases} \qquad (4-5)$$

由式（4-5）可知，等温等压、非体积功为零的化学反应系统，当 $\Delta_r G_m < 0$ 时反应向右自发进行。

例 4-1　标准压力下对于下列转换反应 HgS（红）$\rightleftharpoons$ HgS（黑），有 $\Delta_r G_m = 17154 - 25.48T$。试求：

（1）温度为 373K 时，哪种 HgS 比较稳定；

（2）该标准压力下反应的转换温度为多少？

解：（1）由题设知，将 $T = 373K$ 代入 $\Delta_r G_m = 17154 - 25.48T$ 得

$$\Delta_r G_m = 7649 J \cdot mol^{-1} > 0$$

所以，上述反应能逆向自发进行，故 HgS（红）相对更稳定。

（2）根据 $\Delta_r G_m = 17154 - 25.48T$ 可知，压力不变的条件下 T 升高 $\Delta_r G_m$ 逐渐下降。当 $\Delta_r G_m \leqslant 0$，HgS（红）$\rightleftharpoons$ HgS（黑）反应可正向进行。因此 $\Delta_r G_m = 0$ 时的温度即为转换反应可发生的最低温度，也就是反应的转换温度。解之得 $T = 673.3K$。

扫码"学一学"

第二节　化学反应等温方程式

等温等压、非体积功为零的条件下发生一化学反应

$$aA + dD \rightarrow eE + fF$$

多组分系统中任意物质 B 的化学势表达势为 $\mu_B (T, p) = \mu_B^{\ominus} (T) + RT\ln a_B$，化学反应的摩尔吉布斯能变化为 $\Delta_r G_m = \sum\limits_B \nu_B \mu_B$，因此

$$\Delta_r G_m = \sum_B \nu_B \mu_B^{\ominus}(T) + \sum_B \nu_B RT\ln a_B = \sum_B \nu_B \mu_B^{\ominus} + RT\ln \frac{a_E^e \cdot a_F^f}{a_A^a \cdot a_D^d}$$

$$= \sum_B \nu_B \mu_B^{\ominus}(T) + RT\ln \prod_B a_B^{\nu_B} \qquad (4-6)$$

令 $Q_a = \prod\limits_B a_B^{\nu_B}$，称为"活度商"，表示化学反应处于任意状态时，参与反应的各物质的活度商。因此式（4-6）可写为

$$\Delta_r G_m = \sum_B \nu_B \mu_B^{\ominus} + RT\ln Q_a \qquad (4-7)$$

定义标准吉布斯能变为

$$\Delta_r G_m^{\ominus} = \sum_B \nu_B \mu_B^{\ominus} \qquad (4-8)$$

式（4-8）表示参与化学反应的各物质处于标准状态时的摩尔吉布斯能变化。代入式（4-7）可得

$$\Delta_r G_m = \Delta_r G_m^{\ominus} + RT\ln Q_a \qquad (4-9)$$

等温等压非体积功为零的条件下，化学反应达平衡时 $\Delta_r G_m = 0$，则有

$$\Delta_r G_m^{\ominus} = -RT\ln Q_{a,eq} = -RT\ln \prod_B a_{B,eq}^{\nu_B} \qquad (4-10)$$

定义标准平衡常数 $K^{\ominus} = \prod\limits_B a_{B,eq}^{\nu_B}$，则

$$\Delta_r G_m^{\ominus} = -RT\ln K^{\ominus} \qquad (4-11)$$

式（4-9）又可写为

$$\Delta_r G_m = -RT\ln K^{\ominus} + RT\ln Q_a \qquad (4-12)$$

式（4-12）称为化学反应的等温方程式，是化学平衡理论的基础，可以判断等温等压、非体积功为零的条件下化学反应的方向和限度。

化学反应的方向由 $\Delta_r G_m$ 来判断，对一定条件下的化学反应，各物质的浓度对化学反应的影响，是通过计算活度商，根据式（4-12）计算 $\Delta_r G_m$ 判断化学反应的方向和平衡。

（1）当 $Q_a < K^{\ominus}$ 时，$\Delta_r G_m < 0$，反应正向自发进行；

（2）当 $Q_a > K^{\ominus}$ 时，$\Delta_r G_m > 0$，反应逆向自发进行；

（3）当 $Q_a = K^{\ominus}$ 时，$\Delta_r G_m = 0$，反应达平衡。

$\Delta_r G_m^{\ominus}$ 是参与化学反应的物质都处于标准状态时的摩尔吉布斯能变化，根据式（4-11）可计算标准平衡常数 $K^{\ominus}$。$K^{\ominus}$ 是化学反应达到平衡的标志，是化学反应处于平衡状态时各反应物的活度商，是无量纲的数值，其数值大小取决于化学反应的本性，与温度和标准态的选择有关。$\Delta_r G_m^{\ominus}$ 不能用来判断化学反应的方向，但当其数值的绝对值很大时，式（4-12）中的 $RT\ln Q_a$ 不足以调节 $\Delta_r G_m$，此时可近似直接用 $\Delta_r G_m^{\ominus}$ 来判断化学反应的方向。一般当 $\Delta_r G_m^{\ominus} > 42\text{kJ/mol}$ 时，可以认为反应不能进行，当 $\Delta_r G_m^{\ominus} < -42\text{kJ/mol}$ 时，认为反应可以

进行。当 $\Delta_r G_m^{\ominus}$ 的绝对值不是很大时，不能通过 $\Delta_r G_m^{\ominus}$ 来判断化学反应的方向，然而可以通过调节反应物的浓度，使反应朝着人们希望的方向进行。

吉布斯能是容量性质，$\Delta_r G_m^{\ominus}$ 的值与化学反应方程式的计量系数有关，因此，$K^{\ominus}$ 也是针对具体的化学反应计量方程式。

例题 4-2 已知理想气体反应 N_2（g）$+ 3H_2$（g）$\Longrightarrow 2NH_3$（g），温度为 298.15K 时的标准平衡常数 $K^{\ominus} = 5.97 \times 10^5$。试计算：

（1）当 N_2，H_2 及 NH_3 的分压分别为 10kPa、10kPa 和 100kPa 时反应的 $\Delta_r G_m$，并指明反应自发进行的方向；

（2）当 N_2 和 H_2 的分压不变，NH_3 的分压增大达 1000kPa 时，反应向哪个方向进行？

解：（1）根据题意可知

$$Q_p = \prod_B a_B^{\nu_B} = \frac{a_{NH_3}^2}{a_{N_2} a_{H_2}^3} = \frac{(100/100)^2}{(10/100)(10/100)^3} = 1.0 \times 10^4 < K^{\ominus}$$

故反应正向自发进行。

（2）同理 $Q_p = \prod_B a_B^{\nu_B} = \frac{a_{NH_3}^2}{a_{N_2} a_{H_2}^3} = \frac{(1000/100)^2}{(10/100)(10/100)^3} = 1.0 \times 10^6 > K^{\ominus}$

反应逆向自发进行。

第三节　平衡常数表示式

一、气体反应系统的平衡常数

（一）理想气体反应的标准平衡常数

对于理想气体的反应

$$aA + dD \Longrightarrow eE + fF$$

系统中各物质的活度 $a_B = \dfrac{p_B}{p^{\ominus}}$，标准平衡常数可表示为

$$K^{\ominus} = \frac{\left(\dfrac{p_{E,eq}}{p^{\ominus}}\right)^e \left(\dfrac{p_{F,eq}}{p^{\ominus}}\right)^f}{\left(\dfrac{p_{A,eq}}{p^{\ominus}}\right)^a \left(\dfrac{p_{D,eq}}{p^{\ominus}}\right)^d} \tag{4-13}$$

$K^{\ominus}$ 是量纲为一的量，对于一个指定的反应来说，仅是温度的函数，与系统的压力和其他条件无关。

（二）理想气体的经验平衡常数

除了标准平衡常数外，平衡常数还有其他习惯表示法，我们称之为"经验平衡常数"。

1. 用组分的分压表示的平衡常数 K_p。

$$K_p = \frac{(p_{E,eq})^e (p_{F,eq})^f}{(p_{A,eq})^a (p_{D,eq})^d} = \prod_B p_{B,eq}^{\nu_B} \tag{4-14}$$

$$K^{\ominus} = \frac{\left(\dfrac{p_{E,eq}}{p^{\ominus}}\right)^e \left(\dfrac{p_{F,eq}}{p^{\ominus}}\right)^f}{\left(\dfrac{p_{A,eq}}{p^{\ominus}}\right)^a \left(\dfrac{p_{D,eq}}{p^{\ominus}}\right)^d} = K_p (p^{\ominus})^{-\sum_B \nu_B} \tag{4-15}$$

扫码"学一学"

$\sum\limits_{B} \nu_B$ 是各组分化学计量数的代数和。$\sum\limits_{B} \nu_B = (g + h) - (a + d)$，以下为书写方便，用 $\Delta\nu_B$ 表示 $\sum\limits_{B} \nu_B$，即式（4-15）可表示为

$$K^{\ominus} = K_P \left(p^{\ominus}\right)^{-\Delta\nu_B} \tag{4-16}$$

式中 K_p 为用压力表示的平衡常数，其量纲为[压力]$^{\Delta\nu_B}$。$K^{\ominus}$ 只是温度的函数，K_p 也仅是温度的函数。

2. 用组分的摩尔分数表示的平衡常数 K_x。

对于理想气体的混合系统

$$K_x = \frac{x_{E,eq}^e \cdot x_{F,eq}^f}{x_{A,eq}^a \cdot x_{D,eq}^d} = \prod_B x_{B,eq}^{\nu_B} \tag{4-17}$$

组分 B 的分压 p_B 与系统总压 p 的关系为 $p_B = px_B$，可以得到

$$K_p = \frac{x_{E,eq}^e \cdot x_{F,eq}^f}{x_{A,eq}^a \cdot x_{D,eq}^d} p^{\Delta\nu_B} = K_x p^{\Delta\nu_B} \tag{4-18}$$

K_x 为用摩尔分数表示的平衡常数，为量纲一的物理量。由式（4-18）可知，K_x 是温度与压力的函数。

（三）实际气体的平衡常数

对实际气体，用逸度代替分压，系统中各物质的活度 $a_B = \dfrac{f_B}{p^{\ominus}} = \dfrac{\gamma_B p_B}{p^{\ominus}}$，所以得到真实气体的标准平衡常数，即

$$K^{\ominus} = \frac{\left(\dfrac{f_{E,eq}}{p^{\ominus}}\right)^e \left(\dfrac{f_{F,eq}}{p^{\ominus}}\right)^f}{\left(\dfrac{f_{A,eq}}{p^{\ominus}}\right)^a \left(\dfrac{f_{D,eq}}{p^{\ominus}}\right)^d} = \frac{\left(\dfrac{\gamma_E p_{E,eq}}{p^{\ominus}}\right)^e \left(\dfrac{\gamma_F p_{H,eq}}{p^{\ominus}}\right)^f}{\left(\dfrac{\gamma_A p_{A,eq}}{p^{\ominus}}\right)^a \left(\dfrac{\gamma_D p_{D,eq}}{p^{\ominus}}\right)^d} = K_p \left(p^{\ominus}\right)^{-\Delta\nu_B} K_{\gamma} \tag{4-19}$$

真实气体的逸度系数与温度和压力都有关系，所以 K_{γ}，K_p 与温度和压力也有关系。但是当压力较低时，真实气体可以近似看成理想气体。

二、液相反应的平衡常数

1. 理想液态混合物中各组分间的反应 在一定的温度和压力下，理想液态混合物中的任一组分 B 其化学势可以表示为

$$\mu_B(T, p) = \mu_B^{\ominus}(T, p) + RT\ln x_B \tag{4-20}$$

其活度 $a_B = x_B$，代入 $K^{\ominus} = \prod\limits_B a_{B,eq}^{\nu_B}$ 可得

$$K^{\ominus} = \frac{x_{E,eq}^e x_{F,eq}^f}{x_{A,eq}^a x_{D,eq}^d} = \prod_B x_{B,eq}^{\nu_B} = K_x \tag{4-21}$$

2. 理想稀溶液中溶质间的反应 对于理想稀溶液，溶质符合亨利定律，其化学势可表示为

$$\mu_B = \mu_{B,c}^{\ominus} + RT\ln\left(\frac{c_B}{c^{\ominus}}\right) \tag{4-22}$$

组分 B 的活度为 $a_B = \dfrac{c_B}{c^{\ominus}}$

$$K^{\ominus} = \frac{\left(\dfrac{c_{E,eq}}{c^{\ominus}}\right)^e \left(\dfrac{c_{F,eq}}{c^{\ominus}}\right)^f}{\left(\dfrac{c_{A,eq}}{c^{\ominus}}\right)^a \left(\dfrac{c_{D,eq}}{c^{\ominus}}\right)^d} = \prod_B \left(\frac{c_{B,eq}}{c^{\ominus}}\right)^{\nu_B} = K_c \, (c^{\ominus})^{-\Delta\nu_B} \tag{4-23}$$

如果组分 B 化学势表示为 $\mu_B = \mu_{B,m}^{\ominus} + RT\ln\left(\dfrac{m_B}{m^{\ominus}}\right)$，那么 $K^{\ominus} = K_m \, (m^{\ominus})^{-\Delta\nu_B}$；

如果组分 B 化学势表示为 $\mu_B = \mu_{B,x}^{\ominus} + RT\ln x_B$，那么 $K^{\ominus} = K_x$。

因为 $\mu_{B,x}^{\ominus}$、$\mu_{B,c}^{\ominus}$ 和 $\mu_{B,m}^{\ominus}$ 是温度和压力的函数，所以 $K_c^{\ominus}$、$K_m^{\ominus}$ 和 $K_x^{\ominus}$ 是温度和压力的函数。但压力 p 的影响较小可忽略不计。对于稀溶液，标准平衡常数的数值依赖于物质标准态的选择。

例如反应 $CO_2(g) + 2NH_3(g) \rightleftharpoons H_2O(l) + CO(NH_2)_2$，我们选择 $p^{\ominus}$，纯水和 $m^{\ominus}$ 分别为气体，溶剂和溶质的标准态，则其标准平衡常数表示为

$$K^{\ominus} = \frac{\left(\dfrac{m_{CO(NH_2)_2,eq}}{m^{\ominus}}\right) x_{H_2O,eq}}{\left(\dfrac{p_{CO_2,eq}}{p^{\ominus}}\right)\left(\dfrac{p_{NH_3,eq}}{p^{\ominus}}\right)^2}$$

3. 实际溶液中溶质间的反应　实际溶液中任一组分 B 的活度可表示为

$$a_B = \frac{\gamma_B c_B}{c^{\ominus}}, \quad \lim_{c_B \to 0} \gamma_B = 1 \tag{4-24}$$

代入（4-23）得

$$K^{\ominus} = \prod_B \gamma_B \prod_B \left(\frac{c_{B,eq}}{c^{\ominus}}\right)^{\nu_B} = K_\gamma K_c \, (c^{\ominus})^{-\Delta\nu_B} \tag{4-25}$$

组分 B 的活度也可表示为 $a_B = \dfrac{\gamma_B m_B}{m^{\ominus}}$，$\lim\limits_{m_B \to 0} \gamma_B = 1$，则 $K^{\ominus} = K_\gamma K_m \, (m^{\ominus})^{-\Delta\nu_B}$。

组分 B 的活度也可表示为 $a_B = \gamma_B x_B$，$\lim\limits_{x_B \to 0} \gamma_B = 1$，则 $K^{\ominus} = K_\gamma K_x$。

例题 4-3　已知温度为 1000K，压力为标准压力时的条件下，反应 $2SO_3(g) \rightleftharpoons 2SO_2(g) + O_2(g)$ 的 $K_c = 3.54\,mol \cdot m^{-3}$。求该反应的 K_p 和 K_x 及 $K^{\ominus}$。

解：根据题意，该反应 $\Delta\nu_B = 1$，由平衡常数之间的关系式得

$$
\begin{aligned}
K_p &= K_c (RT)^{\Delta\nu_B} \\
&= 3.54\,mol \cdot m^{-3} \times 8.314J \cdot K^{-1} \cdot mol^{-1} \times 1000K \\
&= 2.943 \times 10^4 \, Pa \\
K_p &= K_x p^{\Delta\nu_B} \\
K_x &= \frac{K_p}{p} = \frac{2.943 \times 10^4 \, Pa}{10^5 \, Pa} = 0.2905 \\
K^{\ominus} &= K_p \, (p^{\ominus})^{-\Delta\nu_B} = \frac{K_p}{p^{\ominus}} = 0.2905
\end{aligned}
$$

三、复相反应的平衡常数

反应涉及气相和凝聚相（液相、固体）共同参与的反应称为复相化学反应。如果凝聚相均为纯物质，不形成固溶体或溶液，凝聚态各物质的活度始终等于 1，其化学势就是标准

态化学势，即 $\mu_{B,s}(T,p) = \mu_{B,s}^{\ominus}$。气体物质的活度 $a_{B,g} = \dfrac{f_B}{p^{\ominus}} = \dfrac{\gamma_B p_B}{p^{\ominus}}$，化学势 $\mu_{B,g}(T,p) = \mu_{B,g}^{\ominus}(T) + RT\ln\dfrac{p_B}{p^{\ominus}}$，代入 $K^{\ominus} = \prod\limits_{B} a_{B,eq}^{\nu_B}$ 可知复相反应的热力学平衡常数只与气态物质有关，即

$$K^{\ominus} = \prod_{B} a_{B,g,eq}^{\nu_B} \tag{4-26}$$

例如反应 $CaCO_3(s) = CaO(s) + CO_2(g)$，组分 $CaCO_3$ 和 CaO 均为纯固体，根据式，其标准平衡常数为

$$K^{\ominus} = \frac{p_{CO_2,eq}}{p^{\ominus}}$$

$K^{\ominus}$ 数值只与反应温度有关，在一定温度下，不论反应体系中 $CaCO_3$ 和 CaO 的物质的量是多少，系统达平衡时产物 CO_2 气体的压力总为一个定值。这个分解平衡时生成物 CO_2 气体的压力被称为该温度时 $CaCO_3$ 在该温度下的分解压。

若气相产物不止一种，分解压是指在一定温度下固体物质分解达到平衡时气相产物的总压。一定温度下，NH_4HS 固体置于一密闭容器中达分解平衡，计量方程式如下所示。该温度下 NH_4HS 的分解压 $p(分解) = p_{NH_3,eq} + p_{H_2S,eq}$，则

$$NH_4HS\ (s) \rightleftharpoons NH_3\ (g) + H_2S\ (g)$$

$$K^{\ominus} = \frac{p_{NH_3,eq}}{p^{\ominus}} \cdot \frac{p_{H_2S,eq}}{p^{\ominus}} = \frac{1}{4}\left(\frac{p_{分解}}{p^{\ominus}}\right)^2$$

一定温度时，对某固体物质的分解反应，当系统中气体物质的总压小于分解压，分解反应可正向自发进行，反之则不分解。因此一定温度下某物质的分解压可用来衡量物质的稳定性，分解压越小越不易分解。

例题 4-4　已知 973K 时，复相反应 $CO_2(g) + C(石墨) \rightleftharpoons CO(g)$ 的 $K_p = 90180Pa$，试计算此反应的 K_c 和 $K^{\ominus}$。

解：根据题意，该反应的标准平衡常数只与参与反应的气体物质有关，则

$$K^{\ominus} = \frac{\left(\dfrac{p_{CO}}{p^{\ominus}}\right)^2}{\left(\dfrac{p_{CO_2}}{p^{\ominus}}\right)} = K_p\,(p^{\ominus})^{-\Delta\nu_B} = \frac{90180Pa}{100000Pa} = 0.90$$

$$K_c = K_p\,(RT)^{-\Delta\nu_B}$$

$$= \frac{90180Pa}{(8.314J\cdot K^{-1}\cdot mol^{-1})\times(973K)} = 11.15mol\cdot m^{-3}$$

第四节　平衡常数测定和平衡转化率的计算

化学平衡指的是在宏观条件给定的可逆反应系统中，化学反应正、逆反应速率相等，反应物和生成物各组分浓度不再随时间的推移而变化的动态平衡状态。达到平衡状态时，反应速率保持不变，反应物的转化率也得到最大值，此时反应进行到了最大程度。另外，对一定外界条件的某一反应，无论参与反应的各物质的初始浓度为多少，也就是说，无论是从反应物正向进行的反应，还是从产物开始逆向进行的反应，对应的平衡都是一致的，

扫码"学一学"

即平衡常数都是同一确定值。

一、平衡常数的测定

测定平衡系统中各物质的浓度或者压力，就可以得出平衡常数。常用的测定平衡浓度的方法有物理法和化学法两种。

1. 物理法 物理法是指通过测定平衡系统的物理性质，如折光率、电导率、吸光度、电动势、密度、压力和体积等物理量，从而间接求出平衡系统中各组分的浓度。其优点在于测定时不干扰系统的平衡，对系统无影响。

2. 化学法 化学法是指通过加入化学分析的方法直接测定平衡系统中各物质的浓度。其优点是直接得出结果，缺点在于实验中可能需要加入一些分析试剂到系统中，这些试剂通常会扰乱原平衡系统。因此，采用化学法时应设法使平衡状态"冻结"。可根据反应特点采用骤冷、稀释、移去催化剂等方法使反应停止，降低平衡的移动，以保证测得的结果是平衡时各组分的浓度。

实际实验中具体选用哪种方法，应根据具体系统，选择最简便适用的方法。无论采用哪种方法，首先都应根据平衡的特点判断反应系统是否已达到平衡，而且保证实验测定过程中系统的平衡不会受到影响。

二、平衡转化率的计算

平衡转化率也称理论转化率或最大转化率，是指反应系统达到平衡状态后，反应物转化为产物的百分数。也就是

$$平衡转化率 = \frac{达平衡后原料转化为产物的量}{投入原料的量} \times 100\% \tag{4-27}$$

若系统涉及多个反应物，则仅当各反应物投料比等于其化学计量数比时，每个反应物有相同的平衡转化率。例如反应 $a\text{A} + b\text{B} \Longrightarrow \text{P}$，仅当 $n_{\text{A},0}/n_{\text{B},0} = a/b$ 时，A 与 B 的平衡转化率相等，否则就不等。

转化率与平衡转化率不同，指的是实际情况下，反应结束后反应物转化的百分数，与反应进行的时间相关。反应达平衡后的转化率就是平衡转化率，因此平衡转化率是转化率的极限值。

实验和工业生产中还常应用平衡产率的概念，平衡产率也称最大产率或理论产率。对于一个有副反应发生的系统，反应物在生产主要产物的同时，也产生一些副产物。假设没有副反应发生，所有反应物按方程式全部转化为指定产物定为1，实际生产中到达平衡时指定产物的量所占的比例就为平衡产率。

$$平衡产率 = \frac{平衡时转化为指定产物的物质的量}{原料按计量方程全部转化为指定产物的物质的量} \times 100\%$$

转化率是从反应物消耗的角度来研究反应，而产率是根据产物来衡量系统的限度，两者是统一的。只有一种产物时，平衡产率等于平衡转化率。若产物不止一种，则平衡产率小于平衡转化率。理论上，一定条件下的平衡转化率是转化率的最大值。欲获取更高的转化率，只有设法改变反应条件，才有可能实现。

例题 4-5 800K、100kPa 的条件下，正戊烷异构化为异戊烷的反应中存在生成新戊烷的副反应，其平衡常数分别为

$$\text{C}_5\text{H}_{12}(正) \Longrightarrow \text{C}_5\text{H}_{12}(异) \qquad K_{p1} = 1.795$$

$$C_5H_{12}(正) \rightleftharpoons C_5H_{12}(新) \qquad K_{p2} = 0.137$$

请计算 1mol 正戊烷生成异戊烷和新戊烷的量分别为多少？正戊烷的转化率及异戊烷的平衡产率分别为多少？

解：设体系达到平衡时生成异戊烷和新戊烷的量分别为 x mol 和 y mol，正戊烷剩余的量为 $1 - x - y$。则

$$\frac{x}{1 - x - y} = 1.795$$

$$\frac{y}{1 - x - y} = 0.137$$

两式联立得 $x = 0.612$mol，$y = 0.047$mol。

正戊烷的转化率为 $\alpha = \dfrac{0.612 + 0.0467}{1} \times 100\% = 65.9\%$

异戊烷的平衡产率 $= \dfrac{0.612}{1} \times 100\% = 61.2\%$

可见当有副反应存在时，主产物的平衡产率低于反应物的平衡转化率。

例题 4 - 6　400K、100kPa 时，有 1mol 乙烯与 1mol 的水反应生成乙醇气体，测得标准平衡常数为 0.099，试求在该条件下乙烯的转化率，并计算平衡系统中各物质的浓度（设平衡体系中的气体可视为理想气体）。

解：设乙烯的转化率为 α，则

$$C_2H_4(g) + H_2O(g) \rightleftharpoons C_2H_5OH(g)$$

开始　　　　　1　　　　1　　　　　0

平衡　　　　$1 - \alpha$　　$1 - \alpha$　　　α

平衡后混合物的总物质的量为 $(2 - \alpha)$，所以平衡常数为

$$K^{\ominus} = \frac{\left(\dfrac{\alpha}{2 - \alpha}\right)\left(\dfrac{p}{p^{\ominus}}\right)}{\left(\dfrac{1 - \alpha}{2 - \alpha}\right)^2 \left(\dfrac{p}{p^{\ominus}}\right)^2} = 0.099$$

$$\alpha = 29.3\%$$

平衡后系统中以摩尔分数表示的各物质的浓度为

$$x_{C_2H_4} = \frac{1 - \alpha}{2 - \alpha} = 0.414$$

$$x_{H_2O} = \frac{1 - \alpha}{2 - \alpha} = 0.414$$

$$x_{C_2H_5OH} = \frac{\alpha}{2 - \alpha} = 0.172$$

第五节　化合物的标准生成吉布斯能

一、标准摩尔生成吉布斯能

化合物的吉布斯能绝对值实际上是无法测量的，可以仿照标准生成焓的定义方法，选择合适的参考态，定义化合物的标准生成吉布斯能，由此计算化学反应的标准吉布斯能变化值。

扫码"学一学"

在指定的温度，标准压力下，由最稳定的单质生成1mol某化合物，该反应的吉布斯能变化称为该化合物的标准摩尔生成吉布斯能，记为 $\Delta_f G_m^\ominus(B)$。根据定义，在指定温度、标准压力下最稳定单质的标准摩尔生成吉布斯能为零。

例如 $\Delta_r G_m^\ominus(CO_2, g)$ 是下列反应标准摩尔吉布斯能变化

$$C(石墨) + O_2(g) \Longrightarrow CO_2(g) \qquad \Delta_r G_m^\ominus(CO_2, g) = -394.359 kJ \cdot mol^{-1}$$

根据定义有 $\Delta_f G_m^\ominus(CO_2, g)$ 为 $-394.359 kJ \cdot mol^{-1}$。水的标准摩尔生成吉布斯能是下列反应的标准摩尔吉布斯能变化

$$H_2(g) + \frac{1}{2}O_2(g) \Longrightarrow H_2O(l) \qquad \Delta_r G_m^\ominus(H_2O, g) = -237.129 kJ \cdot mol^{-1}$$

$H_2O(l)$ 的标准摩尔生成吉布斯能 $\Delta_f G_m^\ominus(H_2O, l)$ 为 $-237.129 kJ/mol$，显然化合物 $\Delta_f G_m^\ominus(B)$ 是与物质的存在状态有关的，例如 $\Delta_f G_m^\ominus(H_2O, g)$ 为 $-228.572 kJ/mol$。

二、化学反应的标准吉布斯能变化的计算

1. 由标准摩尔生成吉布斯能计算 $\Delta_f G_m^\ominus(B)$ 是温度的函数，通过各物质的 $\Delta_f G_m^\ominus(B)$ 即可直接计算出化学反应298.15K时的标准吉布斯能变化 $\Delta_r G_m^\ominus$，298.15K时各物质的热力学数据见附录3。计算公式推导的方法与热力学第一定律中由 $\Delta_f H_m^\ominus(B)$ 计算反应的 $\Delta_r H_m^\ominus$ 一样。公式为

$$\Delta_r G_m^\ominus = \sum \nu_B \Delta_f G_m^\ominus(B) \qquad (4-28)$$

例题 4-7 计算乙苯脱氢反应在298.15K时的 $\Delta_r G_m^\ominus$ 和标准平衡常数 $K^\ominus$。已知298.15K时有 $\Delta_f G_m^\ominus(乙苯) = 130.6 kJ/mol$，$\Delta_f G_m^\ominus(苯乙烯) = 213.8 kJ/mol$。

解： 根据乙苯脱氢反应方程式

$$C_6H_5C_2H_5(g) \Longrightarrow C_6H_5CH = CH_2(g) + H_2(g)$$

$$\begin{aligned} \Delta_r G_m^\ominus &= \sum \nu_B \Delta_f G_m^\ominus(B) \\ &= \Delta_f G_m^\ominus(H_2) + \Delta_f G_m^\ominus(苯乙烯) - \Delta_f G_m^\ominus(乙苯) = 83.2 kJ \cdot mol^{-1} \end{aligned}$$

$$K^\ominus = \exp\left(-\frac{\Delta_r G_m^\ominus}{RT}\right) = 2.7 \times 10^{-15}$$

例题 4-8 已知298.15K时，右旋葡萄糖在80%的乙醇水溶液中可发生 α 型向 β 型的转化。已知 α 型在该溶液中溶解度为 $20 g \cdot dm^{-3}$，β 型在该溶液中溶解度为 $49 g \cdot dm^{-3}$，α 型和 β 型固体右旋葡萄糖的标准摩尔生成吉布斯能分别为 $-902.9 kJ \cdot mol^{-1}$ 和 $-901.2 kJ \cdot mol^{-1}$。试求该温度下此反应的标准平衡常数 $K^\ominus$。

解： 根据题意，可设计如下过程求算

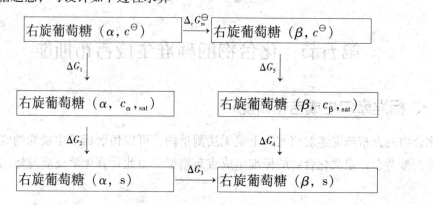

$$\Delta_r G_m^\ominus = \Delta G_1 + \Delta G_2 + \Delta G_3 + \Delta G_4 + \Delta G_5$$

$$\Delta G_2 = \Delta G_4 = 0$$

$$\Delta G_1 = nRT\ln\frac{c_{\alpha,sat}}{c^\ominus}$$

$$\Delta G_4 = nRT\ln\frac{c^\ominus}{c_{\beta,sat}}$$

$$\Delta G_3 = \sum_B \nu_B \Delta_f G_{m,B}^\ominus = \Delta_f G_{m,\beta}^\ominus - \Delta_f G_{m,\alpha}^\ominus$$

$$= [-901200 - (-902900)]J\cdot mol^{-1} = 1700J\cdot mol^{-1}$$

将 $n = 1mol$、$c_{a,sat} = \frac{20}{180}mol\cdot dm^{-3}$、$c_{\beta,sat} = \frac{49}{180}mol\cdot dm^{-3}$ 代入上式可得

$$\Delta_r G_m^\ominus = -522J\cdot mol^{-1}$$

$$K^\ominus = \exp\left(-\frac{\Delta_r G_m^\ominus}{RT}\right) = 1.23$$

上例中，溶液反应的标准吉布斯能变化 $\Delta_r G_m^\ominus$ 不能直接由 $\Delta_f G_m^\ominus(B)$ 计算，实质上 $\Delta_r G_m^\ominus = \mu_{\beta,c}^\ominus - \mu_{\alpha,c}^\ominus$，是标准态的化学势之差。此条件下的标准态化学势 $\mu_{B,c}^\ominus$ 可以通过溶解平衡和纯物质的 $\Delta_f G_m^\ominus(B)$ 来计算。

$$\mu_{B,c}^\ominus = \Delta_f G_m^\ominus(s) + RT\ln\frac{c^\ominus}{c_{B,sat}}$$

2. 由标准摩尔生成焓和标准摩尔熵计算　通过热化学方法测定或者查表获得各反应组分的标准摩尔生成焓 $\Delta_f H_m^\ominus(B)$ 及标准摩尔熵 $S_m^\ominus(B)$，根据下式可计算温度 T 时的标准摩尔反应吉布斯变化。

$$\Delta_r G_m^\ominus(T) = \sum \nu_B \Delta_f H_m^\ominus(B,T) - T\sum \nu_B S_m^\ominus(B,T) \tag{4-29}$$

3. 利用相关反应的标准摩尔反应吉布斯能变化计算　某些反应的标准吉布斯能 $\Delta_r G_m^\ominus$ 很难用实验的方法直接测定，但可根据已知反应的 $\Delta_r G_m^\ominus$ 求未知反应的 $\Delta_r G_m^\ominus$。

例题 4-9　已知温度 1000K 时，下列反应的标准平衡常数分别为

$$C(s) + O_2(g) \rightarrow CO_2(g) \qquad K_1^\ominus = 4.731\times10^{20} \tag{1}$$

$$CO(g) + \frac{1}{2}O_2(g) \rightarrow CO_2(g) \qquad K_2^\ominus = 1.648\times10^{10} \tag{2}$$

求该温度时下述反应的标准平衡常数 $K_3^\ominus$。

$$C(s) + \frac{1}{2}O_2(g) \rightarrow CO(g) \tag{3}$$

解：分析题意知（1）-（2）得（3），则 $\Delta_r G_{m,3}^\ominus = \Delta_r G_{m,1}^\ominus - \Delta_r G_{m,2}^\ominus$

$$K_3^\ominus = \frac{K_1^\ominus}{K_2^\ominus} = \frac{4.731\times10^{20}}{1.648\times10^{10}} = 2.871\times10^{10}$$

4. 由标准电动势计算　根据化学反应设计可逆电池，测定可逆电池的标准电动势，则该化学反应的 $\Delta_r G_m^\ominus$ 与该可逆电池的标准电动势 $E^\ominus$ 有如下关系

$$\Delta_r G_m^\ominus = -zFE^\ominus \tag{4-30}$$

式中，F 是法拉第常数，z 为电池反应中电子的计量系数。该公式将在电化学一章中详细介绍。

扫码"学一学"

第六节　温度、压力等因素对平衡的影响

一、温度对化学平衡的影响

热力学第二定律中曾讨论过 Gibbs – Helmholtz 公式，现将该结论应用于参与反应的各物质均处于标准态时的化学反应系统。则有

$$\left(\frac{\partial \frac{\Delta_r G_m^{\ominus}}{T}}{\partial T}\right)_p = -\frac{\Delta_r H_m^{\ominus}}{T^2} \tag{4-31}$$

将 $\Delta_r G_m^{\ominus} = -RT\ln K^{\ominus}$ 代入式（4–31），得

$$\left(\frac{\partial \ln K^{\ominus}}{\partial T}\right)_p = \frac{\Delta_r H_m^{\ominus}}{RT^2} \tag{4-32}$$

此式称为范特霍夫（Van't Hoff）方程，也称为化学反应的等压方程。用于研究温度对化学平衡的影响。式中 $\Delta_r H_m^{\ominus}$ 是各物质处于标准态时化学反应体系的等压反应热效应。由（4–32）可知，对于吸热反应，$\Delta_r H_m^{\ominus} > 0$，$\left(\frac{\partial \ln K^{\ominus}}{\partial T}\right)_p > 0$，升高温度，标准平衡常数 $K^{\ominus}$ 随之增大，平衡向产物方向移动。对于放热反应，$\Delta_r H_m^{\ominus} < 0$，$\left(\frac{\partial \ln K^{\ominus}}{\partial T}\right)_p < 0$，升高温度，标准平衡常数 $K^{\ominus}$ 随之降低，平衡向反应物方向移动。

对式（4–32）积分得积分公式，下面分两种情况讨论。

（1）若 $\Delta_r H_m^{\ominus}$ 与温度无关，或者温度变化范围较小 $\Delta_r H_m^{\ominus}$ 可视为常数，式（4–32）进行分离变量积分处理

$$d\ln K^{\ominus} = \frac{\Delta_r H_m^{\ominus}}{RT^2} dT \tag{4-33}$$

$$\ln \frac{K^{\ominus}(T_2)}{K^{\ominus}(T_1)} = \frac{\Delta_r H_m^{\ominus}}{R}\left(\frac{1}{T_1} - \frac{1}{T_2}\right) \tag{4-34}$$

$$\ln K^{\ominus} = -\frac{\Delta_r H_m^{\ominus}}{RT} + I \tag{4-35}$$

根据式（4–34）可知，若已知 $\Delta_r H_m^{\ominus}$ 和一个温度下的平衡常数，可利用上式求另一温度下的平衡常数。式（4–35）中 $\ln K^{\ominus}$ 与 $\frac{1}{T}$ 呈线性关系，直线的斜率为 $-\frac{\Delta_r H_m^{\ominus}}{R}$，截距为积分常数 I，利用直线的斜率可计算标准摩尔反应焓。

（2）若 $\Delta_r H_m^{\ominus}$ 与温度有关或温度变化范围较大时，结合基尔霍夫公式确定 $\Delta_r H_m^{\ominus}$ 与 T 的关系，带入式（4–33）积分得

$$\ln K^{\ominus} = -\frac{\Delta H_0}{R}\frac{1}{T} + \frac{\Delta a}{R}\ln T + \frac{\Delta b}{2R}T + \frac{\Delta c}{6R}T^2 + \cdots + I' \tag{4-36}$$

式中 I' 为积分常数。

例题 4–10　已知 298K 时，反应 $2SO_2(g) + O_2(g) = 2SO_3(g)$ 的 $K^{\ominus} = 3.4$，计算 1100K 时的 $K^{\ominus}$。已知该反应 $\Delta_r H_m^{\ominus} = -189kJ/mol$，并设在此温度范围内 $\Delta_r H_m^{\ominus}$ 为常数。

解：由题意可知，利用下列公式

$$\ln \frac{K^{\ominus}(T_2)}{K^{\ominus}(T_1)} = \frac{\Delta_r H_m^{\ominus}}{R}\left(\frac{1}{T_1} - \frac{1}{T_2}\right)$$

$$\ln \frac{K^{\ominus}(T_2)}{3.4 \times 10^{-5}} = \frac{-189000 \text{J} \cdot \text{mol}^{-1}}{8.314 \text{J} \cdot \text{K}^{-1} \cdot \text{mol}^{-1}} \times \left(\frac{1}{1000\text{K}} - \frac{1}{1100\text{K}}\right)$$

解得 $K^{\ominus}(T_2) = 4.3$。

例题 4-11　已知 298K 时，对于反应

$$\frac{1}{2}N_2(g) + \frac{3}{2}H_2(g) \Longleftrightarrow NH_3(g)$$

有 $\Delta_r H_m^{\ominus} = -46.11$ kJ/mol，$\Delta_r G_m^{\ominus} = -16.45$ kJ/mol，试求 1000K 时的标准平衡常数。

解： 根据题意，已知 $T_1 = 298$K 时，

$$K^{\ominus}(T_1) = \exp\left(-\frac{\Delta_r G_m^{\ominus}}{RT}\right) = 765$$

经查热力学数据表可得常数如下表。

物质	$a/\text{J} \cdot \text{mol}^{-1} \cdot \text{K}^{-1}$	$b/10^{-3}\text{J} \cdot \text{mol}^{-1} \cdot \text{K}^{-2}$	$c/10^{-7}\text{J} \cdot \text{mol}^{-1} \cdot \text{K}^{-3}$
N_2	28.58	3.76	-0.5
H_2	27.28	3.26	0.5
NH_3	29.75	25.1	-1.55
$\Delta a = -25.46$	$\Delta b = 18.33$	$\Delta c = -2.05$

$$\Delta C_p = [-25.46 + 18.33 \times 10^{-3} T/\text{K} - 2.05 \times 10^{-7}(T/\text{K})^2] \text{J} \cdot \text{mol}^{-1} \cdot \text{K}^{-1}$$

$$T = 298\text{K}, \quad \Delta_r H_m^{\ominus} = -46.11 \text{kJ} \cdot \text{mol}^{-1}$$

由基尔霍夫公式可得

$$\Delta_r H_m = \Delta H_0 - 25.46 T/\text{K} + \frac{1}{2} \times 18.33 \times 10^{-3}(T/\text{K})^2 - \frac{1}{3} \times 2.05 \times 10^{-7}(T/\text{K})^3$$

$$\Delta H_0 = -39.34 \text{kJ/mol}$$

将之代入式（4-36）并将温度 $T_2 = 1000$K 代入可得

$$K^{\ominus}(T_2) = 1.411 \times 10^{-11}$$

二、压力对化学平衡的影响

压力的改变对化学平衡的移动也有一定的影响。下面分气体反应系统及凝聚相反应系统两种情况，讨论系统总压对化学平衡的影响。

1. 理想气体反应系统　对理想气体间反应系统，因为各物质的分压和平衡总压之间的关系为 $p_B = p_{eq,总} x_B$，故

$$K^{\ominus} = K_x \left(\frac{p_{eq,总}}{p^{\ominus}}\right)^{\Delta \nu_B} \tag{4-37}$$

式（4-37）中 $K^{\ominus}$ 仅是温度的函数，温度一定时，$K^{\ominus}$ 为定值。系统平衡总压对平衡的影响表现为对 K_x 的影响：

若 $\Delta \nu_B > 0$，$p_{eq,总} \uparrow$，$K_x \downarrow$，平衡向反应物方向移动；

若 $\Delta \nu_B < 0$，$p_{eq,总} \downarrow$，$K_x \uparrow$，平衡向产物方向移动；

若 $\Delta \nu_B = 0$，K_x 不变，平衡总压的改变对平衡无影响。

例题 4-12　在一密闭容器中，601.2K、100kPa 的条件下，N_2O_4 有 50.2% 解离为 NO_2。

计算该温度下，压力增加至 1000kPa 时，N_2O_4 的解离度为多少？

解：设反应初始时，N_2O_4 的物质的量为 1mol，其解离度为 α，则

$$N_2O_4(g) \Longleftrightarrow 2\,NO_2(g)$$

初始时   1   0

平衡时 $1-\alpha$ 2α $n_{总}=1+\alpha$

$$K^{\ominus} = \frac{\left(\dfrac{p_{NO_2}}{p^{\ominus}}\right)^2}{\left(\dfrac{p_{N_2O_4}}{p^{\ominus}}\right)} = \frac{4\alpha^2 p}{(1-\alpha^2)p^{\ominus}}$$

依题意，$p=100$kPa，$\alpha=50.2\%$ 代入上式，得

$$K^{\ominus} = \frac{4\alpha^2 p}{(1-\alpha^2)\,p^{\ominus}} = \frac{4\times 0.502^2}{1-0.502^2} = 1.348$$

当 T 不变，$p=1000$kPa 时，则有

$$K^{\ominus} = \frac{4\alpha^2 p}{(1-\alpha^2)p^{\ominus}} = \frac{4\times\alpha^2}{1-\alpha^2}\frac{1000}{100} = 1.348$$

$$\alpha = 18\%$$

因为 $\Delta\nu_B > 0$，该反应为气体物质的量增加的反应，压力增大平衡向逆反应方向移动，解离度减小。

2. 凝聚相反应系统 将热力学基本关系式 $\left(\dfrac{\partial G}{\partial p}\right)_T = V$，应用于化学反应系统可得

$$\left(\frac{\partial \Delta_r G_m}{\partial p}\right)_T = \Delta_r V_m \tag{4-38}$$

$\Delta_r V_m$ 表示化学反应系统按计量方程进行了 $\xi=1$mol 的反应，系统体积的变化。凝聚相反应的 $\Delta_r V_m$ 受压力影响很小，可视为常数，积分上式得

$$\int_{\Delta_r G_m(p_1)}^{\Delta_r G_m(p_2)} d\Delta_r G_m = \int_{p_1}^{p_2} \Delta_r V_m dp \tag{4-39}$$

$$\Delta_r G_m(p_2) - \Delta_r G_m(p_1) = \Delta_r V_m(p_2 - p_1) \tag{4-40}$$

当系统压力变化范围不是很大时，$\Delta_r V_m(p_2-p_1)$ 数值较小，$\Delta_r G_{m,2} \approx \Delta_r G_{m,1}$，可近似认为压力对平衡没有影响。若 $p_1 = p^{\ominus}$，p_2 为任意状态的压力，则有

$$\Delta_r G_m(p) = \Delta_r G_m^{\ominus} + \Delta_r V_m(p - p^{\ominus}) \tag{4-41}$$

$\Delta_r G_m(p)$ 的数值决定反应的方向，当系统压力变化很大时，压力将会使平衡发生移动，甚至改变反应方向。

若 $\Delta_r V_m > 0$，压力增大，$\Delta_r G_m$ 增大，平衡向逆反应方向移动，

若 $\Delta_r V_m < 0$，压力增大，$\Delta_r G_m$ 减小，平衡向逆反应方向移动。

总之，对于凝聚相反应，压力对平衡影响不大，只有当压力改变很大时，压力才会对平衡产生显著的影响。

例题 4-13 已知 298.15K、标准压力下，石墨和金刚石的热力学数据如下表：

	石墨	金刚石
$\Delta_c H_m^{\ominus}/(kJ\cdot mol^{-1})$	-393.511	-395.407
$S_m^{\ominus}/(J\cdot K^{-1}\cdot mol^{-1})$	5.694	2.439
$\rho/(kg\cdot m^{-3})$	2.260×10^3	3.520×10^3

试判断 298.15K、标准压力下哪种晶型稳定？并根据经典热力学估计该温度下多大压力时石墨方可转化为金刚石？

解：根据题意，有

$$\boxed{C_{石墨}（298.15K，101325Pa）} \xrightarrow{\Delta_{trs} G_m^{\ominus}} \boxed{C_{金刚石}（298.15K，101325Pa）}$$

$$\Delta_{trs} H_m^{\ominus} = -\sum \nu_B \Delta_c H_{m,B}^{\ominus} = 1.896 \text{ kJ/mol}$$

$$\Delta_{trs} S_m^{\ominus} = \sum \nu_B S_{m,B}^{\ominus} = 3.255 \text{ J} \cdot \text{K}^{-1} \cdot \text{mol}^{-1}$$

$$\Delta_{trs} G_m^{\ominus} = \Delta_{trs} H_m^{\ominus} - T\Delta_{trs} S_m^{\ominus} = 2866 \text{ J/mol} > 0$$

所以 298.15K、标准压力下石墨比金刚石稳定。

要使石墨转化为金刚石，则需升高压力，使 $\Delta_{trs} G_m$ 下降至小于等于零。对于某化学反应等温条件下压力对 ΔG 的影响如下式所示

$$d\Delta_{trs} G_m = \Delta V dp$$

故，

$$\Delta_{trs} G_m(p_2) - \Delta_{trs} G_m(p_1) = \int_{p^{\ominus}}^{p_2} [V_m（金刚石） - V_m（石墨）] dp \leq 0$$

$$p_2 \geq 1.51 \times 10^9 \text{Pa}$$

3. 惰性气体对化学平衡的影响 惰性气体是指反应系统中不参加化学反应的组分。惰性气体的存在并不影响平衡常数的数值，但是可以改变反应的组成，从而使平衡发生移动。

系统总压保持不变的条件下，向平衡系统中加入惰性气体，实际上是对原平衡系统起到了稀释作用，它和减少反应体系总压的效应是一样的。根据式

$$K^{\ominus} = K_P(p^{\ominus})^{-\Delta\nu_B} = K_x(p)^{\Delta\nu_B}(p^{\ominus})^{-\Delta\nu_B}$$

$$= \frac{x_{E,eq}^e \cdot x_{F,eq}^f}{x_{A,eq}^a \cdot x_{D,eq}^d}(p)^{\Delta\nu_B}(p^{\ominus})^{-\Delta\nu_B}$$

$$= \frac{n_{E,eq}^e \cdot n_{F,eq}^f}{n_{A,eq}^a \cdot n_{D,eq}^d}(p^{\ominus})^{-\Delta\nu_B}\left(\frac{p_{eq}}{\sum\limits_B n_{B,eq}}\right)^{\Delta\nu_B} \qquad (4-42)$$

在指定温度下，$K^{\ominus}$ 为常数，惰性组分的加入对理想气体化学平衡的影响体现在对 $\sum\limits_B n_{B,eq}$ 的影响。若温度和压力不变，则

$\Delta\nu_B > 0$ 的反应，$\sum\limits_B n_{B,eq} \uparrow$，必有 $\dfrac{n_{E,eq}^e \cdot n_{F,eq}^f}{n_{A,eq}^a \cdot n_{D,eq}^d} \uparrow$，平衡向产物方向移动，平衡转化率增大；

$\Delta\nu_B < 0$ 的反应，$\sum\limits_B n_{B,eq} \downarrow$，必有 $\dfrac{n_{E,eq}^e \cdot n_{F,eq}^f}{n_{A,eq}^a \cdot n_{D,eq}^d} \downarrow$，平衡向反应物方向移动，平衡转化率减小；

对 $\Delta\nu_B = 0$ 的反应，$K^{\ominus} = \dfrac{n_{E,eq}^e \cdot n_{F,eq}^f}{n_{A,eq}^a \cdot n_{D,eq}^d}$，惰性组分对平衡无影响。

若保持反应系统温度和体积保持不变的条件下加入惰性气体，理想气体间无相互作用，所以加入惰性气体对反应物质的状态无影响，平衡不移动。

例题 4-14 常压下，乙苯脱氢制备苯乙烯，已知 873K 时，$K^{\ominus}$ 为 0.178，若原料气中乙苯和水蒸气的比例为 1：9，求：

（1）乙苯的平衡转化率；

（2）若不通水蒸气，乙苯的转化率为多少？

解：（1）假设通入的乙苯为 1mol，水蒸气为 9mol，乙苯的转化率为 x，则

$$C_6H_5C_2H_5 \text{（g）} \Longrightarrow C_6H_5C_2H_3 \text{（g）} + H_2 \text{（g）}$$

开始   1   0   0

平衡 $1-x$ x x

平衡后物质总量 $n_总 = 1 - x + x + x + 9 = 10 + x$

$$K^{\ominus} = \frac{\left(\dfrac{p_{H_2}}{p^{\ominus}}\right)\left(\dfrac{p_{C_6H_5C_2H_3}}{p^{\ominus}}\right)}{\left(\dfrac{p_{C_6H_5C_2H_5}}{p^{\ominus}}\right)} = \frac{x^2}{(10+x)(1-x)}\frac{p}{p^{\ominus}} = 0.178$$

$$x = 0.728$$

（2）若不通入水蒸气，平衡后物质总量 $n_总 = 1 - x + x + x = 1 + x$

$$K^{\ominus} = \frac{\left(\dfrac{p_{H_2}}{p^{\ominus}}\right)\left(\dfrac{p_{C_6H_5C_2H_3}}{p^{\ominus}}\right)}{\left(\dfrac{p_{C_6H_5C_2H_5}}{p^{\ominus}}\right)} = \frac{x^2}{(1+x)(1-x)}\frac{p}{p^{\ominus}} = 0.178$$

$$x = 0.389$$

比较（1）和（2）的结果，可知压力保持不变的条件下，加入不参与反应的惰性组分，参与反应的各物质的分压降低，平衡向 $\Delta \nu_B > 0$ 的方向移动。

第七节　反应的耦合

一、同期平衡

扫码"学一学"

前面讨论的平衡系统中都只有一个化学反应。而实际上在有些化学反应，比如水煤气合成反应中，通常有多个反应同时发生。同期反应平衡，是指在一个化学反应系统中，某些组分同时参加一个以上的独立反应的平衡。这些同时存在的反应可以是平行反应，即一种或几种反应物参加的向不同方向进行而得到不同产物的反应，也可能是连串反应，即一个反应的产物又是另一个反应的反应物的反应；或由两者组合而成的更为复杂的同时反应。

对于此类系统，必需了解系统中独立反应的数目是多少。例如 CH_4（g）和 H_2O（g）在一定温度和催化剂作用下达到平衡，系统中同时存在以下反应

$$CH_4(g) + H_2O(g) \Longrightarrow CO(g) + 3H_2(g) \tag{1}$$

$$CO(g) + H_2O(g) \Longrightarrow CO_2(g) + H_2(g) \tag{2}$$

$$CH_4(g) + 2H_2O(g) \Longrightarrow CO_2(g) + 4H_2(g) \tag{3}$$

$$CH_4(g) + CO_2(g) \Longrightarrow 2CO(g) + 2H_2(g) \tag{4}$$

分析这四个反应有：（1）+（2）得（3）；（1）-（2）得（4）。所以 $K_3^{\ominus} = K_1^{\ominus} K_2^{\ominus}$；$K_4^{\ominus} = K_1^{\ominus} / K_2^{\ominus}$。即这四个反应中只有两个反应是独立的，因为其余的两个反应均可以由这两个独立的反应通过线性组合而得。我们知道某一个反应的标准平衡常数只取决于化学反应自身，与系统中是否存在其他化学物质及化学反应无关，因此反应系统中有几个独立反应，就有几个独立的标准平衡常数 $K^{\ominus}$。非独立的化学反应的标准平衡常数可由独立化学反应的标准平衡常数组合而得。反应系统中任意组分（反应物或生成物），不论它同时参与几个反应，组成都是同一量值，即各个组分在一定温度和压力下反应系统达成平衡时都有确

定的组成，且满足每个独立的标准平衡常数表示式。

二、反应的耦合

假设系统中同时发生两个反应，如果一个反应的产物是另一个反应的反应物，称这两个反应是耦合反应。耦合反应的实质也是同时反应，不过它是为了达到某种目的，人为地在某一反应系统中加入另外组分。耦合反应可以影响反应平衡位置，即改变平衡点，甚至可以使热力学上难以单独进行的反应耦合成新的反应得以进行，从而获得所需产品。

例如下列两个耦合反应

反应①　　　$A + B \rightleftharpoons C + D$　　　$\Delta_r G_{m,1}^{\ominus} \gg 0$，$K_1^{\ominus} \ll 1$

反应②　　　$C + E \rightleftharpoons F + H$　　　$\Delta_r G_{m,2}^{\ominus} \ll 0$，$K_2^{\ominus} \gg 1$

如果 D 为目标产物，单独由反应①得到的 D 必然很少。如果反应② $\Delta_r G_{m,2}^{\ominus}$ 可以抵消反应①的 $\Delta_r G_{m,1}^{\ominus}$ 并有剩余，那么在反应系统中加入 E，则反应① + ②可得反应③ $A + B + E \rightleftharpoons D + F + H$，该反应的标准反应吉布斯能变化 $\Delta_r G_{m,3}^{\ominus} = \Delta_r G_{m,1}^{\ominus} + \Delta_r G_{m,2}^{\ominus} < 0$，在反应能自发向右进行，平衡系统中物质 D 的含量会有较大增加，也就是说反应②将反应①带动起来了。

例如，298K 时甲醇氧化反应 $CH_3OH(l) \rightleftharpoons HCHO(l) + H_2(g)$ 的 $\Delta_r G_m^{\ominus} = 52.57\text{kJ/mol} > 0$，因此该反应不能单独进行；但是如果与 $\Delta_r G_m^{\ominus} = -228.5\text{kJ/mol} \ll 0$ 的反应 $H_2(g) + 1/2O_2(g) = H_2O(l)$ 耦合后，此时总耦合反应 $CH_3OH(l) + 1/2O_2(g) \rightleftharpoons HCHO(l) + H_2O(l)$ 的 $\Delta_r G_m^{\ominus} = -175.9\text{kJ/mol}$，平衡组成中可以明显检测到甲醛。可见，$H_2$ 的氧化反应可明显带动甲醇氧化为甲醛的反应，工业上正是采用这种反应耦合来实现以甲醇为原料的甲醛生产。

耦合反应的原理在设计新的合成路线时常常用到，而且在生化反应系统也占有重要的地位，例如活细胞内谷氨酰胺的生物合成反应

$$谷氯酸盐 + NH_4^+ \rightleftharpoons 谷氨酰胺 + H_2O$$

在 310K，pH 为 7 的水溶液中 $\Delta_r G_m^{\ominus} = 15.69\text{ kJ/mol}$，一般情况下不能自发进行，但在 ATP 的参与和谷酰胺合成酶的催化下，该反应能够进行。ATP 水解生成 ADP 是个放能反应。

$$ATP + H_2O \rightleftharpoons ADP + Pi \qquad \Delta_r G_m^{\ominus} = -30.45\text{kJ} \cdot \text{mol}^{-1}$$

将上述两个反应耦合得

$$谷氯酸盐 + NH_4^+ + ATP \rightleftharpoons 谷酰胺 + ADP + Pi \qquad \Delta_r G_m^{\ominus} = -15.39\text{kJ} \cdot \text{mol}^{-1}$$

耦合后的摩尔反应吉布斯函数小于零，使谷酰胺的生物合成反应得以进行。

又比如，细胞膜的主动转运，可使物质从低浓度区转运到高浓度区。从热力学观点分析，这是一个吉布斯能增高的过程，应该是非自发的。但若与糖磷酸化变为 6 - 磷酸葡萄糖反应耦合后，这一过程能够自发进行。

多种不可逆过程耦合进行是生命体系的显著特点。许多生命体系的能量转换效率异常高，是体外任何条件下都不能达到的，就是由于生物体的每个细胞中同时进行着上千个不同的生化过程所产生的。

三、生物体内的化学平衡

进入 20 世纪 90 年代，生命科学已成为研究各领域的热点，并开始从分子水平研究生

命科学的奥秘，诞生了将热力学原理和方法应用于生命系统中的能量关系研究的学科——生物能量学。

生物化学反应大多在 pH 为 7 左右的稀溶液中进行，因此在研究生物体内的平衡问题时，规定氢离子的标准态为 $c_{H^+}^{\oplus} = 10^{-7} \, mol/dm^3$，其他物质的标准态同物理化学热力学中规定一致，标准态的选择不同，标准平衡常数数值则不同。因此在生物化学过程中，凡涉及氢离子的反应，其反应的标准摩尔吉布斯能变用符号 $\Delta_r G_m^{\oplus}$ 表示，以便与 $\Delta_r G_m^{\ominus}$ 的区别。在有氢离子参加的生化反应中，$\Delta_r G_m^{\oplus}$ 和 $\Delta_r G_m^{\ominus}$ 有时相差很大。

设生化反应

$$A + B \rightleftharpoons C + xH^+$$

各反应组分的标准态为 $c_A^{\ominus} = c_B^{\ominus} = c_C^{\ominus} = 1 \, mol \cdot dm^{-3}$，$c_{H^+}^{\oplus} = 10^{-7} \, mol/dm^3$，则有

$$\mu_{H^+} = \mu^{\ominus} + RT\ln\left(\frac{c_{H^+}}{c^{\ominus}}\right) = \mu^{\oplus} + RT\ln\left(\frac{c_{H^+}}{c^{\oplus}}\right)$$

$$\mu^{\oplus} = \mu^{\ominus} + RT\ln 10^{-7}$$

因此

$$\Delta_r G_m^{\oplus} = \sum_B \nu_B \mu_B^{\oplus} = \Delta_r G_m^{\ominus} + xRT\ln 10^{-7}$$

$$\Delta_r G_m^{\oplus} = -RT\ln K^{\oplus} \tag{4-43}$$

生化反应 $A + B \rightleftharpoons C + xH^+$ 的平衡常数应表示为

$$K^{\oplus} = \frac{\dfrac{\gamma_{C,eq} c_{C,eq}}{c^{\ominus}} \cdot \left(\dfrac{\gamma_{H^+,eq} c_{H^+,eq}}{c^{\oplus}}\right)^x}{\dfrac{\gamma_{A,eq} c_{A,eq}}{c^{\ominus}} \cdot \dfrac{\gamma_{B,eq} c_{B,eq}}{c^{\ominus}}} \tag{4-44}$$

例题 4-15 NAD^+ 和 $NADH$ 是烟酰胺腺嘌呤二核苷酸的氧化态和还原态，存在下列反应：$NADH + H^+ \rightarrow NAD^+ + H_2$。已知 298.15K 时该反应的 $\Delta_r G_m^{\ominus} = -21.83 \, kJ/mol$。求各物质浓度为 $p_{H_2} = 1000Pa$、$[NADH] = 0.015 \, mol/dm^3$、$[H^+] = 3 \times 10^{-5} \, mol/dm^3$、$[NAD^+] = 4.6 \times 10^{-3} \, mol/dm^3$ 时系统的，并计算该反应的 $K^{\oplus}$、$K^{\ominus}$ 和 $\Delta_r G_m$。

解： 根据 $\Delta_r G_m^{\oplus} = \Delta_r G_m^{\ominus} + xRT\ln 10^{-7} = -RT\ln K^{\oplus}$，可得

$$\Delta_r G_m^{\oplus} = \Delta_r G_m^{\ominus} + xRT\ln 10^{-7} = \Delta_r G_m^{\ominus} - RT\ln 10^{-7} = 18.12 \, kJ \cdot mol^{-1}$$

$$K^{\oplus} = 6.697 \times 10^{-4}, \Delta_r G_m^{\ominus} = -RT\ln K^{\ominus}, K^{\ominus} = 6697.3$$

根据

$$\Delta_r G_m = \Delta_r G_m^{\oplus} + RT\ln \frac{\dfrac{c_{NAD^+}}{c^{\ominus}} \dfrac{p_{H_2}}{p^{\ominus}}}{\dfrac{c_{NADH}}{c^{\ominus}} \dfrac{c_{H^+}}{c^{\oplus}}}$$

$$= \left[18120 + 8.314 \times 298.15 \times \ln \frac{0.0046 \times 0.01}{0.015 \times (3 \times 10^{-5} / 10^{-7})}\right] J \cdot mol^{-1}$$

$$= -10.36 \, kJ \cdot mol^{-1}$$

也可以根据

$$\Delta_r G_m = \Delta_r G_m^{\ominus} + RT\ln \frac{\dfrac{c_{NAD^+}}{c^{\ominus}} \dfrac{p_{H_2}}{p^{\ominus}}}{\dfrac{c_{NADH}}{c^{\ominus}} \dfrac{c_{H^+}}{c^{\ominus}}}$$

$$= \left[-21830 + 8.314 \times 298.15 \times \ln \frac{0.0046 \times 0.01}{0.015 \times 3 \times 10^{-5}} \right] J \cdot mol^{-1}$$

$$= -10.36 \ kJ \cdot mol^{-1}$$

上述计算结果表明，反应条件一定时，标准态规定的不同只会影响反应的标准吉布斯能的变化值和标准平衡常数的数值，不会影响反应的 $\Delta_r G_m$，而等温等压和非体积功为零的化学反应（包括生化反应）的方向只能依据 $\Delta_r G_m$ 来判断。

💡 思考题

1. 对一给定的化学反应，其平衡常数是一个不变的常数。这种说法对吗？为什么？

2. 因为 $\Delta_r G_m^{\ominus} = -RT \ln K^{\ominus}$，所以任一化学反应参与反应的所有物质都处在标准态时的反应就正好对应反应的平衡。这种说法正确吗？说明原因。

3. 一定条件下，某反应的 $Q_a > K^{\ominus}$，$\Delta_r G_m > 0$ 我们可以选用合适的催化剂，催化反应体系，使反应得以进行。这种说法正确吗？说明原因。

4. 牙齿表面附有一层硬的、组成为 $Ca_5(PO_4)_3OH$ 的保护层。该物质在唾液中存在下列平衡

$$Ca_5(PO_4)_3OH \underset{\text{矿化}}{\overset{\text{脱矿}}{\rightleftharpoons}} 5Ca^{2+} + 3PO_4^{3-} + OH^-$$

进食后，细菌和酶作用于食物产生有机酸，牙齿就会受到腐蚀，试简要说明原因。

5. 已知如下三个反应

$$H_2O(g) \rightleftharpoons H_2(g) + \frac{1}{2}O_2(g) \tag{1}$$

$$CO_2(g) \rightleftharpoons CO(g) + \frac{1}{2}O_2(g) \tag{2}$$

$$CO(g) + H_2O(g) \rightleftharpoons CO_2(g) + H_2(g) \tag{3}$$

在相同温度下的标准平衡常数分别为 $K_1^{\ominus}$、$K_2^{\ominus}$ 和 $K_3^{\ominus}$，求三者之间的关系。

6. 某次会上关于 KHF_2 这一化合物是否容易潮解发生争论，兰州工厂的 A 说不易潮解，长沙工厂的 B 说易潮解，你认为哪种说法正确？

7. 若化学反应严格遵循体系的"摩尔吉布斯自由能–反应进度"的曲线进行，则该反应最终处于曲线的哪一个区域？

8. 温度、压力恒定且无其他功时，某反应的 $\Delta_r G_m^{\ominus} = -5 kJ \cdot mol^{-1}$，则该反应自发的方向如何？

9. PCl_5 的分解反应 $PCl_5(g) \rightleftharpoons PCl_3(g) + Cl_2(g)$，在 473K 达平衡时 PCl_5 有 48.5% 分解，在 573K 达平衡有 97% 分解，则此反应为吸热反应还是放热反应？

10. 在一定温度下，什么类型的反应有下列关系 $K_p = K_x = K_m$？

📖 习题

1. 1000K 时反应 $C(s) + 2H_2(g) = CH_4(g)$ 的 $\Delta_r G_m^{\ominus} = 19.379kJ/mol$。现有与碳反应的混合气体，其中含有 $CH_4(g)$ 10%，$H_2(g)$ 80%，$N_2(g)$ 10%（体积百分数）。试问：

（1）$T = 1000K$、$p = 100kPa$ 时，甲烷能否形成？

（2）利用组成不变的混合气体，总压力需增加到多少上述合成甲烷的反应才可能进行？

2. 在一真空的容器中放入固体 NH_4I，将其加热到 402.5℃，开始时仅有 NH_3 和 HI 生成，压力在 94.0kPa 时保持不变。一段时间后，由于在此温度下 HI 逐渐分解为 H_2 和 I_2，压力逐渐变化至恒定值。试问体系达平衡时的平衡总压为多少？已知纯 HI 在 402.5℃ 时，离解度为 21.5%。

3. 300.2K 时，反应：$A(g) + B(g) \rightleftharpoons AB(g)$ 的 $\Delta_r G_m^\ominus = -8368$ J/mol，欲使等摩尔的 A 和 B 混合，其中 40% 转变成 AB，试问需要多大总压？

4. 将 N_2 和 H_2 以 1∶3 的摩尔比混合使之生成 NH_3，平衡时设 NH_3 摩尔分数 x，且 $x \ll 1$，证明 x 与系统的总压成正比。

5. 已知甲醇蒸汽的标准生成吉布斯能为 $\Delta_f G_m^\ominus$ 为 -161.96 kJ·mol^{-1}。试求甲醇（液）的标准生成吉布斯能（假定气体为理想气体），已知 298.15K 时甲醇的饱和蒸汽压为 16.343kPa。

6. 在 448 ~ 688K 的温度区间内，用分光光度法研究下面的气相反应：

$$I_2（g） + 环戊烯 \rightleftharpoons 2HI（g） + 环戊二烯$$

得到以下关系式 $\ln K^\ominus = 17.93 - \dfrac{51034}{4.575T}$

（1）计算温度为 500K 时，反应的 $\Delta_r G_m^\ominus$、$\Delta_r H_m^\ominus$ 和 $\Delta_r S_m^\ominus$；

（2）若温度为 500K、起始总压为 120kPa 的条件下，用等量的 I_2 和环戊二烯混合，试求体系达到平衡后 I_2 的分压。

7. 证明某气相反应 $\left(\dfrac{\partial \ln K_c}{\partial T}\right)_p = \dfrac{\Delta_r U_m^\ominus}{RT^2}$。

8. 已知 298.15K 时，反应 $H_2(g) + \dfrac{1}{2}O_2(g) \rightleftharpoons H_2O(g)$ 的 $\Delta_r G_m^\ominus$ 为 -228.57kJ·mol^{-1}。该温度下液态水的饱和蒸汽压为 3.1663kPa，水的密度为 997.0kg·m^{-3}。求此温度下反应 $H_2(g) + \dfrac{1}{2}O_2(g) \rightleftharpoons H_2O(l)$ 的 $\Delta_r G_m^\ominus$。

9. 已知大气压下 NO_2 与 N_2O_4 达平衡后混合物的平均摩尔质量如下表所示：

$t/$ ℃	45	65
$M/$ (g·mol^{-1})	66.80	56.51

（1）计算 N_2O_4 离解反应的 $\Delta_r H_m^\ominus$；

（2）计算在 50kPa、35℃ 时平衡体系中 NO_2 的含量。

10. 已知温度为 373K 时，反应 $COCl_2（g） = CO（g） + Cl_2（g）$ 有 $K^\ominus = 8 \times 10^{-9}$，$\Delta_r S_{m,373}^\ominus = 125.5$J·$K^{-1}$·$mol^{-1}$。计算：

（1）温度为 373K、总压为 200 kPa 时 $COCl_2（g）$ 的解离度；

（2）温度为 373K 时，上述反应的 $\Delta_r H_m^\ominus$；

（3）若总压为 200kPa，$COCl_2（g）$ 的解离度为 0.1% 时，体系的温度为多少？设 $\Delta_r C_p^\ominus = 0$。

11. 已知标准压力下反应 $(CH_3)_2CHOH（g） \rightleftharpoons (CH_3)_2CO（g） + H_2（g）$。当温度 457.15K 时的 $K^\ominus = 0.36$，在 298.15K 时的 $\Delta_r H_m^\ominus = 61.5$kJ·$mol^{-1}$。假设 $\Delta_r H_m^\ominus$ 不随温度的变化而变化。

（1）写出 $\ln K^\ominus = f(T)$ 的具体函数关系式；

（2）求出 400K 时的 $K^\ominus$（400K）值。

12. 298.15K 时，丁二酸在水中的溶解度为 0.715mol/kg，从热力学数据表中得知 $C_4H_6O_4$（s）、$C_4H_5O_4^-$（$m^\ominus = 1$mol/kg）和 H^+（$m^\ominus = 1$mol/kg）的标准生成吉布斯自由能分别为 – 748.099、– 723.037 和 0kJ·mol^{-1}。试求此温度下丁二酸在水溶液中的第一电离平衡常数。

13. 已知反应 A（l）$\rightarrow$ B（g）的 $\Delta_r H_{m,298}^\ominus = 40.15$kJ/mol，$\Delta_r G_{m,298}^\ominus = 6.78$kJ/mol 若反应的热效应不随温度而变，且 B（g）可看作理想气体，请将平衡时 B（g）的压力表示为温度的函数。

14. 反应 2 $NaHCO_3$（s）$\Longleftrightarrow$ Na_2CO_3（s）+ H_2O（g）+ CO_2（g）。已知分解压为与温度的关系为 $\ln(p/\text{kPa}) = \dfrac{-3345}{T/\text{K}} + 10.95$。

（1）求 $K^\ominus = f(T)$ 的关系式；

（2）求反应的 $\Delta_r H_m^\ominus$ 与 $\Delta_r S_m^\ominus$；

（3）求 120kPa 下，$NaHCO_3$（s）的分解温度。

15. 298K 时，正辛烷的 C_8H_{18}(g) 标准摩尔燃烧热是 – 5512.4kJ/mol，CO_2(g) 和 H_2O(l) 的标准摩尔生成热分别是 – 393.5kJ/mol 和 – 285.8kJ/mol；此温度下正辛烷、氢气和石墨的规定熵分别为 463.71、130.59 和 5.69J·K^{-1}·mol^{-1}。

（1）试求算 298K 时正辛烷生成反应的 $K^\ominus$；

（2）增加压力对提高正辛烷的产率是否有利？为什么？

（3）升高温度对提高其产率是否有利？为什么？

（4）若在 298K 及标准压力下进行此反应，达到平衡时正辛烷的物质的量分数能否达到 0.1？若希望正辛烷的物质的量分数达到 0.5，需要多大压力才行？

16. 在某一特定的温度及标准压力下，一定量的 PCl_5（g）体积为 1dm^3，请判断在以下各情况下 PCl_5（g）的离解度如何变化。

（1）使气体的总压降低，直到体积增加到 2dm^3；

（2）压力保持不变的条件下，通入 N_2 使体积增加到 2dm^3；

（3）体积不变的条件下，通入 N_2 使压力增加到 200kPa；

（4）体积不变的条件下，通入 Cl_2 使压力增加到 200kPa。

17. 使 CH_4 和 H_2O 的混合气体通过热的催化床可大规模制备 H_2。设所用混合气体 H_2O 和 CH_4 的初始比例为 5：1，当温度 $T = 873$K，压力 $P = 100$kPa 时，若只有下列反应发生

CH_4(g) + H_2O(g) $\Longleftrightarrow$ CO(g) + 3H_2(g)，$\Delta_r G_m^\ominus(1) = 4435$J·$mol^{-1}$ （1）

CO(g) + H_2O(g) $\Longleftrightarrow$ CO_2(g) + H_2(g)，$\Delta_r G_m^\ominus(2) = -6633$J·$mol^{-1}$ （2）

求放出的干燥后的平衡气体（即除去 H_2O 气后的气体）组成。

18. 已知反应 2SO_2（g）+ O_2（g）= 2SO_3（g）在 1000K 时的 $K^\ominus = 3.4 \times 10^{-5}$，计算 1100K 时的 $K^\ominus$。已知该反应 $\Delta_r H_m^\ominus = -189$kJ/mol，并设在此温度范围内 $\Delta_r H_m^\ominus$ 为常数。

19. 在 1120℃下用 H_2（g）还原 FeO（s），平衡时混合气体中 H_2（g）的摩尔分数为 0.54。求 FeO（s）的分解压。已知该温度下，反应 2H_2O(g) = 2H_2(g) + O_2(g) 的 $K^\ominus = 3.4 \times 10^{-13}$。

20. ATP 硫酸化酶催化反应为

$$\text{ATP} + SO_4^{2-} \Longleftrightarrow 腺苷 - 5'-磷酸硫酸酐 + PP_i$$

此反应的 $K_a^\oplus = 10$。试计算腺苷 – 5'– 磷酸硫酸酐水解成为 AMP + SO_4^{2-} 时的 $\Delta_r G_m^\oplus$（已知 ATP 水解成 AMP + PPi 的 $\Delta_r G_m^\oplus = -33.47$kJ·$mol^{-1}$）。

第五章 相平衡

相平衡是自然界的主要平衡之一，也是热力学的主要研究对象，热力学平衡态就是由热平衡、力平衡、相平衡和化学平衡所构成，所以相平衡在热力学中有举足轻重的地位，在生产实践和科学研究中有着重要的应用。

物质在不同的外界条件下可以有不同的聚集态，物质从一种聚集态变化为另一种聚集态就是一种典型的相变化过程。一定条件下，几种物质的不同聚集态共同存在时，称为相平衡，也就是说此时物质不同聚集态的化学势都相等，影响相平衡的主要是系统的组成、温度以及压力，相平衡主要是研究物质在相平衡时应遵循的规律。许多实用装置和实验操作的物理化学原理都建立在相平衡理论的基础上。如制冷设备的制冷原理是靠高压下的液态蒸发吸热，压缩机加压使气态液化放热从而实现将低温环境中的热送到高温热源。在实验室或制药过程中，需要对其原料药或天然产品进行分离和提纯，这些操作大多采用蒸发（从液相转移到气相）、冷凝、溶解、熔化、结晶、升华等方法，这些方法的基本原理均在相平衡中。本章的核心内容是相律和相图。相律由吉布斯在1876年用热力学方法所确立，它是物理化学中最具普遍性的定律之一，是研究多相平衡系统的热力学基础。本章将推导相律并结合相律讨论单组分相平衡系统中相态、温度、压力、组分等参数间的关系。由于多组分多相的相平衡系统的变化比较复杂，已经无法使用温度、压力、组分等函数间的关系式表达系统的状态，因而常用相图形式表示。相图是根据实验数据绘制的系统在不同的温度、压力和组成时系统的相平衡状态图。由相图可以知道在给定条件下物质存在的相态、相变化的方向及各相的比例等重要信息，绝大多数相图都是从实验数据绘制的。

根据相平衡的研究，可以为涉及相变化的复杂化学和生物演化过程的研究提供理论基础，解决化学工业、制药工业、冶金、地质及食品、新材料研制等方面有关的很多问题。例如可以利用分级结晶、减压蒸馏、精馏、萃取、水蒸气蒸馏等手段来达到分离和提纯中草药中有效成分的目的，同时可以为药物制剂的配伍变化研究提供一定的理论指导。此外，在纳米材料等新型材料的制备及蛋白质等生物大分子的分离提取等研究中，相平衡也发挥了至关重要的作用。

第一节 相 律

相平衡从形式上看是各种各样的，但它们都能用相律（phase rule）来统一研究。相律是吉布斯在1876年用热力学方法所确立的，是自然界中最具普遍性的定律之一。注意本章讨论的是达到平衡态后的相平衡的规律，不讨论新相生成时的能量及相转移过程的细节。

相律是平衡系统中相数、独立组分数与自由度（温度、压力、组成…）等变量之间应遵守的关系。相律只适用于平衡系统。在引出相律的数学表达式之前，首先介绍几个基本概念。

一、相

相（phase）是指系统内部物理性质和化学性质完全均匀的部分。例如一杯100mL液态

扫码"学一学"

的水，与 1mL 水的物理和化学性质都是相同的，所以称为液态的水，或写成 H_2O (l)，实践中一般用系统的状态函数是否相等来判断是否为一个相。在多相系统中，相与相之间存在界面，称为相界面，相平衡中认为相界面是一个几何界面，尽管这与实际情况不太符合。越过相界面后组分的物理性质和化学性质将发生突变。例如，在大气压力和 373K 时，水蒸气与液态水构成两相平衡系统，水蒸气内部的物理性质、化学性质是均一的，是气相；而液态水内部的物理性质和化学性质也是均一的，是液相。水蒸气与水之间存在明显的气 - 液相界面，在相界面上物理性质如热容量、折光率、密度、黏度等性质发生突变。

系统中相的数目叫做相数（number of phase），用符号 Φ 表示。必须指出，一种物质可以是一个相也可以是两个相，单一纯物质最多只能三相共存。相应的，一个相可以由单一物质构成，也可以由多种物质组成。

一般而言，普通条件下任何气体都能无限混合，所以系统中不管有多少种气体都只有一个气相。液体则根据其相互溶解的程度可以是一个相，如水与乙醇完全互溶，是单相系统。若不互溶则可以是两相共存，如苯和水。对于液相，不管多少种液体混合都不会超过三相共存，多种物质混合而成的液相，一般有一个液层就是一个相，例如水与苯酚混合液体在通常情况下会形成上、下两层液体，是两相平衡系统。

对于固体，一般情况下一种固体就是一个相，并不考虑固体的体积和质量。例如 $CaCO_3$ 和 Na_2CO_3 的混合物中有两种固体，所以就是两个相。NaCl 固体是一个独立的固相，在宏观范围的讨论，不管是一个小晶体还是 1kg NaCl 固体都是一个相，因为它的热力学状态性质是完全相同的。对于纯物质的不同晶形，有一种晶型就是一个相，因为不同晶形的物理性质是不同的，如热容、折光率等。如石墨、金刚石和 C_{60} 都是独立的相，单斜硫和正交硫也是不同的相。不同的固体混合，如果一种固体能以分子或分子集团形态均匀地分散在另一种固体中，并失去了原固体的晶格结构形态，形成完全不同的分子形态的固态混合物，这种情况特别类似于溶液，则是形成了新相态，称为固熔体，则为一个相。例如银与金、铜与锌不但在熔融状态能够互溶，而且凝固成固态时也能够以任意比例完全互溶形成均匀的固熔体，所以它们的混合物则是一个相，常常称为合金。固态混合物系统情况比较复杂，实际应用又相当广泛，本课程的讨论内容只能说是入门知识。

热力学平衡中的相内部是均匀的，相内部的组成、状态变量都是平滑和连续的，一直延续到相界面处。宏观相平衡中忽略了相界面上分子的特殊性，因为相界面上的分子占相内部的分子比例很低。

二、组分数

在多组分系统中含有多种物质，一个平衡系统中所含的化学物质的种类数称为物种数（number of chemical species），用符号 S 表示。如果一种物质具有两种或两种以上的聚集态时，它的物种数始终为 1。例如一个平衡系统中的 H_2O 有气态、液态两种聚集态时，$S = 1 \neq 2$。

相平衡系统物种数的确定与考虑问题的视角有很大的关系，所以用组分数（number of components）来表示各相组成。足以表示系统中所有组成所需的最少物种数称为独立组分数，简称组分数，用符号 K 表示。显然物种数和组分数是两个不同的概念。对于一个平衡系统，当各物种之间不存在化学平衡时，系统中物种数和组分数相等。例如由 NaCl 和 H_2O 组成的系统中 NaCl 和 H_2O 都是物种，所以 $K = S = 2$。

如果系统中有化学平衡存在，例如 HI（g），H_2（g）和 I_2（g）三种物质构成的系统中，存在下列化学平衡

$$2HI（g）= H_2（g）+ I_2（g）$$

系统中 $S = 3$，$K = 2$。因为三种物质中任何一种物质可以由其他两种物质经化学反应而产生，可以不加入这种物质，但它必然存在于系统之中。它在平衡时的含量可以由其他两种物质的含量通过平衡常数来计算，所以 $K = 2 \neq 3$。同理，假设系统中有 R 个独立的化学平衡，则组分数就比物种数少 R 个，即 $K = S - R$。

此时的化学平衡必须是独立的，即平衡常数不能由已有的化学平衡常数导出。例如，系统中有 H_2O（g）、C（s）、CO（g）、CO_2（g）、H_2（g）五种物质，其间有三个化学平衡

$$H_2O(g) + C(s) = CO(g) + H_2(g) \qquad K_1^{\ominus} \qquad (1)$$
$$CO_2(g) + H_2(g) = H_2O(g) + CO(g) \qquad K_2^{\ominus} \qquad (2)$$
$$CO_2(g) + C(s) = 2CO(g) \qquad K_3^{\ominus} \qquad (3)$$

此时的 R 是 3 还是 2 呢？这三个化学平衡并不是相互独立的，化学平衡（3）可以由（1）+（2）而得到，即 $K_3^{\ominus} = K_1^{\ominus} \times K_2^{\ominus}$，所以五种物质间只有两个独立的化学平衡，所以 $R = 2 \neq 3$。

在某些情况下，还有一些特殊的浓度限制条件。浓度限制条件是指相平衡时物质的浓度或压力之间存在定量关系。这些定量关系不是化学平衡关系，一般是由化学计量方程或溶解平衡等关联的浓度等量关系。例如：$2HI（g）= H_2（g）+ I_2（g）$ 的平衡系统，如反应前只有 HI（g），达到化学平衡时，按照化学反应计量式，H_2（g）和 I_2（g）生成时保持摩尔比为 $1:1$，它们的分压将是相等的或它们的浓度相等，这就构成了一个特殊的浓度限制条件。所以此时系统的组分数 $K = 3 - 1 - 1 = 1$。

因此系统的组分数可以用下列关系式表示

$$K = S - R - R'$$

式中 R 为独立化学平衡数，R' 为特殊浓度限制条件。

应该注意的是并不是所有的计量方程确定的物质的量关系都可以作为浓度限制条件使用。例如 $CaCO_3$ 的分解反应

$$CaCO_3(s) = CaO(s) + CO_2(g)$$

分解反应产生的 CaO（s）和 CO_2（g）的物质的量是相同的，但由于一个是固相，另一个是气相，它们之间没有与浓度相关的任何关系式存在，所以不存在浓度限制条件，故 $K = 2$ 而不是 1。

相平衡系统中，尽管物种数随着人们考虑问题的方式不同而不同，但系统的组分数却总是一个定值。例如，有一杯水，多数人认为其中只含有一种物质 H_2O，$S = 1$，当然 R 和 R' 均为 0，所以 $K = 1$。但也有人认为，由于水中必然存在着少量的 H_3^+O 和 OH^-，因而 $S = 3$。但由于三种物质之间存在着一个独立的化学平衡 $H_3^+O + OH^- = 2H_2O$ 和一个浓度限制条件 $c_{H_3O^+} = c_{OH^-}$，所以 $R = 1$，$R' = 1$，$K = S - R - R' = 3 - 1 - 1 = 1$。由此可见，同是一杯水，物种数可以是 1，也可以是 3，但组分数都是 1。

例题 5-1 试分析 298K 时 NaCl 与 H_2O 的饱和溶液构成的系统的组分数。

解： 只考虑相平衡，$S = 2$，$K = 2$（即 NaCl 和 H_2O）。

也可以认为系统中存在的物种有 NaCl（s）、Na^+、Cl^-、H_2O、H_3^+O、OH^-，因此

$S = 6$。

但是这 6 个物种之间必然存在两个独立的化学平衡即

$$NaCl = Na^+ + Cl^- \text{ 和 } H_3O^+ + OH^- = 2H_2O$$

两个浓度限制关系，即 $c_{H_3O^+} = c_{OH^-}$ 和 $c_{Na^+} = c_{Cl^-}$，

因此 $K = S - R - R' = 6 - 2 - 2 = 2$，组分数仍然是 2。

例题 5 - 2 在一抽空的容器中放有过量的碳酸氢铵 NH_4HCO_3（s），加热时可发生下列反应：NH_4HCO_3（s）$= NH_3$（g）$+ CO_2$（g）$+ H_2O$（g），求该系统的组分数。

解：因 $R = 1$，$R' = 2 \left[p_{NH_3} = p_{CO_2} = p_{H_2O} \right]$

故 $K = S - R - R' = 4 - 1 - 2 = 1$

三、自由度

当系统的温度、压力或组成等强度变量发生变化时，会引起系统的状态变化。在相平衡系统中，在保证没有旧相消失和新相产生的条件下，在一定范围内能独立变化的强度变量数称为系统的自由度（degree of freedom），用符号 f 表示。例如对于单相的液态水来说，我们可以在一定范围内，任意改变系统的温度和压力，水仍可以保持为单一液相。因此该系统有两个独立可变的因素，即它的自由度 $f = 2$。当水与水蒸气两相平衡时，温度和压力之间将遵守克 - 克方程，即指定了压力温度将是该压力下的沸点，若指定温度则压力将是该温度下的饱和蒸气压。温度和压力两个变量中只有一个是可以独立可变的，指定一个另一个变量将由系统决定，因此自由度 $f = 1$。

四、相律

假设一个多组分多相平衡系统中含有 K 个组分（1，2，3，…，K）及 Φ 个相（α、β、γ，…，Φ），平衡时 K 个组分分布于每个相中。从热力学可知，确定系统中每一个相中的状态通常需要指定温度、压力和组成（浓度）三种强度因素。对于多组分多相平衡系统，由于各相的温度、压力和组成之间存在定量关系式，要确定它的状态并不需要指定所有 Φ 个相中的温度、压力和组成，因此找出平衡时这些强度因素间的关系式，就能知道指定多少强度因素（温度、压力和组成）可以确定此种系统的状态。

对于多组分多相系统，讨论相平衡的前提必须是组成不能变化的，即达到化学平衡，同时要符合以下条件。

1. 热平衡 平衡时相与相间没有热量的交换，它的条件必定是各相间的温度相同。

$$T^\alpha = T^\beta = T^\gamma = \cdots = T^\Phi$$

2. 力平衡 平衡时相与相之间没有压力差的存在，它的条件是各相间的压力相等。

$$p^\alpha = p^\beta = p^\gamma = \cdots = p^\Phi$$

3. 相平衡 平衡时各相间不存在物质的转移，它们的条件是各组分在各相间的化学势相等。

$$\mu_B^\alpha = \mu_B^\beta = \mu_B^\gamma = \cdots = \mu_B^\Phi$$

从热平衡和力平衡条件可知，系统中所有各相都具有相同的温度和压力，因此只需指定一个温度和压力就可以确定整个系统的温度和压力，这就是系统的两个基本变量 T 和 p。但浓度变量并非全是独立的。假定 K 个组分分布在每个相中，那么每一相中都有 $K - 1$ 个浓度变量，系统共有 Φ 个相，则系统的总浓度为 $\Phi（K - 1）$ 个。因为多相平衡的原因，系统

中将有多个浓度限制条件成立，所以它们不全是独立的。根据相平衡条件可知每一组分在各个相中化学势相等，如果一个组分同时存在于 Φ 个相中，就有 $\Phi-1$ 个化学势相等的关系式，即有 $\Phi-1$ 个浓度间定量关系式，对 K 个组分来说，浓度限制条件数 $R'=K(\Phi-1)$。因此系统的总自由度数应为

$$f = \Phi(K-1) + 2 - K(\Phi-1) = K - \Phi + 2 \qquad (5-1)$$

这就是相律的表达式。式中 K 称为独立组分数，Φ 是相数，数字 2 是指温度和压力。

相律是多组分多相系统中，所有的相都处于平衡状态时导出的，所以非平衡状态下是不能使用相律的。如果我们指定了温度或指定了压力，则式（5-1）应改写为

$$f^* = K - \Phi + 1 \qquad (5-2)$$

f^* 为条件自由度。例如凝聚态系统中，因为压力的影响较小，常常忽略压力的影响而直接使用式（5-2）来表示相律。若除了温度与压力外，在某些特殊场合，系统尚受其他因素如磁场、电场、重力场等，这时相律中的 2 应根据具体影响因素写成 n，即

$$f = K - \Phi + n \qquad (5-3)$$

相律只能指出平衡系统中的相数和自由度数，至于具体是什么相，自由度具体是哪些变量（是温度、压力还是组成等）则需要根据实验来确定，相律不能回答。

例题 5-3 碳酸钠与水可形成下列几种含水化合物：$Na_2CO_3 \cdot H_2O$；$Na_2CO_3 \cdot 7H_2O$；$Na_2CO_3 \cdot 10H_2O$。

（1）试说明 101.325kPa 下，与碳酸钠水溶液和冰共存的含水盐最多可以有几种？

（2）试说明在 298K 时，可与水蒸气平衡共存的含水盐最多有几种？

解：此系统由 Na_2CO_3 和 H_2O 构成，$K=2$。虽然可有多种固体含水盐存在，但每形成一种含水盐，物种数增加 1 的同时，增加 1 个化学平衡关系式，因此组分数仍为 2。

（1）101.325kPa 时，相律变为

$$f^* = K - \Phi + 1 = 2 - \Phi + 1 = 3 - \Phi$$

自由度最少时相数最多，系统中的自由度最少可以为零，即 $f^*=0$ 时，$\Phi_{min}=3$。因此系统中最多只能三相，Na_2CO_3 水溶液是一相，冰是固体是一相，平衡共存的含水盐最多只能有一种。

（2）指定 $T=298K$ 时，相律变为

$$f^* = K - \Phi + 1 = 2 - \Phi + 1 = 3 - \Phi$$

$f^*_{min}=0$ 时，$\Phi_{max}=3$。因此，与水蒸气平衡共存的含水盐最多只能有两种。

例题 5-4 试说明下列平衡系统的自由度数为多少？

（1）298K 及标准压力下，NaCl（s）与其水溶液平衡共存；

（2）$I_2(s)$ 与 $I_2(g)$ 呈平衡；

（3）在体积为 1 升的钢制容器中，放有 100g $NH_4Cl(s)$，在 120℃ 下加热足够长的时间后。

解：（1）NaCl 水溶液的组分数 $K=2$。有 NaCl（s）与水溶液两相 $\Phi=2$。定温定压时相律

$$f^* = K - \Phi + 0$$
$$f^* = 2 - 2 + 0 = 0$$

大气压力下，298K 时，饱和 NaCl 溶液的浓度就是其溶解度，是一确定值，系统已无自由度。

（2）物质的聚集态不同不增加组分数，所以 $K=1$。这是升华、凝华平衡，$\Phi=2$。

$$f=K-\Phi+2=1-2+2=1$$

固气两相平衡时，压力为所处温度下 I_2（s）的平衡蒸气压。p 和 T 之间符合克－克方程。

（3）120℃时，NH_4Cl（s）将会热分解，时间足够长时会达到化学平衡

$$NH_4Cl（s）=NH_3（g）+HCl（g）$$

初始时容器中只有 NH_4Cl（s），此时 $p（NH_3,g）=p（HCl,g）$，浓度限制条件成立，所以

$$S=3,R=1,R'=1$$

$$K=S-R-R'=3-1-1=1$$

120℃时，只有 1 升体积的钢制容器中 100 g 的 NH_4Cl（s）不能完全分解，此时两相平衡，$\Phi=2$。此时相律为 $f^*=K-\Phi+1=1-2+1=0$。单组分系统定温时的自由度应为压力，分解平衡时的系统压力即为该温度下 NH_4Cl（s）的分解压，此值是常量。

第二节 单组分系统

单组分系统实际上是纯组分系统，相律的一般表达式为 $f=1-\Phi+2=3-\Phi$。对于纯组分系统，$f=0$ 时 $\Phi=3$，最多只能有三个相平衡共存；当 $\Phi=1$ 时，$f=2$，最多有两个独立变量，即温度和压力。所以单组分系统可以用 $p-T$ 平面图来全面描述系统的相平衡关系。

扫码"学一学"

一、单组分系统的相图

水的相图（phase diagram for water）是单组分系统相图的典型相图，图 5－1 是根据实验数据绘制的水的相图，我们结合相律来讨论水的相图。

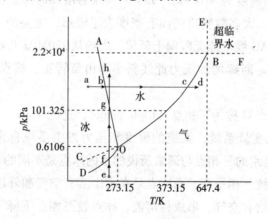

图 5－1 水的相图

水的相图主要是三条相平衡线 AO、BO、DO。图中 AO、BO、DO 三条曲线相交于点 O，把平面划分为三个区域 AOB、AOD 和 BOD，分别是水、冰和水蒸气的单相区。三条线的交点是水的三相点。

在单相区只有一个相单独存在，此时 $\Phi=1$，$f=2$，即在该区域内温度和压力可以有限度的变化而不会导致旧相的消失和新相的生成。如需确定系统的状态，必须同时指定温度和压力，为双变量系统。AOB 区是水的液态相区，从相图看，在大气压力下，在 273.15 ～ 373.15K 的范围内，水都保持液相状态，这是一个很宽的温度范围，这是因为每个水分子

都能和另外四个水分子形成氢键，液态水的密度在 0℃时为 999.87kg·m^{-3}，3.980℃时升为 1000kg·m^{-3}，以后随着温度升高而降低。

图中 AO、BO、DO 三条曲线是两个区域的交界线，在线上 $\Phi=2$，是两相平衡线。把相律应用于两相平衡时，系统的 $f=1$，这表明系统的温度和压力两个变量只有一个独立可变，$T-p$ 间的关系由三条曲线规定。例如 373.15K（100℃）时水的蒸气压必定是 101.325kPa，为单变量系统。我们将在下一节中导出 $T-p$ 间遵守的方程。

曲线 BO 是系统的气-液两相平衡线，即水在不同温度下的蒸气压曲线。线上每一点代表水的蒸汽压或在一定压力下的水的沸点。BO 线终止于临界点（critical point）B（647.4K，2.2×10^7Pa）。在临界点时气相和液相的界面消失，液体的密度和气体的密度相等，此时的水既不是液态也不是气态，称之为超临界状态（supercritical state）。从 B 点向上做垂线 BE、向右做水平线 BF，则 EBF 区为超临界流体区。超临界发动机的工质大多就是水的超临界流体。

DO 线是气-固两相平衡线，即冰的升华曲线，是冰和水蒸气两相平衡共存。OD 线理论上可以延长至 0K 附近。BO 的延长线 OC 是过冷水和水蒸气的介稳平衡线，OC 线在 OD 线之上，所以相同温度下，过冷水的蒸气压大于冰的蒸气压。由于过冷水的化学势大于相同温度下冰的化学势 μ_B（H_2O，l）$>\mu_B$（H_2O，s），所以过冷水为热力学不稳定状态，介稳态是常见的实验现象，是因为新相产生时需要新相种子，而产生新相种子时有一定的能垒，将在表面化学一章讨论半定量计算。AO 线和 DO 线终止于 O 点，都没有延长线，说明不存在过热的冰。

AO 线是冰的熔点与压力的关系曲线，称为熔点曲线，在此线上是冰与水的平衡，曲线上的点表示不同压力下冰的熔点。在图中可以看出 AO 线的斜率为负值，这是因为水的密度大于冰，0℃时，冰的密度为 916.7kg·m^{-3}，当压力增高时冰的熔点将降低。这与大多数其他物质的情况不同，大多数物质的固态密度大于液态，主要原因还是水的特殊结构和液态水中氢键的存在。AO 线不能无限向上延伸，大约从 220MPa 开始，相图变得比较复杂，有不同结构的冰晶生成。断续增加压力此线斜率将由负转正，熔点也随压力增加而升高，生成热冰。

图中三条曲线的交点 O 称为三相点（triple point），这时 $K=1$，$\Phi=3$，$f=0$，这种自由度等于零的系统称为无变量系统，系统的温度和压力皆由系统自定，$T=273.16$K 及 $p=610.6$Pa。需要说明的是水的三相点与通常所说的水的冰点是不同的。

三相点是纯物质系统三相平衡，而冰点是在水中溶有空气和外压为 101.325kPa 时测得的数据。首先由于水中溶有空气，形成稀溶液，冰点较三相点下降了 0.00242K；其次三相点时系统的蒸气压是 0.6106kPa，而测冰点时系统的外压为 101.325kPa，由于压力不同，冰点下降了 0.00747K，所以水的冰点比三相点下降了 0.00242K + 0.00747K = 0.01K，即等于 273.15K。

从图中可以看出，当温度低于三相点 O 时，如将系统的压力降至 DO 线以下，固态冰可以不经过熔化而直接气化，这种过程称为升华（sublimation）。升华在制药工艺上有重要的应用，例如某些生物制品或抗生素等在水溶液中不稳定又不易得到结晶，在制备粉针注射剂时，将药物溶液速冻至 -40℃以下，再降压至 10Pa 左右的压力下微加热升华。这种冷冻干燥（drying by freezing）法是在低温下操作，药物不致受热分解，并使溶质变成疏松的海绵状固体，有利于使用时快速溶解。

三相点的压力是确定升华操作条件的重要数据，有关物质在三相点时的蒸气压数据不多，但一般情况下，三相点的温度与固态物质的熔点温度很接近，因此可以将在熔点时的蒸气压近似地看作三相点时的蒸气压。一些有机物在熔点时的蒸气压数据见表 5 - 1。

表 5 - 1　一些有机化合物在熔点时的蒸气压

化合物	熔点（K）	熔点时的蒸气压（kPa）
顺丁烯二酸酐	333	0.44
萘	352	0.9
苯甲酸	493	0.8
β - 萘酚	395	0.33
苯酐	404.6	0.99
水杨酸	432	2.4
α - 樟脑	452	49.3

相图表明了水的存在状态与 T、p 的关系。图中的每一个点都代表了纯水在指定温度和压力下的相态。根据相图可以方便地确定任意指定温度、压力下纯水系统以怎样的相态存在，可以确定它是单相的冰、水或气，还是两相共存或三相共存。

其次相图上的每一条连接着许多状态点的线段都代表着一个相变化过程。例如，系统由 a 点沿水平线变化至 b 点，这是一个等压升温过程。a 点是冰，当升温至 b 点时，开始出现液态水，此时系统处于两相平衡共存状态，所以 $f^* = 1 - 2 + 1 = 0$。直至冰全部融化成水，系统变成一相，系统进入液相区，$f^* = 1$，温度继续升高，当系统升温至 c 点，达到该压力下的沸点，此时气、液两相平衡共存，$f^* = 0$，所有的水全部汽化后将进入水蒸气的单一相区，温度继续升高，直至 d 点。在固相和液相区，冰和水的膨胀系数较小，但进行气相区后将服从气体状态方程，膨胀系数很大。

如果由 e 点沿竖直方向到达 h 点，此过程为等温加压过程。在 e 点系统为水蒸气，当逐渐压缩至 f 点，水蒸气开始发生凝华，有固态冰生成，此时气、固两相平衡共存，$f^* = 0$。此时不管外压大小，系统的压力保持不变，随着压缩水蒸气逐渐减少，同时析出的冰逐渐增加，直至所有的水蒸气全部凝华为冰，进入固相区，$f^* = 1$。随着压力增加，到达 g 点，冰开始融化，到达固 - 液两相平衡点，$f^* = 1$，系统压力不变，直至所有的冰全部融化，进入液相区，$f^* = 1$。

对于单组分系统，如果在一定温度与压力下固态只出现一种晶形，则都具有相似于水相图的基本图形。可能出现的差异是固液平衡线的斜率一般为正值，即压力增大，熔点亦将升高，其原因为固态熔融成液态后体积会略有增加。如果物质在固态时存在两种或两种以上的晶形，例如硫有单斜硫（s）与斜方硫（s）两种晶形，及液态硫与气态硫四种相态，由于单组分只能三相共存，因而在硫的相图中会出现四个三相点。相图中点、线、面的分析方法与水的相图相同。

二氧化碳的相图是另一类重要的单组分系统相图，其相图见图 5 - 2。与水的相图很相似，OA、OB 和 OC 相交于 O 点，把平面分成三个区，AOB、AOC 和 BOC，分别是固相区、气相区和液相区。OA 线是固体的升华曲线，OB 线是固液平衡线，OC 是气液平衡线。O 点是 CO_2 的三相点，温度为 216.55K（ - 56.6℃）、压力为 517.6KPa。由于 CO_2 的三相点压力较高，在大气压力（101kPa）下，它只能以固态或气态存在，此时固态 CO_2 受热，它直接升华为气态，而不经过熔化区，因而固态 CO_2 称为"干冰"，101kPa 压力下，固态 CO_2 升华温度为 194.65K（-78.5℃），因此干冰常用于常压下的低温保藏。但如果压力保持在三相点以上，给固态 CO_2 加热依然是先熔化为液态，再蒸发为气态。OC 线终止于 C 点，这是 CO_2 的临界点，临界温度是 304.2K，临界压力是 7.39MPa，临界点时的密度为 448kg·m⁻³。DCE 区是 CO_2 的超临界状态区，这时 CO_2 称为超临界流体。超临界流体是指温度和压力略高于临界点的流体，此时的流体不存在气-液界面，因此超临界流体保留了气体的优良流动性、扩散性，同时又具有液体的高密度。超临界流体的密度和介电常数都随压力急剧变化，因此

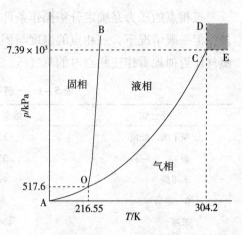

图 5-2　CO_2 的相图

可以通过调节压力来改变超临界流体的密度和介电常数等物性。超临界流体的这些特性使得超临界流体可用作特殊反应溶剂或超临界萃取剂等。

二、克劳修斯-克拉珀龙方程

单组分系统中最重要的平衡就是两相平衡，在相图中两相区的接界线即两相平衡线。根据相律两相平衡线上温度 T 和压力 p 只有一个是独立变量，但相律不能解释这些曲线的斜率以及所能延伸的限度等问题。克劳修斯-克拉珀龙方程（Clausius-Clapeyron equation）是应用热力学原理定量研究纯物质两相平衡的一个典型实例。

设某物质在一定温度 T 和压力 p 时，两个相呈平衡。当温度由 T 变到 $T+dT$，压力由 p 变到 $p+dp$ 时，这两个相又达到了新平衡。

$$T, p, \qquad 相（\alpha）\underset{\Delta G=0}{\overset{\Delta G=0}{\rightleftharpoons}} 相（\beta）$$

$$\downarrow dG（\alpha）\qquad\qquad \downarrow dG（\alpha）$$

$$T+dT, p+dp \qquad 相（\alpha）\underset{\Delta G=0}{\rightleftharpoons} 相（\beta）$$

显然

$$dG（\alpha）= dG（\beta）$$

$$dG = -SdT + Vdp$$

$$-S（\alpha）dT + V（\alpha）dp = -S（\beta）dT + V（\beta）dp$$

$$[V（\beta）- V（\alpha）]dp = [S（\beta）- S（\alpha）]dT$$

$$\frac{dp}{dT} = \frac{S(\beta) - S(\alpha)}{V(\beta) - V(\alpha)} = \frac{\Delta S_m}{\Delta V_m} \tag{5-4}$$

式中 ΔS_m 和 ΔV_m 分别为 1mol 物质由 α 相变到 β 相时的熵变和体积变化。对可逆相变来说，已知 $\Delta S_m = \dfrac{\Delta H_m}{T}$，$\Delta H_m$ 是相变时的焓变，代入式（5-4）即得

$$\frac{dp}{dT} = \frac{\Delta H_m}{T\Delta V_m} \tag{5-5}$$

上式即为克拉珀龙方程。它表明两相平衡时的平衡压力随温度的变化率。由于相 α 和相 β 并未指定是何种相，因此式（5-5）对于纯物质的任何两相平衡均适用。现分别讨论几种两相平衡的情形。

1. 液-气平衡　将式（5-5）应用于液气平衡，则 dp/dT 是指液体的饱和蒸气压随温

度的变化率，ΔH_m 为摩尔气化焓 $\Delta_\mathrm{vap} H_\mathrm{m}$，$\Delta V_\mathrm{m} = V_\mathrm{m}(\mathrm{g}) - V_\mathrm{m}(\mathrm{l})$ 即气液两相摩尔体积之差。在通常温度下，$V_\mathrm{m}(\mathrm{g}) \gg V_\mathrm{m}(\mathrm{l})$，$\Delta V_\mathrm{m} = V_\mathrm{m}(\mathrm{g}) - V_\mathrm{m}(\mathrm{l}) \approx V_\mathrm{m}(\mathrm{g}) = RT/p$（假设蒸气符合理想气体状态方程），式（5-5）可写为

$$\frac{\mathrm{d}p}{\mathrm{d}T} = \frac{\Delta_\mathrm{vap} H_\mathrm{m}}{TV_\mathrm{m}(\mathrm{g})} = \frac{\Delta_\mathrm{vap} H_\mathrm{m}}{R} \frac{p}{T^2}$$

或

$$\frac{\mathrm{d}\ln p}{\mathrm{d}T} = \frac{\Delta_\mathrm{vap} H_\mathrm{m}}{RT^2} \tag{5-6}$$

此式称为克劳修斯-克拉珀龙方程。当温度变化范围不大时，$\Delta_\mathrm{vap} H_\mathrm{m}$ 可看成常数。将上式积分，可得

$$\ln p = -\frac{\Delta_\mathrm{vap} H_\mathrm{m}}{RT} + K \tag{5-7}$$

式中 K 为积分常数，可由室温下的蒸气压而获得。将 $\ln p$ 对 $1/T$ 作图应为一直线，斜率为 $(-\Delta_\mathrm{vap} H_\mathrm{m}/R)$，由斜率可求算液体的摩尔气化焓 $\Delta_\mathrm{vap} H_\mathrm{m}$。显然纯组分的蒸气压和温度之间服从 $p = p_0 \exp(-\frac{\Delta_\mathrm{vap} H_\mathrm{m}}{RT})$，固体升华时蒸气压和温度之间有相同的关系。

如果将式（5-6）在 T_1 和 T_2 之间作定积分，则得

$$\ln \frac{p_2}{p_1} = \frac{\Delta_\mathrm{vap} H_\mathrm{m}}{R} \left(\frac{1}{T_1} - \frac{1}{T_2} \right) \tag{5-8}$$

上式表明，只要知道液体的 $\Delta_\mathrm{vap} H_\mathrm{m}$，就可从一个温度 T_1 下的饱和蒸气压求另一个温度 T_2 下的饱和蒸气压，或者从一个压力 p_1 下的沸点求另一个压力 p_2 时的沸点。

使用式（5-6）时注意应远离临界点，因为接近临界点时气体不再服从理想气体状态方程，还要注意液体蒸发为气体时 ΔC_p 一般小于零，$\Delta_\mathrm{vap} H_\mathrm{m}$ 并不是常量，利用式（5-7）测定液体蒸发焓时得到的是平均值，温度范围不宜太宽。

当缺乏液体的气化焓数据时，有时可用一些经验性规则进行近似估计。例如对正常液体（非极性，非缔合性液体）来说，有下列规则

$$\frac{\Delta_\mathrm{vap} H_\mathrm{m}}{T_\mathrm{b}} \approx 88\mathrm{J} \cdot \mathrm{K}^{-1} \cdot \mathrm{mol}^{-1} \tag{5-9}$$

式（5-9）称为特鲁顿规则（Trouton rule），式中 T_b 为正常沸点。

例题 5-5　已知苯的摩尔气化焓为 $34.92\mathrm{kJ} \cdot \mathrm{mol}^{-1}$，在常压下（101.325kPa）的沸点为 353.5K，试计算：

（1）压力为 52kPa 时的沸点；

（2）293K 时苯的蒸气压。

解：（1）$\ln \dfrac{p_2}{p_1} = \dfrac{\Delta_\mathrm{vap} H_\mathrm{m}}{R} \left(\dfrac{1}{T_1} - \dfrac{1}{T_2} \right)$，$p_1 = 101.325\mathrm{kPa}$，$T_1 = 353.5\mathrm{K}$，$p_2 = 52\mathrm{kPa}$

$$\Delta_\mathrm{vap} H_\mathrm{m} = 34.92\mathrm{kJ/mol}$$

$$\ln \frac{52}{101.325} = \frac{34.92 \times 10^3}{8.314} \left(\frac{1}{353.5} - \frac{1}{T_2/\mathrm{K}} \right)$$

$$T_2 = 335\mathrm{K} \ \text{即} \ 62℃$$

（2）　　$\ln \dfrac{p_2}{p_1} = \dfrac{\Delta_\mathrm{vap} H_\mathrm{m}}{R} \left(\dfrac{1}{T_1} - \dfrac{1}{T_2} \right)$，$p_1 = 101.325\mathrm{kPa}$，$T_1 = 353.5\mathrm{K}$

$$T_2 = 293\mathrm{K}$$

$$\ln \frac{p_2/kPa}{101.325} = \frac{34.92 \times 10^3}{8.314}\left(\frac{1}{353.5} - \frac{1}{293}\right)$$

$$p_2 = 8.714 kPa$$

2. 固-气平衡 由于固体的体积和蒸气的体积相比可忽略即 $V_m(g) \gg V_m(s)$，因此式（5-5）中 $\Delta V_m = V_m(g) - V_m(s) \approx V_m(g)$，$\Delta H_m$ 为摩尔升华焓 $\Delta_{sub}H_m$，同理可得和式（5-6）、（5-7）、（5-8）完全相同形式的公式。

例题 5-6 固体 CO_2 的蒸气压与温度间的经验式为：$\ln p = -3116/T + 27.546$，（图 5-2 中的 OA 线）。已知熔化焓 $\Delta_{fus}H_m = 8326 J/mol$，三相点的温度为 216.55K。试求出液体 CO_2 的蒸气压与温度的经验关系式（图 5-2 中的 OC 线）。

解：根据固-气平衡时的克-克方程 $\ln p = -\dfrac{\Delta_{sub}H_m}{RT} + K$ 可知

$$-\Delta_{sub}H_m/R = -3116K$$

升华焓 $\qquad\qquad \Delta_{sub}H_m = 25906 \ J/mol$

因为 $\qquad\qquad \Delta_{vap}H_m = \Delta_{sub}H_m - \Delta_{fus}H_m$

所以 $\qquad \Delta_{vap}H_m = 25906 J/mol - 8326 J/mol = 17580 J/mol$

液-气平衡时的克-克方程 $\ln p = -\dfrac{\Delta_{vap}H_m}{RT} + K'$

$$= -\frac{17580}{8.314}\frac{1}{T} + K'$$

当系统处于三相点时 $\qquad -\dfrac{\Delta_{vap}H_m}{RT} + K' = -\dfrac{\Delta_{sub}H_m}{RT} + K$

将 $\qquad\qquad T = 216.55K$ 代入 $-\dfrac{2114.5}{216.55} + K' = -\dfrac{3116}{216.55} + 27.546$

可得 $K' = 22.922$，所以液体 CO_2 的蒸气压与温度的经验关系为

$$\ln p = -\Delta_{vap}H_m/RT + 22.921 = -2114.5/(T/K) + 22.921$$

$$p = 9 \times 10^7 \exp\left(-\frac{2114.5}{T/K}\right)$$

3. 固-液平衡 对于固液平衡来说，由于固体和液体的体积相差不多，$\Delta V_m = V_m(l) - V_m(s)$，式（5-5）中的各项不能被忽略，可改成下列形式

$$dp = \frac{\Delta_{fus}H_m}{\Delta_{fus}V_m}\frac{dT}{T} \qquad\qquad (5-10)$$

式中 $\Delta_{fus}H_m$ 为摩尔熔化焓，$\Delta_{fus}V_m$ 为液固摩尔体积之差。当温度变化范围不大时，$\Delta_{fus}H_m$，$\Delta_{fus}V_m$ 均可近似看成一常数，于是在 T_1 和 T_2 之间积分可得

$$p_2 - p_1 = \frac{\Delta_{fus}H_m}{\Delta_{fus}V_m}\ln\frac{T_2}{T_1} \qquad\qquad (5-11)$$

如用级数展开，上式可写成

$$p_2 - p_1 = \frac{\Delta_{fus}H_m}{\Delta_{fus}V_m}\frac{T_2 - T_1}{T_1} \qquad\qquad (5-12)$$

例题 5-7 273.2K 和大气压力下，冰和水的密度分别为 916.8kg/m³ 和 999.9kg/m³，冰的熔化焓为 6025J/mol。试计算：

（1）冰的熔点随压力的变化率；

（2）近似估算压力为 $151.99 \times 10^3 kPa$ 时水的凝固点。

解：（1）将式（5-10）改写成 $\dfrac{dT}{dp} = T\dfrac{\Delta_{fus}V_m}{\Delta_{fus}H_m}$

$$\Delta_{fus}V = \left(\frac{1}{999.9} - \frac{1}{916.8}\right) \times 18 \times 10^{-3} m^3 \cdot mol^{-1}$$

$$= -1.632 \times 10^{-6} m^3 \cdot mol^{-1}$$

$$\frac{dT}{dp} = 273.2 \times \frac{-1.632 \times 10^{-6}}{6025} K \cdot Pa^{-1} = -7.40 \times 10^{-8} K \cdot Pa^{-1}$$

计算表明压力每增加 1Pa，冰的熔点下降 $7.40 \times 10^{-8} K$。

（2）将式（5-11）改写成

$$\ln \frac{T_2}{T_1} = \frac{\Delta_{fus}V_m}{\Delta_{fus}H_m}(p_2 - p_1)$$

$$\ln \frac{T_2/K}{273.2} = \frac{-1.632 \times 10^{-6}}{6025}(151.99 \times 10^6 - 101.325 \times 10^3)$$

$$T_2 = 262.2K \ 或 -11.0℃$$

第三节　完全互溶双液系统

扫码"学一学"

二组分系统相律的一般表达式为

$$f = 2 - \Phi + 2 = 4 - \Phi$$

当 $f = 0$ 时，$\Phi = 4$，即二组分系统最多可有四相共存，如 $(NH_4)_2SO_4$ 与水构成的系统，在温度和压力都足够低时，可以出现 $(NH_4)_2SO_4$ 固体、冰、溶液和水蒸气四相平衡。当 $\Phi = 1$ 时，$f = 3$，即二组分系统最多可有三个独立变量，通常指的是温度、压力和组成（浓度）。显然这样的系统需要用三维空间的立体图方能表达。如果保持一个因素为常量，相图仍可用平面图来表示，这相当于立体图中的一个截面。它可以有三种类型，即恒温相图（$p-x$ 图），恒压相图（$T-x$ 图）和 $T-p$ 图，其中以前两种最为常用。由于在这样的情况下系统的温度或压力已经固定，因而二组分系统的相律形式可以写成 $f^* = 3 - \Phi$。

二组分系统相图的类型很多，我们只介绍一些典型类型。在双液系中介绍：完全互溶的双液系、部分互溶的双液系及完全不互溶的双液系。固液系统在第四节中介绍。

一、理想的完全互溶双液系统

（一）理想完全互溶的液态混合物蒸气压

设液体 A 和液体 B 组成理想的完全互溶液态混合物。根据拉乌尔定律

$$p_A = p_A^* x_A$$

$$p_B = p_B^* x_B$$

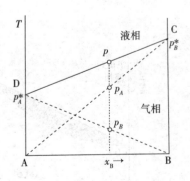

这两条线分别是图 5-3 中的 DB 线和 AC 线，图 5-3 是定温下的压力 - 组成图。DB 称为组分 A 的蒸气压曲线，AC 是组分 B 的蒸气压曲线。液态混合物上方总蒸汽压 p 为二组分的分压之和

图 5-3　理想液态混合物的蒸气压

$$p = p_A + p_B = p_A^* x_A + p_B^* x_B = p_A^*(1 - x_B) + p_B^* x_B$$

$$p = p_A^* + (p_B^* - p_A^*)x_B \tag{5-13}$$

这是图 5-3 中的 DC 线。DC 线上的任意一点都符合：$p = p_A + p_B$，DC 线称为液态混合物的总蒸气压线。

（二）理想的完全互溶液态混合物的恒温相图

液态混合物的平衡总蒸气压是可以用拉乌尔定律来计算的，显然平衡的蒸气可看作能遵守道尔顿定律的混合理想气体，我们用 y_A 和 y_B 来表示气相的组成，则

$$p_A = y_A p \qquad p_B = y_B p$$

式中 y_A、y_B 分别为 A、B 在气相中的摩尔分数，p 是液态混合物的总蒸气压。将拉乌尔定律代入得

$$p_A = y_A p = p_A^* x_A \tag{5-14}$$

$$p_B = y_B p = p_B^* x_B \tag{5-15}$$

或

$$\frac{y_A}{x_A} = \frac{p_A^*}{p}, \frac{y_B}{x_B} = \frac{p_B^*}{p} \tag{5-16}$$

从式（5-16）可知，若 $p_B^* > p_A^*$，亦即纯液体 B 比液体 A 更容易挥发，另因 $p_B^* > p > p_A^*$，所以：$y_B > x_B$，$y_B > y_A$，在定温下易挥发组分 B（p_B^* 更大）在气相中的浓度要大于在液相中的浓度，对于难挥发组分 A（p_A^* 较小）则相反。同时气相中易挥发性组分（组分 B）含量也更大，这是精馏操作所以能提纯液相混合物的原因。将式（5-13）代入式（5-16）可得

$$y_B = \frac{p_B^* x_B}{p_A^* + (p_B^* - p_A^*) x_B} \tag{5-17}$$

式（5-17）说明对理想液态混合物，当 x_B 确定后 y_B 就有确定值。如果要全面描述液态混合物蒸气压与气、液两相平衡组成的关系，可先根据式（5-13）在 $p-x$ 图上画出液相线，如图 5-3 中的 CD 线。然后从液相线上取不同的 x_B 值代入式（5-17），求出相应的气相组成 y_B 值，把它们连接起来即图 5-4 中虚线 CD，虚线 CD 称为气相组成线，气相线总是在液相线下方。

图 5-4 中，液相线以上的高压区域是液相区，气相线以下的低压区域为气相区。液相线与气相线之间则是液气平衡共存的两相区。图 5-4 即是一幅完整的二组分气-液平衡恒温相图。虚线 CD 以下部分是单一的气相区，$f^* = 2$，变量为压力和组成。CD 线以上部分是单一的液相区。CD 线和虚线 CD 包围的阴影区是气-液两相平衡区，$f^* = 1$。

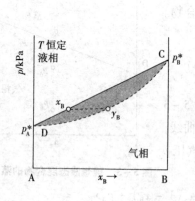

图 5-4　二组分气液平衡的恒温相图

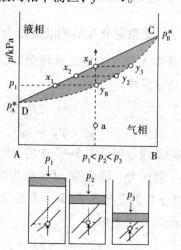

图 5-5　气体压缩液化过程

下面讨论混合气体的加压液化在恒温相图（$p-x-y$ 图）中的相变过程。

图 5-5 二组分气液平衡的恒温相图。在一个带有理想活塞的气缸中盛有含 A、B 二组

分的气相，总组成为 x_B。p 较小时，物系点处于气相区中的 a 点，当 p 增加时，物系点从 a 点垂直上升，在压力小于 p_1 之前保持气相，当压力上升到 p_1，组成点到达 y_B 点，系统进入两相平衡区（图中的阴影区），这时气相开始凝聚液化，p_1 压力下的最初出现的液滴其组成为 x_1。压力继续增加至 p_2，系统呈液－气两相平衡，液相的组成为 x_2，平衡气相的组成为 y_2。继续增加系统压力至 p_3，系统的绝大多数气体都已液化，最后的微少气相组成为 y_3，此时液相组成为 x_B。继续增加压力系统将进入液相区，所有的气体全部凝结为液相。

由混合气体的加压液化过程的讨论可知，加压液化过程中，平衡两相的组成随压力而变化，两相的量也在不断地改变（可由随后的杠杆规则中讨论）。

混合液化气的降压气化过程是恒温气化，也可以用图 5－5 讨论，但要注意与上述过程并不完全相同，在气化过程中外压是恒定的且气相不断被移出系统，随着气化的进行最后留在液化瓶中液相组成一直移动到 D 点，是为难挥发的组成。

（三）杠杆规则

我们把表示系统的温度、压力及总组成在相图中的状态点称为物系点（point of system），如图 5－6 中 O 点。此时是以整个系统的物质含量计算的组成，而不管系统处于什么相态。如果系统是单一相态，总组成点即为该相的组成点，如图 5－5 中的 CD 线以上的液相区和虚线 CD 以下的气相区中的物系点即为相点。当物系点处于两相平衡区时，系统呈气－液两相平衡，如图 5－5 中的阴影区。为更加清楚地表达两相平衡时的物系点和相点，我们用图 5－6说明，图中的 O 点即为温度为 T、压力为 p_1 时的物系点，此时处于气－液两相平衡区，系统的物质 A 和 B 分配在液

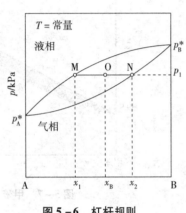

图 5－6 杠杆规则

相和气相中，分别用 M 和 N 点代表液相和气相的组成。通过物系点 O 的连线 MON 称为连结线，M 和 N 点分别是连结线和液相线和气相线的交点。显然在液－气两相平衡区，系统的总组成与各相的组成是不相同的，这时液、气二相的相对量和物系点的关系遵守下述杠杆规则。

设 A 的物质的量为 $n_A$mol 与物质的量为 $n_B$mol 的 B 相混合，当温度恒定，压力为 p_1 时，物系点的位置为 O，呈气液两相平衡（图 5－6），液相的相点为 M，总量为 $n_{液}$，物质 B 的摩尔分数为 x_1；气相的相点为 N，总量为 $n_{气}$，物质 B 的摩尔分数为 x_2。对于组分 B，分布于气液两相中，所以 B 的总物质的量等于分配在气、液两相中的物质的量之和，即

$$n_{总} \times x_B = n_{液} \times x_1 + n_{气} \times x_2 \qquad (5-18)$$

因为：$n_{总} = n_{液} + n_{气}$，代入式（5－18）

$$(n_{液} + n_{气})x_B = n_{液}x_1 + n_{气}x_2$$

移项整理得

$$n_{液}(x_B - x_1) = n_{气}(x_2 - x_B)$$

由图 5－6 可看出

$$(x_B - x_1) = \overline{OM} ; \quad x_2 - x_B = \overline{ON}$$

所以

$$n_{液} \times \overline{OM} = n_{气} \times \overline{ON} \qquad (5-19)$$

可以将 MN 比作以 O 为支点的杠杆，液相物质的量乘以 $\overline{MO}$，等于气相物质的量乘以 $\overline{NO}$。这个关系称为杠杆规则（lever rule）。

从上述杠杆规则的导出过程可以看出，没有对物质的平衡相态、两相平衡相图的坐标

作任何限定，所以这个杠杆规则具有普适意义。对于任意相图的任意两相平衡区都适用。既适用于 $p-x$ 图也适用于 $T-x$ 图，相图的组成可用摩尔分数表示，也可用质量分数表示。

（四）理想液态混合物的恒压相图

理想液态混合物的恒温相图中的液相组成线可以拉乌尔定律计算，气相组成线可以由道尔顿分压定律计算，如果在恒压作沸点组成图，则称为恒压相图，尽管理论上也可以由理想液态混合物的恒温相图转换为恒压相图，但实际上液态混合物的恒压相图都是由实验测量数据绘制的。

图 5-7 是甲苯-苯液态混合物的恒温相图（$p-x-y$ 图）和恒压相图（$T-x-y$ 图）。和恒温相图相反，在恒压相图中，气相线一定在液相线的上方，如图 5-7 和图 5-9 中的虚线。当恒温相图上出现最高点时，则在恒压图上有最低点。通常蒸馏或精馏都是在恒压下进行的，所以以双液系的恒压相图（$T-x$ 图）更具有实用意义。

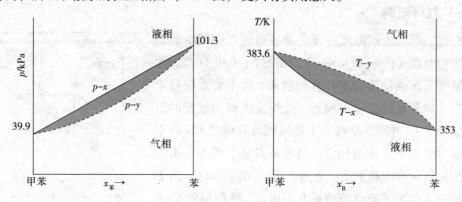

图 5-7 甲苯-苯混合物的恒温相图（左）和恒压相图（右）

恒压相图的测量一般用沸点仪（boiling poit apparatus）测量，这个方法是 1925 年由斯维托斯拉夫斯基建立的，一直沿用至今。图 5-8 是沸点仪示意图。它有一只带有回流冷凝管的长颈圆底烧瓶；冷凝管底端有一球形小室 D，用来收集冷凝的气相样品；加热元件浸没在液相中，温度计的水银球一半浸入液体中一半露在气相中，外加一小段玻璃套管来维持气-液相平衡的微环境，以保证平衡温度稳定。

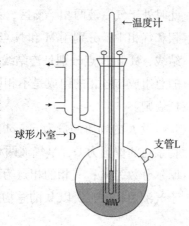

图 5-8 沸点仪示意图

实验时将不同浓度的样品逐次加入烧瓶内，加热液态混合物至温度计的读数恒定不变，此时的温度即为液态混合物的沸点。液态混合物蒸发出的蒸气被冷凝成液体回流入瓶内，用冷凝管下端球形小室 D 中的冷凝液，可测量平衡时的气相组成。通过支管 L 直接从圆底烧瓶中吸取液态混合物可测量液相的组成。实验中通常采取少量样品，用物理方法（如测折射率、密度或色谱法等）确定样品组成，亦可用化学方法测定。然后将每一样品测得的沸点、气相组成、液相组成等数据列成表格，画出液态混合物的恒压相图。

二、非理想的完全互溶双液系统

（一）与拉乌尔定律的偏差及其恒温相图

大多数液态混合物的平衡蒸气压和组成之间并不符合拉乌尔定律，称之为非理想的液态混合物或实际液态混合物。如果实测的蒸气压比拉乌尔定律的计算值大，则这种偏差叫做正偏差。如果实测的蒸气压比拉乌尔定律的计算值小，则这种偏差叫做负偏差。

当正、负偏差较小时，液态混合物的总蒸气压介于两个纯组分蒸气压之间，如甲醇－水的混合液，其 p-x-y 图和 T-x-y 图与理想液态混合物相图差别不大，如图 5-9。

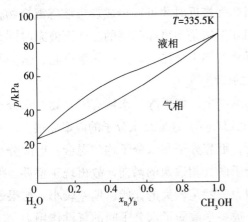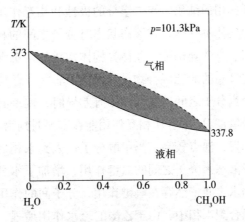

图 5-9 甲醇－水的恒温相图（左）和恒压相图（右）

当正偏差较大时平衡总蒸气压会出现极大点，如苯－乙醇混合物，其恒温相图（p-x-y 图）见图 5-10。相应的在其恒压相图（T-x-y 图）上将出现最低点。

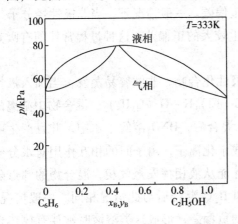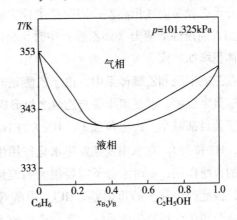

图 5-10 苯－乙醇的恒温相图（左）和恒压相图（右）

当负偏差较大时，总蒸气压出现极小点，如硝酸－水溶液，其恒温相图见图 5-11。相应的在其恒压相图上将出现最高点。

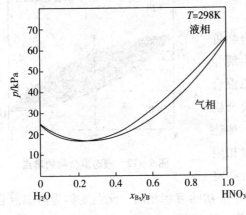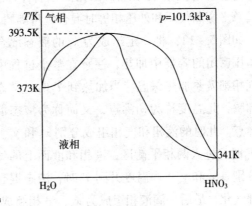

图 5-11 H_2O-HNO_3 的恒温相图（左）和恒压相图（右）

对于双液系统，一般来说如果组分 A 对拉乌尔定律发生正或负偏差时，则组分 B 对拉乌尔定律多发生相同类型的偏差。实际上二组分互溶双液系统以发生正偏差居多。当二组分的极性差别很大时，蒸气压出现更大的正偏差，甚至变成部分互溶或完全不互溶的系统。

真实液态混合物产生偏差的原因具体情况各不相同，但都是因为两个组分之间的分子相互作用的结果。当二组分的极性和相互作用非常接近时才可以形成理想液态混合物，和理想气体不一样，在液态状态时分子之间的相互作用是不可能忽略的。然而液态时同系物之间、光学异构体、立体异构体构成的液态混合物都十分接近理想液态混合物，这为我们研究理想的液态混合物系统提供了非常有意义的模型。

当分子之间的相互作用有差异时，偏差必然产生。如甲醇 – 水液态混合物，水分子之间的氢键 H – O…H 相互作用能在室温时约为 20kJ/mol，这使得水分子的内聚能很大，不容易挥发，沸点较高。当甲醇分子进入到水相后，甲醇分子和水分子均匀混合，甲醇分子减弱了液态水分子之间的氢键作用，增加了水分子向气相逃逸的倾向，故出现正偏差。但甲醇和水之间依然存在氢键作用，分子间的作用力依然是较大的，所以偏差较小。如果是乙醇混合到水相中，由于乙醇的疏水作用增强，进一步减弱了水分子间的氢键作用力，这导致乙醇 – 水体系出现较大的正偏差。在恒温相图上会出现最高点。

在苯和乙醇的液态混合物中，乙醇是极性化合物，分子之间有一定的缔合作用，当非极性的苯分子混入之后，使乙醇分子间的缔合体发生解离，液相中非缔合乙醇分子数增加，液体分子更容易向气相蒸发，因此产生较大的正偏差。一般情况下，当非极性烃分子（如苯）加入到极性的醇类（如乙醇）中时，会产生较大的正偏差，这种过程常伴随有吸热现象和体积增加效应。

在三氯甲烷和乙醚体系中，由于乙醚是非极性化合物，非常容易蒸发，当加入极性较强的三氯甲烷后，在三氯甲烷与乙醚之间形成 C（Cl）$_3$H…O（C$_2$H$_5$）$_2$，混合物中游离的两种分子数目都减小，产生负偏差。HNO$_3$ 与 H$_2$O 混合后，HNO$_3$ 溶解于水中，并且产生电离作用，H$^+$ 和 NO$_3^-$ 在水中快速发生水化作用生成水化离子，离子间的相互作用对水分子有强大的束缚作用，此时水分子需要很大的能量才能从液相挥发至气相，混合物的沸点随之提高，因此产生较大的负偏差。HCl、甲酸等和 H$_2$O 混合后与此情况相同。一般情况下，伴随有溶剂化作用发生的系统，都会产生较大的负偏差，形成这类溶液时常伴有放热现象和体积缩小的效应。

（二）完全互溶双液系统的沸点与回流

完全互溶的双液系统，在恒压条件下加热时，当其总平衡蒸气压和外压相等时混合物将沸腾。

如图 5 – 12，将一定组成为 x_B 的液态混合物置于恒压密闭的容器中加热，注意在整个过程中液相和气相都需要加热保温。当加热到 T_1 时，液态混合物沸腾，此温度称为初沸点，又简称为液态混合物的沸点。此时的液相和气相组成分别 x_B 和 y_1。加热到 T_2 时，进入两相平衡区，液相和液面上的气相组成分别是 x_2 和 y_2。当温度升到 T_3 时，液态混合物将

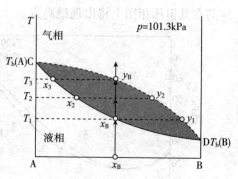

图 5 – 12　液态混合物的沸点

全部气化，最后一滴液相组成为 x_3，气相组成和最初的液相相同，此温度称为液态混合物的终沸点。由此可见液态混合物没有固定的沸点，只有沸程（the range of boiling point），温

度范围是 $T_1 \sim T_3$。因此液态混合物的沸点指的是初沸点，图 5 – 12 中的液相组成线（实线 CD）又称为液态混合物的沸点线，显然液态混合物的沸点是随组成而改变的。

有机实验和中药提取中的回流（reflux）操作，将一定组成的混合物加热至沸腾，气体被回流冷凝器冷凝后重新回到液相中。只要回流空间不是太大，液体的量不是太少，同时实验过程中不改变液态混合物的组成，系统将在初沸点时沸腾，并一直保持该温度不变。所以回流时环境加热温度必须高于沸点，此时系统的温度是混合物的沸点与环境温度无关，改变混合物的组成，沸点随之改变，回流系统的温度随之改变。

（三）恒沸点和恒沸混合物

图 5 – 10 和图 5 – 11 中，在恒温相图和恒压相图上都出现了最高点和最低点，即液相线和气相线相切了，在最高点或最低点处液相和气相的组成相同，这时的混合物叫做恒沸混合物（azeotropic mixture），其沸点称为最高或最低恒沸点（azeotropic point）。

恒沸混合物是混合物而不是化合物，因为恒沸点是随外压而变化的，表 5 – 2 是不同压力下的乙醇 – 水的恒沸混合物组成。恒沸混合物在恒定外压下有固定的沸点，这与单一组分的情形一样，但恒沸物的组成随外压而变。当外压达到某一数值时恒沸点甚至消失，而化合物是要求有确定的原子组成的，所以恒沸物是混合物并非化合物，但在一定压力下，恒沸混合物的沸点和纯物质一样有固定的沸点而不是沸程。

表 5 – 2 压力对乙醇 – 水恒沸混合物组成的影响

压力/kPa	101.3	53.3	26.7	21.3	9.33
恒沸混合物组成/乙醇%（W/W）	95.57	96.0	97.5	99.5	100

表 5 – 3 是常见的具有最低恒沸点的恒沸混合物的恒沸点及恒沸混合物的组成。表 5 – 4 是常见的最高恒沸点的恒沸混合物的恒沸点及恒沸混合物的组成。恒沸混合物在生产和科学实验中有广泛的应用，如乙醇 – 水混合物、恒沸盐酸和恒沸硝酸等都是常用的试剂。例如 HCl 和 H_2O 在大气压下恒沸物组成是 20.24%，在容量分析中可用作标准溶液。

表 5 – 3 具有最低恒沸点的恒沸混合物

组分 1	沸点/K	组分 2	沸点/K	恒沸混合物	
				组分 2/%（W/W）	沸点/K
水	373.15	乙醇	351.5	95.57	351.31
水	373.15	苯	353.4	91.1	342.5
水	373.15	乙酸乙酯	350.3	93.9	343.6
水	373.15	正丁醇	390.9	62	365.6
四氯化碳	349.95	甲醇	337.9	20.6	328.9
三氯甲烷	334.36	甲醇	337.9	12.6	326.56
环己烷	353.95	甲醇	337.9	62.8	327.35
三氯甲烷	334.36	乙醇	351.46	7.0	332.56
苯	353.4	乙醇	351.5	32.4	341.35

表 5 – 4 具有最高恒沸点的恒沸混合物

组分 A	沸点/K	组分 B	沸点/K	恒沸混合物	
				组分 B/%（W/W）	沸点/K
水	373.16	氯化氢	193.16	20.24	381.74
水	373.16	硝酸	359.16	68	393.66

续表

组分A	沸点/K	组分B	沸点/K	恒沸混合物	
				组分B/% (W/W)	沸点/K
水	373.16	溴化氢	206.16	47.5	399.16
水	373.16	甲酸	374	77	380.26
三氯甲烷	343.36	丙酮	329.31	20	337.86
苯酚	455.36	苯胺	457.56	58	459.36

图 5-13 总结出五种类型的气液平衡的恒温相图和恒压相图。实线表示液相线，虚线表示气相线。

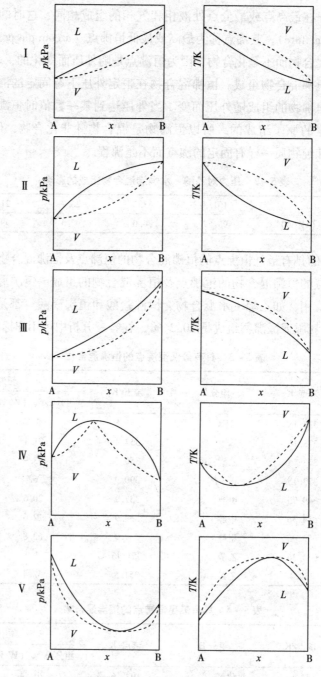

图 5-13　各种类型的 $p-x$ 相图（左）和 $T-x$ 相图（右）

Ⅰ是理想的液态混合物系统；Ⅱ是具有较小正偏差的液态混合物系统；Ⅲ是具有较小负偏差的液态混合物系统；Ⅳ是有较大的正偏差和最低恒沸点的系统；Ⅴ是具有较大的负偏差和最高恒沸点的系统。

三、蒸馏与精馏

蒸馏与精馏（distillation and fractional distillation）是分离液态混合物的重要方法，在生产和科学实验中应用很广。

（一）简单蒸馏

在图 5-12 中，恒压下密闭加热，系统温度从 T_1 升温至 T_3，液相全部蒸发为气相，这个过程是平衡蒸发，称为密闭蒸馏或静态蒸馏。简单蒸馏过程与密闭蒸馏不同，我们用图 5-14 来说明简单蒸馏在相图中的变化过程。

简单的蒸馏器由蒸馏瓶、冷凝器、温度计和收集容器组成，将液态混合物置于蒸馏器中加热，沸腾时形成的蒸气通过冷凝器不断蒸出，用容器按不同的沸程收集馏出液。

如图 5-14，组成为 x_B 的液态混合物，加热至 T_1 温度时沸腾，系统进入气-液两相平衡区。此时气相组成为 y_1，气相将自动扩散进冷凝器中被冷凝为馏出液，最初馏出液的组成为 y_1。随着低沸点组分（组分 B）不断被蒸馏出系统，蒸馏瓶中的高沸点组分（组分 A）含量增加，其沸点沿着沸点线不断升高，A 组分含量也沿着沸点线向纯 A 靠近。当蒸馏温度到达 T_2 时，平衡气相的组成为 y_2，如果此时停止蒸馏，则最后的馏出物组成就是 y_2。因此馏出液的总组成近似为 y_1 和 y_2 的平均值，蒸馏瓶中剩余液相的组成为 x_2。我们将 $T_1 \sim T_2$ 称为馏程（boiling range），此时的馏出物称为 $T_1 \sim T_2$ 的馏分（distillation fraction）。

简单蒸馏又称为蒸馏，加热混合液体至气-液两相平衡区，气相将自动扩散进冷凝器液并被移出气-液两相平衡区。由于气-液两相平衡时液相和气相的组成，馏出液中有更多的低沸点组分，蒸馏瓶中液相含有更多的高沸点组分。如果一直蒸馏到最后一滴，液态混合物的沸点将会升到高沸点（纯 A）的沸点，蒸馏瓶中液体的组分也变为纯高沸点组分（A 组分）。

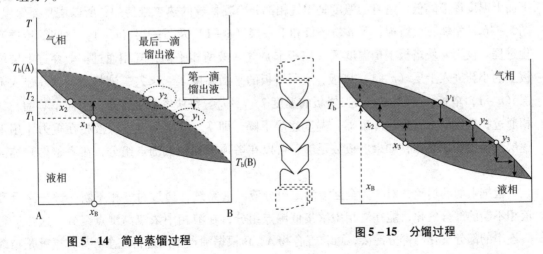

图 5-14　简单蒸馏过程　　　　　　图 5-15　分馏过程

（二）分馏和精馏原理

用简单蒸馏的方法只能按不同沸程，即按不同沸点范围收集若干份馏出液，或除去原溶液中不挥发性杂质，并不能将二组分作完全的分离。要使混合液能达到较好的完全分离，需采用"分馏"或"精馏"的方法。分馏的原理我们可以通过下述过程结合相图 5 - 15 加以说明。

在恒压下加热蒸馏液态混合物，蒸发的气相不直接进入冷凝管，而是通过一定长度的带空心刺的分馏管后再到达冷凝管，如图 5 - 15。空心刺一般是三根为一组，气阻小，蒸馏速度快。

组成为 x_B 的液态混合物，当加热至温度 T_b 时，液体沸腾，此时气相组成为 y_1。y_1 的气体向上扩散，当和第一组空心刺接触时气相在空心刺的玻璃表面上部分冷凝，含较多低沸点组分的气相 y_2 继续向上扩散到上一组空心刺的玻璃表面，如图 5 - 15 中的实线箭头所示，此时部分冷凝的液相组成为 x_2，含较多的高沸点组分，将形成液滴在重力作用下滴落至下一组空心刺上，如图中的虚线箭头所示。最后气相会扩散到达冷凝器，被强制冷却成液体后离开系统，部分冷凝的液体最后重新回到蒸馏瓶中。每组空心刺的玻璃表面上，二组分都进行接近两相平衡的气 - 液两相重新分配，相当于进行了一次简单蒸馏，在分馏管中，从下至上进行的是一连串的、平衡温度递降的简单蒸馏。在理论上经过足够多次的部分冷凝，高沸点组成会全部回到蒸馏瓶中，气相中低沸点组分不断增加，最后无限接近纯低沸点组分而被蒸馏出。

空心刺分馏柱的分离效率不高，工业上和实验室中这种部分气化与部分冷凝是在精馏塔或精馏柱中进行的，原理和分馏完全相同。最有代表性的是筛板精馏塔，塔主要由三部分组成：①底部的加热釜。精馏的物料是从塔身进料的，物料经过预热器预热，加热器给流入塔釜的高沸点组分加热，以保证精馏塔的传热平衡。②塔身（实验室中叫精馏柱）。其外壳用隔热物质保温，塔身内上下排列着多块塔板，现代的精馏塔常用填料或筛网代替老式塔板，以提高精馏效率。③顶部装有冷凝器和回流阀，使低沸点的蒸气自塔顶进入冷凝器，冷凝液部分回流入塔内以保持精馏塔的传质和传热稳定，其余部分收集为低沸点馏分。高沸点馏分则流入加热釜并从釜底排出。进料口的位置在中间某层塔板上，经过预热的原料液与该层液体的温度一致。

精馏塔在稳定工作时，每块塔板的温度是恒定的，每层塔板上是一个简单蒸馏，且自下而上温度逐渐降低，塔身的温度是靠气相部分冷凝释放的热来维持的，所以塔身要保温。图 5 - 16 是相邻三块塔板，第 n 块塔板和上一层（$n+1$）及下一层（$n-1$）之间的传质变化过程。设第 n 块塔板平衡温度 T_n，塔板上是气 - 液两相平衡，气相通过扩散穿过上层塔板上的小孔进入上层（$n+1$）塔板，上层塔板的平衡温度 $T_{n+1} < T_n$，液相经溢流孔流入下层（$n-1$）塔板，下层（$n-1$）塔板的温度 $T_{n-1} > T_n$。每块塔板上都是一个简单蒸馏，气相通过扩散逐层上升直达冷凝器，温度逐层下降，即 $T_{n+1} < T_n < T_{n-1}$。液相在重力作用下逐层下落直到加热釜，如果塔板数足够，可以在塔顶得到纯低沸点组分，在塔釜得到纯高沸点组分。

根据上面的讨论，对于完全互溶的二组分液 - 液系统，通过对气相不断的部分冷凝和液相不断的部分气化，能在气相中浓集低沸点组分，在液相中浓集高沸点组分。这样进行一连串的部分气化与部分冷凝，可将混合物 A、B 根据沸点不同进行完全分离，这就是精馏原理。现代工业精馏塔都不再使用筛板塔，而以耐腐蚀的具有一定几何形状的填充料取代，实验室的精馏柱，常填充小玻管、碎瓷片或钢网卷等。填充料的表面上附有一层液膜，与附近空隙间的气相进行着相似的传热传质过程，其传质传热更快更稳定，分离效果比传统的筛板高，但填充塔在提高理论塔板数和分离效率时，精馏塔的气阻相应加大，处理量相

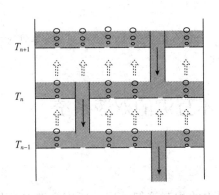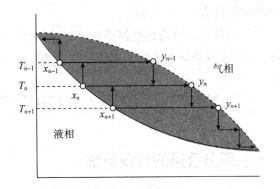

图 5-16 板式精馏塔相邻三块塔板之间的液相和气相的传质

应降低。

对具有最高或最低恒沸点的二组分系统，精馏只能得到一个纯组分和恒沸混合物，而不能分离纯 A 及纯 B。最高恒沸混合物一定在塔釜，最低恒沸混合物一定在塔顶。对于这类系统，可以将恒沸点组成作为分界，将 $T-x$ 图分成两个简单相图，然后分别讨论其精馏过程的产物。

其实二组分系统有三个变量，作 $T-p-x$（y）相图是一立体图，恒温 $p-x$ 相图和恒压 $T-x$ 相图是各自在温度截面和压力截面的截面图。

例题 5-8 大气压力下，用沸点仪测得的乙醇 - 乙酸乙酯液态混合物的沸点 - 组成数据如表 5-5 所示。

（1）绘出乙醇 - 乙酸乙酯的恒压相图；

（2）当混合物的组成为 $x_{乙醇}=0.8$ 时，最初馏出物的组成是什么？当蒸馏到 74.2℃ 时，整个馏出物的组成是什么？

（3）将溶液蒸馏到最后一滴时，蒸馏瓶中的物质组成是什么？如果密闭蒸馏到最后一滴，蒸馏瓶中的物质组成是什么？

（4）$x_{乙醇}=0.6$ 的混合物能通过分馏得到纯乙醇和乙酸乙酯吗？

表 5-5 乙醇 - 乙酸乙酯液态混合物的沸点 - 组成（101.325kPa）

$T/℃$	77.15	76.70	75.0	72.6	71.8	71.6	72.0	72.8	74.2	76.4	77.7	78.3
$x_{乙醇}$	0.00	0.025	0.100	0.240	0.360	0.462	0.563	0.710	0.833	0.942	0.982	1.00
$y_{乙醇}$	0.00	0.070	0.164	0.295	0.398	0.462	0.507	0.600	0.735	0.880	0.965	1.00

解：（1）根据表中数据作图，如图 5-17 所示。

（2）从相图可见，$x_{乙醇}=0.8$ 的乙醇和乙酸乙酯混合液的初沸点为 73.7℃，最初馏出物的组成为 $x_{乙醇}=0.69$。

当蒸馏到 74.2℃ 时，整个馏出物的组成 $x_{乙醇} \approx$ （0.69+0.735）/2=0.713。

（3）普通蒸馏是动态过程，如果蒸馏到最后一滴，随着最低恒沸混合物的不断蒸出，蒸馏瓶中的物质组成是高沸点物质，该题中将是纯乙醇。密闭蒸馏属于平衡蒸馏过程，蒸馏到最后一滴时，蒸

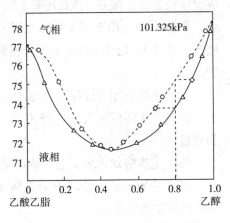

图 5-17 乙醇 - 乙酸乙酯恒压相图

瓶中的物质组成 $x_{乙醇} = 0.89$。

（4）该体系是具有最低恒沸混合物的体系，$x_{乙醇} = 0.6$ 的混合物精馏后只能得到 $x_{乙醇} = 0.462$ 的恒沸混合物和乙醇，不能分馏到纯乙酸乙酯。

第四节　部分互溶和完全不互溶的双液系统

一、部分互溶的双液系统

扫码"学一学"

部分互溶双液系统，主要讨论在一定温度范围内的相互溶解情况，所以主要是恒压相图。两种液体由于极性等性质有显著差别时，在常温下只能有条件的相互溶解。图 5–18 是恒压下正丁醇和水的温度–组成图。如压力为 101.325kPa、温度为 293K 时，在水中（图中为 d）逐滴加入正丁醇，最初正丁醇完全溶解在水中，是单一液相。继续滴加正丁醇，物系点移动至 e 点（浓度达到 7.8%）时，系统出现混浊，这是由于光线在相界面上的反射，表示正丁醇在水中已经饱和。继续滴加正丁醇至 f 点，这时系统将分层形成两层液体，因为正丁醇在水中的溶解度不变，正丁醇在水中的饱和层依然在 e 点，新的液相在图中的 g 点，与原来的 e 平衡共存。g 点的新液相并非纯正丁醇，是被水饱和的正丁醇，它的组成为 79.9%。e 与 g 是两个平衡共存的液相，互称为共轭相（conjugated phase），它们的组成分别是该温度下水和正丁醇的相互溶解度。不论物系点 f 在 eg 水平线上如何移动，两个共轭相 e 和 g 均有不变的组成，只是两相的相对量有增减，两层液体的相对量可由杠杆规则计算。若再继续加入正丁醇，物系点在连结线上向右移动，当到达 g 时，液相 e 将消失，系统开始呈单一液相。当物系点向右离开 g 时，系统成为水在正丁醇中的不饱和溶液相。用同样方法在 353K 下重复上述操作，即可得到水相 i（正丁醇饱和，6.9%）和正丁醇相 j（水达饱和，73.5%），用同样方法在不同温度下重复上述操作，即可得到一系列共轭相，将各相的相点连接起来得到 ac 及 bc 二条曲线。显然温度变化时正丁醇在水中溶解度沿 ac 线变化，因此 ac 线称为正丁醇在水中的溶解度曲线。同样的沿 bc 线是水在正丁醇中的溶解度曲线。两条溶解度曲线在 c 点汇合，c 点所对应的温度叫做临界溶解温度（critical solution temperature），在 c 点时两个饱和溶液合一，呈单相。当温度超过此点，正丁醇与水能以任何比例互相溶解，系统是完全互溶双液系统，低于临界温度时，若物系点落在曲线帽形区内，则只能部分互溶，因此为两相区。物系点在帽形区以外是单相区。具有最高临界温度的系统比较多，例如还有苯胺–水、苯胺–己烷、二硫化碳–甲醇等。

例题 5–9　图 5–18 是标准压力下正丁醇–水的溶解度图，在 293K 时往 100 克水中慢慢滴加正丁醇，试根据相图求：

（1）系统开始变浑浊时，加入正丁醇的数量（克）；

（2）正丁醇的加入量为 25.0 克时，一对共轭相的组成和质量；

（3）至少应加入多少正丁醇才能使水层消失；

（4）若加入正丁醇 25.0 克并将此混合液加热至 353K，两共轭液层的质量比；

（5）若将（4）中的混合液在常压下一边搅拌一边加热，将在什么温度下系统由浑浊

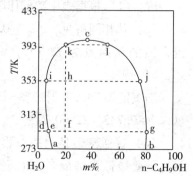

图 5–18　正丁醇–水系统的溶解

变清。

解：（1）在图 5–18 中，纯水的状态点为 d（293K，0%）。恒温滴加正丁醇时物系点从 d→e 变化，达 e 点时，正丁醇在水中达到饱和。稍微过量系统立即变浑浊，e 点对应的组成为 7.8%。设 m_1 是应往 100.0 克水中加入的正丁醇量，则

$$\frac{m_1}{m_1 + 100\text{g}} = 0.078 , \quad m_1 = 8.46 \text{ g}$$

（2）正丁醇的加入量为 25 克时，系统的总组成为 25/（100+25）×100% = 20%。此时物系点为 f，在二相区内，两个共轭相为 e 和 g，它们的组成可由图中读出：水相 e 为 7.8%，正丁醇相 g 为 79.9%。

由杠杆规则 $\qquad \dfrac{\text{水相质量}}{\text{醇相质量}} = \dfrac{\overline{fg}}{\overline{ef}}$ 或 $\dfrac{\text{水相质量}}{\text{体系总质量}} = \dfrac{\overline{fg}}{\overline{eg}}$

故水相质量 = 总质量 × $\dfrac{\overline{fg}}{\overline{eg}}$ = （100.0 + 25.0）× $\dfrac{79.9 - 20.0}{79.9 - 7.8}$ = 103.9 克

正丁醇相质量 = 125.0 克 − 103.9 克 = 21.1 克。

（3）保持温度不变，不断滴加正丁醇，系统的总组成沿 f→g 变化，两液层的数量将发生变化，但各相的组成保持不变。当物系总组成达到 g 点时，水层消失。设此时共加入正丁醇为 m_2。

$$\frac{m_2}{m_2 + 100\text{g}} = 0.799 , \quad m_2 = \frac{79.9\text{g}}{1 - 0.799} = 397.5\text{g}$$

（4）将 100.0 克水和 25.0 克正丁醇的混合物加热至 353K 时。物系点为 h，平衡的共轭相的相点为 i 和 j，它们的组成分别为水相 i 为 6.9%，正丁醇 j 为 73.5%。由杠杆规则得到：

$$\frac{\text{水相质量}}{\text{醇相质量}} = \frac{\overline{hj}}{\overline{ih}} = \frac{73.5 - 20.0}{20.0 - 6.9} = 4.08$$

（5）当系统总组成不变（20%），不断升温时，系统中两液层的组成将分别沿 i→k（水层），j→l（醇层）变化。两液层质量比也在发生变化，水相逐渐增多，正丁醇相不断减少，当水相的组成达到 k 点时，正丁醇相消失。k 点对应的温度是 397.66K，这时系统将由浑浊（两相）变澄清（一相）。

某些部分互溶系统当温度降低时，相互溶解度增大，当温度降到足够低时，可以完全互溶，在此温度以下，两种液体可以任意比例互溶，此温度称下临界溶解温度。例如水与三乙基胺属这种类型，见图 5–19。这是因为三乙胺的乙基基团在低温中不舒张，疏水能力弱，溶解度大；而温度升高后乙基充分舒张疏水能力增强，在水中的溶解度降低。有些系统在温度 – 组成图上既有上临界温度又有下临界温度。例如 333K 以下水和烟碱能以任何比例互溶，333K 以上就分为两个液层，而超过 483K，却又成为一个均匀液相。这个系统的相图有完全封闭式的溶解度曲线，见图 5–20。

有临界溶解温度的部分互溶双液系统，当温度升高到临界溶解温度以后就是完全互溶双液系统。很多没有临界溶解温度的双液系统，气 – 液平衡相图和液 – 液平衡相图会有部分重叠，如水 – 异丁醇系统（图 5–22），这类系统仍然可以用分馏的方法进行分离。

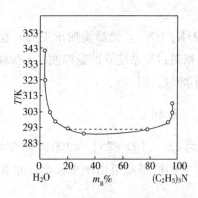

图 5-19　水-三乙基胺的溶解度图

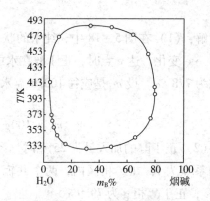

图 5-20　水-烟碱的溶解度图

二、完全不互溶的双液系统

如果两种液体在性质上差别很大，它们间的相互溶解度就很小，例如水与烷烃，水与芳香烃，水与二硫化碳等，这样的系统可看作完全不互溶的双液系。在这种系统中任一液体的蒸气压与同温度单独存在时完全一样，并与两种液体存在的量无关。溶液上面的总蒸气压就等于各液体单独存在时蒸气压之和。例如当液体 A 和 B 组成上述系统，系统的总蒸气压 $p = p_A^* + p_B^*$，由于系统的蒸气压大于任一纯组分的蒸气压，因此系统的沸点亦必然低于任一纯液体的沸点。

图 5-21 是溴苯和水的蒸气压随温度增加关系图。图中 LN 为溴苯的蒸气压随温度的变化曲线，若将 LN 在图中延伸与大气压水平线相交，溴苯的沸点应为 429K（在图外的右上方位置，未画出）。LM 是水的蒸气压随温度的变化曲线，它的正常沸点为 373K（100℃）。LO 线是同一温度下溴苯和水混合液上方的总蒸气压曲线，为溴苯和水的蒸气之和，即 O 点的压力为 M 点和 N 点的压力相加。混合物的总蒸气压在 368K（95℃）时已达到 101.325kPa，故混合液的沸点为 368K，这比两种纯物质的沸点都低。

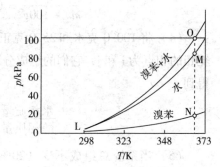

图 5-21　水-溴苯的蒸气压图

如果溴苯和水在 95℃ 时共沸蒸馏，气相中二组分的物质的量之比就是共沸点时的饱和蒸气压之比，因此馏出液中溴苯和水的比例也将是相同比例。由于两种液体是不互溶的，冷凝至室温后将分层，用分液漏斗即可将其分离。

将水不溶性有机化合物与水一起共沸蒸馏，对摩尔质量大、沸点高、在高温直接蒸馏提取时易分解的某些物质，尤其是提取植物中某些挥发性成分如芳香油等，可在低于 373K 的温度下蒸出。因共存的另一相是水，这种方法称水蒸气蒸馏（steam distillation）。

进行水蒸气蒸馏时，应将水蒸气通入有机液体液层深处，让水蒸气以气泡的形式通过有机液体，起供热和搅拌的双层作用，馏出液除去水层即得产品。

把蒸出的蒸气看作理想气体，在气相中水与有机物 B 的摩尔比为

$$\frac{n_{H_2O}}{n_B} = \frac{p_{H_2O}^*}{p_B^*}, \quad \frac{n_{H_2O}}{n_B} = \frac{W_{H_2O}/M_{H_2O}}{W_B/M_B} = \frac{p_{H_2O}^*}{p_B^*}$$

$$\frac{W_{H_2O}}{W_B} = \frac{p^*_{H_2O} M_{H_2O}}{p^*_B M_B} \qquad (5-20)$$

W 和 M 分别代表质量和摩尔质量。式中 W_{H_2O}/W_B 称水蒸气消耗系数，即蒸出单位质量有机物所需水蒸气的量。有机物与水相比，虽然蒸气压较低，但摩尔量较大，从上式可以看出，等式右端分子和分母中 p^* 与 M 的乘积相差不会太大，所以蒸出单位质量有机物时所耗水蒸气不会太多。

例题 5-10 欲用水蒸气蒸馏法蒸出 1kg 溴苯，问理论上需要多少 kg 水蒸气？溜出物中溴苯的质量百分浓度是多少？已知在溴苯-水的沸点 368K 时纯水的蒸气压力 84.7kPa，溴苯的蒸气压力为 16.7kPa。

解：根据式（5-20），有

$$W_{H_2O} = 1 \times \frac{84.7 \times 10^3}{16.7 \times 10^3} \times \frac{18.02}{157} kg = 0.582kg$$

蒸馏 1kg 溴苯理论上需消耗 0582kg 水蒸气。

馏出物中含溴苯（w/w）

$$\frac{1}{1 + 0.582} \times 100\% = 63.2\%$$

例题 5-11 水和异丁醇在标准大气压力下的二元恒压平衡相图如图 5-22 所示。

（1）指出各个相区存在的相态及自由度；

（2）组成为 w_1 的稀溶液精馏后，在塔顶和塔釜分别得到什么？

（3）根据此相图设计合理的工业分馏过程，能完全分离水和异丁醇吗？如果能，请写出大致的分离流程。

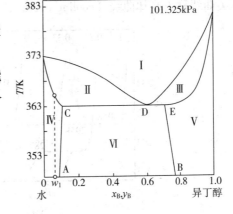

图 5-22 水-异丁醇的二元恒压相图

解：（1）Ⅰ相区：水和异丁醇气相区，$f=2$。

Ⅱ、Ⅲ相区：气液平衡区，$f=1$。

Ⅳ：异丁醇溶解于水的单一溶液相区，$f=2$。

Ⅴ：水溶解于异丁醇的单一溶液相区，$f=2$。

Ⅵ：两个液相的平衡相区，$f=1$。

（2）组成为 w_1 的稀溶液精馏后，可在塔顶得到组成为 D 的最低恒沸混合物，在塔釜得到水。

（3）可使用双塔精馏和液体分离器联合的方法实现水和异丁醇的完全分离。

第一步：组成为 w_1 的稀溶液进入精馏塔 1 精馏，塔釜分离出部分水，塔顶得到最低恒沸混合物。

第二步：最低恒沸混合物降温进入液-液平衡相区，恒沸混合物将分层，得到组成近似为 C 和 E 的两个液相，利用液体分离器分离得组成为 C 和 E 的两个液相。

第三步：组成为 E 的液相用精馏塔 2 精馏，塔釜得高沸点的纯异丁醇。组成为 C 的液相导入第一步中的精馏塔 1 精馏分离出水。

利用两精馏塔和一个液体分离器可实现水-异丁醇完全分离的连续分离操作。

扫码"学一学"

第五节　二组分固–液系统平衡相图

只由固态和液态构成的固–液平衡系统称为凝聚系统，是一类有广泛应用的重要系统。由于压力对凝聚系统相平衡的影响甚微，所以常不考虑压力的影响，这类系统相律可以写成 $f^* = K - \Phi + 1$。二组分固–液系统，可根据两种组分互溶程度的不同分为：①二组分在固态完全不溶的系统，又称为简单低共熔系统；②固态部分互溶的系统；③固态完全互溶的系统。此外在组分间还可以发生化学反应产生新的物种，因此固–液平衡相图的类型很多，有些图形较为复杂，但它们都是由若干个基本类型的相图构成，所以本章只讨论这类相图的基本特征，为分析复杂相图时做准备。

一、简单低共熔相图

（一）热分析法绘制相图

热分析法就是观察系统在缓慢冷却或加热过程中，温度随时间的变化情况来判断有无相变化的发生。如果系统内不发生相变，则温度随时间的变化是均匀的，当系统发生了相变，由于在相变过程中总伴随有热效应，温度对时间的曲线将出现转折点或水平线段，这类曲线称为冷却曲线（cooling curve），这种方法称为热分析法。

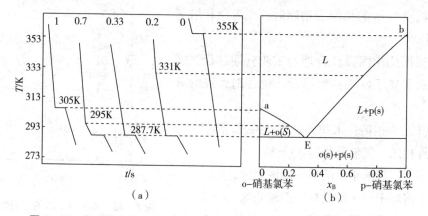

图 5-23　邻硝基氯苯–对硝基氯苯二元系统的冷却曲线和固液平衡相图

现以邻硝基氯苯和对硝基氯苯系统的相图为例，具体说明如何从冷却曲线绘制相图。配制 o–硝基氯苯和 p–硝基氯苯混合物，使其 o–硝基氯苯 x_o 分别为 1、0.7、0.33、0.2、0 的五个样品，在常压下加热完全熔为液态。在保温套管中让混合熔化液冷却，记录温度–时间曲线，得各个样品的冷却曲线。

如图 5-23（a）纯 o–硝基氯苯的冷却曲线，当温度处于熔点（305K）以上时，系统是液态，在冷却过程中温度均匀下降，因此冷却曲线 1 的上部线段斜率比较均匀。当冷却到 305K 时，冷却曲线出现水平线段。这是由于有 o–硝基氯苯从液相中结晶出来，此时 $\Phi = 2$，$f^* = 1 - 2 + 1 = 0$，表明在固–液平衡条件下温度与组成都不变，出现温度恒定的水平线段。当液相全部凝固后，此时 $\Phi = 1$，$f^* = 1 - 1 + 1 = 1$，温度又可以变化，冷却曲线从水平变为倾斜降温。样品 5 是纯的 p–硝基氯苯，冷却曲线形状与曲线 1 完全相似，在 355K 时也有一个水平线段，是纯 p–硝基氯苯的熔点。

$x_o = 0.7$ 的样品冷却曲线。在 295K 以上为熔融液的冷却阶段，温度均匀下降，当冷却到295K时，熔融液中 o‑硝基氯苯已达饱和，开始有固态晶体析出。此时为固液二相平衡，此时 $\Phi=2$，$K=2$，$f^*=2-2+1=1$，在保持二相平衡时，温度仍可改变，由于固态晶体放出凝固热使冷却速度变慢，冷却曲线的斜率变小，出现了转折点。当温度继续降温到287.7K，熔融液 o‑硝基氯苯和 p‑硝基氯苯同时析出，成为三相平衡系统，此时 $\Phi=3$，$K=2$，$f^*=2-3+1=0$，系统没有自由度，温度和组成皆不能改变，在冷却曲线上出现了水平线段。该线段所对应的温度为熔融液可能存在的最低温度，称为最低共熔点（eutectic point）。直到所有熔融液全部凝固，液相消失，恢复为两相平衡，$\Phi=2$，$f^*=2-2+1=1$，自由度恢复为1，温度继续下降。

$x_0=0.2$ 的样品冷却曲线。$x_0=0.2$ 样品的冷却曲线完全相似，不同点是当温度冷却到331K时发生转折，先析出的是固相是 p‑硝基氯苯。三相平衡温度也在287.7K。

$x_0=0.33$ 的样品的冷却曲线的形状与纯物质很相似，在冷却过程没有转折点，冷却至287.7K时出现一水平线段，是因为样品的组成恰好为三相共存时熔融液的组成。当温度下降到287.7K时，p‑硝基氯苯与 o‑硝基氯苯同时达到饱和并同时析出，而在此前并不析出 p‑硝基氯苯或 o‑硝基氯苯，因此在冷却曲线上只出现一个水平线段。如果将含 $x_0=0.33$ 的样品加热，也在287.7K时熔化，显然这种组成的混合物熔点最低。

把上述五条冷却曲线中固体开始析出的温度，以及低共熔温度，描绘在温度‑组成图中，将开始有固态析出的点连结起来，把低共熔点连结起来便得完整的 p‑硝基氯苯和 o‑硝基氯苯的相图，如图5‑23（b）。

图5‑23（b）中 aEb 线以上为熔融物的单相区。aE 线代表纯固态 o‑硝基氯苯与熔化物平衡时液相组成与温度的关系曲线，亦可理解为在 o‑硝基氯苯在含有 p‑硝基氯苯时的熔点降低曲线。Eb 线为纯 p‑硝基氯苯与液相平衡时液相组成与温度的关系曲线，亦称为 p‑硝基氯苯的熔点降低曲线。在曲线 aEb 以下，最低共熔线以上为两相共存区。E 点叫最低共熔点（温度为287.7K，$x_0=0.33$）。对应于该温度的水平直线为三相平衡线（二端点除外），它们是固态 o‑硝基氯苯、固态 p‑硝基氯苯及液相 E。在此虚线以下是 o‑硝基氯苯和 p‑硝基氯苯两种固体共存的区域。相图中已注明了各区域的稳定相，在两相共存区中可用杠杆规则计算两相的数量比。

低共熔混合物的低共熔线，有时也称为共晶线。

（二）溶解度法绘制相图

表5‑6是 $(NH_4)_2SO_4$ 溶液在不同浓度时的冰点和不同温度下 $(NH_4)_2SO_4$ 的饱和浓度。根据表中所列数据作图，得 $H_2O - (NH_4)_2SO_4$ 系统相图如图5‑24。在用结晶法提制纯盐时，这类相图对生产有重要指导意义。

表5‑6 $H_2O - (NH_4)_2SO_4$ 系统的固‑液相平衡数据

温度/K	$(NH_4)_2SO_4$/% （W/W）	固相
267.7	16.7	冰
262	28.6	冰
255	37.5	冰
254	38.4	冰 + $(NH_4)_2SO_4$
273	41.4	$(NH_4)_2SO_4$
283	42.2	$(NH_4)_2SO_4$

续表

温度/K	$(NH_4)_2SO_4$/% (*W/W*)	固相
293	43	$(NH_4)_2SO_4$
303	43.8	$(NH_4)_2SO_4$
313	44.8	$(NH_4)_2SO_4$
323	45.8	$(NH_4)_2SO_4$
333	46.8	$(NH_4)_2SO_4$
343	47.8	$(NH_4)_2SO_4$
353	48.8	$(NH_4)_2SO_4$
363	49.8	$(NH_4)_2SO_4$
373	50.8	$(NH_4)_2SO_4$
382 (沸点)	51.8	$(NH_4)_2SO_4$

图中 AN 是 $(NH_4)_2SO_4$ (s) 的溶解度曲线，LA 是水的冰点下降曲线，在 A 点 (254K，-19.1℃)，冰、$(NH_4)_2SO_4$ (固) 与溶液三相共存、当溶液原组成在 A 点左边时，冷却时析出冰，而在 A 右边时，溶液冷却时析出 $(NH_4)_2SO_4$ (固)。当溶液组成恰好在 A 点时，冷却后，冰和 $(NH_4)_2SO_4$ 同时析出形成低共熔混合物。

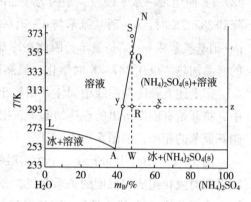

图 5-24 $(NH_4)_2SO_4-H_2O$ 的相图

在用结晶法提纯粗无机盐时，可根据相图拟定操作步骤。例如要获得较纯的 $(NH_4)_2SO_4$ 固体，可先将粗盐溶解在热水中，其浓度必须控制在 A 点右边，设为 S 点 (353K，80℃，47.5%)，然后过滤去除不溶性杂质，再冷却达 Q 点时即开始有 $(NH_4)_2SO_4$ 晶体析出。继续冷却到常温 R 点，过滤得晶体。$(NH_4)_2SO_4$ 的量可用杠杆规则求得

$$\frac{液相的量}{固相的量} = \frac{\overline{Rz}}{\overline{Ry}}$$

移走 $(NH_4)_2SO_4$ 固体后，剩余的母液组成为 y。可再加热并溶入粗盐使物系点移到 S 点。如此循环，每次均可得到一定数量的精品 $(NH_4)_2SO_4$ 晶体。最后母液中杂质增加会影响产品质量，这时必须对母液进行处理或废弃。

类似的水盐系统还有多种 (表 5-7)，按照最低共熔点的组成来配冰和盐的量，就可以获得较低的冷冻温度。在化工生产中，经常以 $CaCl_2$ 水溶液作为冷冻循环液，就是因为以最低共熔点的浓度配制盐水时，在 218.7K 以上不会结冰。

表 5-7　一些水-盐系统的低共熔混合物组成和最低共熔点

盐	最低共熔点/K	低共熔混合组成/盐的重量% (*W/W*)
NaCl	252	23.3
KCl	262.5	19.7
NH_4Cl	257.8	18.9
$CaCl_2$	218.16	29.9
$(NH_4)_2SO_4$	254.06	39.8

低共熔体系是一类重要材料，有着广泛的应用。例如，45 克樟脑（熔点：179℃）和 55 克水杨酸苯酯（熔点：42℃）组成共熔混合物，熔点为 6℃。多元低共熔混合物伍德合金，组成为：铋（Bi）50% + 铅（Pb）25% + 锡（Sn）12.5% + 镉（Cd）12.5%，低共熔合金熔点为 65.5℃，常用于电路中的保险丝等。

二、生成化合物的相图

有些二组分固－液平衡系统可能生成化合物，形成第三个物种。

$$aA + dD = A_aD_d$$

则系统中物种数 S 增加 1，但同时有一独立的化学反应 $R = 1$，按组分数的定义 $K = S - R - R' = 3 - 1 - 0 = 2$，因此仍然是二组分系统。

可以将这种系统分为形成稳定化合物和不稳定化合物两种类型来讨论。

（一）形成稳定化合物的相图

所生成的化合物熔化时，固态化合物与熔融液有相同的组成，则此化合物称为稳定化合物，其熔点称为"相合熔点"。苯酚（A）与苯胺（B）能生成分子比为 1：1 的化合物 $C_6H_5OH \cdot C_6H_5NH_2$（C），化合物 C 有稳定的熔点，为 304K，此系统的相图如图 5-25 所示。一般可将此相图看作由两个低共熔相图所拼合而成，图中各相区的稳定态均已注明，其他讨论情况与前已述及的简单低共熔相图相同。只是当系统在 E 点时，实际上是单组分系统，其冷却曲线的形式应该与纯物质相同，即在熔点时出现一水平线段。

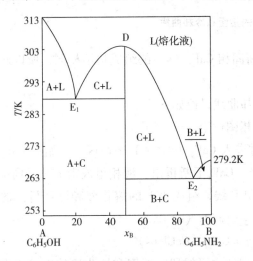

图 5-25 苯酚和苯胺系统相图

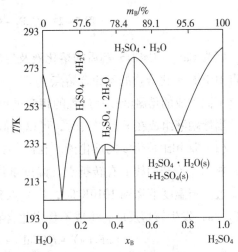

图 5-26 $H_2SO_4 - H_2O$ 的相图

退热镇痛药复方氨基比林是由氨基比林和巴比妥以物质的量比 2：1 加热熔融而成。二者生成 1：1 的 AB 型分子化合物，此化合物再与剩余的氨基比林共熔，其镇痛作用比未经熔融处理者要好。

很多无机物与水能生成多种水化物，如水与硫酸形成三种水化物，$H_2SO_4 \cdot H_2O$、$H_2SO_4 \cdot 2H_2O$ 和 $H_2SO_4 \cdot 4H_2O$。图 5-26 是水和 H_2SO_4 的相图，从图中可见这三种水合物都有稳定的熔点，并有四个低共熔点。此图可分成四个简单低共熔相图来分析。从图 5-26 中看出，质量百分数为 98% 的硫酸在 273K（0℃）左右凝固，这不利于冬季运输或贮存，一般将硫酸浓度调整为 93%，形成 $H_2SO_4 - H_2SO_4 \cdot H_2O$ 低共溶混合物，凝固温度降低至 238K（-35℃）左右，有利于管道输运。

（二）生成不稳定化合物的相图

有时组分 A 和 B 能形成不稳定化合物，所谓不稳定化合物就是在没有达到熔点时就分解了。

$CaF_2 - CaCl_2$ 系统是这类生成不稳定化合物系统的一个例子，其相图见图 5－27，不同相区中的相态已在图中标出。$CaCl_2$ 和 CaF_2 能生成不稳定化合物 $CaF_2 \cdot CaCl_2$，它在 1010K 时发生转熔反应，建立如下的相平衡

$$CaF_2 \cdot CaCl_2（固）\underset{放热}{\overset{吸热}{\rightleftharpoons}} CaF_2（固）+ 熔融液$$

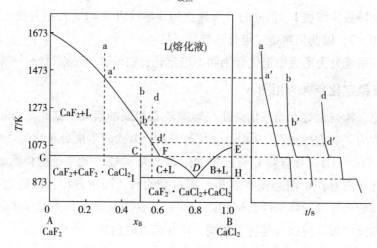

图 5－27　$CaF_2 - CaCl_2$ 的相图和冷却曲线

因为 $CaF_2 \cdot CaCl_2$ 分解后的熔化液及生成的新固相 CaF_2（s）的组成均不相同，所以此熔点 1010K 是化合物的不相合熔点。

不同组成的熔融液冷却过程的相变过程及冷却曲线讨论如下。

当熔融液组成在 F 点以右时，可以用低共熔相图讨论。

（1）液相组成为 a 的熔化液。在冷却到 a′时进入 CaF_2（s）＋L 平衡区，开始有 CaF_2（s）析出，冷却曲线上有转折点。温度继续下降，CaF_2 不断析出，液相组成沿 a′F 线向 F 点靠近。当温度下降到 1010K 时，物系点到达 GCF 线，组成为 F 的熔化液和已经析出的 CaF_2（s）发生转熔反应，生成不稳定化合物 $CaF_2 \cdot CaCl_2$（s）。

$$CaF_2(s) + F(CaF_2 + CaCl_2) = CaF_2 \cdot CaCl_2(s)$$

这时是三相平衡，自由度为零，冷却曲线出现一水平线段，温度和熔化液的组成均维持不变。因系统中 CaF_2 含量较高，因此当转熔反应结束时，液相 F 消失，系统中尚有多余的 CaF_2（s）存在。系统降温进入 CaF_2 与 $CaF_2 \cdot CaCl_2$ 固体共存相区。

（2）若液相组成为 b 的熔化液，当冷却到 b′点时，CaF_2（s）首先析出。此时冷却曲线有一转折点。随着温度的下降 CaF_2（s）不断析出，液相组成沿 b′F 线向 F 点移动。当冷却到，1010K 时（图中 C 点），熔化液 F 和 CaF_2（s）发生转熔反应，生成化合物 $CaF_2 \cdot CaCl_2$，为三相平衡，自由度为零，冷却曲线出现一水平线段。反应结束，因系统中的组成恰是化合物的组成，故 CaF_2（s）与液相同时消失，系统全部生成 $CaF_2 \cdot CaCl_2$（s），变成单组分系统，温度继续下降。

（3）液相组成为 d 的熔化液。当混合熔化液的组成在 C 与 F 之间时，在 1010K 以前（GCF 线以上）的冷却过程与 a 和 b 点相同。但由于系统中所含 CaF_2 的量小于化合物中所

含 CaF_2 的量，因此在 1010K 发生转熔反应时，固体 CaF_2 全部转化以后，还剩余少量的液相 F，温度继续下降，系统进入 $CaCl_2 \cdot CaF_2$（s）和液相的两相平衡区。当温度再降低时，不断有化合物 $CaF_2 \cdot CaCl_2$（s）析出，液相组成沿 FD 线向 D 移动，在 HI 线上生成低共熔混合物，即在 HI 线上化合物 $CaF_2 \cdot CaCl_2$（s）和 $CaCl_2$ 同时结晶，是三相平衡，冷却曲线又出现平台。

能生成不稳定化合物的系统还有：Na – K、Au – Sb、$KCl – CuCl_2$、$H_2O – NaCl$、苦味酸 – 苯等。

三、有固态混合物生成的相图

两种固体的混合物加热熔化再冷却成固体时，如果一种组分能均匀分散在另一种组分中，便构成固态混合物，又称为固熔体。根据两种组分在固相中的相互溶解程度不同，一般分为"完全互溶"和"部分互溶"两种固态混合物。

（一）固相完全互溶系统的相图

当系统中的两个组分不仅能在液相中完全互溶，而且在固相中也能完全互溶时，其 $T–x$ 组成图与简单低共熔的固 – 液系统 $T–x$ 图有较大差异，却与完全互溶双液系统的 $T–x$ 图形式相似。在这种系统中，析出的固相只能有一个相，所以系统中最多只有液相和固相两个相共存。根据相律 $f^* = 2 – 2 + 1 = 1$，即在压力恒定时，系统的自由度量为 1 而不是零。因此，这种系统的冷却曲线上不可能出现水平线段。图 5 – 28 的 Bi – Sb 系统的相图及冷却曲线即为一例。

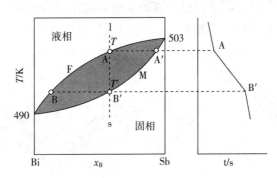

图 5 – 28　Bi – Sb 系统的相图和冷却曲线

图中上部区域为液相区，下部区域为固相区，中间楔形区为液相和固相共存的两相平衡区。TFB 线为液相冷却时开始析出固相的"凝点线"，A'MB' 线为固相加热时开始熔化的"熔点线"。由图 5 – 28 可以看出，平衡液相的组成与固相的组成是不同的，平衡液相中熔点较低的组分的含量要大于固相中该组分的含量。例如与组成为 A 的液相成平衡的固相组成为 A'。将组成为 l 的液相冷却时，当冷却到 A 点，将有组成为 A' 的固相析出。如果在降温过程中始终能保持固、液两相的平衡，则随着固相的析出，液相组成沿 AFB 线移动，与液相平衡的固相组成就沿 A'MB' 线移动。当液相基本上全部凝固时，最后一滴的组成到达 B 点，固相组成就到达 B'，这时固相组成与冷却前的液相组成相同，即液相全部固化了。

从图 5 – 28 可见，当将组成为 s 的固态混合物加热熔化时，在温度为 T' 时固体就熔化了，称为初熔点，直到温度达到 T 时固体才全部熔化，称为终熔点，T' ~ T 称为熔程。一般情况下，当固体物质中含有杂质后就没有固定的熔点，只能测到熔程。

在冷却过程中，为了使液相和固相始终保持平衡，必须具备两个条件：①要使析出的固相与液相始终保持接触；②为了保持固相组成均匀一致，组分在固相中的扩散速率必须大于其从液相析出的速率。以上两个条件只有在冷却过程很慢时方能满足。如果冷却速率比较快，高熔点组分析出的速率超过了其在固相内部扩散的速率，这时液相只来得及与固相的表面达到平衡，固相内部还保持着最初析出时的固相组成，其中含有较多的高熔点组分。此时固相析出的温度范围将要扩大。因为当温度达到 T' 时，固相只有表面的组成为 A，整个固相组成在 A′~B′之间，此时液相不会全部消失，而且固相和液相亦不成平衡。所以随着温度的降低，继续有固相析出，直到液相组成与固相表面组成相同时为止；这就是说，可一直冷到低熔点组分 Bi 的熔点时液相方全部固化。在上述冷却过程中，所析出的固相其组成是不均匀的，先析出者高熔点组分较多，愈往后析出的固相中高熔点组分就愈少，最后析出的一点固相则几乎是纯 Bi 了。根据这个道理，可用此法提纯金属。但另一方面，在制备合金时，快速冷却会因固相组成不均匀而造成合金性能上的缺陷。为了使固相组成均匀一致，可将固相温度升高到接近于熔化的温度，在此温度保持一相当长的时间，让固相扩散达到组成均匀一致，这种方法称为"扩散退火"。也有时候需要合金的表面和内部组成结构不同，这时用快速冷却的方法就能获得表面和内部组成不一样的材料，例如切削工具、刀具等，需要材料表面有硬度，内部要有韧性，可以先将铁碳合金（钢）加热至接近熔点，然后将其迅速放入冷却液中快速冷却，就能得到表面含碳量较高的材料，这种方法叫做"淬火"。

与液-气平衡的温度-组成图类似，有时在生成固态混合物的相图中出现最高熔点或最低熔点。在此最高熔点或最低熔点处，液相组成和固相组成相同，此时的冷却曲线上应出现水平线段。这种类型的相图见图 5-29。不过，具有最高熔点的相图还发现得很少。

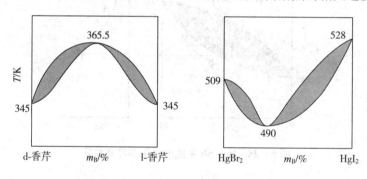

图 5-29　具有最高和最低熔点的相图

（二）固相部分互溶系统的相图

固体部分互溶的现象与液体部分互溶的现象很相似，亦是一种物质在另一种物质中有一定的溶解度，超过此浓度将有另一种固态混合物产生。两物质的互溶度往往与温度有关。对这种系统来说，系统中可以有三个相（两个固态混合物和一个液相）共存。因此，根据相律 $f^* = 2 - 3 + 1 = 0$，在冷却曲线上可能出现水平线段。这类相图仅讨论系统中有一个低共熔点的类型。

KNO₃-TlNO₃ 属这类系统，见图 5-30。图中各区

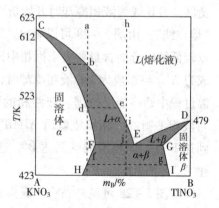

图 5-30　固态部分互溶系统的相图

域已标出稳定存在的相。ACFH 区为 TlNO$_3$ 溶解在 KNO$_3$ 中形成的固态混合物 α，BDGI 为 KNO$_3$ 溶解在 TlNO$_3$ 中形成的固态混合物 β。这类相图可以看作是从完全不互溶的固 – 液相图演变来的。当二种组分在固态时，如果相互溶解度减小，在图 5 – 30 中将表现为固态混合物 α 区及固态混合物 β 区的面积要缩小，亦即曲线 CFH、DGI 会分别向两边移动，如果二组分在固态时完全不互溶，则曲线 CFH 将与 CA 线重合，DGI 线与 DB 线重合就出现了简单的低共熔的相图。

图中 CE 和 DE 线是不同组成的熔化液开始凝固时的温度曲线，CF 和 DG 线是不同组成的固态混合物开始熔融时的温度曲线，FH 和 GI 线是不同温度下 A、B 二组分在固态时的相互溶解度曲线，E 是最低共熔点。若物系点为 FEG 线上任意一点，则系统内有组成为 F 的固态混合物 α、组成为 G 的固态混合物 β 和组成为 E 的熔融液三相共存，系统自由度为零，各相组成和温度都有定值。

若将组成为 a 的熔化液冷却，当冷却至 b 点时，开始析出固态混合物 α，其组成为 c。此后液相组成沿 CE 线向 e 点移动，同时与之平衡的固态混合物的组成沿 CF 线向 d 点移动，并且平衡两相的相对量符合杠杆规则。当冷却到 d 点时，液相 e 消失，剩下组成为 d 的固态混合物，其组成保持不变直到 f 点。在此温度下固态混合物 β 已达饱和，开始分离出组成为 g 的固态混合物 β。此后二种固态混合物的组成分别沿 FH 和 GI 线向 H 和 I 点移动。

若冷却组成为 h 的熔化液，当冷至 i 点时，有固态混合物 α 析出。当冷至 j 点时，固态混合物 α 的组成变为 F，而液相组成变为 E，同时组成为 G 的固态混合物 β 也同时从熔化液中析出。由于此时是三相共存，自由度等于零，温度和各相组成都保持不变，直到液相消失。此后两个固态混合物的组成分别沿 FH 和 GI 线变化。

属于这类系统的还有尿素 – 氯霉素、尿素 – 磺胺噻唑、PEG 6000 – 水杨酸、Ag – Cu、Pb – Sb 等。

四、固液平衡相图应用

低共熔相图广泛应用于分离提纯盐类，在药物研究和生产中也有广泛的应用。

1. 利用熔点变化检查样品纯度 测定熔点是估计样品纯度的常用方法，大部分情况下熔点偏低含杂质就多。若测得样品的熔点与标准品相同，为了确证二者是同一种化合物，可把样品与标准品混合后再测熔点，如果熔点不变则证明是同一种物质，否则熔点将大幅度降低，这种鉴别方法称为混合熔点法。

2. 药物的配伍及防冻制剂 两种固体药物的低共熔点如果接近室温或在室温以下，便不宜混在一起配方，以防形成糊状物或呈液态，这是药物调剂配伍中应注意的问题。

3. 改良剂型增进药效 在显微镜下观察，发现从冷却曲线转折点至水平段之间的固体颗粒大且不均匀，而在低共熔点析出的低共熔混合物则是细小、均匀的微晶。微晶的分散度越高，表面能就越大，可表现为溶解度增加等性质。例如，难溶于水的药物服用后不易被吸收，药效慢，如果与尿素或其他能溶于水并已知无毒的化合物共熔，用快速冷却方法制成低共熔混合物，因尿素在胃液中能很快溶解，剩下高度分散的药物，其溶解速度和溶解度都比大颗粒要高，有利于药物的吸收。

4. 结晶与蒸馏的综合利用 对硝基氯苯（A）与邻硝基氯苯（B）既能形成简单低共

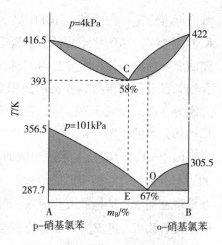

图 5 – 31　具有最低共熔点和最低恒沸点的二元系统的 $T – x$ 相图

熔系统，又能形成具有最低恒沸物的气 – 液平衡系统。此二组分系统的 $T – x$ 气液平衡相图见图 5 – 31 的上端，当系统减压蒸馏并保持压力为 4kPa 时，有最低恒沸混合物生成，恒沸点为 393K，恒沸混合物中含邻硝基氯苯 58%。在温度低时又能形成低共熔固 – 液系统见图 5 – 31 的下端，有一最低共熔混合物形成，低共熔点为 287.7K，低共熔混合物中含邻硝基氯苯 67%。欲分离此混合物时可先将混合物温度降低到接近最低共熔点，分离出一种异构体。将剩下的低共熔物在减压下精馏，得馏出液为恒沸物 C 和残液邻硝基氯苯。再将 C 冷至接近 E 点温度，使析出对硝基氯苯，如此交替使用，能使系统跨过恒沸点及低共熔点而将混合物分离。

扫码"学一学"

第六节　三组分系统的相平衡

在三组分系统中，按照相律 $f = K – \varPhi + 2 = 5 – \varPhi$，当 $\varPhi = 1$ 则 $f = 4$，这就是说在三组分系统中最多可以有四个独立变数，即温度、压力和两个浓度。要全面表示三组分系统的相图需要用四个坐标图，而四度空间只是逻辑上的推理，一般无法构成具体的形象。对凝聚系统，由于压力对平衡影响不大，故一般在恒压下系统自由度为 3，可用立体模型表示不同温度下平衡系统的状态。为了讨论问题的方便，往往把温度、压力都保持恒定，则只需用平面图就可表示。将各部分不同温度下的平面图顺序叠加起来，就可构成系统在不同温度下的立体相图了。

一、等边三角形组成表示法

三组分系统的浓度不能像二组分浓度那样在一条直线上表示。常用等边三角形表示法，见图 5 – 32。三角形的三个顶点，各代表一纯组分（即 100% A，100% B，100% C），三角形的三条边各代表 A 和 B、B 和 C、C 和 A 构成的二组分系统，三角形中任何一点都表示三组分系统的组成。例如 P 点；它的组成可以确定如下：作平行于三条边的直线交三条边于 a、b、c 三点，可以证明：Pa + Pb + Pc = AB = AC = BC。如果将每条边等分为 100 份，代表 100%，则 Pa = A%，Pb = B%，Pc = C%。实际上此法可以简化成，从 P 点作 Pa 比平行于 AB，Pd 平行于 AC，此二线将 BC 边截成三段，可以看出 Ba = C%，ad = A%，dC = B%。用相同的方法可以将不同组成的三组分系统，在三角形中标出它的位置。

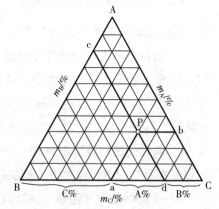

图 5 – 32　三组分系统组成的等边三角形表示法

等边三角形坐标具有以下特点。

（1）从顶点向对边作一直线 Ad 见图 5 – 33，线上各点都代表不同的系统，但其中 B 与

C 的百分含量比一定相同，而 A 的含量各异。例如系统沿 Ad 线向 d 移动，就表示 A 的含量减少，而 B 与 C 的含量比始终是 7∶3。两盐一水系统脱水时的变化就是这样的。

（2）在与三角形某边平行的任意一条直线上的各点所代表的三组分系统中，与此线相对的顶点所代表的组分含量恒定不变。例如图 5-33 中 ee′线上各点均含 20% 的 A。

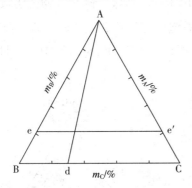

图 5-33 三组分系统等边三角形组成表示法的特点

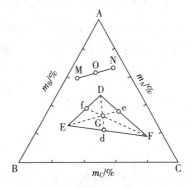

图 5-34 两个或三个三组分系统的混合

（3）如果有两个三组分系统 M 和 N 合并成一新系统见图 5-34，则新系统的组成一定在 M，N 二点的连线上。新系统的位置与 M、N 二系统的相对量有关，可由杠杆规则决定。如新系统组成为 O 点，则 M 与 N 的相对量为 $w_M/w_N = \overline{NO}/\overline{MO}$。

（4）如果由 D、E、F 三个三组分系统合并成一新系统，则新系统的物系点 G 一定落在三角形 DEF 中。也可用杠杆规则先求出 D、E 二个系统合并后的位置 f 点，再用同样方法求出 f 与 F 相混合后系统的组成点 G。若 D、E、F 等量混合，则 G 就是三角形 DEF 的重心，所以又称为重心规则。

以上这些规则都可以通过几何原理证明。除了等边三角形法外，三组分系统还经常使用等腰直角三角形法。

二、三组分水盐系统

（一）固体是纯盐的系统

图 5-35 是 H_2O（A）- KCl（B）- NaCl（C）三组分在 298K 时的相图。图中的 D 和 E 点分别代表在 298K 时 NaCl 和 KCl 在水中的饱和溶解度。若在已经饱和了 NaCl 的水溶液中加入 KCl，则饱和溶液的浓度沿 DF 线改变。同样在已经饱和了 KCl 的水溶液中加入 NaCl，则饱和溶液的浓度沿 EF 线改变。因此 DF 线是 NaCl 在含有一定量 KCl 的水溶液中的溶解度曲线。EF 线是 KCl 在含有一定量 NaCl 的水溶液中的溶解度曲线。F 点是 DF 线和 EF 线的交点，此组成的溶液中同时饱和了 KCl 与 NaCl。DFEA 是不饱和的单相区。

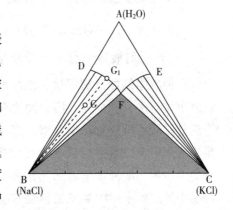

图 5-35 三组分水盐系统相图

在 BDF 区域内是固体 NaCl 与饱和溶液的二相平衡区，亦即 NaCl 的结晶区。设物系点为 G，作 BG 连线交 DF 于 G_1，G_1 表示与固体 NaCl 相平衡的饱和溶液组成，按杠杆规则

$$\frac{NaCl（B）量}{溶液（G_1）量} = \frac{\overline{GG_1}}{\overline{BG}}$$

同理，CEF 区是 KCl 的结晶区。在 BFC 区域内是固态 NaCl、固态 KCl 和组成为 F 的共饱和溶液三相共存的区域，所以此区域内系统的自由度为零。

（二）生成水合物的系统

Na_2SO_4 与 H_2O 能生成 $Na_2SO_4 \cdot 10H_2O$（$S_2 \cdot 10H_2O$）固体，该水合物的组成在图 5 - 36 中可用 B 表示，因此 E 点是水合物在纯水中的饱合溶解度，而 EF 线是水合物在含有 NaCl 溶液中的溶解度曲线，其他情况与图 5 - 35 相似。唯在 BS_1S_2 区域中为三种固态 S_1、S_2、$S_2 \cdot 10H_2O$ 共存。

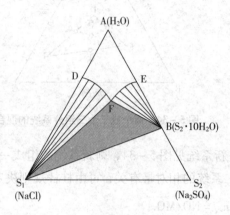
图 5 - 36　有水合物生成的系统

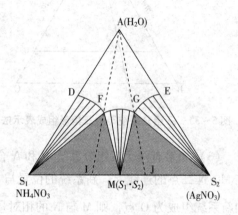
图 5 - 37　有复盐生成的系统

（三）生成复盐的系统

如果二种盐能生成复盐，其相图如图 5 - 37 所示。图中 M 点为复盐的组成，曲线 FG 为复盐的饱和溶解度曲线。F 点为同时饱和了 S_1 和复盐（M）的溶液组成。G 点为同时饱和了 S_2 和复盐（M）的溶液组成。G 和 F 点都是三相点。若 S_1 和 S_2 的混合物的组成在 IJ 之间，当加水进入 FGM 区时可得到稳定的复盐及溶液。而组成在 S_1I 或 S_2J 之间，则系统加水后当物系点分别与 S_1F 或 S_2G 线相遇时，复盐即分解，而只能得到固体 S_1 或 S_2。

三、部分互溶的三液系统

这类系统中，三对液体间可以是一对部分互溶、二对部分互溶或三对部分互溶。

（一）三对液体中有一对部分互溶

三种液体例如三氯甲烷、醋酸和水，在定温下三氯甲烷与水只能部分互溶，而水与醋酸以及三氯甲烷与醋酸可以任意比例互溶。当三氯甲烷中含水很少或水中含三氯甲烷很少时可以相互溶解，系统呈均匀一相。如果含量增加达饱和后，再在三氯甲烷层中加水或水层中加三氯甲烷都会出现两个平衡的共轭液层。

图 5 - 38 中的底边相当于三氯甲烷和水的二组分系统。b 点代表被水饱和了的三氯甲烷层，而 c 点为被三氯甲烷饱和了的水层，这是一对共轭相。

现取组成为 d 的二组分系统，从图中看出它分成 b、c 两个液层。今在 d 混合物中加入 A

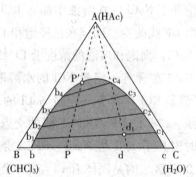
图 5 - 38　三液系统有一对部分互溶的相图

（醋酸），则物系点将沿虚线 dA 进入帽形区内。由于醋酸能与三氯甲烷或水无限互溶，实验表明醋酸的加入，将促使此共轭相的相互溶解度增大，表现在 b_1c_1 的连结线将会缩短，由于加入的醋酸在 b_1 及 c_1 层中不是等量分配，而在液层 c_1 中溶入量要比液层 b_1 中为多，因此连结线 b_1c_1 不平行于底边 BC，而是 c_1 点离 A 点的距离比 b_1 点离 A 的距离要近些。若由于 A 的加入新物系点位置为 d_1，两共轭液层 c_1、b_1 的相对量，按杠杆规则有

$$\frac{b_1\ \text{相的量}}{c_1\ \text{相的量}} = \frac{\overline{d_1c_1}}{\overline{d_1b_1}}$$

当醋酸继续加入，则在图中可以画出一系列的连结线，两液层的组成和量亦不断变化，当醋酸加入量使物系点到达 c_4 时，物系点恰与帽形曲线相交，此时 b_4 相的量趋近为零，当系统越过此点时，b_4 相消失，系统成为一相。

若物系点自 P 开始，可以看出上述过程随着醋酸的加入连结线愈来愈短，两液层的组成逐渐靠近，最后缩为一点 P′，此时二液层的组成完全相同，系统成一均匀的液相，这种由两个三组分共轭溶液变成一个三组分溶液的 P′ 点称为临界点。临界点不一定是最高点，超过该点系统不再分层。

在曲线 bP′C 以内是两相区，曲线以外是单相区。一般说来相互溶解度是随着系统温度升高而增加的，因此当温度升高时相图中帽形区面积将缩小，降低温度时，帽形区将扩大。相图属于这一类的还有：乙醇（A）–苯（B）–水（C）等。这类相图在液–液萃取过程中有重要应用。

（二）萃取的基本原理

以图 5–39 来说明萃取过程，图中 A 是需要被提取的物质，溶于原溶剂 B 中，组成为 F，S 为萃取剂。在料液 F 中加萃取剂 S，则 F 点将向 S 点靠近，如虚线 FS 所示。若加适量萃取剂 S 后物系点位置为 M_1，从连结线看出组成为 R_1（萃余相）及 E_1（萃取相）的二液相呈平衡。用分液法将萃余相 R_1 分离后再加入萃取剂 S 做第二次做萃取，新物系点为 M_2，平衡时仍为两相，即 R_2 及 E_2，如再将 R_2 分离，加入 S 作第三次萃取，则 R_2 相中物质 A 的浓度将减低到 R_3，如此继续萃取，萃余相将向 R 点靠近，溶剂 B 中的 A 物质含量越来越低，萃取次数足

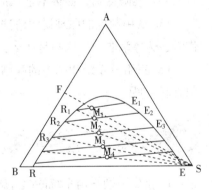

图 5–39 萃取过程示意图

够多时最后萃余相中含 A 的量趋近于零。萃取实验中选择萃取剂很重要，一般要求与被萃取物质必需有良好的溶解度而与原溶剂不溶或微溶。

在工业上萃取常常是在萃取塔中进行的，萃取塔的种类很多。经常是将比重大的相在塔的上端输入，比重小的在塔的下端输入，由于料液和萃取剂的密度不同，它们在塔内充分对流混合进行传质，最后轻液自塔顶溢出，重液自塔底排出，相当于在塔中进行连续多级萃取。

思考题

1. 相平衡研究的过程都是物理过程吗？相转移过程中有化学变化吗？

2. 纯氮气和空气算一个相吗？

3. 当两个相的温度相同但压力不同时，两个相能达到平衡吗？如果两相的压力相同而

温度不同，两相能达平衡吗？

4. 在抽空的真空容器中，有一定量的 NH_4HS（s），加热后 NH_4HS（s）分解，试说明的组分数和自由度。

5. 恒温恒压下，某葡萄糖和氯化钠同时溶于水中，用一张只允许水通过的半透膜将此溶液与纯水分开。当系统达到平衡后，系统的自由度为多少？

6. 说明物系点和相点的区别，什么时候物系点和相点是统一的？

7. 物质的存在状态有气、液和固态，物质还有其他存在状态吗？

8. 图 5 - 2 中，当系统处于的临界点 C 时，自由度是多少？

9. 如用二氧化碳超临界流体作萃取剂，最低的工作压力是多少？能在室温下进行此操作吗？

10. 在一高压容器中有足够量的水，向容器中充入氮气到压力为 10MPa，这时还能用 Clausius - Clapeyron 方程计算水的沸点吗？

11. 平衡蒸发是静态的，而蒸馏是一个动态的过程，试用实验室的常用仪器设计一实验并结合相图加以说明。

12. 参考表 5 - 4 的数据，三氯甲烷和甲醇各 50%（质量百分数）的系统精馏后，能分离得到纯三氯甲烷吗？

13. 浓度为 $6.00mol \cdot L^{-1}$ 的 HCl 为什么能作为标准溶液使用，$2.00mol \cdot L^{-1}$ 和 $10.00mol \cdot L^{-1}$ 为什么不能作标准溶液使用？

14. 二元固液系统中，当发生转熔反应时，自由度一定为零吗？当纯固体含有杂质后，熔点一定会降低吗？如果不是，请用相图分析固体掺杂后熔点的变化情况。

15. 请用萃取的原理说明清洗玻璃仪器表面时，为什么要用少量多次的方法？做萃取操作时，选择萃取剂的原则是什么？

16. 三组分系统相图中的联结线，又称为结线，请问结线的含义是什么？结线和杠杆规则有联系吗？

习题

1. 指出下列平衡系统的组分数、自由度各为多少？

（1）NH_4Cl（s）部分分解为 NH_3（g）和 HCl（g）；

（2）若在上述体系中额外再加入少量的 NH_3（g）；

（3）NH_4HS（s）和任意量的 NH_3（g）及 H_2S（g）平衡；

（4）C（s）、CO（g）、CO_2（g）、O_2（g）在 100℃时达平衡。

2. 在水、苯和苯甲酸的系统中，若指定了下列事项，试问系统中最多可能有几个相，并各举一例。

（1）指定温度；

（2）指定温度和水中苯甲酸的浓度；

（3）指定温度、压力和苯中苯甲酸的浓度。

3. 试求下述系统的自由度数，如 $f \neq 0$，则指出变量是什么。

（1）在标准压力 $p^\ominus$ 下，水与水蒸气平衡；

（2）水与水蒸气平衡；

（3）在标准压力 $p^{\ominus}$ 下，I_2 在水中和在 CCl_4 分配已达平衡，无 I_2（s）存在；

（4）NH_3（g）、H_2（g）、N_2（g）已达平衡；

（5）在标准压力 $p^{\ominus}$ 下，NaOH 水溶液与 H_3PO_4 水溶液混合后；

（6）在标准压力 $p^{\ominus}$ 下，H_2SO_4 水溶液与 $H_2SO_4 \cdot 2H_2O$（固）已达平衡。

4. 图 5-40 是硫的相图。

（1）写出图中各线和点代表哪些相的平衡；

（2）叙述体系的状态由 X 在恒压下加热至 Y 所发生的变化。

5. 三氯甲烷的正常沸点为 334.6K（外压为 101.325kPa），试求三氯甲烷的摩尔汽化焓及 313K 时的饱和蒸气压。

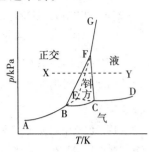

图 5-40 习题 5 示意图

6. 今把一批装有注射液的安瓿放入高压消毒锅内加热消毒，若用 151.99kPa 的水蒸气进行加热，问锅内的温度有多少度（已知 $\Delta_{vap}H_m = 40.67kJ \cdot mol^{-1}$）

7. 某有机物的正常沸点为 503K（外压为 101.325kPa），从文献上查得：压力减至 0.267kPa 时，它的沸点为 363K，问在 1.33kPa 时的沸点是多少？（假定 363~503K 范围内温度对气化焓的影响可以忽略）

8. 氢醌的蒸气压实验数据如下，求：

	固=气			液=气
温度/K	405.5	436.6	465.1	489.6
压力/kPa	0.1333	1.3334	5.3327	13.334

（1）氢醌的升华焓、蒸发焓、熔化焓（设它们均不随温度而变）；

（2）气、液、固三相共存时的温度与压力；

（3）如果在 500K 时沸腾，求此时的外压。

9. 为了降低空气的湿度，让压力为 101.325kPa 的潮湿空气通过一冷却至 248K 的管道，试用下列数据，估计在管道出口处空气中水蒸气的分压。水在 283K 和 273K 时的蒸气压分别为 1.228 和 0.6106kPa，273K 时冰的熔化焓为 333.5kJ·kg^{-1}（假定所涉及的焓变都不随温度而变）。当此空气的温度回升到 293K 时（压力仍为 101.325kPa），问这时的空气相对湿度为若干？

10. 两个挥发性液体 A 和 B 构成一理想的液态混合物，在某温度时液态混合物的蒸气压为 54.1kPa，在气相中 A 的摩尔分数为 0.45，液相中为 0.65，求此温度下纯 A 和纯 B 的蒸气压。

11. 由甲苯和苯组成理想的液态混合物含 30%（w/w）的甲苯，在 303K 时纯甲苯和纯苯的蒸气压分别为 4.89 和 15.76kPa，问 303K 时液态混合物上方的总蒸气压和各组分的分压各为若干？

12. 在 101.325kPa 下，测得 HNO_3-H_2O 系统的温度-组成为：

T/K	373	383	393	395	393	388	383	373	358.5
$x(HNO_3)_液$	0.00	0.11	0.27	0.38	0.45	0.52	0.60	0.75	1.00
$y(HNO_3)_气$	0.00	0.01	0.17	0.38	0.70	0.90	0.96	0.98	1.00

（1）画出此系统的恒压相图（$T-x$ 图）；

（2）将 3mol HNO_3 和 2mol H_2O 的混合气冷却到 387K，求互相平衡的两相组成和两相的相对量为若干？

（3）将 3mol HNO_3 和 2mol H_2O 的混合物蒸馏，若从最初的馏出物开始，收集沸程为 4K 时，整个馏出物的组成为若干？

（4）将 3mol HNO_3 和 2mol H_2O 的混合物进行完全蒸馏，能得何物？

13. 如图 5–41 是水和液体二氧化硫的恒压相图。

（1）请指出各相区的物质存在状态及自由度。

（2）温度为 T_e 时，系统的存在状态是什么？自由度是多少？

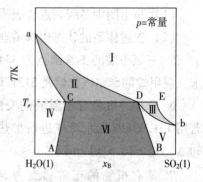

图 5–41 习题 13 示意图

14. 已知液体 A 与液体 B 可形成理想的液态混合物，液体 A 的正常沸点为 338K，其气化焓为 $35kJ \cdot mol^{-1}$。由 2mol A 和 8mol B 形成的液态混合物在标准压力下的沸点为 318K。将 $x_B = 0.60$ 的液态混合物置于带活塞的气缸中，开始时活塞紧紧压在液面上，在 318K 下逐渐减小活塞上的压力。求：

（1）出现第一个气泡时系统的总压和气泡的组成；

（2）当溶液几乎全部汽化，最后仅有一小滴液体时液相的组成和体系的总压。

15. 水和乙酸乙酯是部分互溶的，设在 310.7K 时，二相互呈平衡，其中一相含有 6.75%酯，而另一相含水 3.79%（质量百分浓度）。设 Raoult 定律适用于液态混合物的各相，在此温度时纯乙酸乙酯的蒸气压是 22.13kPa，纯水的蒸气压是 6.40kPa。试计算：

（1）酯的分压；

（2）水蒸气分压；

（3）总蒸气压。

16. 若在合成某有机化合物之后进行水蒸气蒸馏，混合物的沸腾温度为 368K。实验时的大气压为 99.20kPa，368K 时水的饱和蒸气压为 84.53kPa。馏出物经分离、称重，已知水的重量占 45.0%。试估计此化合物的分子量。

17. 图 5–42 是某二元固–液系统的相图。

（1）表示出各相存在的相态；

（2）试绘出分别从 a、b、c、d 各点开始冷却的冷却曲线；

（3）说明熔化物 c 和 d 在冷却过程中的相变化，如有反应请写出反应式。

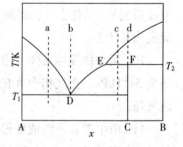

图 5–42 习题 17 示意图

18. 下表列出邻–二硝基苯和对–二硝基苯的混合物在不同组成时的熔点数据。

对–二硝基苯/wt%	完全熔化温度/K	对–二硝基苯/wt%	完全熔化温度/K
100	446.5	40	398.2
90	440.7	30	384.7
80	434.2	20	377.0
70	427.5	10	383.6

续表

对-二硝基苯/wt%	完全熔化温度/K	对-二硝基苯/wt%	完全熔化温度/K
60	419.1	0	389.9
50	409.6		

（1）绘制 $T-x$ 图，并求测最低共熔混合物的组成；

（2）如果系统的原始总组成分别为含对-二硝基苯75%和45%，问用结晶法能从上述混合物中回收得到纯对-二硝基苯的最大百分数为若干？

19. 图5-43是$FeO_n-Al_2O_3$相图。请指出各相区相态。

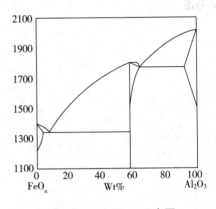

图5-43 习题19示意图

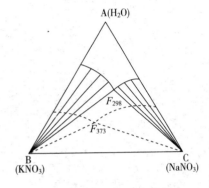

图5-44 习题20示意图

20. 图5-44是三组分系统$KNO_3-NaNO_3-H_2O$的相图，实线是298K时的相图，虚线是373K下的相图，一机械混合物含70%的KNO_3，30%的$NaNO_3$的请根据相图拟定分离步骤。

21. $KNO_3-NaNO_3-H_2O$系统在278K时有一三相点，在这一点无水KNO_3和无水$NaNO_3$同时与一饱和溶液达平衡。已知此饱和溶液含KNO_3为9.04%（重量），含$NaNO_3$为41.01%（重量）。如果有一70gKNO_3和30g$NaNO_3$的混合物，欲用重结晶方法回收缩KNO_3，试计算在278K时最多能回收KNO_3若干克？

22. 某温度时在水、乙醚和甲醇的各种三元混合物中二液层的组成如下：

甲醇%（w/w）		0	10	20	30
水%（w/w）	液层（1）	93	82	70	45
	液层（2）	1	6	15	40

根据以上数据绘制三组分体系相图，并指出图中的二相区。

23. 如图5-45是二对和三对部分互溶的三组分系统相图，请指出各相区物质存在状态。

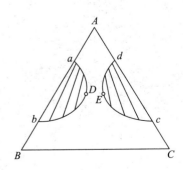

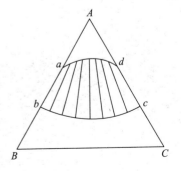

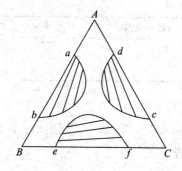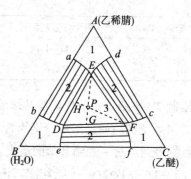

图 5-45　习题 23 示意图

第六章　化学动力学

化学动力学和化学热力学是物理化学的两个重要组成部分，两者互相补充，揭示物理变化和化学变化中所遵循的规律。化学热力学从能量的角度出发，给出了反应和变化能否发生的判据，以及反应进行的最大限度，解决了反应或变化发生的可能性问题，具有一定的指导意义。在研究方法中，化学热力学不涉及时间因素，也不考虑反应所经历的细节，只注重变化的始态和终态。

化学动力学（chemical kinetics）是研究化学反应速率及反应机理的一门科学。在实际生产实践中，在反应能够发生的前提下，我们更加期望通过控制反应条件，使化学反应以预期的速率，向生成预期产物的方向进行以及能够揭示反应发生的机制，从而更好地理解反应、控制反应。这些都是化学动力学要解决的问题。

化学动力学的应用非常广泛，涉及化学化工生产及药物研究各个领域。就药学领域而言，药物合成路线的选择、药物稳定性的预测以及药物制剂在体内的吸收、分布、消除、代谢等问题的研究都离不开化学动力学的基本知识。

本章将从化学动力学的基本概念开始，以反应速率为中心，讨论浓度、温度、介质、催化剂等因素对反应速率的影响，继而介绍化学动力学理论及其应用。

第一节　化学反应速率

扫码"学一学"

一、反应速率的定义和表示方法

（一）消耗速率和生成速率

化学反应开始后，反应物的物质的量（浓度）不断降低，产物的物质的量（或浓度）不断增加，如图 6-1 所示。我们将反应 R → P 中各组分的物质的量 n 随时间 t 的变化曲线（$n \sim t$）或浓度 c 随时间 t 的变化曲线（$c \sim t$）称作是动力学曲线。动力学曲线为分析和研究化学反应动力学提供了最基础的信息。

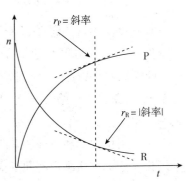

图 6-1　化学反应中反应物 R 和产物 P 的物质的量随时间的变化

反应物（或产物）的物质的量（或浓度）随时间的变化往往不是线性关系，在不同反应时间的反应速率可不同，故而，反应速率常用瞬时速率表示。

反应体系中，组分 B 的消耗速率（或生成速率）r_B 定义为反应时间为 t 时，单相反应（又称均相反应，homogeneous reaction）中单位体积内反应物物质的量（或产物物质的量）随时间的变化率，其量纲为［浓度］·［时间］$^{-1}$。

$$r_B = \pm \frac{dn_B}{Vdt} \quad (6-1)$$

对于恒容反应，V 是常数，$dn_B / V = dc_B$，可用浓度随时间的变化率表示 r_B，即

163

$$r_B = \pm \frac{dc_B}{dt} \tag{6-2}$$

B 为反应物时，r_B 称为 B 的消耗速率，因为在反应过程中，反应物的浓度逐渐降低，$dc_B < 0$，为了保持反应速率为正值，在消耗速率的表示式中，等式右端应取负号；B 为产物时，r_B 称为 B 的生成速率。反应中，产物的浓度逐渐增大，$dc_B > 0$，因而，在生成速率的表示式中，等式右端应取正号。在 B 组分的浓度 $c \sim$ 时间 t 曲线上，找到任一时刻 t 所对应的点，在该点作曲线的切线，该切线的斜率的绝对值就是 B 组分在时刻 t 的消耗（或生成）速率 r_B（图 6-1）。

（二）以反应进度表示的反应速率

以反应进度定义的反应速率（rate of reaction）如下所示

$$r = \frac{d\xi}{Vdt} \tag{6-3}$$

其意义是单位体积的反应系统内反应进度随时间的变化率。因 $d\xi = \dfrac{dn_B}{\nu_B}$，从而有

$$r = \frac{dn_B}{\nu_B Vdt} = \frac{dc_B}{\nu_B dt} = \frac{r_B}{|\nu_B|} \tag{6-4}$$

其中，ν_B 为组分 B 在化学反应方程式中的计量系数，对反应物取负值，对产物取正值。由于各组分的变化速率 r_B 均为正值，因此 r_B 除以其相应的计量系数的绝对值就是以反应进度表示的反应速率 r。对于指定条件下的指定反应，在指定的时刻，不同组分的 r_B 可能不同，但 r 有唯一确定的值。这是用反应进度的变化表示反应速率的优点。

若反应方程式写法不同，计量系数倍增或倍减，则反应速率也将相应的倍减或倍增。反应速率 r 与反应方程式写法有关，这是由于反应进度与化学反应方程式的写法密切相关。反应速率 r 指的是反应体系按照该反应计量方程所进行的速率。但是，参加该反应的某组分 B 的变化速率 r_B 与反应方程式写法无关，其来源于实际的变化量。

二、反应速率的测定

根据反应速率的定义式（6-4），反应速率的测定是通过检测某组分 B 在不同反应时间的浓度 c_B，绘制物质浓度 c_B 随时间 t 的变化曲线（动力学曲线）来实现的。t 时刻的反应速率 r 即为 $c_B \sim t$ 曲线上，时间 t 处的曲线切线斜率除以 B 组分在化学反应方程式中的化学计量数 ν_B。在反应开始（$t=0$）时的速率 r_0，称作反应的初始速率，大多数情况下，反应的初始速率最大。

可采用化学法和物理法来测定反应物（或产物）在不同反应时间的浓度。化学法是指采用化学分析方法测定不同反应时刻的反应物或产物的浓度。由于反应组分的浓度随反应进行而改变，因此测定时必须使反应立即停止，或使其速率骤降至可以忽略的程度。为此常采用骤冷、稀释、加入阻化剂或移出催化剂等方法"冻结反应"。此法的优点是能直接测得各时刻浓度的绝对值，但操作较繁琐，往往由于需要分离而导致较大的误差。

物理法通过测量与浓度值有单对应关系的物理量间接地测定样品浓度。若所测物理量与样品浓度呈线性关系则最为理想。常用的物理量有反应系统的压力、体积、折射率、旋光度、吸光度、电导率、电动势、黏度、导热率、介电常数等，有时也借助于吸收光谱、质谱、色谱等信号。物理法的优点是方便、迅速，通常不必中止反应，可进行连续测定，易于实现自动记录，因而在动力学研究中广泛应用。缺点是通过间接关系测量浓度，如果

反应系统有副反应或少量杂质对所测量的物理量有较明显的影响时，易造成较大的误差。

第二节　化学反应速率方程

扫码"学一学"

影响化学反应速率的因素很多，浓度是其中一个重要的因素。浓度与化学反应速率的关系是分析反应过程、研究反应机理的重要基础。反映化学反应速率与浓度之间关系的方程称为微分速率方程；反映浓度与时间的关系的方程称为积分速率方程。两者统称为化学反应速率方程（rate equation），也称动力学方程（kinetic equation）。速率方程的具体形式随反应而异，必须由实验来确定。基元反应的速率方程有简单的形式。

一、总反应与基元反应

人们常把被研究的一个宏观化学反应称为一个总反应。例如，由氢气和碘蒸气合成碘化氢，其总反应方程式为

$$H_2 + I_2 \rightarrow 2HI$$

总反应方程式一般只能代表反应的总结果及总的计量关系，而不能告诉人们反应过程中反应物分子是如何形成产物分子的。实验研究发现，上述反应并不是一步完成的。事实上，这一总反应包括了下述三个步骤。

$$I_2 + M \rightarrow 2I\cdot + M \qquad (1)$$
$$2I\cdot + M \rightarrow I_2 + M \qquad (2)$$
$$H_2 + 2I\cdot \rightarrow 2HI \qquad (3)$$

式中 $I\cdot$ 表示有一个未配对价电子的自由碘原子，M 是不参与反应，仅起能量传递作用的某些粒子，也可能是反应器壁。首先，I_2 分子与一个高能量的 M 相碰撞，生成两个 $I\cdot$ 自由原子，M 则失去能量。生成的两个活泼的 $I\cdot$ 碰撞可以重新生成 I_2 分子，发生第一步的逆反应；同时，两个 $I\cdot$ 与一个 H_2 分子碰撞，生成两个 HI 分子。

上述各步反应均是由反应物分子直接作用而生成产物分子，这种由反应物分子（或离子、原子、自由基等）一步生成产物分子的反应，称为基元反应（elementary reaction）。

一般情况下，一个总反应是经过若干个基元反应步骤才能完成的反应。这些基元反应步骤代表了反应所经过的途径，动力学上称之为反应机理或反应历程（reaction mechanism）。因此，基元反应方程式又称为机理方程式。机理方程式不同于总反应的计量方程式。计量方程式只反映反应物和产物之间的转化和计量关系，其计量系数可以根据具体情况放大或缩小，而机理方程式反映的是反应物分子生成产物分子的微观过程，各分子前的系数不能像计量方程式一样人为扩大或减小。例如，前述基元反应（1）不能写作

$$2I_2 + 2M \rightarrow 4I\cdot + 2M$$

或

$$\frac{1}{2}I_2 + \frac{1}{2}M \rightarrow I\cdot + \frac{1}{2}M$$

一个化学反应的反应历程，一般要经过大量的实验研究，利用先进的实验技术和理论计算，经过实验－理论－实验的反复过程才能确定。反应机理的确定对于人们掌控反应具有重要的指导意义。

二、反应分子数

基元反应中，反应物分子（包括离子、原子、自由基等）的数目之和，称为反应分子

数（mole cularity）。从微观的角度来看，反应分子数只可能是 1、2 或 3 等自然数，不可能为分数或 0。

分子数为 1 的基元反应又称为单分子反应，多为分解反应和异构化反应，如：分解反应

$$C_4H_8 \rightarrow 2C_2H_4$$

异构化反应

$$\begin{array}{ccc} H{-}C{-}COOH \\ \| \\ H{-}C{-}COOH \end{array} \rightleftharpoons \begin{array}{ccc} H{-}C{-}COOH \\ \| \\ COOH{-}C{-}H \end{array}$$

分子数为 2 的双分子反应较为常见，如

$$H\cdot + Cl_2 \rightarrow HCl + Cl\cdot$$

分子数为 3 的三分子反应较为少见，一般只出现在有自由基或自由原子参加的反应中，如

$$H_2 + 2I\cdot \rightarrow 2HI$$

分子数大于 3 的基元反应迄今未发现过。借助统计力学的知识可以推知，在一般实验条件下，多于 3 个的分子同时碰撞在一起的概率很小，几乎不可能。

三、质量作用定律

基元反应是构成总反应的基本单元。经验证明，只有基元反应的速率方程可以根据方程式直接写出。在恒温条件下，基元反应的速率正比于各反应物浓度幂的乘积，各浓度幂中的指数就是基元反应式中各相应反应物的系数。这个规律称作质量作用定律（law of mass action），它仅适用于基元反应。

设反应 $a\text{A} + d\text{D} \longrightarrow \text{P}$ 是一个基元反应，则由质量作用定律可直接写出任一组分 B 的反应速率方程

$$r_{\text{B}} = k_{\text{B}}c_{\text{A}}^{a}c_{\text{D}}^{d} \tag{6-5}$$

式中 k_{B} 为比例系数，称作 B 组分的消耗速率常数。

例如下述三个基元反应，根据质量作用定律，其反应速率方程可写作

$$I_2 \longrightarrow 2I\cdot, \quad r_{I_2} = k_{I_2}c_{I_2} \tag{1}$$

$$H\cdot + Cl_2 \longrightarrow HCl + Cl\cdot, \quad r_{HCl} = k_{HCl}c_{H\cdot}c_{Cl_2} \tag{2}$$

$$2Cl\cdot + M(\text{高能}) \longrightarrow Cl_2 + M(\text{低能}), \quad r_{Cl_2} = k_{Cl_2}c_{Cl\cdot}^{2}c_{M} \tag{3}$$

质量作用定律在探求反应历程中是必不可少的根据和手段。

四、经验反应速率方程与反应级数

一个化学反应（总反应）的速率方程是不能直接根据其计量方程式写出的，而应由实验确定，因此称作经验速率方程。其形式各不相同，有的具有浓度幂乘积的形式，即反应速率正比于各组分浓度幂的乘积，但各浓度幂中的指数不一定等于计量方程中相应组分的化学计量数；有的则完全没有这种幂乘积的形式。例如氢与氯、溴、碘三种卤素的气相反应，具有相似的计量方程。

$$H_2 + I_2 \rightarrow 2HI \tag{1}$$

$$H_2 + Br_2 \rightarrow 2HBr \tag{2}$$

$$H_2 + Cl_2 \rightarrow 2HCl \tag{3}$$

但实验得到的反应速率方程却完全不同。反应（1）的速率方程为

$$r_{HI} = k_{HI}c_{H_2}c_{I_2} \tag{6-6}$$

反应（2）的速率方程为

$$r_{HBr} = \frac{kc_{H_2}c_{Br_2}^{1/2}}{1 + \dfrac{k'c_{HBr}}{c_{Br_2}}} \tag{6-7}$$

反应（3）的速率方程为

$$r_{HCl} = k_{HCl}c_{H_2}c_{Cl_2}^{1/2} \tag{6-8}$$

反应（1）和（3）的速率方程具有反应物浓度幂乘积的形式，反应（2）则没有这一形式。这三个反应的速率方程形式之所以不同，是由于它们的反应机理不同所致。由实验确立的速率方程虽然是经验性的，却有着很重要的作用。一方面可以由此而知哪些组分以怎样的关系影响反应速率，为化学合成提供依据；另一方面也可以为研究反应机理提供线索。

在化学反应速率方程中，各组分浓度项的幂指数之和称作该反应的级数（order of reaction）。各组分浓度幂中的指数，称为该组分的级数。例如，根据实验结果得到的某反应的速率方程为

$$aA + dD + \cdots \rightarrow eE + fF + \cdots$$
$$r_B = k_B c_A^{\alpha} c_D^{\delta} \cdots \tag{6-9}$$

则该反应的反应级数 $n = \alpha + \delta + \cdots$，该反应对组分 A 而言是 α 级，对组分 D 而言是 δ 级，$\cdots$。

例如，光气的合成反应

$$CO(g) + Cl_2(g) \longrightarrow COCl_2(g)$$

若以 B 表示某组分，实验表明该反应的速率方程为

$$r_B = k_B c_{CO} c_{Cl_2}^{3/2}$$

则该反应对 CO 为一级，对 Cl_2 是 3/2 级，总反应级数是 2.5 级。

由上面的讨论可以看出，各反应物的级数须由实验确定，其值与计量方程中各反应物的系数无必然联系，反应级数反映的是该反应物的浓度对化学反应速率的影响程度，因此反应级数可以是正数、负数，甚至可以为零，可以是整数，也可以是分数。零表示该反应速率与该物质的浓度无关，负数表示该物质的存在降低化学反应速率。有些反应具有简单的级数，如反应（1）和（3）；有些反应没有简单的级数，如反应（2）。

同一化学反应在不同的反应条件下可表现出不同的反应级数。例如在含有维生素 A、B_1、B_2、B_6、B_{12}、C、叶酸、烟酰胺等的复合维生素制剂中，叶酸的热降解反应在 323K 以下为零级反应，在 323K 以上为一级反应；维生素 C 在 323～343K 的热降解反应，浓度大于 14 mg·mL^{-1} 时为零级反应，小于 14 mg·mL^{-1} 时为一级反应。这是不同的反应条件下反应历程改变或速率控制步骤不一样而造成的。

对于基元反应，通常其反应级数与反应分子数相等，但也有例外。例如蔗糖水解通常认为是双分子反应，但在水溶液中进行时，因水是过量的，在反应过程中水的浓度几乎不变，可将其视为常数而合并在速率常数 k 中，因此由实验得到的速率方程为

$$r_{蔗糖} = kc_{蔗糖}$$

因而表观上是一级反应，称之为假一级反应。这类由于某些组分的浓度保持恒定或近似恒定，从而反应速率只与其他组分浓度有关的反应，称为假级数反应或准级数反应

（pseudo order reaction）。

五、速率常数

速率方程中的比例系数 k，是一个与浓度无关的量，称作速率常数（rate constant）。其数值大小与反应条件例如温度、催化剂、反应介质（溶剂）等有关，有时甚至还与反应容器的材料、表面状态及表面积有关。

将式（6-9）变形，得

$$k = \frac{r}{c_A^\alpha c_D^\delta \cdots}, \quad n = \alpha + \delta + \cdots$$

式中，速率 r 的量纲为［浓度］·［时间］$^{-1}$，因而速率常数 k 的量纲为［浓度］$^{1-n}$·［时间］$^{-1}$。可见，速率常数的量纲与反应级数有关。

若一化学反应 $aA + dD \rightarrow eE + fF$ 的经验速率方程为

$$r = -\frac{dc_A}{a\ dt} = k c_A^\alpha c_D^\delta \tag{6-10}$$

则 k 称作此反应的速率常数。

A 的消耗速率方程为

$$r_A = -\frac{dc_A}{dt} = k_A c_A^\alpha c_D^\delta \tag{6-11}$$

k_A 称为组分 A 的消耗速率常数。比较式（6-10）和（6-11），可知，反应速率常数 k 与组分 A 消耗速率常数 k_A 之间的关系为

$$k = \frac{1}{a} k_A$$

推广到任一组分，有

$$k = \frac{1}{a} k_A = \frac{1}{d} k_D = \frac{1}{e} k_E = \frac{1}{f} k_F \tag{6-12}$$

例题 6-1 总反应 $A + 3B \rightarrow C$，经研究由以下基元反应组成

$$A + B \xrightarrow{k_1} G$$

$$2B + G \underset{k_{-2}}{\overset{k_2}{\rightleftharpoons}} C$$

写出组分 B 的反应速率表达式。

解：根据质量作用定律：$r_1 = -\dfrac{dc_B}{dt} = k_1 c_A c_B$

$$r_2 = -\frac{dc_B}{2dt} = k_2 c_B^2 c_G$$

$$r_{-2} = \frac{dc_B}{2dt} = k_{-2} c_C$$

所以 $\qquad \dfrac{dc_B}{dt} = -k_1 c_A c_B - 2k_2 c_B^2 c_G + 2k_{-2} c_C$

例题 6-2 298K 时蔗糖在 $1.5\,mol \cdot L^{-1}$ 的盐酸溶液中，水解的速率方程为 $r = kc_{蔗糖}$。已知在反应开始时，即 $t = 0min$，蔗糖起始浓度 c_0 为 $0.05\,mol \cdot L^{-1}$，此刻反应速率为 $1.275 \times 10^{-3}\,mol \cdot L^{-1} \cdot min^{-1}$。问：

（1）此反应速率常数为多少？

（2）当反应进行到 10 min 时，测得蔗糖的浓度为 $0.039mol \cdot L^{-1}$，则此时反应速率为多大？

解：
$$r_0 = kc_{蔗糖,0}$$

$$k = \frac{r_0}{c_{蔗糖,0}} = \frac{1.275 \times 10^{-3} mol \cdot L^{-1} \cdot min^{-1}}{0.05 mol \cdot L^{-1}} = 2.55 \times 10^{-2} min^{-1}$$

当 $t = 10$ min 时

$$c_{蔗糖} = 0.039 mol \cdot L^{-1}$$

$$r = kc_{蔗糖} = 9.95 \times 10^{-4} mol \cdot L^{-1} \cdot min^{-1}$$

第三节　简单级数反应

扫码"学一学"

反应级数为简单正整数及零的反应，称为简单级数的反应。需要说明的是，基元反应具有简单的级数，但具有简单级数的反应并不一定就是基元反应，只要某反应具有简单的级数，它就有该级数的所有特征。

一、一级反应

反应速率与反应物浓度的一次方成正比的反应称为一级反应（first order reaction）。一般放射性元素的蜕变反应、分解反应（如五氧化二氮分解反应）以及分子重排反应（如顺丁烯二酸转化为反丁烯二酸）、水过量时的蔗糖水解反应等都是一级反应。许多药物在生物体内的吸收、分布、代谢和排泄过程，也常近似地被看作一级反应。

假设反应 $A \xrightarrow{k} P$ 为一级反应，其速率方程微分式为

$$r_A = -\frac{dc_A}{dt} = k_A c_A \qquad (6-13)$$

式中 c_A 为反应物在 t 时刻的浓度。将上式移项并积分

$$\int_{c_{A,0}}^{c_A} -\frac{dc_A}{c_A} = \int_0^t k_A \, dt$$

式中 $c_{A,0}$ 为反应物的初浓度（$t = 0$ 时）。积分后得

$$\ln\frac{c_{A,0}}{c_A} = k_A t \text{ 或 } \ln c_A = \ln c_{A,0} - k_A t \qquad (6-14)$$

上述积分式也可写成指数形式

$$c_A = c_{A,0} \cdot e^{-k_A t}$$

一级反应具有以下特征。

（1）速率常数 k 的单位为［时间］$^{-1}$（通常为 s^{-1}、min^{-1}、h^{-1}、d^{-1} 等）。因单位中不含浓度，故 k 的量值与所用的浓度单位无关。

（2）$\ln c_A$ 与 t 呈线性关系。根据一级反应的速率方程积分式

$$\ln c_A = \ln c_{A,0} - k_A t$$

可以看出：以 $\ln c_A$ 对 t 作图，可得直线，直线的斜率为 $-k_A$，截距为 $\ln c_{A,0}$。

（3）半衰期与反应物起始浓度无关。通常将反应物消耗一半所需的时间称为半衰期（half life），记作 $t_{1/2}$。将 $c_A = 0.5 c_{A,0}$ 代入式（6-14），可得

$$t_{1/2} = \frac{\ln 2}{k_A} = \frac{0.6932}{k_A} \qquad (6-15)$$

由此可见，恒温下，一级反应的半衰期为定值，与反应物的初始浓度无关。

设 A 的转化率达 x_A 所需时间为 t，则 t 时 A 的浓度为

$$c_A = c_{A,0}(1 - x_A)$$

代入式（6 - 14），得

$$t_{1-x_A} = \frac{1}{k_A}\ln\frac{1}{1 - x_A} \qquad (6 - 16)$$

例如研究药物分解反应时，常将分解 10% 所需时间作为一个特征参数，记作 $t_{0.9}$。

$$t_{0.9} = \frac{1}{k_A}\ln\frac{1}{1 - 0.1} = \frac{0.105}{k_A}$$

可见，对一级反应，恒温条件下反应物消耗掉任何分数所需时间均与初始浓度无关。

由于 k_A 是定值，在相同的时间间隔 τ 内，反应物浓度变化的分数相同。如图 6 - 2 所示。

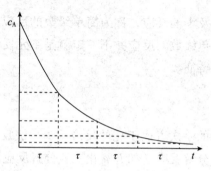

图 6 - 2 一级反应动力学曲线特征

例题 6 - 3 某药物的有效期（分解 10% 时间）为 18 月，已知其分解反应符合一级动力学，求其分解 5% 所需的时间。

解：根据一级反应特点，先求出速率常数

$$k_A = \frac{\ln(1/0.9)}{t_{0.9}} = \frac{0.105}{18 \text{ 月}} = 5.83 \times 10^{-3} \text{ 月}^{-1}$$

再根据一级反应速率方程

$$\ln\frac{c_{A,0}}{c_A} = k_A t$$

药物分解 5%，则系统中还剩药物 $c_A = 95\%$，将数据代入方程，得

$$t_{0.95} = \frac{1}{k_A}\ln\frac{1}{0.95} = \frac{0.0513}{5.83 \times 10^{-3} \text{ 月}^{-1}} = 8.8 \text{ 月}$$

例题 6 - 4 四环素静脉注射后在血液中的消除符合一级动力学。现在不同时刻测定其在血液中浓度如下表所示，求：

（1）四环素在血液中的半衰期；

（2）欲使血液中四环素浓度不低于 0.37 mg/100mL，需间隔几小时注射第二次？

t/h	4	8	12	16
$c/$ (mg · 100mL^{-1})	0.48	0.31	0.24	0.15

解：（1）根据一级动力学方程 $\ln c_A = \ln c_{A,0} - k_A t$，以 $\ln c$ 对 t 作直线回归，得到线性方程为 $\ln c_A = -0.371 - 0.0936t$，线性相关系数 $R^2 = 0.988$。

即

$$\ln c_{A,0} = -0.371, \quad k_A = 0.0936 \text{h}^{-1}$$

代入半衰期公式
$$t_{1/2} = \frac{\ln 2}{k_A} = 7.45 h$$

（2）由 $\ln c_{A,0} = -0.371$ 得：$c_{A,0} = 0.69 mg \cdot 100 mL^{-1}$。血液中四环素浓度降为 $0.37 mg \cdot 100 mL^{-1}$ 所需的时间为

$$t = \frac{1}{k} \ln \frac{c_{A,0}}{c_A} = \frac{1}{0.093 h^{-1}} \ln \frac{0.69}{0.37} = 6.7 h$$

二、二级反应

反应速率与一种反应物浓度的二次方成正比，或与两种反应物浓度的乘积成正比的反应称作二级反应（second order reaction）。二级反应是一类常见的反应，溶液中的许多有机反应都符合二级反应规律，例如加成、取代和消除反应等。

二级反应的微分速率方程为

$$r_A = -\frac{dc_A}{dt} = k_A c_A^2 \tag{6-17}$$

或

$$r_A = -\frac{dc_A}{dt} = k_A c_A c_D \tag{6-18}$$

将式（6-17）整理后对等式两端作定积分，得

$$\int_{c_{A,0}}^{c_A} -\frac{dc_A}{c_A^2} = \int_0^t k_A dt$$

$$\frac{1}{c_A} - \frac{1}{c_{A,0}} = k_A t \tag{6-19}$$

此式即为符合式（6-17）的二级反应的积分速率方程。

对于式（6-18）的积分处理，比较繁琐，此处只讨论其中一种较简单的情况，即两种反应物的化学计量数均为 1。

二级反应 $A + D \rightarrow G$ 的微分速率方程为

$$-\frac{dc_A}{dt} = k_A c_A c_D$$

若 $c_{A,0} = c_{D,0}$，则在任意时刻，必有 $c_A = c_D$，上式可简化为

$$-\frac{dc_A}{dt} = k_A c_A^2$$

可按上述第一种情况处理。下面讨论 $c_{A,0} \neq c_{D,0}$ 的情况。

设经过 t 时间后，反应物 A、D 消耗掉的浓度为 x，即

$$c_A = c_{A,0} - x, c_D = c_{D,0} - x$$

则
$$dc_A = d(c_{A,0} - x) = -dx$$

代入式（6-18），得

$$\frac{dx}{dt} = k_A(c_{A,0} - x)(c_{D,0} - x)$$

移项后对等式两端作定积分

$$\int_0^x \frac{dx}{(c_{A,0} - x)(c_{D,0} - x)} = \int_0^t k_A dt$$

得
$$\frac{1}{c_A} - \frac{1}{c_{A,0}} = k_A t$$

或
$$\frac{1}{c_{A,0} - c_{D,0}}\ln\frac{c_{D,0} \cdot c_A}{c_{A,0} \cdot c_D} = k_A t \qquad (6-20)$$

式（6-19）和（6-20）即为符合式（6-18）的二级反应的积分速率方程。

反应速率与两种反应物浓度成正比的二级反应，若两种反应物的初浓度之比等于其化学计量数之比，其微分速率方程（6-18）可简化为式（6-17），积分速率方程同（6-19）。

二级反应具有如下特征。

（1）速率常数 k 的量纲为 ［浓度］$^{-1}$ · ［时间］$^{-1}$。

（2）$1/c_A$ 与 t 呈线性关系。将式（6-19）改写为

$$\frac{1}{c_A} = \frac{1}{c_{A,0}} + k_A t$$

可看出，以 $1/c_A$ 对 t 作图得直线，直线的斜率为 k_A，截距为 $1/c_{A,0}$。

将式（6-20）改写为

$$\ln\frac{c_{D,0} c_A}{c_{A,0} c_D} = (c_{A,0} - c_{D,0})k_A t$$

以 $\ln\dfrac{c_{D,0} c_A}{c_{A,0} c_D}$ 对 t 作图，可得一过原点的直线，直线的斜率为 $(c_{A,0} - c_{D,0})k_A$。

（3）半衰期与反应物初浓度成反比。将 $c_A = c_{A,0}/2$ 代入式（6-19），得速率方程符合式（6-17）的反应的半衰期 $t_{1/2}$ 与反应物初浓度的关系为

$$t_{1/2} = \frac{1}{k_A c_{A,0}} \qquad (6-21)$$

显然，$t_{1/2}$ 与 $c_{A,0}$ 成反比。

将 $c_A = c_{A,0}(1 - x_A)$ 代入（6-19）式，得 A 的转化率达 x_A 的时间为

$$t_{1-x_A} = \frac{x_A}{k_A c_{A,0}(1 - x_A)} \qquad (6-22)$$

对于其微分速率方程具有式（6-17）形式的反应，（6-22）式可用于计算其反应物达任一转化率所需时间。显然，达到指定转化率所需时间与反应物的初始浓度成反比。

对于速率方程为式（6-20）的反应，A 和 D 由于起始浓度不同，其半衰期也不同，很难说总反应的半衰期，只能针对 A 和 D 单独计算。

例题 6-5 乙酸乙酯皂化为二级反应
$$CH_2COOC_2H_5 + NaOH \longrightarrow CH_3COONa + C_2H_5OH$$

NaOH 的初浓度为 $c_{A,0} = 0.00980\,mol \cdot L^{-1}$，$CH_3COOC_2H_5$ 的初浓度为 $c_{D,0} = 0.00486\,mol \cdot L^{-1}$。298K 温度下用酸碱滴定法测得如下数据，求速率常数 k。

t (s)	0	178	273	531	866	1510	1918	2401
$c_A \times 10^3$ ($mol \cdot L^{-1}$)	9.80	8.92	8.64	7.92	7.24	6.45	6.03	5.74
$c_D \times 10^3$ ($mol \cdot L^{-1}$)	4.86	3.98	3.70	2.97	2.30	1.51	1.09	0.80
$\ln\dfrac{c_{D,0} \cdot c_A}{c_{A,0} \cdot c_D}$	0	0.11	0.15	0.28	0.45	0.75	1.01	1.27

解：由于 NaOH 和 $CH_3COOC_2H_5$ 起始浓度不同，因此应用式（6-20），先由上列数据计算出 $\ln\dfrac{c_{D,0} \cdot c_A}{c_{A,0} \cdot c_D}$，以 $\ln\dfrac{c_{D,0} \cdot c_A}{c_{A,0} \cdot c_D}$ 对 t 作直线，见图 6-3。直线的斜率为 $(c_{A,0} - c_{D,0})k =$

$5.21 \times 10^{-4} \mathrm{s}^{-1}$，则 $k = 0.106 \mathrm{mol}^{-1} \cdot \mathrm{L} \cdot \mathrm{s}^{-1}$。

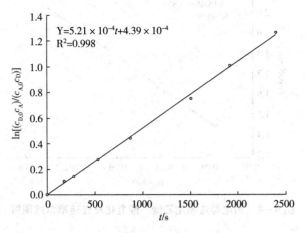

图 6-3 乙酸乙酯皂化反应图解

例题 6-6 上例中的乙酸乙酯皂化反应，也可用电导法测定其速率常数。298K 时浓度都为 $0.0200 \mathrm{mol} \cdot \mathrm{L}^{-1}$ 的 $CH_3COOC_2H_5$ 和 NaOH 溶液以等体积混合，在不同时刻测得混合后溶液的电导率 κ 如下，求反应速率常数 k。

t (min)	0	5	9	15	20	25
κ ($\mathrm{mS} \cdot \mathrm{cm}^{-1}$)	2.400	2.024	1.836	1.637	1.530	1.454

解：随着反应的进行，溶液中电导率较大的 OH^- 逐渐被电导率较小的 CH_3COO^- 取代，溶液的电导率值逐渐减小。在稀溶液中，反应物浓度的减小与溶液电导率值的减小成正比。

$$c_0 - c_t = A(\kappa_0 - \kappa_t)$$
$$c_0 - 0 = A(\kappa_0 - \kappa_\infty)$$

κ_0 为 $t = 0$ 时溶液的电导率；κ_t 为 t 时刻溶液的电导率；κ_∞ 为 $t = \infty$ 时完全反应后溶液的电导率。

本题为反应物 NaOH 和 $CH_3COOC_2H_5$ 浓度相等的二级反应，因此应用式 (6-19)

$$\frac{1}{c_t} - \frac{1}{c_0} = kt$$

整理后得

$$\kappa_t = \frac{\kappa_0 - \kappa_t}{c_0 \, k \, t} + \kappa_\infty$$

以 κ_t 对 $\dfrac{\kappa_0 - \kappa_t}{t}$ 作图，得线性较好的直线，见图 6-4，斜率为 $\dfrac{1}{c_0 k}$，截距为 κ_∞。

因为反应系统中 $CH_3COOC_2H_5$ 和 NaOH 溶液以等体积混合，所以

$$c_0 = \frac{0.02 \mathrm{mol} \cdot \mathrm{L}^{-1}}{2} = 0.01 \mathrm{mol} \cdot \mathrm{L}^{-1}$$

$$k = \frac{1}{c_0 \times 斜率} = \frac{1}{0.01 \times 15.463} = 6.467 \ \mathrm{mol}^{-1} \cdot \mathrm{L} \cdot \mathrm{min}^{-1} = 0.1078 \ \mathrm{mol}^{-1} \cdot \mathrm{L} \cdot \mathrm{s}^{-1}$$

与上例中所求得的 k 值基本一致。

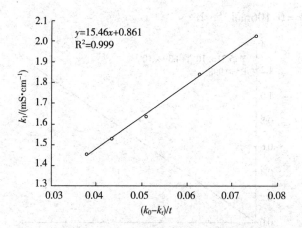

图 6-4　用电导法测定乙酸乙酯皂化反应速率常数图解

三、零级反应

反应速率与反应物浓度无关的反应称作零级反应（zero order reaction）。常见的零级反应有某些光化反应、电解反应、表面催化反应等。在一定的条件下，它们的反应速率分别只与照度、电流和表面状态有关，而与反应物浓度无关。有些难溶固体药物与水形成混悬剂，一定温度下这些药物在水中的浓度为一常数（溶解度），因此这些药物在水中的降解反应可表现为零级反应。

零级反应的微分速率方程为

$$r_A = -\frac{dc_A}{dt} = k_A \tag{6-23}$$

将上式整理后作定积分

$$\int_{c_{A,0}}^{c_A} -dc_A = \int_0^t k_A dt$$

$$c_{A,0} - c_A = k_A t \tag{6-24}$$

零级反应具有如下特征。

（1）速率常数 k 的量纲为［浓度］·［时间］$^{-1}$。

（2）c_A 与 t 呈线性关系。将式（6-24）改写为

$$c_A = c_{A,0} - k_A t$$

可以看出 c_A 对 t 作图得直线，直线的斜率为 $-k_A$，截距为 $c_{A,0}$。

（3）将 $c_A = c_{A,0}/2$ 代入式（6-24），得

$$t_{1/2} = \frac{c_{A,0}}{2k_A} \tag{6-25}$$

可知零级反应的半衰期与反应物的初浓度成正比。

将 $c_A = c_{A,0}(1 - x_A)$ 代入式（6-24）得

$$t_{1-x_A} = \frac{c_{A,0} x_A}{k_A} \tag{6-26}$$

可知零级反应达指定转化率所需时间与反应物的初始浓度成正比。

例题 6-7　室温下，阿司匹林的溶解度 3.3×10^{-3} g·mL^{-1}。已知浓度小于 3.3×10^{-3} g·mL^{-1} 的阿司匹林水溶液的降解为一级反应，其一级反应速率常数为 5×10^{-7} s^{-1}。计算浓度为 1.3×10^{-1} g·mL^{-1} 阿司匹林混悬液零级速率常数和 $t_{0.9}$。

解：由于固相中的阿司匹林能够源源不断地补充液相中被降解消耗的阿司匹林，在悬浮液中，阿司匹林浓度在 $1.3 \times 10^{-1} \, g \cdot mL^{-1} \sim 3.3 \times 10^{-3} \, g \cdot mL^{-1}$ 变化范围内，c 一直维持饱和溶解度 c_s，此时反应即可看作是准零级反应。

$$r = k \, c_s = k_0 = 5 \times 10^{-7} \times 3.3 \times 10^{-3} g \cdot (mL \cdot s)^{-1} = 1.65 \times 10^{-9} \, g \cdot (mL \cdot s)^{-1}$$

$1.3 \times 10^{-1} \, g \cdot mL^{-1}$ 阿司匹林混悬液降解10%后的浓度为 $1.17 \times 10^{-1} \, g \cdot mL^{-1}$，大于其溶解度 $3.3 \times 10^{-3} \, g \cdot mL^{-1}$。因此在其降解过程中，依然符合零级速率方程

$$t_{0.9} = \frac{c_0 - c}{k_0} = \frac{1.3 \times 10^{-1} \times (1 - 0.9)}{1.65 \times 10^{-9}} s = 7.9 \times 10^{6} s = 91 d$$

显然，在其他条件一样的情况下，固体药物在水溶液中的溶解度越小，其有效期越长。

四、简单级数反应的速率方程通用式

反应级数越大，涉及的物质越多，反应的速率方程越复杂。这里只讨论微分速率方程如下的反应

$$-\frac{dc_A}{dt} = k_A \, c_A^{n} \qquad (6-27)$$

这类反应包括以下几种。

（1）只有一种反应物。

（2）除 A 外，其余反应物大过量。

（3）各反应物的初始浓度之比等于其化学计量数之比。

将（6-27）式移项后积分

$$-\int_{c_{A,0}}^{c_A} \frac{dc_A}{c_A^{n}} = \int_0^t k_A dt$$

当 $n = 1$ 时，得一级反应速率方程积分式。若 $n \neq 1$，则积分后得

$$\frac{1}{n-1}\left(\frac{1}{c_A^{n-1}} - \frac{1}{c_{A,0}^{n-1}}\right) = k_A t \qquad (6-28)$$

式（6-28）对于任何级数，包括非整级数（除1级外）的所有反应都适用。

将 $c_A = c_{A,0}/2$ 代入式（6-28），整理后可得半衰期

$$t_{1/2} = \frac{2^{n-1} - 1}{(n-1)k_A \cdot c_{A,0}^{n-1}} \qquad (6-29)$$

现将一些典型的简单级数反应的特征总结于表 6-1。表中 n 级反应只列出了其微分速率方程为 $-dc_A/dt = k_A c_A^n$ 的一种简单形式。

表 6-1　简单级数反应的速率方程与特征

n	微分速率方程	积分速率方程	$t_{1/2}$	线性关系	k 的量纲
0	$-\dfrac{dc}{dt} = k$	$c_0 - c = kt$	$c_0/(2k)$	$c \sim t$	[浓度] $\cdot$ [时间]$^{-1}$
1	$-\dfrac{dc}{dt} = kc$	$\ln\dfrac{c_0}{c} = kt$	$(\ln 2)/k$	$\ln c \sim t$	[时间]$^{-1}$
2	$-\dfrac{dc}{dt} = kc^2$	$\dfrac{1}{c} - \dfrac{1}{c_0} = kt$	$1/(kc_0)$	$1/c \sim t$	[浓度]$^{-1} \cdot$ [时间]$^{-1}$
	$-\dfrac{dc}{dt} = kc_A c_D$	$\dfrac{1}{c_{A,0} - c_{D,0}}\ln\dfrac{c_{D,0} c_A}{c_{A,0} c_D} = kt$	对 A 和 D 不同	$\ln\dfrac{c_{D,0} c_A}{c_{A,0} c_D} \sim t$	[浓度]$^{-1} \cdot$ [时间]$^{-1}$

续表

n	微分速率方程	积分速率方程	$t_{1/2}$	线性关系	k的量纲
n	$\dfrac{-dc}{dt} = kc^n$	$\dfrac{(1/c^{n-1} - 1/c_0^{n-1})}{n-1} = kt$ $(n \neq 1)$	$\dfrac{2^{n-1}-1}{(n-1)} \dfrac{1}{kc_0^{n-1}}$	$1/c^{n-1} \sim t$	$[浓度]^{1-n} \cdot [时间]^{-1}$

扫码"学一学"

第四节　反应级数的确定

建立反应的速率方程，得到相应的动力学参数如速率常数 k 和反应级数 n，是化学动力学研究中重要的一步。在一般的研究过程中，通常不能直接测定反应的瞬时速率，而只能以物理或化学的方法测得在不同时间反应物或产物的浓度。因此必须通过一些数据处理手段，分析浓度与时间的关系，确定反应级数。在一定温度下，速率常数 k 与浓度无关，因此反应级数确定了，反应的速率方程就确定了。

确定反应级数的方法主要有如下几种。

一、微分法

若反应的微分速率方程具有如下的简单形式

$$r_A = \frac{-dc_A}{dt} = k_A c_A^n$$

等式两端取对数得

$$\ln\left(\frac{-dc_A}{dt}\right) = \ln k_A + n\ln c_A$$

以 $\ln(-dc_A/dt)$ 对 $\ln c_A$ 作图得到直线方程，直线的斜率为反应级数 n，截距为 $\ln k_A$。

实验中先根据实验数据作 $c_A \sim t$ 图 [图 6-5 (a)]。在不同浓度处作曲线的切线，切线斜率的绝对值即为此时的反应速率 $-dc_A/dt$。再将浓度 c_A 及其对应的反应速率 $-dc_A/dt$ 分别取对数后，作 $\ln(-dc_A/dt) \sim \ln c_A$ 图 [图 6-5 (b)]。由图中直线的斜率和截距，可分别求得反应级数 n 和速率常数 k_A。此法称为微分法 (differential method)。

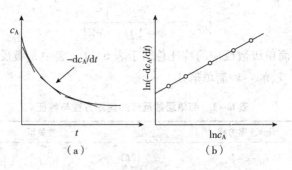

图 6-5　微分法确定反应级数

有时反应产物会对反应速率有影响（见后节中介绍的对峙反应），为了准确求得此反应的级数，可采用初速率法（又称初浓度法）。对若干个不同初浓度 $c_{A,0}$ 的溶液进行实验，分别作出它们的 $c_A \sim t$ 曲线 [图 6-6 (a)]。在每条曲线初浓度 $c_{A,0}$ 处做切线，相应的斜率的绝对值即为初速率 $-dc_{A,0}/dt$。然后以 $\ln(-dc_{A,0}/dt) \sim \ln c_{A,0}$ 作图 [图 6-6 (b)]，得到直线的斜率和截距，即可求得反应级数 n 和速率常数 k_A。对于简单级数的反应来说，上述两种微分法处理的结果是一样的，但是对于复杂反应而言，由初浓度法得到的才是真实的反应级数。

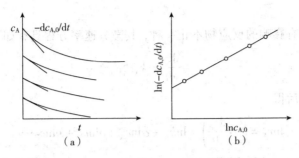

图 6 - 6 微分法确定反应级数（初浓度法）

用微分法确定反应级数，不仅适用于整数级数的反应，也适用于分数级数的反应。

二、积分法

积分法（integration method）是利用积分速率方程确定反应级数的方法，可分为尝试法、作图法和半衰期法。

1. 尝试法 将不同时刻测出的反应物浓度数据代入各简单级数反应的积分速率方程中，求算其速率常数 k。若按某个级数的速率方程计算的 k 为一常数，则反应即为该级数反应。

2. 作图法 具有简单级数的反应，不同级数反应的速率方程形式不同，利用实验所得数据作图。若 c 对 t 作图得直线，则反应为零级；若 $\ln c$ 对 c 作图得直线，则反应为一级；若 $1/c$ 对 t 作图得直线，则反应为二级。

尝试法和作图法对于具有简单级数反应的处理比较合适，若反应级数为分数，则处理起来比较麻烦，这时候最好采用微分法或半衰期法。另外用作图法确定反应级数时，浓度的取值范围应尽量宽一些，例如使 c_A 能够达到起始浓度 $c_{A,0}$ 的十分之一，否则可能造成误判。因为在宽取值范围内的一条曲线，在窄取值范围内看起来，却很像一条直线。

3. 半衰期法 半衰期法（half - life method）也是一种积分法。若反应微分速率方程为

$$r_A = -\frac{dc_A}{dt} = k_A c_A^n$$

则半衰期 $t_{1/2}$ 与反应物初浓度的关系为

$$t_{1/2} = \frac{2^{n-1} - 1}{(n-1) \ k_A c_{A,0}^{n-1}} = \frac{I}{c_{A,0}^{n-1}} \tag{6-30}$$

对于指定温度下的指定反应，I 为常数。若以两个初浓度不同 $c_{A,0}$ 和 $c'_{A,0}$ 的溶液进行实验，测得其半衰期分别为 $t_{1/2}$ 和 $c'_{1/2}$ 则

$$\frac{t_{1/2}}{t'_{1/2}} = \left(\frac{c'_{A,0}}{c_{A,0}}\right)^{n-1}$$

或

$$n = 1 + \left(\frac{\ln t_{1/2}/t'_{1/2}}{c'_{A,0}/c_{A,0}}\right) \tag{6-31}$$

如果数据较多，则用作图法更为准确。将（6 - 29）式改写为

$$\ln t_{1/2} = (1 - n) \ln c_{A,0} + \ln I$$

用 $\ln t_{1/2}$ 对 $\ln c_{A,0}$ 作图，由直线的斜率即可求得反应级数 n。

或此法不限于用 $t_{1/2}$，也可用反应进行到其他任意分数的时间。

三、孤立法

如果对反应速率有影响的反应物不止一种，其微分速率方程具有如下形式

$$r_A = -\frac{dc_A}{dt} = k_A c_A^\alpha c_D^\delta c_E^\varepsilon \cdots$$

等式两端取对数后得

$$\ln r_A = \left(-\frac{dc_A}{dt}\right) = \ln k_A + \alpha \ln c_A + \delta \ln c_D + \varepsilon \ln c_E \cdots$$

需要解联立方程组，才能求得各反应物的级数 α、δ、$\varepsilon \cdots$和速率常数 k_A。实际工作中通常采用孤立法（或称过量浓度法）来处理，则比较简单。

可以选择这样的实验条件，即在一组实验中保持除 A 以外的其他反应物大过量，则反应过程中只有 A 的浓度有变化，其他反应物的浓度变化很小可视为常数，或在各次实验中保持其他反应物的起始浓度不变，而变化 A 的起始浓度，这时速率公式就简化为

$$r_A = -\frac{dc_A}{dt} = k_A c_A^n$$

然后用上述的微分法或积分法中的任何一种方法都可以求得 A 的反应级数 α。类似地在另一组实验中保持 D 以外物质过量，或除 D 以外的物质的起始浓度不变而只改变 D 的起始浓度，则可以求出 D 的反应级数 δ。以此类推，则可求反应总级数 $n = \alpha + \delta + \varepsilon + \cdots$

例题 6-8 25℃下，对溶液中发生的反应 $A + B \xrightarrow{k} P$ 进行动力学研究。第一次实验中，$c_{A,0} = 0.1 \text{mol} \cdot L^{-1}$，$c_{B,0} = 10 \text{mol} \cdot L^{-1}$，依据所测数据以 $\ln c_A$ 对 t 作图得一直线，并知 A 反应掉一半所需时间为 15s；第二次实验中，$c_{A,0} = 0.1 \text{mol} \cdot L^{-1}$，$c_{B,0} = 10 \text{mol} \cdot L^{-1}$，以 $\ln c_A$ 对 t 作图也得一直线。已知该反应的速率方程形式为 $r = k c_A^\alpha c_B^\beta$，求 α，β 及反应速率常数 k 值。

解：第一次实验中 $c_{B,0} \gg c_{A,0}$，故速率方程可化为

$$r = k c_A^\alpha c_B^\beta = k' c_A^\alpha，\text{其中} k' c_B^\beta$$

实验测得 $\ln c_A$ 对 t 作图得一直线，这是一级反应的特征，所以 $\alpha = 1$。

根据一级反应半衰期与速率常数的关系 $t_{1/2} = \frac{\ln 2}{k'} = \frac{0.6932}{k'}$

得

$$k' = \frac{0.6932}{t_{1/2}} = \frac{0.6932}{15s} = 0.0462 s^{-1}$$

第二次实验 $c_{A,0} = c_{B,0}$，A 与 B 反应计量系数均为 1，因此任意时刻，$c_A = c_B$。

由于 $\alpha = 1$，故其速率方程可化为：$r = k c_A^\alpha c_B^\beta = k c_A c_B^\beta = k c_A^{\beta+1}$，实验测得 $\ln c_A \sim t$ 仍呈直线关系，表示该反应依然为一级反应，即 $\beta + 1 = 1$，所以 $\beta = 0$。

因此，该反应速率方程为 $r = k c_A^\alpha c_B^\beta = k c_A$，$\alpha = 1$，$\beta = 0$

反应速率常数

$$k = \frac{k'}{c_B^\beta} = k' = 0.0462 s^{-1}$$

扫码"学一学"

第五节　温度对反应速率的影响

温度对反应速率的影响主要体现为对速率常数的影响。

历史上，van't Hoff 曾根据实验事实总结出一条近似规律，即温度每升高 10 度，反应速率增加 2 ~ 4 倍，用公式表示为

$$\frac{k_{T+10n}}{k} = 2^n \sim 4^n$$

其意义为：当反应温度变化了 n 个 10K 时，反应速率常数将至少增加 2^n 倍。例如某反应在 390K 下进行的反应速率常数近似为在 290K 下的 2^{10} 倍。van't Hoff 规则虽然不很精确，但当数据缺乏时，可以用它对反应速率随温度的变化作粗略的估算。

一、Arrhenius 经验公式

Arrhenius 根据大量的实验数据，提出了速率常数与温度之间的较为准确的经验式，即著名的 Arrhenius 公式（Arrhenius equation）。该式有如下几种形式。

（一）指数式

$$k = A \cdot \exp\left(\frac{-E_a}{RT}\right) \tag{6-32}$$

式中 A 称为指前因子（pre-exponential factor），具有与速率常数相同的量纲。E_a 称为实验活化能或表观活化能，简称活化能（activation energy），其单位为 $J \cdot mol^{-1}$ 或 $kJ \cdot mol^{-1}$。对于大多数反应，活化能为正值。根据上式，随温度升高，速率常数将增大；指定温度下，活化能越大，速率常数则越小。因此可以认为活化能是阻碍反应进行的能量因素。在温度范围变化不是太大时，指前因子和活化能可视为常数。

（二）对数式

式（6-32）两边取对数，得

$$\ln k = \frac{-E_a}{RT} + \ln A \tag{6-33}$$

由上式可以看出，以 $\ln k$ 对 $1/T$ 作图，可得一直线，斜率为 $-E_a/R$，截距为 $\ln A$。据此可求反应的活化能和指前因子。

（三）微分式

视活化能和指前因子作常数，将式（6-33）两边分别对 T 微分得

$$\frac{d\ln k}{dT} = \frac{E_a}{RT^2} \tag{6-34}$$

根据式（6-34）可得出如下结论。

1. 指定温度下，$\ln k$ 随 T 的变化率与活化能成正比。活化能越大，速率常数随温度的变化就越大，也就是说，活化能大的反应对温度更敏感。与活化能低的反应相比，活化能高的反应，升高温度时，其速率常数增大的幅度较大，温度降低时，其速率常数减小的幅度也大。简言之，升高温度对活化能大的反应有利。基于此，当反应系统中同时存在几个活化能不同的反应时，就可以通过调节温度的方法选择适宜的温度加速主反应，抑制副反应。

2. 对于指定的反应，活化能一定，低温与高温相比较，当增加相同的温度时，低温速率常数增大的比例比高温多，即低温时反应对温度更敏感。

例如有三个化学反应，他们的速率常数 k 与温度 T 之间的关系如图 6-7 所示，图中纵坐标采用自然对数坐标，其读数就是 k 的数值，横坐标采用倒数坐标，其读数即为 T 的数

值。以 $\ln k$ 对 $1/T$ 作图，根据 Arrhenius 经验式，直线的斜率为 $\dfrac{-E_a}{R}$，斜率的绝对值越大，表示 E_a 越大。由图 6-7 可见，Ⅰ，Ⅱ，Ⅲ 三个反应的活化能大小关系为 $E_{a(Ⅲ)} > E_{a(Ⅱ)} > E_{a(Ⅰ)}$。

对于活化能不同的反应Ⅲ和Ⅱ，$E_{a(Ⅲ)} > E_{a(Ⅱ)}$。当温度均从 1000K 增加至 2000K 时，反应Ⅲ的速率常数 k（Ⅲ）从 10 变成了 200，增加了 19 倍；反应Ⅱ的速率常数 k（Ⅱ）从 100 变成了 200，增加了 1 倍。由此可见，当温度发生同等程度的增加，活化能大的反应速率常数增加的倍数高于活化能低的反应。相反，当温度发生同等程度的下降，活化能大的反应速率常数减小的倍数高于活化能低的反应。

对于一个给定的反应，在低温范围内反应的速率随温度变化更敏感。如反应Ⅱ，在温度有 376K 增加至 463K，即增加了 87K，k 值由 10 增加到 20，提高了 1 倍。而在高温范围内，若要 k 提高一倍（即从 100 增至 200），温度要从 1000K 增加至 2000K（即温度提高 1000K）才可以达到。

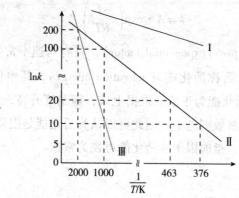

图 6-7　活化能对反应速率常数随温度变化率的影响

（四）定积分式

对式（6-34）进行定积分得 Arrhenius 经验式的定积分式

$$\ln \frac{k_2}{k_1} = \frac{-E_a}{R}\left(\frac{1}{T_2} - \frac{1}{T_1}\right) \tag{6-35}$$

根据定积分式，若已知两个温度下的速率常数，可计算反应的活化能。若已知反应的活化能和一个温度下的速率常数，可计算另一个温度下的速率常数。

考察式（6-16）、式（6-22）及式（6-26）会发现，如果反应物的初始浓度确定，则达到指定转化率所需时间与速率常数的乘积为常数，且此常数与温度及反应级数无关。若某反应在温度 T_1 时的速率常数为 k_1，达某一转化率的时间为 t_1，温度 T_2 时，速率常数为 k_2，达相同转化率的时间为 t_2，则有 $k_1 t_1 = k_2 t_2$，代入式（6-35）得

$$\ln \frac{t_2}{t_1} = \frac{E_a}{R}\left(\frac{1}{T_2} - \frac{1}{T_1}\right) \tag{6-36}$$

测定转化率时不需要像测定速率常数那样先确定反应级数，这是式（6-36）的优点。将 $kt =$ 常数应用于式（6-33），可得线性方程

$$\ln t = \ln A' + \frac{E_a}{RT} \tag{6-37}$$

式中 A' 为一与指前因子有关的常数。由此方程的截距可求活化能。

Arrhenius 公式最初是从气相反应中总结出来的，后来发现它也适用于液相反应或复相催化反应。它既适用于基元反应，也适用于大多数非基元反应。

例题 6 – 9 金霉素在 pH = 6 的水溶液中的分解为一级反应。在 328.2K 和 338.7K 温度下的速率常数分别为 3.55×10^{-4} min^{-1} 和 6.09×10^{-4} min^{-1}，求该反应的活化能和在 298.2K 下的速率常数 $k_{298.2K}$ 及 $t_{0.9}$。

解：由 Arrhenius 公式 $\ln \dfrac{k_2}{k_1} = \dfrac{-E_a}{R}\left(\dfrac{1}{T_2} - \dfrac{1}{T_1}\right)$ 代入数据，得

$$E_a = \frac{8.314 \times \ln \dfrac{6.09 \times 10^{-4}}{3.55 \times 10^{-4}}}{\dfrac{1}{328.2} - \dfrac{1}{338.7}} J/mol = 47.53 kJ/mol$$

设活化能 E_a 与温度无关，则

$$k_{298.2K} = k_{328.2K} \cdot \exp\left[-\frac{E_a}{R}\left(\frac{1}{298.2} - \frac{1}{328.2}\right)\right] = 6.154 \times 10^{-5} min^{-1}$$

一级反应半衰期 $t_{0.9} = \dfrac{1}{k_{298.2K}} \ln \dfrac{10}{9} = 1712 min = 28.5 h$

并非所有化学反应都符合或近似符合 Arrhenius 公式。图 6 – 8 列出了五种典型反应的 k ~ T 关系。图中 (a) 为在常温的有限温度区间内进行符合 Arrhenius 公式的常见反应；(b) 为爆炸反应；(c) 为酶催化反应；(d) 为碳和某些烃类的氧化反应；(e) 是一种反常的类型，温度升高反应速率反而下降，例如 $2NO + O_2 \rightarrow 2NO_2$ 即属这一类型。

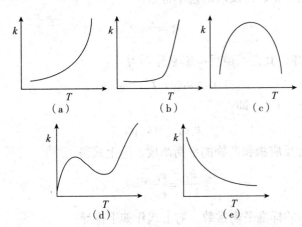

图 6 – 8 五种典型反应的速率常数与温度的关系

二、活化能

为什么反应温度对反应速率的影响甚为显著？为什么在相同反应条件下，活化能越高，反应的速率常数越小？为什么反应的活化能高，其速率对于温度的变化更加敏感？在探讨这些问题的过程中，Arrhenius 以及之后的学者，逐步明确了活化能的物理意义。

（一）活化分子

发生化学反应的首要条件是反应物分子之间的相互碰撞，但并不是每一次碰撞都能发生化学反应。根据分子运动论，反应物分子的能量有高有低，符合玻尔兹曼分布定律。只有少数能量足够高的分子碰撞后才能发生反应，这样的分子称为活化分子。

（二）活化能的物理意义

活化分子的平均能量与反应物分子的平均能量之差即活化能，如图 6-9 所示。图中 U_1 为基元反应中反应物分子的平均能量，U_2 为产物分子的平均能量，U_3 为活化分子的平均能量。U_1、U_2、U_3 皆为温度的函数。$E_{a,1}$ 为正反应的活化能，$E_{a,-1}$ 为逆反应的活化能。$E_{a,1}$ 和 $E_{a,-1}$ 都近似地与温度无关。

活化能的大小可以看作是阻碍反应进行的能垒，这一能垒的存在是因为分子相互碰撞并发生化学反应时，须克服彼此间的斥力和拆断旧的化学键，而这些都需要能量。只有具备这种能量的分子即活化分子，才能顺利地翻越这一特定的能峰而发生反应。反应的活化能越高，活化分子在反应物分子中的比例就越少，因此反应速率越小。反之，活化能越低，反应物分子中活化分子的比例就越高，反应速率则越快。这正是不同的反应，其速率快慢可能相差很多的原因。温度升高一般能加快反应速率，是因为随着温度升高，活化分子数目增多的缘故。

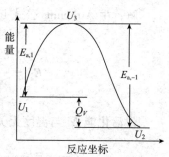

图 6-9 活化能示意图

（三）活化能与反应热

Arrhenius 曾将他的公式与 van't Hoff 等容方程相比较。对一恒容条件下对峙进行的基元反应，令 k_1、k_{-1} 分别为正、逆反应的速率常数。

$$R \underset{k_{-1}}{\overset{k_1}{\rightleftharpoons}} P$$

根据质量作用定律，其正、逆反应速率分别为

$$r_1 = k_1 c_R, \quad r_{-1} = k_{-1} c_P$$

反应达平衡时，$r_1 = r_{-1}$，即

$$k_1 c_{R,eq} = k_{-1} c_{P,eq}$$

$c_{R,eq}$ 和 $c_{P,eq}$ 分别为反应物和产物的平衡浓度。由上式得

$$\frac{k_1}{k_{-1}} = \frac{c_{P,eq}}{c_{R,eq}} = K_c^{\ominus}$$

$K_c^{\ominus}$ 为以浓度表示的标准平衡常数。对上式作如下推导

$$\frac{d\ln K_c^{\ominus}}{dT} = \frac{\Delta U}{RT^2}$$

$$\frac{d\ln(k_1/k_{-1})}{dT} = \frac{E_{a,1} - E_{a,-1}}{RT^2} \tag{6-38}$$

比较上述两式，可得

$$E_{a,1} - E_{a,-1} = \Delta U = U_{-1} - U_1 = Q_V \tag{6-39}$$

在恒压条件下作类似推导，可得

$$E_{a,1} - E_{a,-1} = \Delta H = Q_p$$

结果表明，正、逆反应的活化能之差等于反应的热效应，如图 6-9 所示。当正反应活化能大于逆反应活化能时，正反应为吸热反应，反之，则为放热反应。

以上讨论并非很严密，活化能 E_a 在阿仑尼乌斯公式中是与温度无关的常数，而 ΔU 或 ΔH 都与温度有关。更精密的实验表明，活化能也受温度影响，只是影响程度不大而已。若

温度变化范围很大，则用下式更能符合实验数据。

$$k = A'T^n \exp \frac{-E'_a}{RT}$$

式中 A'、n 和 E'_a 都是经验常数。

（四）表观活化能与基元反应活化能之间的关系

只有基元反应的活化能才有上述明确的物理意义。对非基元反应而言，Arrhenius 活化能只是一个表观参数，它是构成总反应的各基元反应活化能的组合。表观活化能虽无明确的物理意义，但仍可以认为是阻碍反应进行的一个能量因素。例如某总反应的速率常数 $k = k_1 k_2 k_3^{-1/2}$，若总反应速率常数和各基元反应速率常数均服从 Arrhenius 经验式

$$k = k_1 k_2 k_3^{-\frac{1}{2}} = A_1 \cdot \exp\left(-\frac{E_{a,1}}{RT}\right) \cdot A_2 \cdot \exp\left(-\frac{E_{a,2}}{RT}\right) \cdot \left[A_3 \cdot \exp\left(-\frac{E_{a,3}}{RT}\right)\right]^{-\frac{1}{2}}$$

$$= A_1 A_2 A_3^{-\frac{1}{2}} \cdot \exp\left[-\frac{E_{a,1} + E_{a,1} - \frac{1}{2}E_{a,3}}{RT}\right] = A \cdot \exp\left(-\frac{E_a}{RT}\right)$$

则其表观活化能为

$$E_a = E_{a,1} + E_{a,1} - \frac{1}{2}E_{a,3}$$

一般化学反应的活化能约在 $40 \sim 400 \text{ kJ} \cdot \text{mol}^{-1}$ 之间。因为活化能出现在 Arrhenius 公式的指数项里，所以其对反应速率的影响极大。在其他条件不变的情况下，活化能越大，反应速率就越小，温度对反应速率的影响越显著。

三、药物有效期预测

药物在贮存过程中常因发生水解、氧化等反应而使含量降低，乃至失效甚至产生毒副作用。药物稳定性研究在新药研究中是一项重要的内容，其考察方法有留样观察和加速实验等方法。加速实验是应用化学动力学的原理，在较高的温度下进行实验，使药物降解反应加速进行，经动力学处理后外推得出药物在室温下的贮存期。

首先根据药物的稳定程度选取几个较高的试验温度，测定各温度下药物浓度随时间的变化，绘制 $c \sim t$ 曲线；再应用微分法、积分法或孤立法求得药物降解反应级数及在各试验温度下的反应速率常数 k；然后依据 Arrhenius 公式，以 $\ln k$ 对 $1/T$ 作图（或作直线回归），通过直线外推求得药物在室温下的速率常数 k_{298}；或通过直线的斜率和截距求得活化能 E_a 和指前因子 A 等参数，再将贮藏温度 298K 代入 Arrhenius 公式，计算得到 k_{298}；最后根据药物降解反应的速率方程，计算室温下药物含量降低至合格限所需的时间，即贮存期。

经典恒温法能在较短时间内得到预测结果，数据处理比较简单，但实验时需注意选择的温度应不致引起反应级数的改变。

例题 6-10 金霉素在酸性条件下变成脱水金霉素，该反应为一级反应。脱水金霉素在酸性溶液中的最大吸收波长为 450 nm，该波长下溶液的吸光度 A 与脱水金霉素浓度成正比，金霉素在此波长下无吸收。在 65℃、75℃、80℃ 和 85℃ 温度下进行加速试验，获得如下数据，求在室温（25℃）下保存的贮存期 $t_{0.9}$。

t/min	10	20	30	40	60	80	120	∞
A（65℃）	0.008	0.011	0.016	0.022	0.035	0.043	0.067	0.798

续表

t/min	10	20	30	40	60	80	120	∞
A（75℃）	0.013	0.021	0.037	0.047	0.073	0.094	0.136	0.798
A（80℃）	0.021	0.043	0.064	0.079	0.117	0.151	0.216	0.798
A（85℃）	0.031	0.060	0.087	0.1195	0.161	0.213	0.294	0.798

解：金霉素完全变成脱水金霉素的吸光度为 A_∞，$A_\infty = \varepsilon c_0 l$，其中 ε 为脱水金霉素的吸光系数，l 为比色杯厚度，c_0 为金霉素起始浓度，也是完全转化为脱水金霉素的浓度。

部分金霉素转化脱水金霉素的吸光度为 A_t，$A_t = \varepsilon(c_0 - c)l$，式中 $c_0 - c$ 为生成的脱水金霉素的浓度。

将 $A_\infty = \varepsilon c_0 l$ 和 $A_t = \varepsilon(c_0 - c)l$ 代入 $\ln\dfrac{c_0}{c} = kt$，则该方程变形为

$$\ln(A_\infty - A_t) = kt \text{ 或 } \ln(A_\infty - A_t) = \ln A_\infty - kt。$$

以 $\ln(A_\infty - A_t)$ 对 t 作图，斜率 $= -k$。如图 6-10a 所示，由直线的斜率可得 65℃、75℃、80℃、85℃ 温度下的速率常数分别为 $7.17 \times 10^{-4}\,\text{min}^{-1}$、$1.57 \times 10^{-3}\,\text{min}^{-1}$、$2.61 \times 10^{-3}\,\text{min}^{-1}$ 和 $3.81 \times 10^{-3}\,\text{min}^{-1}$。以 $\ln k$ 对 $1/T$ 作图，如图 6-10b 所示，求得活化能 E_a 为 84.78kJ/mol，指前因子 A 为 $8.73 \times 10^{9}\,\text{min}^{-1}$。进而可算得在 25℃ 下的速率常数 $k_{25℃}$ 及贮存期 $t_{0.9}$

$$k_{25℃} = A \cdot \exp\left(\frac{-E_a}{RT}\right)$$

$$= 8.79 \times 10^{9}\,\text{min}^{-1} \cdot \exp\left(\frac{-84780}{8.314 \times 298.15}\right) = 1.22 \times 10^{-5}\,\text{min}^{-1}$$

根据一级速率方程

$$t_{0.9} = \frac{1}{k}\ln\frac{10}{9} = \frac{0.105}{k} = 8607\,\text{min} = 5.98\text{d}$$

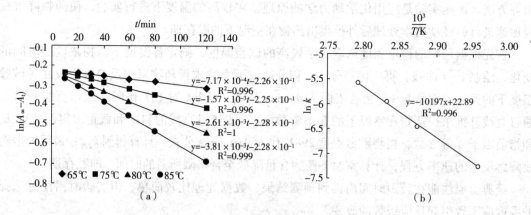

图 6-10 金霉素溶液贮存期的预测

扫码"学一学"

第六节 典型复杂反应

两个或两个以上的基元反应组成的反应称为复杂反应。典型的复杂反应有对峙反应、平行反应、连续反应。通常复杂反应是这三种方式的组合。

一、对峙反应

正向和逆向同时进行的反应称作对峙反应（opposing reaction），又称为对行反应或可逆反应（注意不要与热力学中的可逆过程混淆）。严格地说，任何反应都不能完全进行到底，都是对峙反应。只有当逆反应速率远小于正反应速率时，逆反应方可忽略不计。本节讨论正、逆反应速率相差不太大的对峙反应。

（一）速率方程

最简单的情况是正、逆反应都是一级反应，这样的对峙反应称为 1 - 1 级对峙反应。假设反应刚开始时，系统中只有组分 A

$$A \underset{k_{-1}}{\overset{k_1}{\rightleftharpoons}} P$$

开始时	$c_{A,0}$	0
平衡时	$c_{A,eq}$	$c_{A,0} - c_{A,eq}$
t 时刻	c_A	$c_{A,0} - c_A$

反应进行到 t 时刻，正反应速率为 $r_{正} = k_1 c_A$；逆反应速率为 $r_{逆} k_{-1} c_p$；A 的反应速率为

$$-\frac{dc_A}{dt} = k_1 c_A - k_{-1} c_p \tag{6-40}$$

令 $c_{A,0}$ 为反应物 A 的初浓度，则 $c_p = c_{A,0} - c_A$，代入上式，得

$$-\frac{dc_A}{dt} = k_1 c_A - k_{-1}(c_{A,0} - c_A) = (k_1 + k_{-1})c_A - k_{-1}c_{A,0} \tag{6-41}$$

反应达到平衡时，正、逆反应速率相等，$r_{正} = r_{逆}$，则

$$k_1 c_{A,eq} = k_{-1} c_{p,eq} = k_{-1}(c_{A,0} - c_{A,eq})$$

移项得

$$k_{-1} c_{A,0} = (k_1 + k_{-1})c_{A,eq}$$

将上式带入式（6-41）得

$$-\frac{dc_A}{dt} = (k_1 + k_{-1})(c_A - c_{A,eq})$$

整理后积分，得

$$\ln \frac{c_{A,0} - c_{A,eq}}{c_A - c_{A,eq}} = (k_1 + k_{-1})t \tag{6-42}$$

此式即为 1 - 1 级对峙反应的积分速率方程。

式（6-42）可改写为

$$\ln(c_A - c_{A,eq}) = -(k_1 + k_{-1})t + \ln(c_{A,0} - c_{A,eq})$$

以 $\ln(c_A - c_{A,eq})$ 对 t 作图可得一直线，由直线的斜率可求得 $k_1 + k_{-1}$，再由平衡常数 $K_c = k_1 / k_{-1}$，可分别求得 k_1 和 k_{-1}。

反应初始时，若系统中只有反应物 A，则 $t = 0$ 时，$c_{P,0} = 0$，对峙反应的微分速率方程式（6-40）可写作：$-\frac{dc_{A,0}}{dt} = k_1 c_{A,0}$。因此也可以采用初浓度法处理对峙反应动力学曲线 $c_A \sim t$，以初始速率 $-\frac{dc_{A,0}}{dt}$ 对 $c_{A,0}$ 作图，得正反应速率常数 k_1。前述微分法求反应级数时曾提到对于有产物影响反应速率的情况时，只有初浓度法才能得到真正的反应级数，就是这个

道理。

当正反应速率远大于逆反应速率时，即 $k_1 \gg k_{-1}$，则 K_c 很大，表明反应倾向完全反应，$c_{A,eq} \approx 0$，式（6-42）简化为

$$\ln \frac{c_{A,0}}{c_A} = k_1 t$$

具有单向一级反应速率方程的形式。可见单向一级反应是 1-1 级对峙反应在正反应速率远大于逆反应速率时的特例。

将 $c_{A,0} - c_{A,eq} = c_{P,eq}$，$c_A = c_{A,0} - c_P$ 代入式（6-42），可得 1-1 级对峙反应积分速率方程的另一形式

$$\ln \frac{c_{P,eq}}{c_{P,eq} - c_P} = (k_1 + k_{-1}) t \tag{6-43}$$

此方程的优点在于不必知道 P 的初始浓度，对于无法保证 $c_{P,0} = 0$ 的情况尤为合适。

（二）动力学特征

若将 A 和 P 的浓度对时间作图，可得图 6-11。从图中可以看出经过足够长的时间后，反应物和产物的浓度都分别趋近于它们的平衡浓度 $c_{A,eq}$ 和 $c_{P,eq}$ 而不再随时间改变。这是对峙反应的特征。

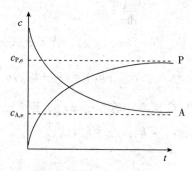

图 6-11　1-1 级对峙反应的 $c \sim t$ 曲线

（三）反应速率与温度的关系

升高反应温度可以加快反应速率。但对于对峙反应，升高温度既加快正反应速率，也加快逆反应速率。而且多数情况下，正、逆反应的活化能并不相同，升高反应温度使正、逆反应加快的程度也不同，从而将影响化学平衡的位置，以致影响反应物的转化率。对于正反应吸热的对峙反应，正反应的活化能大于逆反应的活化能，由于活化能大的反应对温度更敏感，升高温度可使正反应速率比逆反应速率增加得更快，同时也增大反应的平衡常数，进而提高反应物的转化率，从两方面来说都是有利的，但也不是越高越好，需要考虑高温带来的其他不利影

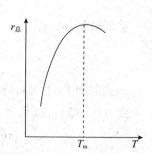

图 6-12　反应温度对对峙反应总反应速率的影响

响。对于放热反应，情况则比较复杂。由于正反应的活化能小于逆反应的活化能，在较低的温度范围内，正反应的速率常数大于逆反应的速率常数，同时，低温也有利于平衡向放热的正反应方向移动。但温度低，反应速率过慢，则不利于生产。升高温度，正反应速率加快，逆反应速率也加快，而且加快的幅度比正反应更大。如果逆反应速率常数的指前因子不大于正反应速率常数的指前因子，逆反应速率常数将不会因温度升高而超过正反应速

率常数，升高温度的不利影响仅是降低转化率。但若逆反应速率常数的指前因子大于正反应速率常数的指前因子，同时逆反应活化能与正反应活化能相比不是很大的话，根据 Arrhenius 经验式，随着温度的升高，逆反应速率常数将有可能从小于变为大于正反应速率常数，从而使反应速率 - 温度曲线出现一最高点，如图 6 - 12 所示。该点对应的温度即最佳反应温度。

例题 6 - 11 某 1 - 1 级对峙反应 $A \underset{k_{-1}}{\overset{k_1}{\rightleftharpoons}} P$，已知 $k_1 = 10^{-4}\ \mathrm{s}^{-1}$，$k_{-1} = 2.5 \times 10^{-5}\ \mathrm{s}^{-1}$，反应开始时只有反应物 A。求：

（1）A 反应掉一半所需的时间；

（2）经过 6000s 后 A 和 P 的浓度。

解：（1）根据 1 - 1 级对峙反应速率方程

$$\ln \frac{c_{A,0} - c_{A,\mathrm{eq}}}{c_A - c_{A,\mathrm{eq}}} = (k_1 + k_{-1}) t$$

欲求 $c_A = 0.5 c_{A,0}$ 的时间 t，需先求 $c_{A,\mathrm{e}}$

$$K_c = \frac{c_{P,\mathrm{eq}}}{c_{A,\mathrm{eq}}} = \frac{c_{A,0} - c_{A,\mathrm{eq}}}{c_{A,\mathrm{eq}}} = \frac{k_1}{k_2} = 4$$

解得 $c_{A,\mathrm{eq}} = 0.2 c_{A,0}$，代入上述速率方程得

$$\ln \frac{c_{A,0} - 0.2 c_{A,0}}{0.5 c_{A,0} - 0.2 c_{A,0}} = (k_1 + k_{-1}) t$$

代入数据，解得 $t = 7847\mathrm{s}$

（2）将 $c_{A,\mathrm{e}} = 0.2 c_{A,0}$，$t = 6000\mathrm{s}$ 代入上述速率方程

$$\ln \frac{c_{A,0} - c_{A,\mathrm{eq}}}{c_A - c_{A,\mathrm{eq}}} = (k_1 + k_{-1}) t$$

$$\ln \frac{c_{A,0} - 0.2 c_{A,0}}{c_A - 0.2 c_{A,0}} = (1 \times 10^{-4} + 2.5 \times 10^{-5}) \times 6000$$

$$c_A = 0.578 c_{A,0},\ c_P = c_{A,0} - 0.578 c_{A,0} = 0.422 c_{A,0}$$

二、平行反应

反应物同时进行几个不同的反应，称为平行反应（parallel reaction）。一般将其中速率较大的或生成目的产物的反应称为主反应，将其他反应称为副反应。这种情况在有机反应中较常见。如苯酚的硝基化反应可同时得到对、邻和间位硝基苯酚。

最简单的是一级平行反应

$$A \underset{k_2}{\overset{k_1}{\longrightarrow}} \begin{matrix} E \\ F \end{matrix}$$

反应的速率分别为

$$r_1 = \frac{\mathrm{d} c_E}{\mathrm{d} t} = k_1 c_A \tag{6-44}$$

$$r_2 = \frac{\mathrm{d} c_F}{\mathrm{d} t} = k_2 c_A \tag{6-45}$$

A 的消耗速率为 E 与 F 的生成速率之和，从而

$$r = -\frac{dc_A}{dt} = k_1 c_A + k_2 c_A = (k_1 + k_2) c_A \qquad (6-46)$$

将上式积分得

$$\ln\frac{c_A}{c_{A,0}} = -(k_1 + k_2) t \qquad (6-47)$$

比较式（6-44）和（6-45），可以看出

$$\frac{dc_E}{dc_F} = \frac{k_1}{k_2}$$

上式改写为

$$dc_E = \frac{k_1}{k_2} dc_F$$

积分得

$$c_E = \frac{k_1}{k_2} c_F + I$$

式中 I 为积分常数。若反应开始时只有 A，即 $t=0$ 时，$c_E = c_F = 0$，则 $I=0$，

$$\frac{c_E}{c_F} = \frac{k_1}{k_2} \qquad (6-48)$$

若反应开始时只有反应物，则在反应的任意时刻，同级平行反应具有以下特点（图6-13）。

（1）系统中各物质浓度之和等于 A 的起始浓度：$c_{A,0} = c_A + c_E + c_F$

（2）产物的浓度之比等于各平行反应的速率常数之比，$\dfrac{c_{E,1}}{c_{F,1}} = \dfrac{c_{E,2}}{c_{F,2}} = \dfrac{k_1}{k_2}$

式（6-47）可改写为 $\qquad \ln c_A = \ln c_{A,0} - (k_1 + k_2) t \qquad (6-49)$

以 $\ln c_A$ 对 t 作图，直线斜率即为 $-(k_1 + k_2)$，再根据式（6-48）测得某时刻物质 E 和 F 的浓度比，即可求得 k_1 和 k_2。

改变反应温度可以改变各平行反应的速率常数，升高反应温度有利于活化能大的反应，降低温度则有利于活化能小的反应，因而可以通过控制反应温度的办法提高目的产物的产率。此外也可以采用催化剂以改变反应的活化能，来选择性地加速人们需要的反应。

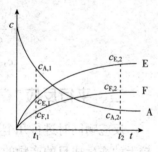

图6-13　1-1 级平行反应的 $c \sim t$ 曲线

三、连续反应

反应经历几个连续的步骤，前一步的产物为后一步的反应物，这样的反应称为连续反应（consecutive reaction）或连串反应。例如龙胆三糖的水解反应

$$C_{18}H_{32}O_{16} + H_2O \longrightarrow C_6H_{12}O_6 + C_{12}H_{22}O_{11}$$

　　　龙胆三糖　　　　　果糖　　龙胆二糖

$$C_{12}H_{22}O_{11} + H_2O \longrightarrow 2C_6H_{12}O_6$$

　　龙胆二糖　　　　　　葡萄糖

最简单的连续反应为一级连续反应

$$A \xrightarrow{k_1} E \xrightarrow{k_2} F$$

$$t=0 \qquad c_{A,0} \qquad 0 \qquad 0$$

$$t = t \qquad c_A \qquad c_E \qquad c_F$$

各组分反应速率分别为

$$-\frac{dc_A}{dt} = k_1 c_A \qquad\qquad (6-50)$$

$$\frac{dc_E}{dt} = k_1 c_A - k_2 c_E \qquad\qquad (6-51)$$

$$\frac{dc_F}{dt} = k_2 c_E \qquad\qquad (6-52)$$

将式（6-50）积分，得

$$c_A = c_{A,0} \cdot \exp(-k_1 t) \qquad\qquad (6-53)$$

将上式代入（6-51）式，得

$$\frac{dc_E}{dt} = k_1 c_{A,0} \cdot \exp(-k_1 t) - k_2 c_E$$

解此一阶线性微分方程，得

$$c_E = \frac{k_1 c_{A,0}}{k_2 - k_1}\left[\exp(-k_1 t) - \exp(-k_2 t)\right] \qquad\qquad (6-54)$$

反应中各物质浓度的关系为

$$c_F = c_{A,0} - c_A - c_E$$

将式（6-53）和（6-54）代入此关系式，得

$$c_F = c_{A,0}\left\{1 - \frac{1}{k_2 - k_1}\left[k_2 \cdot \exp(-k_1 t) - k_1 \cdot \exp(-k_2 t)\right]\right\} \qquad\qquad (6-55)$$

A、E 及 F 的浓度随反应时间的变化曲线见图 6-14。可以看出，反应物浓度 c_A 随反应进行而减小，最终产物浓度 c_F 随反应进行而增大，中间产物浓度 c_E 开始时随反应进行而增大，经过某一极大值后则随反应进行而减小。这是连续反应中间产物浓度变化的特征。

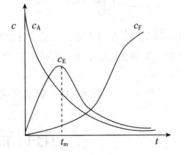

图 6-14　一级连续反应的 $c \sim t$ 曲线

中间产物浓度 E 所能达到的极大值记为 $c_{E,m}$，相应的反应时间记为 t_m。将式（6-54）对 t 求导并令其为零

$$\frac{dc_E}{dt} = \frac{k_1}{k_2 - k_1}c_{A,0}\left(k_2 e^{-k_2 t} - k_1 e^{-k_1 t}\right) = 0$$

解得

$$t_m = \frac{\ln(k_2/k_1)}{k_2 - k_1}$$

$$c_{E,m} = c_{A,0}\left(\frac{k_1}{k_2}\right)^{k_2/(k_2 - k_1)}$$

如果中间产物 E 为目的产物，则 t_m 为结束反应的最佳时间。

例题 6-12　已知某药物口服后在体内的吸收和消除均符合一级动力学，测得吸收和消除速率常数分别为 $4.5 \times 10^{-3}\ \mathrm{min^{-1}}$ 和 $2.5 \times 10^{-5}\ \mathrm{min^{-1}}$。求药物在体内的达峰时间 t_m。

解：药物在体内的吸收和消除可以看作是一个连续反应。

$$t_m = \frac{\ln\dfrac{k_2}{k_1}}{k_2 - k_1} = \frac{\ln\dfrac{2.5 \times 10^{-5}}{4.5 \times 10^{-3}}}{(2.5 \times 10^{-5} - 4.5 \times 10^{-3})\ \mathrm{min^{-1}}} = 1159\,\mathrm{s} \approx 19\,\mathrm{min}$$

工业常采用管式静态混合器作为连续反应的反应器，通过模式探索合理的工艺操作条

件，可获得理想的产品分布。除此之外，管式连续反应器还避免了传统釜式间歇法生产引起的反应器局部过热而造成降低反应的选择性或酿造事故。

如工业上以环氧乙烷（EO）和浓氨水为原料，在35~55℃常压或加压下反应，可生成一乙醇胺（MEA）、二乙醇胺（DEA）和三乙醇胺（TEA），反应方程式如下

$$EO + NH_3 \xrightarrow{k_1} MEA$$

$$EO + MEA \xrightarrow{k_2} DEA$$

$$EO + DEA \xrightarrow{k_3} TEA$$

反应速率常数 $k_1 : k_2 : k_3$ 之比约为 $1 : 6 : 4$。这三个反应的活化能几乎相等，约68.66kJ/mol，说明反应温度对产物分布几乎没有影响，升高温度只能加快反应速度。

采用管式反应器[图6-15(a)]调节原料的投入比可控制产物的分布[图6-15(b)]所示，当 EO/NH$_3$ 摩尔比为0.1时，主要产物为 MEA（~70%）；当 EO/NH$_3$ 摩尔比为1.0时，主要产物为 TEA（~60%）；在生产工艺中，MEA 循环加入原料中，可提高 DEA 得率。

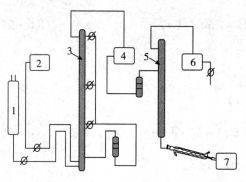

1. 环氧乙烷；2. 浓氨水；3. 管式反应器；4. 反应液贮槽；5. 蒸氨脱水塔；6. 废水槽；7. 产物收槽。

（a）

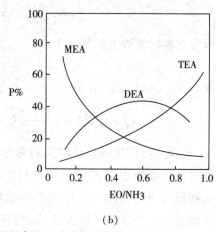

（b）

图6-15　管式反应流程示意图（a）和原料摩尔比对产物的影响（b）

第七节　复杂反应的近似处理

前节介绍的对峙、平行和连续反应为典型的复杂反应。它们又可组合成各种各样的更复杂的反应。面对这些更复杂的反应，动力学处理可能变得很棘手，甚而会遇到一些无法求解的微分方程。这就需要采取适当的近似处理方法，来避开解微分方程的困难。常用的近似处理方法有速控步骤（rate controlling step）近似法、平衡态（equilibrium state）近似法和稳态（steady state）近似法。

一、速控步骤近似

速控步骤近似法认为，在组成连续反应的基元反应中，如果有一步反应的速率比其他步骤慢得多，则反应的总速率就近似地等于这最慢一步反应的速率。这最慢的一步称为反应速率的控制步骤。

例如前节所讨论的 1-1 级连续反应，F 物质的浓度精确解为

$$c_F = c_{A,0} \left\{ 1 - \frac{1}{k_2 - k_1} [k_2 \exp(-k_1 t) - k_1 \exp(-k_2 t)] \right\}$$

扫码"学一学"

当 $k_1 \ll k_2$ 时，上式可简化为

$$c_F = c_{A,0} [1 - \exp(-k_1 t)]$$

而根据速控步骤近似，可立即得出

$$\frac{dc_H}{dt} = -\frac{dc_A}{dt} = k_1 c_A$$

此式积分后得 $c_A = c_{A,0} \cdot \exp(-k_1 t)$；$c_F = c_{A,0} - c_A = c_{A,0} \cdot [1 - \exp(-k_1 t)]$

比较两种处理结果，可以看出第二种处理方法较第一种精确求解方法要简单得多。采用速控步近似法处理连续反应，虽然没有精确求解，却也能得到完全相同的结果。速控步骤的速率与其他步骤相比越慢，近似处理的结果越可靠。

二、平衡态近似

对如下类型的反应

$$A + D \underset{k_{-1}}{\overset{k_1}{\rightleftharpoons}} E \overset{k_2}{\longrightarrow} F$$

若 $k_{-1} \gg k_1$，且 $E \rightarrow F$ 为慢反应，则 E 与 A 及 D 可随时处于平衡。这种平衡称为快平衡。在反应进行中的任意时刻，E 的浓度与 A 及 D 的浓度之间总存在如下关系

$$\frac{c_E}{c_A c_D} = \frac{k_1}{k_{-1}} = K_c$$

这种近似称为平衡态近似，其目的是用可测的反应物浓度表示难测的活泼中间产物的浓度。例如反应

$$2NO + O_2 \longrightarrow 2NO_2$$

其实验速率方程为

$$\frac{dc_{NO_2}}{dt} = k c_{NO}^2 c_{O_2}$$

据此，曾有人认为该反应的机理为三分子基元反应。但这种机理无法说明该反应的速率常数随温度升高而减小，即反应活化能为负值的事实。后来，有人提出该反应的机理是

$$2NO \underset{k_{-1}}{\overset{k_1}{\rightleftharpoons}} N_2O_2，\quad k_{-1} \gg k_1，\quad \Delta U \ll 0$$

$$N_2O_2 + O_2 \overset{k_2}{\longrightarrow} 2NO_2，慢反应$$

据此机理，该反应的速率方程推导如下

$$\frac{dc_{NO_2}}{dt} = k_2 c_{N_2O_2} c_{O_2} = k_2 K_c c_{NO}^2 c_{O_2} = k c_{NO}^2 c_{O_2}$$

$$k = k_2 K_c = k_2 \frac{k_1}{k_{-1}}$$

所得速率方程也与实验方程相符，且可以解释为什么该反应的活化能为负值的事实。

将 $k = k_2 K_c$ 两边取对数，得

$$\ln k = \ln k_2 + \ln K_c$$

对 T 微分

$$\frac{d\ln k}{dT} = \frac{d\ln k_2}{dT} + \frac{d\ln K_c}{dT}$$

根据 Arrhenius 经验式和化学平衡的等容方程可得

$$\frac{E_{\mathrm{a}}}{RT^2} = \frac{E_{\mathrm{a,2}}}{RT^2} + \frac{\Delta U}{RT^2}$$

从而有

$$E_{\mathrm{a}} = E_{\mathrm{a,2}} + \Delta U$$

因为 $\Delta U \ll 0$，所以表观活化能 $E_{\mathrm{a}} < 0$。

此例告诉我们，由反应机理导出的速率方程必须与实验速率方程相一致，但即使一致，也不一定说明方程所依据的机理一定正确，还需得到其他实验事实的验证。

三、稳态近似

稳态又称定态。物理学中，稳态指的是物理量不随时间变化的状态。化学动力学中，稳态指的是物质的浓度不随时间变化的状态。对于反应

$$A \xrightarrow{k_1} E \xrightarrow{k_2} F$$

若 $k_2 \gg k_1$，则 E 一旦生成便马上消耗掉，其消耗速率完全取决于生成速率，两者相等，从而有

$$\frac{\mathrm{d}c_{\mathrm{E}}}{\mathrm{d}t} = k_1 c_{\mathrm{A}} - k_2 c_{\mathrm{E}} = 0$$

中间物 E 浓度很小，而且几乎不随时间而变化，此时称 E 处于稳态，如图 6-16 所示。

例如一些反应过程中产生的自由基或自由原子等，它们只要碰上任何分子或其他自由基都将立即反应，所以在反应过程中它们的浓度很低、寿命很短，难以用一般方法测定它们的浓度。此时应用稳态近似法处理，能找出这些活泼中间产物的浓度与反应物浓度之间的关系，给动力学处理带来方便。

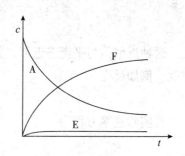

图 6-16 $k_1 \ll k_2$ 的连续反应示意图

四、链反应及其速率方程

（一）链反应的一般历程

有一种特殊的复杂反应，过程中包含了自由基的生成和消失，只要反应一旦得到引发，就会像链子似的一环接一环自动传递下去，发生一系列的变化。这种复杂反应称为链反应（chain reaction），又称连锁反应。任何一个链反应都包括链引发（chain initiation）、链传递（chain propagation）和链终止（chain termination）三种基本步骤，每一步的基本特征是如下。

1. **链引发** 是产生自由基或自由原子的过程，是链反应中最难进行的过程。这一过程所需的活化能很大，约在 $200 \sim 400 \ \mathrm{kJ \cdot mol^{-1}}$ 之间，反应物分子需要获得足够的能量才能产生自由基或自由原子。

获得能量的方式通常为加热、光照或其他高能辐射，例如 α、β、γ 或 x 射线。加入化学引发剂也可产生自由基或自由原子，例如碱金属、卤素、有机氮化合物和过氧化物等。

2. **链传递** 链引发产生的自由基或自由原子非常不稳定，一经生成就立刻同其他物质发生反应。反应中又可产生新的自由基或自由原子，如此连续循环进行，构成了链传递过程。链传递是链反应中最活跃的过程，是链反应的主体。

链传递反应的活化能很小，一般小于 $40kJ \cdot mol^{-1}$，因而这一过程进行得很快。自由基或自由原子在链反应中因其反应活性高，故存在的寿命很短，与反应物或产物分子相比，它们在体系中的数量也很少。在直链反应稳定进行时，自由基或自由原子的浓度可近似地被视为常数。这样的近似处理就是前述的稳态近似法。

3. 链终止 是自由基或自由原子变为一般分子而销毁的过程，是链反应的最后阶段。

（二）直链反应的速率方程

有了反应机理，就可以根据基元反应的质量作用定律，结合稳态近似导出速率方程。

例如：氯化氢的生成反应

$$H_2 + Cl_2 \longrightarrow 2HCl$$

其反应机理如下。

链引发： $\quad Cl_2 + M \xrightarrow{k_1} 2Cl \cdot + M \quad\quad\quad (1)$

链传递： $\quad Cl \cdot + H_2 \xrightarrow{k_2} HCl + H \cdot \quad\quad\quad (2)$

$$H \cdot + Cl_2 \xrightarrow{k_2} HCl + Cl \cdot \quad\quad\quad (3)$$

$$\cdots\cdots\cdots\cdots\cdots\cdots\cdots\cdots\cdots$$

链终止： $\quad 2Cl \cdot + M \xrightarrow{k_4} Cl_2 + M \quad\quad\quad (4)$

M 是反应系统中不参与反应只起能量传递作用的物质。

HCl 的生成速率只与反应（2）和（3）有关，即

$$\frac{dc_{HCl}}{dt} = k_2 c_{Cl \cdot} c_{H_2} + k_3 c_{H \cdot} c_{Cl_2} \quad\quad\quad (6-56)$$

对 $Cl \cdot$ 和 $H \cdot$ 应有稳态近似

$$\frac{dc_{Cl \cdot}}{dt} = 2k_1 c_{Cl_2} c_M - k_2 c_{Cl \cdot} c_{H_2} + k_3 c_{H \cdot} c_{Cl_2} - 2k_4 c_{Cl \cdot}^2 c_M = 0 \quad\quad (a)$$

$$\frac{dc_{H \cdot}}{dt} = k_2 c_{Cl \cdot} c_{H_2} - k_3 c_{H \cdot} c_{Cl_2} = 0 \quad\quad\quad (b)$$

式（a）和式（b）相加得

$$c_{Cl \cdot} = \left(\frac{k_1}{k_4} c_{Cl_2} \right)^{\frac{1}{2}} \quad\quad\quad (c)$$

将式（b），式（c）代入式（6-56），整理得

$$\frac{dc_{HCl}}{dt} = 2k_2 c_{Cl \cdot} c_{H_2} = 2k_2 \left(\frac{k_1}{k_4} c_{Cl_2} \right)^{\frac{1}{2}} c_{H_2} = k' c_{Cl_2}^{\frac{1}{2}} c_{H_2}$$

由上述机理导出的速率方程，与实验速率方程相符，说明此机理有可能是正确的。

第八节　反应速率理论简介

在发现和总结了有关化学反应速率的一些经验规律后，人们就尝试以微观的角度从理论上对这些规律予以解释，并能够对反应速率做出预言。已经建立起来的反应速率理论有碰撞理论、过渡态理论等。本节只简单介绍碰撞理论和过渡态理论。

一、碰撞理论

1818 年路易斯（Lewis）在 Arrhenius 提出的活化能概念的基础上，结合气体分子运动

扫码"学一学"

论，建立了反应速率的碰撞理论（collision theory）。

（一）碰撞理论的基本假定

1. 分子必须经过碰撞才能发生反应，反应速率正比于单位时间、单位体积内的碰撞次数，即碰撞频率（collision frequency）。

2. 相互碰撞的分子的平动能必须超过某一临界值才能发生反应。该临界值称为临界能或阈能（E_c）。这样的分子称为活化分子。活化分子的碰撞称为有效碰撞。

如图 6-17 所示，反应物分子平动能需要达到能量水平 x，即活化分子的能量，此时发生的碰撞才是有效碰撞；否则，反应物分子若没有足够的平动能（只在能量水平 y），那么此时发生的碰撞是无效的。只有那些具有足够能量的反应物分子才能生成活化分子，继而生成产物。

3. 发生有效碰撞的分子还需具有一定的方向性。如图 6-18 所示，反应物 A 分子和 B 分子按照(a)方式能够发生有效碰撞；而按(b)方式靠近，由于一个 B 原子远离 A 分子，不能与任何一个 A 原子形成新键，则不能生成产物 AB。

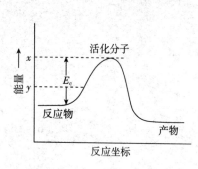

图 6-17　反应物分子发生有效碰撞的能量示意图

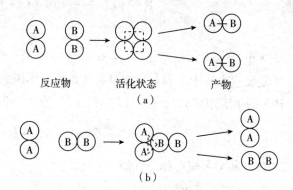

图 6-18　A_2 和 B_2 分子碰撞生成 AB 的反位示意图

由上述三点假设可知，碰撞理论认为发生碰撞是反应发生的前提。其中相互碰撞的分子平动能超过反应阈能，以及具有一定的方位，才能发生有效碰撞。将有效碰撞数与总碰撞数的比值称为有效碰撞分数（effective collision fraction），包括能量因子和方位因子两部分。能量因子指的是具有足够能量的碰撞分数，方位因子指具有合适方向的碰撞分数。反应速率等于碰撞频率与有效碰撞分数的乘积。

$$反应速率 \, r = 有效碰撞频率 = 碰撞频率 \times 能量因子 \times 方位因子$$

（二）碰撞频率

为简化计算，在简单碰撞理论中作了如下假设。

1. 分子为简单的刚性球体。

2. 分子之间除了在碰撞的瞬间外，没有其他相互作用。

3. 在碰撞的瞬间，两个分子的中心距离为它们的半径之和。

以双分子气相反应 $A + D \rightarrow G$ 为例。单位体积的反应系统中 A 和 D 的分子数目分别为 N_A 和 N_D，分子量分别为 M_A 和 M_D，半径分别为 r_A 和 r_D。若假设 D 分子静止，A 分子运动，运动速度为 μ_A。单位时间（1s）内 1 个 A 分子与 D 分子碰撞的频率 Z'_{AD} 就是在 A 分子的距离为 μ_A，横截面积为 $\pi (r_A + r_D)^2$ 的圆柱形空间内 A 与 D 分子碰撞的数目，如图 6-19 所示。

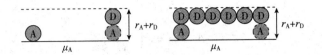

图 6-19 一个分子 A 在单位时间内与 D 分子的碰撞数目示意图

$$Z'_{AD} = \pi(r_A + r_D)^2 \mu_A N_D \tag{6-57}$$

那么，单位时间，单位体积内 N_A 个 A 分子与 D 分子的碰撞频率则为 $N_A Z'_{AD}$

$$Z_{AD} = N_A Z'_{AD} = \pi(r_A + r_D)^2 \mu_A N_A N_D \tag{6-58}$$

考虑到 D 分子并非静止，而是处于运动状态，μ_A 可校正为 $\sqrt{\dfrac{8\pi RT}{\mu}}$，则式（6-58）表示为

$$Z_{AD} = N_A Z'_{AD} = \pi(r_A + r_D)^2 \sqrt{\frac{8\pi RT}{\mu}} N_A N_D \tag{6-59}$$

其中 μ 为 A、D 分子的折合摩尔质量，$\mu = M_A M_D / (M_A + M_D)$。$Z_{AD}$ 的单位为 $m^{-3} \cdot s^{-1}$。

若系统中只有一种分子，$2r_A = 2r_D = d$，$M_A = M_D$ and $N_A = N_D$，则相同 A 分子之间的碰撞频率为

$$Z_{AA} = 2d_{AA}^2 \sqrt{\frac{\pi RT}{M_A}} N_A^2 \tag{6-60}$$

（三）能量因子和活化能

设 A 与 D 的碰撞频率为 Z_{AD}，有效碰撞分数为 N_i / N。则反应速率为

$$-\frac{dN_A}{dt} = Z_{AD} \frac{N_i}{N} \tag{6-61}$$

根据 Boltzmann 能量分布定律，气体中平动能超过某一临界值 E_c 的分子（即活化分子）数与总分子数的比例为

$$\frac{N_i}{N} = \exp\left(\frac{-E_c}{RT}\right) \tag{6-62}$$

式中 E_c 为气体分子的临界平动能，其单位为 $J \cdot mol^{-1}$。$\dfrac{N_i}{N}$ 又称作能量因子。

将式（6-59）和（6-62）代入式（6-61），并将式（6-58）中单位体积内气体分子数 N 改用摩尔浓度 c，$c = N/L$，L 为阿伏加德罗常数，得反应速率方程

$$-\frac{dc_A}{dt} = L c_A c_D (r_A + r_D)^2 \sqrt{\frac{8\pi RT}{\mu}} \cdot \exp\left(\frac{-E_c}{RT}\right) \tag{6-63}$$

与双分子基元反应速率方程

$$-\frac{dc_A}{dt} = k c_A c_D$$

相比较，得双分子反应速率常数

$$k = L(r_A + r_D)^2 \sqrt{\frac{8\pi RT}{\mu}} \cdot \exp\left(\frac{-E_c}{RT}\right) \tag{6-64}$$

对于反应物分子 A、D，r_A、r_D 及 μ 为定值，令

$$A = L(r_A + r_D)^2 \sqrt{\frac{8\pi RT}{\mu}} \tag{6-65}$$

上式简化为

$$k = A \sqrt{T} \cdot \exp\left(\frac{-E_c}{RT}\right) \quad\quad (6-66)$$

将式（6-64）两端取对数后对 T 微分，得

$$\frac{\mathrm{d}\ln k}{\mathrm{d}T} = \frac{\frac{RT}{2} + E_c}{RT^2}$$

与 Arrhenius 公式的微分形式

$$\frac{\mathrm{d}\ln k}{\mathrm{d}T} = \frac{E_a}{RT^2}$$

相比较，得

$$E_a = E_c + \frac{RT}{2} \quad\quad (6-67)$$

E_c 与温度无关，E_a 则显然是温度的函数。但对大多数反应，在温度不太高时，$E_c \gg RT$，$E_a \approx E_c$，E_a 可视为常数。

（四）方位因子

若用 E_a 代替 E_c，并令 $A' = A\sqrt{T}$，式（6-66）可写成

$$k = A' \exp\left(\frac{-E_c}{RT}\right)$$

具有与 Arrhenius 经验式完全相同的形式。如果上式能得到实验的证实，即可认为 A' 等同于 Arrhenius 经验式的指前因子。Lewis 曾应用碰撞理论处理气相反应 $2HI \longrightarrow H_2 + I_2$，得 $A' = 3.5 \times 10^{-7} \, dm^3 \cdot mol^{-1} \cdot s^{-1}$，而该反应指前因子的实验值为 $A = 3.52 \times 10^{-7} dm^3 \cdot mol^{-1} \cdot s^{-1}$，理论计算和实验值基本相符。但对大多数反应来说，实验测得的指前因子 A 远小于 A'。为纠正这一误差，可引入一个校正因子 P，使

$$A = P \cdot A'$$

P 为一实验常数，称为方位因子（或空间因子、概率因子），其值一般在 $10^{-9} \sim 1$ 之间。它包含了一切降低分子有效碰撞分数的因素。一般认为 $P < 1$ 的主要原因是，分子并不是无结构的硬球，而是有结构的，这就使得即使是活化分子间的碰撞也不一定是有效碰撞。多数化学反应涉及特定化学键的断裂，反应只能发生在分子的个别部位（称为有效部位），从而要求活化分子在碰撞时有一个向有效部位取向和能量传递的过程，在这一过程中，活化分子可能因各种原因而失活，导致碰撞无效。

（五）碰撞理论的局限性

碰撞理论考虑了碰撞频率、能量因子和方位因子，得到双分子反应的速率方程为

$$r = \frac{-\mathrm{d}c_A}{\mathrm{d}t} = P \cdot Z \cdot \exp\left(\frac{-E_c}{RT}\right) = P \cdot L \cdot \pi(r_A + r_D)^2 \sqrt{\frac{8RT}{\pi\mu}} c_A c_D \cdot \exp\left(\frac{-E_c}{RT}\right) \quad (6-68)$$

其中速率常数为

$$k = \frac{r}{c_A c_D} = p \cdot L \cdot \pi(r_A + r_D)^2 \sqrt{\frac{8RT}{\pi\mu}} \cdot \exp\left(\frac{-E_c}{RT}\right) \quad\quad (6-69)$$

活化能为

$$E_a = E_c + \frac{RT}{2}$$

指前因子为

$$A = P \cdot L \cdot \pi (r_A + r_D)^2 \sqrt{\frac{8RT}{\pi \mu}} \, (m^3 \cdot mol^{-1} \cdot sec^{-1}) \qquad (6-70)$$

由此可见，碰撞理论在运用分子运动论推算碰撞频率的过程中，自然地得到了反应速率与反应物浓度成正比的结论 [式（6-68）]，为基元反应的质量作用定律提供了理论解释。通过类比，对 Arrhenius 公式中指数项和指前因子以及活化能，也能从碰撞理论的角度，给出一定程度上的合理解释，如式（6-69）和（6-70），并得出活化能与温度有关的结论。但是由于碰撞理论不考虑分子的结构及碰撞时能量变化的细节，因而存在着一些不可避免的缺陷。例如，碰撞理论不能从理论上计算临界能 E_c 和方位因子 P，只能通过实验加以确定，所以它不能完全脱离动力学实验预言反应的速率常数。

二、过渡态理论

1935 年埃林（Eyring）、波兰尼（Polanyi）等人在统计力学和量子力学发展的基础上提出了反应速率的过渡态理论（transition state theory，TST）。该理论避免了碰撞理论的某些不足之处，并且原则上只需知道分子的结构及某些基本性质，即可计算反应速率常数。

过渡态理论的基本假定是，在由反应物生成产物的过程中，分子要经历一个旧键将断而未断，新键将生成而未生成的类似络合物的状态，这种络合物称为活化络合物（activated complex），这种状态称为过渡态（transition state）。鉴于此，过渡态理论也称为活化络合物理论。

（一）势能面

过渡态理论提出之前的 1929 年，Eyring 和 Polanyi 就发展了一种处理反应系统的理论方法，即势能面方法。在此方法的基础上，发展出了后来的过渡态理论。势能面方法的目的是从理论上计算反应的活化能。其基本思想是，反应系统的势能是原子间相对位置的函数，反应的活化能是活化络合物基态（能量最低的状态）与反应物基态势能之差。

设有双分子反应

$$A + BC \rightarrow AB + C$$

反应系统的势能是 A、B、C 三原子之间的距离 r_{AB}、r_{BC}、r_{AC}，或 r_{AB}、r_{BC} 及其夹角 θ 的函数，即

$$E = f(r_{AB}, r_{BC}, r_{AC})$$

或
$$E = f(r_{AB}, r_{BC}, \theta)$$

势能函数的图象是一个四维空间的曲面，无法在纸面上画出。为此，可以固定三个变量中的一个。对于这里讨论的三原子系统，A 向 BC 接近时，可以沿着 BC 键轴的方向，也可以与 BC 键成某一角度。前一种方式势能最低，因此可以设想反应以三原子共线方式进行。此时，$\theta = 180°$，为常数，势能 E 仅是两个变量的函数，即

$$E = f(r_{AB}, r_{BC})$$

这样，系统势能 E 与原子间距离 r_{AB}、r_{BC} 之间的关系就可以用一个三维曲面表达，这种曲面称为势能面，如图 6-20 所示。系统处于 r_{AB}、r_{BC} 平面上的某一位置时所具有的势能，由这一点的高度表示。在势能面上，凡势能相同的点连成曲线，这种曲线称为等势能线。

图 6-20 中的 R 点为反应的始态（A+BC），P 点为反应的终态（AB+C）。R 点和 P 点都处于势能面上的低谷，分别对应于反应物和产物的基态。当 A 原子沿 B-C 键轴的方

向，向 B 原子靠近时，r_{AB} 逐渐减小而 r_{BC} 逐渐增大，体系势能逐渐增加。从反应物到产物，可以有许多途径，如图 6-20（b）中所示途径Ⅰ和途径Ⅱ。但只有途径Ⅰ所表示的 R⋯T⋯P 所需爬越的势垒最低，即所需的能量最小，这是最有可能实现的捷径。这条途径称为"最小能量途径"或称"反应坐标"。沿着反应坐标 R⋯T⋯P（途径Ⅰ）进行反应时，可不必先破坏 B-C 键再形成 A-B 键，而是沿着下述途径更为有利：A + BC ⟶ [A⋯B⋯C]‡ ⟶ AB + C。与 T 点相应的状态称为反应的过渡态，[A⋯B⋯C]‡ 称为活化络合物。T 点对应的势能即活化络合物基态的势能，T 点称为鞍点（saddle point）。

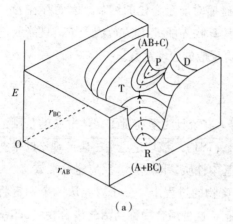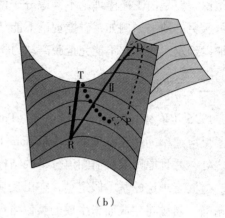

（a）　　　　　　　　　　　　　（b）

图 6-20　反应 A + BC ⟶ AB + C 的势能面

以反应坐标为横坐标，势能为纵坐标，作平行于反应坐标的势能面的剖面图，得图 6-21。从图中可以看出，反应物 A + BC 向产物转化的过程中，沿反应坐标通过鞍点 T 前进，越过活化络合物 [A⋯B⋯C]‡ 基态的势能与反应物分子所处基态的势能差形成的能垒 E_b，然后再通过活化络合物转化为产物。势能垒的存在从理论上表明了实验活化能 E_a 的本质。

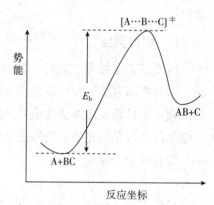

图 6-21　过渡态理论势能剖面图

（二）Eyring 方程和反应速率常数

上述反应途径可以表示为

$$A + BC \underset{}{\overset{快}{\rightleftharpoons}} [A\cdots B\cdots C]^{\ddagger} \overset{慢}{\longrightarrow} AB + C$$

过渡态理论假定活化络合物 [A⋯B⋯C]‡ 与反应物处于快平衡，活化络合物分解为产物是反应的速控步骤。因此，可以应用平衡态近似

$$K_c^{\ddagger} = \frac{c_{ABC^{\ddagger}}}{c_A c_{BC}} \text{或} c_{ABC^{\ddagger}} = k_c^{\ddagger} c_A c_{BC} \tag{6-71}$$

产物的生成速率决定于活化络合物的分解速率。活化络合物可以进行平动、转动、弯曲振动、对称伸缩振动及不对称伸缩振动，其中只有沿反应途径方向的不对称伸缩振动可导致络合物的分解。因此，产物的生成速率即总反应速率应正比于络合物的不对称伸缩振动频率。以 $\nu^{\ddagger}$ 表示这一振动的频率，则

$$r = \nu^{\ddagger} c_{ABC^{\ddagger}} \tag{6-72}$$

根据量子理论和能量均分原理

$$\nu^{\ddagger} = \frac{k_B T}{h} \tag{6-73}$$

式中 h 为普朗克（Planck）常数，k_B 是波兹曼（Boltzmann）常数。将式（6 – 71）和（6 – 73）代入式（6 – 72），得

$$r = \frac{k_B T}{h} K_c^{\neq} c_A c_{BC} = k c_A c_{BC}$$

则

$$k = \frac{k_B T}{h} K_c^{\neq} = \frac{RT}{Lh} K_c^{\neq} \qquad (6-74)$$

上式称为 Eyring 方程，是过渡态理论计算反应速率常数的基本公式。式中 R 为摩尔气体常数，L 为阿伏加德罗常数。$K_c^{\neq}$ 可根据分子结构，利用统计热力学方法计算，不需进行动力学测定。因此，过渡态理论又称为绝对反应速率理论。

标准状态下，　$-RT\ln K_c^{\neq} = \Delta G^{\neq} = \Delta H^{\neq} - T\Delta S^{\neq}$

$$K_c^{\neq} = \exp\left(\frac{-\Delta G^{\neq}}{R}\right) = \exp\left(\frac{\Delta S^{\neq}}{R}\right) \cdot \exp\left(\frac{-\Delta H^{\neq}}{RT}\right) \qquad (6-75)$$

$\Delta G^{\neq}$、$\Delta H^{\neq}$、$\Delta S^{\neq}$ 为在标准状态下，由反应物生成活化络合物时，状态函数 G、H、S 的改变量，分别称为活化吉布斯能、活化焓和活化熵。

将式（6 – 75）代入式（6 – 74），得 Eyring 方程的热力学形式

$$k = \frac{RT}{Lh} \cdot \exp\left(\frac{\Delta S^{\neq}}{R}\right) \cdot \exp\left(\frac{-\Delta H^{\neq}}{RT}\right) \qquad (6-76)$$

（三）由过渡态理论计算活化能和指前因子

式（6 – 76）两边取对数，得

$$\ln k = \ln \frac{k_B}{h} + \ln T + \ln K_c$$

再对 T 微分

$$\frac{d\ln k}{dT} = \frac{1}{T} + \frac{d\ln K_c}{dT}$$

应用 Arrhenius 方程和化学平衡的等容方程于上式，得

$$\frac{E_a}{RT^2} = \frac{1}{T} + \frac{\Delta U^{\neq}}{RT^2}$$

比较等式两边，可得

$$E_a = RT + \Delta U^{\neq} = RT + \left[\Delta H^{\neq} - \Delta n(g)RT\right] \qquad (6-77)$$

$$E_a = \Delta U^{\neq} - \left[\Delta n(g) - 1\right]RT \qquad (6-78)$$

式中 Δn（g）为气相活化络合物与气相反应物的物质的量之差。

下面讨论两种较简单的情况。

1. 单分子气相反应和液相反应　这类反应 Δn（g）$=0$，$E_a = \Delta H^{\neq} + RT$

$$k = \frac{k_B T}{h} \cdot e \cdot \exp\left(\frac{\Delta S^{\neq}}{R}\right) \cdot \exp\left(\frac{-E_a}{RT}\right)$$

与 Arrhenius 方程比较，得指前因子 $A = \dfrac{k_B T}{h} \cdot e \cdot \exp\left(\dfrac{\Delta S^{\neq}}{R}\right)$

2. 双分子气相反应　此类反应 Δn（g）$= -1$，$E_a = \Delta H + 2RT$

$$k = \frac{k_B T}{h} \cdot e^2 \cdot \exp\left(\frac{\Delta S^{\neq}}{R}\right) \cdot \exp\left(\frac{-E_a}{RT}\right), \quad A = \frac{k_B T}{h} \cdot e^2 \cdot \exp\left(\frac{\Delta S^{\neq}}{R}\right)$$

由以上讨论可知如下结论。

（1）活化能与活化焓有关，并且是温度的函数，但因 RT 与 $\Delta H^{\neq}$ 相比很小，在 T 不太高时，可以认为活化能与温度无关。

（2）速率常数不仅取决于活化能，还与活化熵有关。活化熵对速率常数的影响体现在对指前因子的影响。以上述双分子气相反应为例，$\dfrac{k_{\mathrm{B}}T}{h}\mathrm{exp}^2$ 数值上相当于碰撞理论中的 A'，从而方位因子

$$P = \exp\left(\frac{\Delta S^{\neq}}{R}\right)$$

反应物分子转变为活化络合物时，多数情况下，系统的混乱度降低，$\Delta S^{\neq} < 0$，因此 $P < 1$。形成活化络合物时，熵下降得越多，方位因子就越小。结构复杂的分子形成活化络合物时，熵下降得很多，$P \ll 1$。这可能是用碰撞理论处理小分子的简单反应比较成功，处理结构复杂分子的反应产生较大误差的原因。这里仅是作一种比较，事实上，过渡态理论没有，也不需要引进方位因子这一概念。

过渡态理论由于重视反应物分子的结构和内部运动，因此较采用硬球模型的碰撞理论表现出更多的优越性。原则上只要知道活化络合物的结构，就可以用光谱学的数据结合统计热力学和量子力学的方法计算出 $\Delta G^{\neq}$、$\Delta H^{\neq}$、$\Delta S^{\neq}$，从而预言活化能 E_{a} 和速率常数 k。但过渡态理论目前仍局限于处理简单分子的基元反应，还有待于进一步地发展与完善。

第九节　溶液中的反应

扫码"学一学"

由于溶剂分子的存在，溶液中的反应要比气相反应复杂。最简单的情况是溶剂与反应物分子没有明显的相互作用，仅仅作为反应介质，此时溶液中的反应动力学参数与气相中的反应相近。表6-2列出 N_2O_5 在一些溶剂中的分解反应就是这种情况。但多数情况下，溶剂对于化学反应速率的影响是不可忽视的。一般而言，溶剂对于反应系统的影响包括两方面：一是溶剂产生物理效应和溶剂化作用影响反应速率；二是溶剂分子可能参与化学反应过程，改变反应机理和反应速率。

表6-2　N_2O_5 在不同溶剂中分解的动力学参数（298.15K）

溶剂	$10^5 k/\mathrm{s}^{-1}$	$\ln(A/\mathrm{s}^{-1})$	$E_{\mathrm{a}}/(\mathrm{kJ}\cdot\mathrm{mol}^{-1})$
气相	3.38	31.3	103.3
CCl_4	4.09	31.3	101.3
$CHCl_3$	3.72	31.3	102.5
$C_2H_2Cl_2$	4.79	31.3	102.1
CH_3NO_2	3.13	31.1	102.5
Br_2	4.27	30.6	100.4

一、笼效应

分子在气相中运动与在液相中运动，情况是不相同的。在低压或中等压力下，气体分子的运动几乎不受阻碍。然而在液相中，每个分子的运动都受到相邻分子的阻碍。在溶液中，每个溶质分子都被周围的溶剂分子包围着，好像被关在由周围溶剂分子构成的"笼子"

中。溶质分子在笼中振动着，一直持续到它从该笼中逃出，经过扩散，又落入另一个笼中。这种现象称为笼效应（cage effect），见图6-22。

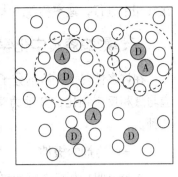

溶液中，反应物分子也需经过碰撞才能发生反应。与气相反应不同的是，由于笼效应的存在，溶液中的反应物分子要发生碰撞，首先必须通过扩散进入同一个笼中，发生"偶遇"（encounter），也称遭遇。偶遇的频率与气相反应物分子间的碰撞频率相比要小得多。但一旦偶遇，两个反应物分子被关在同一个笼中，它们之间的碰撞频率将大大增加。有人

图6-22　笼效应示意图

估算，在水溶液中，一对无相互作用的分子被关在同一笼子中的持续时间约为10^{-10}s，在此期间约进行100~1000次碰撞。这样，就单位时间单位体积内反应物分子间的总碰撞数而言，在溶液中和在气相中大致相同。总体看来，若溶剂分子和反应物分子无明显相互作用，溶液中的反应速率大致与气相反应相同。

二、扩散控制和活化控制

一个在溶液中进行的化学反应 A + D ⟶ G，一般经过下列步骤进行。首先，反应物分子A和D通过扩散进入同一笼中，形成偶遇对（A：D），偶遇对（A：D）在笼中停留的有限时间内，可能发生反应，生成产物G，也可能不反应而彼此分离。因此溶液中A和D的反应可描述为

$$A + D \underset{k_{-d}}{\overset{k_d}{\rightleftharpoons}} (A：D) \overset{k_r}{\longrightarrow} G$$

式中k_d为反应物分子向同一个笼中扩散，形成偶遇对的速率常数，k_{-d}为形成偶遇对的分子分开，向笼外扩散的速率常数，k_r为偶遇对转变为产物分子的速率常数。

因为偶遇对在笼中停留时间极短，或者发生反应变成产物，或者彼此分离扩散出笼外，类似于不稳定的活化络合物，故可对其应用稳态近似做如下动力学处理

$$\frac{dc_{A：D}}{dt} = k_d c_A c_D - k_{-d} c_{A：D} - k_r c_{A：D} = 0$$

$$c_{A：D} = \frac{k_d c_A c_D}{k_{-d} + k_r}$$

$$\frac{dc_G}{dt} = k_r c_{A：D} = \frac{k_r \cdot k_d}{k_{-d} + k_r} c_A c_D = k' c_A c_D$$

$$k' = \frac{k_r \cdot k_d}{k_{-d} + k_r}$$

上述溶液中的反应可能有两种情况。

（1）当反应的活化能很小时，$k_{-d} \ll k_r$，则$k' = k_d$。此时，总反应速率决定于形成偶遇对的扩散速率，这类反应称为扩散控制的反应。如自由基复合反应、简单的离子反应等。

（2）当反应的活化能很大时，$k_r \ll k_{-d}$，

$$k' = \frac{k_r \cdot k_d}{k_{-d}} = k_r K_d, \quad K_d = \frac{k_d}{k_{-d}}$$

K_d为扩散平衡常数。此时，总反应速率决定于偶遇对转变为产物的速率常数。这样的反应称作活化控制的反应。其活化能一般都在$80 \text{ kJ} \cdot \text{mol}^{-1}$以上。这类反应在溶液中进行和

在气相中进行，速率相差不大。

三、影响溶液中化学反应速率的因素

在许多情况下，溶剂分子与反应物分子之间存在着明显的相互作用，使得溶液中的反应与气相反应相比，其动力学参数有显著改变。影响溶液中反应速率的因素主要有以下几种。

（一）溶剂的极性

实验表明，如果产物的极性大于反应物的极性，则在极性大的溶剂中反应速率大；如果产物的极性小于反应物的极性，则在极性小的溶剂中反应速率大。表6-3列出两个反应在不同溶剂中进行的速率。例如反应

$$(CH_3CO)_2O + C_2H_5OH \longrightarrow CH_3COOC_2H_5 + CH_3COOH \qquad (1)$$

产物的极性小于反应物的极性，因此随着溶剂极性增强，其反应速率常数降低。

而反应

$$(C_2H_5)_3N + C_2H_5I \longrightarrow (C_2H_5)_4NI \qquad (2)$$

由于产物的极性大于反应物的极性。随着溶剂极性的增强，其速率常数亦增加。

表6-3 溶剂极性对反应速率常数的影响

溶剂	k (323.15K) (1)	k (373.15K) (2)
正己烷	0.0119	0.00018
苯	0.0046	0.0058
氯苯	0.0043	0.023
对甲氧基苯	0.0029	0.04
硝基苯	0.0024	70.1

（二）溶剂的介电常数

根据库仑定律，介质的介电常数越大，电荷间的库仑作用力就越小。因此可以认为，介电常数是衡量介质对静电相互作用屏蔽程度的一个物理量。介电常数较大的溶剂能明显减小电荷间的库仑作用力，既减小同电荷离子之间的斥力，也减小异电荷离子之间的引力。对于电荷符号相同离子间的反应，溶剂的介电常数越大，反应速率就越快。对于电荷符号相反离子之间的反应，溶剂的介电常数越大，反应速率就越小。

例如，OH^- 离子催化巴比妥类药物在水中的水解是同种电荷离子之间的反应。因此加入介电常数比水小的物质，例如甘油、乙醇等，将使反应速率减小。

$$\underset{R'}{\overset{R}{>}}C\underset{CON}{\overset{CONH}{<}}CO^-Na^+ + 2H_2O \xrightarrow{OH^-} \underset{R'}{\overset{R}{>}}C\underset{H}{\overset{CONHCONH_2}{<}} + NaHCO_3$$

巴比妥钠乙酰脲

（三）离子强度

实验表明，离子之间的反应速率受溶液离子强度的影响。应用过渡态理论可以证明，在稀溶液中，离子反应的速率与溶液离子强度之间的关系为

$$\ln k = \ln k_0 + 2z_A z_D A\sqrt{I} \tag{6-79}$$

式中 z_A、z_D 分别为反应物 A、D 离子的电荷数，I 为溶液的离子强度，k_0 为离子强度为零时（无限稀释时）的速率常数，A 为德拜 – 休克尔极限公式中的常数，其值与溶剂和温度有关，对 298K 的水溶液而言，$A = 1.172\text{mol}^{-1/2} \cdot \text{kg}^{-1/2}$。这种离子强度对离子反应速率的影响称作原盐效应。

由式（6-79）可知，对同种电荷离子之间的反应，溶液的离子强度越大，反应速率也越大；对异种电荷离子之间的反应，溶液的离子强度越大，反应速率就越小；对于离子和非极性分子之间的反应，溶剂离子强度的变化对反应速率无影响。对于离子与极性分子的反应，溶液离子强度的影响类似于对异号离子间反应的影响。

第十节　催化反应动力学简介

扫码"学一学"

催化剂的催化作用是影响化学反应速率的重要因素之一。有人估计，世界上 85% 的化学制品都要依靠催化反应获得。研制新的催化剂，已成为化学领域中的一个重要课题。除化工生产外，催化作用还与众多生化反应有着极其密切的关系，对于生命现象具有特殊重要的意义。本节将对催化剂、催化作用机理以及各类催化反应做一简介。

一、催化剂和催化作用

一种或多种少量的物质，能使化学反应的速率显著改变，而这些物质本身在反应前后的数量及化学性质都不改变。这种现象称为催化作用（catalysis）。起催化作用的物质称为催化剂（catalyst）。

催化剂可以是有意识加入反应体系的，也可以是在反应过程中自发产生的。后者是一种（或几种）反应产物或中间产物，称为自催化剂（autocatalyst）。这种现象称为自催化作用（autocatalysis）。例如 $KMnO_4$ 与草酸反应时生成的 Mn^{2+} 离子就是该反应的自催化剂。有时反应体系中一些偶然的杂质、尘埃或反应器壁等，也具有催化作用。例如在 473K，玻璃容器中进行的溴与乙烯的气相加成反应中，玻璃器壁就具有催化作用。

催化剂具有如下基本特征。

（1）催化剂参与了化学反应，但在反应前后的数量及化学性质不变。催化剂的物理性质在反应前后可以发生变化，例如外观、晶形改变等。

（2）催化剂不改变化学平衡常数，只影响反应达平衡的时间。

对于一个对峙反应，催化剂在使正反应加速的同时，也使逆反应加速同样的倍数，这为寻找催化剂提供了很大的方便。例如为合成氨反应寻找合适的催化剂，我们可利用氨分解反应在常压下进行，找到合适的催化剂后再以合成氨反应验证即可。

（3）催化剂有选择性。不同的催化剂可以催化不同的反应。各种催化剂都有选择性，只是强弱不同而已。一般来说，酶催化剂的选择性最强，络合物催化剂次之，金属催化剂及酸碱催化剂最弱。工业中常用下式来表达催化剂的选择性

$$选择性 = \frac{转化为目的的产物的原料量}{原料转化总量} \times 100\%$$

（4）许多催化剂对杂质很敏感。有时少量的杂质就能显著影响催化剂的效能。在这些物质中，能使催化剂的活性、选择性、稳定性增强者称为助催化剂或促进剂（catalytic accelerator，promoter）；而能使催化剂的上述性质减弱者称为阻化剂或抑制剂（inhibitor）。作用很强的阻化剂只要极微的量就能严重阻碍催化反应的进行，这些物质称为催化剂的毒物（poison）。例如在铂催化反应 $H_2 + \frac{1}{2}O_2 \longrightarrow H_2O$ 中，极少量的 CO 就可使铂中毒，完全丧失催化活性。催化剂的中毒可以是永久性的，也可以是暂时性的。后者只要将毒物除去，催化剂的效力仍可恢复。

催化反应可分为单相（均相）催化（homogeneous catalysis）和多相（非均相）催化（heterogeneous catalysis）两类。催化剂和反应物都在同一相中为单相催化，如酯在酸碱条件下的水解反应。若催化剂在反应系统中自成一相，则为多相催化，如固体催化剂催化气相或液相反应。酶的大小约为 10~100 nm 之间，酶催化反应（反应物和产物多为液相）可视为介于单相催化和多相催化之间。

二、催化机理

催化剂之所以能够改变反应速率，是因为其参与了反应，改变了反应机理。通常催化剂与反应物分子形成了不稳定的中间化合物或络合物，或发生了物理或化学的吸附作用，从而改变了反应途径，大幅度地降低了反应的活化能 E_a 或增大了指前因子 A，使反应速率显著增大。

设有催化反应

$$A + D \xrightarrow{K} AD$$

式中 K 为催化剂，其催化机理可表达为

$$A + K \underset{k_{-1}}{\overset{k_1}{\rightleftharpoons}} AK \qquad (1)$$

$$AK + D \overset{k_2}{\rightleftharpoons} AD + K \qquad (2)$$

式中 AK 为反应物与催化剂生成的中间产物。

反应（1）为快平衡，步骤（2）为速控步骤。应用平衡态近似

$$\frac{dc_{AD}}{dt} = \frac{k_1 k_2}{k_{-1}} c_K c_A c_D = k' c_A c_D$$

反应的表观活化能和表观指前因子分别为

$$E_a' = E_{a1} + E_{a2} - E_{a,-1}$$

$$A' = \frac{A_1 A_2}{A_{-1}} c_K$$

图 6-23 为上述反应机理中活化能的示意图。非催化反应的活化能为 E_a，反应需要克服一个高的能垒。然而在催化剂 K 的参与下，其反应途径改变，只需克服两个较低能垒，就可以生成产物。因此催化剂能够加快反应速率的主要原因是因为其改变了反应途径，降低了活化能。

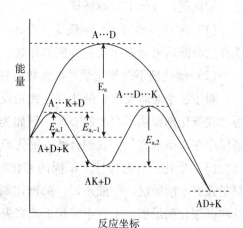

图 6-23　催化反应的活化能与反应的途径

三、酸碱催化

酸碱催化是液相催化中研究得最多、应用得最广泛的一类催化反应。酸碱催化反应通

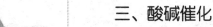

常是离子型反应，其本质在于质子的转移。人们从实验中发现，不仅 H^+ 或 OH^- 具有催化作用，而且未解离的弱酸分子，如 CH_3COOH；或弱碱分子，如 NH_4OH；以及弱酸负离子 CH_3COO^-、弱碱正离子 NH_4^+ 都能表现出一定的催化活性。根据 Brönsted 的定义，凡是能放出质子 H^+ 的物质，就是广义酸；凡是能接受质子 H^+ 的物质，就是广义碱。

在酸碱催化反应中，一般认为其反应机理是，反应物先与广义酸或碱形成中间物，中间物再将质子转移给广义碱或酸而转变为产物。酸或碱催化系数 k_{H^+}、k_{OH^-} 代表了催化剂的催化能力。它们与酸或碱的解离常数 K_a 或 K_b 有如下关系

$$k_{H^+} = G_a K_a^\beta$$
$$k_{OH^-} = G_b K_b^\beta$$

式中 G_a、G_b、α、β 都是经验常数，与反应种类、溶剂种类和反应温度有关。α 和 β 的值在 $0 \sim 1$ 之间。上述关系式称为 Brönsted 酸碱催化规则，该规则普遍适用于单相酸碱催化反应。

四、酶催化

酶是由生物或微生物产生的一种具有催化能力的特殊蛋白质。以酶为催化剂的反应称为酶催化反应（enzyme catalysis）。生物体内发生的绝大多数化学反应都是酶催化反应。在生物体生存的温度、压力和细胞内正常 pH 值条件下，如果没有酶的催化作用，几乎所有的生化反应速率都将小得无法察觉。可以说，没有酶的催化作用就没有生命现象。酶催化反应在日常生活中和工业生产中也有广泛的应用，例如用淀粉发酵酿酒，用微生物发酵法生产抗生素等。

酶催化反应具有如下特点。

（1）高度的选择性和活性。

（2）酶催化反应的条件温和，一般为常温常压。

（3）酶反应历程复杂，且对温度、pH 和某些杂质很敏感。

酶催化反应的机理很复杂，一般认为是反应（在酶催化反应中常将反应物称为底物，substrate）与酶形成了中间产物 ES，也可以看成是在酶的表面上先吸附底物，再进行反应生成产物 P。其过程可表达为下式

$$E + S \underset{k_{-1}}{\overset{k_1}{\rightleftharpoons}} ES \overset{k_2}{\longrightarrow} E + P$$

通常第二步反应，即中间产物 ES 分解为产物 P 的速率很小，控制了总反应速率。这一通式由 Michaelis 和 Menten 最早提出并以他们的名字命名。

由于酶的催化活性很高，通常在酶催化反应中酶的浓度都很低，一般为 $10^{-8} \sim 10^{-10}$ $mol \cdot L^{-1}$，因而中间产物的浓度很低。因此可以按稳态近似法处理。

$$-\frac{dc_{ES}}{dt} = k_1 c_S c_E - k_{-1} c_{ES} - k_2 c_{ES} = 0$$

解得

$$c_{ES} = \frac{k_1 c_E c_S}{k_2 + k_3} = \frac{c_E c_S}{K_M} \tag{6-80}$$

式（6-80）称为 Michaelis-Menten 公式，式中 K_M 称为 Michaelis 常数。

$$K_M = (k_2 + k_3) / k_1 = c_S c_E / c_{ES}$$

此常数可以看作是络合反应 $E + S \rightleftharpoons ES$ 的不稳定常数。

令酶的初浓度为 $c_{E,0}$，则 $c_{E,0} = c_E + c_{ES}$，代入式（6-80），整理后得

$$c_{ES} = \frac{c_{E,0} c_S}{K_M + c_S}$$

总反应速率，即产物 P 的生成速率为

$$r = \frac{dc_P}{dt} = k_2 c_{ES} = \frac{k_2 c_{E,0} c_S}{K_M + c_S} \tag{6-81}$$

式（6-81）即为酶催化反应的速率方程。

当底物浓度很小时，$c_S \ll K_M$，式（6-81）可简化为

$$r = \frac{dc_P}{dt} = \frac{k_2}{K_M} = c_{E,0} c_S$$

对底物为一级反应。

当底物浓度很大时，$c_S \gg K_M$，则式（6-81）可简化为

$$r = \frac{dc_P}{dt} = k_2 c_{E,0}$$

对底物为零级反应。

当 $c_S \to \infty$ 时，反应速率趋于最大值 $r_{max} = k_2 c_{E,0}$，此时所有的酶都与底物结合而生成中间产物。

将 $r_{max} = k_2 c_{E,0}$ 代入式（6-81），得

$$r = \frac{r_m c_S}{K_M + c_S}$$

或

$$\frac{r}{r_m} = \frac{c_S}{K_M + c_S} \tag{6-82}$$

当 $r = r_m / 2$ 时，$K_M = c_S$，即当反应速率为最大速率的一半时，底物的浓度就等于 Michaelis 常数。图 6-24 为反应速率 r 与底物浓度 c_S 的关系。

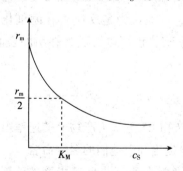

图 6-24　典型的酶催化反应速率曲线

将式（6-82）改写为

$$\frac{1}{r} = \frac{K_M}{r_m c_S} + \frac{1}{r_m}$$

以 $1/r$ 对 $1/c_S$ 作图，可得一直线，直线的斜率为 K_M / r_m，截距为 $1/r_m$。由此可得常数 K_M 和 r_m。

K_M 是酶催化反应的特性常数，不同的酶 K_M 不同，同一种酶催化不同的反应时 K_M 也不同。大多数纯酶的 K_M 值在 $10^{-1} \sim 10^{-4} \, mol \cdot L^{-1}$ 之间，其大小与酶的浓度无关。

第十一节　光化反应简介

扫码"学一学"

由光照射而引起的化学反应称为光化学反应，简称光化反应（photochemical reaction）。此处所说的光包括紫外线、可见光和近红外线，波长在 $100 \sim 1000nm$ 之间。由波长更短的电磁辐射或其他高能离子辐射所引起的化学反应称为辐射化学反应。广义的辐射化学反应也包括光化反应。

在光化反应中反应物分子吸收光量子后，一般发生电子能级或分子的振动、转动能级的量子化跃迁而处于不稳定的激发态，成为活化分子。有人认为：相对于原来的基态分子，可以把激发态分子看作是一种新的化学粒子。因此，光化反应不同于一般的化学反应（热反应）。有时，光所引发的反应是热反应中所不能存在的反应，可以借助于光反应制备热反应不能制备的产物。

光化反应的现象早已为人们所熟悉。植物在阳光下把 CO_2 和 H_2O 变成碳水化合物和氧气，这一在叶绿素参与下进行的光合作用是人类赖以生存的基础。摄影胶片上卤化银的分解，染料在阳光下的褪色，以及药物在光照下分解变质等，都是光化反应。

一、光化反应和热反应的区别

1. 热反应是基态反应物分子所进行的化学反应；光化反应是电子激发态分子所进行的反应。

2. 热反应中，反应分子靠频繁碰撞而获得克服能垒所需之活化能；光化反应中，分子靠吸收光能而克服能垒。

3. 热反应速率受温度影响比较显著，其速率常数的温度系数 $\dfrac{dk}{dT}$ 相对较大；光化反应中，分子吸收光子变为激发态分子的步骤的速率与温度无关，而激发后的反应步骤常是活化能较小的步骤。一般而言，光化反应速率常数的温度系数较小。

4. 在定温定压下，非体积功为零时，自发进行的热反应必定是 $\Delta G_{T,p} < 0$ 的反应；光化反应可以是 $\Delta G_{T,p} < 0$，也可以发生 $\Delta G_{T,p} > 0$ 的反应，如光合作用的反应就是 $\Delta G_{T,p} > 0$ 的反应。

5. 光化反应通常有比热反应更高的选择性。特定的物质只吸收特定频率（或波长）的光量子发生光化反应。激光因其具有高度的单色性，可以有选择地激发分子中特定的化学键，因此为人们实现"分子裁剪"的愿望指出了研究方向。

二、光化学定律

照射到反应系统上的光，并非都能引起化学反应。格罗杜斯（Grotthus）和德拉波（Draper）提出："只有被系统分子吸收的光，才有可能引起光化学反应"。这就是光化学第一定律。

爱因斯坦（Einstein）在此基础上进一步提出了光化学第二定律：在光化反应的初级过程（primary process）中，即反应物分子吸收光的过程中，被活化的分子或原子数等于被吸收的光量子数，这也被称为光化当量定律（law of photochemical equivalence）。

根据量子学说，光量子的能量 ε 与光的频率 ν 成正比

$$\varepsilon = h\nu = \frac{hc}{\lambda}$$

式中 h 为普朗克（Planck）常数，$h = 6.626 \times 10^{-34} \text{J} \cdot \text{s}$，$c$ 为真空中的光速，$c = 2.998 \times 10^8 \text{m/s}$，$\lambda$ 为真空中的波长。

根据光化反应第二定律可知，活化 1mol 分子或原子需要吸收 1mol 光量子，1mol 光量子所具有的能量称为 1 爱因斯坦，其值与光的频率或波长有关。

$$\begin{aligned}1 \text{ Einstein } &= Lh\nu = \frac{Lhc}{\lambda} \\ &= \frac{6.022 \times 10^{23} \times 6.626 \times 10^{-34} \times 2.998 \times 10^8}{\lambda/\text{m}} \text{J} \cdot \text{mol}^{-1} \\ &= \frac{0.1196 \text{J} \cdot \text{mol}^{-1}}{\lambda/\text{m}}\end{aligned}$$

式中 L 为阿伏加德罗常数，λ 的单位为 m。

光化当量定律只适用于光化反应的初级过程。在初级过程中，一个光量子活化一个分子或原子，但并不意味着使一个分子或原子发生光化反应。分子或原子被光量子活化之后所进行的一系列过程称为光化反应的次级过程（secondary process）。次级过程为一系列的热反应，不再需要受光照射。每个活化分子或原子在次级过程中，可能引起一个或多个分子发生反应，也可能不发生反应而以各种形式释放出能量而重新回到基态。在光化反应中，将发生反应的分子数与被吸收的光量子数之比称为量子效率（quantum yield），符号为 Φ。

$$\Phi = \frac{\text{发生反应的分子数}}{\text{被吸收的光量子数}}$$

不同的光化反应有不同的量子效率，其值差别很大。例如 HI 光化分解反应的量子效率近似为 2，这是因为该反应的历程如下

$$\text{HI} \xrightarrow{h\nu} \text{H} \cdot + \text{I} \cdot \qquad \text{初级过程}$$

$$\text{H} \cdot + \text{HI} \longrightarrow \text{H}_2 + \text{I} \cdot \qquad \text{次级过程}$$

$$2\text{I} \cdot + \text{M（低能）} \longrightarrow \text{I}_2 + \text{M（高能）} \qquad \text{次级过程}$$

而在 H_2 和 Cl_2 的气相光化反应中，量子效率高达 10^6，这是因为该反应的次级过程是链反应（见本章第七节）。表 6-4 列出一些光化反应的量子效率。

表 6-4　某些光化反应的量子效率

	反应	λ/nm	Φ	注
气相	$2\text{NH}_3 \rightarrow \text{N}_2 + 3\text{H}_2$	210	0.25	与压力有关
	$\text{SO}_2 + \text{Cl}_2 \rightarrow \text{SO}_2\text{Cl}_2$	420	1	
	$2\text{HBr} \rightarrow \text{H}_2 + \text{Br}_2$	207~253	2	
	$\text{CH}_3\text{CHO} \rightarrow \text{CH}_4 + \text{CO}$	250~310	1~138	在 373~673K
	$\text{CO} + \text{Cl}_2 \rightarrow \text{COCl}_2$	400~436	10^3	随温度降低而减小，也与反应物的压力有关
	$\text{H}_2 + \text{Cl}_2 \rightarrow 2\text{HCl}$	400~436	直到 10^6	随 H_2 的压力和杂质而变
	蒽的二聚作用	313~365	0.48	溶剂为苯、甲苯或二甲苯
液相	$2\text{Fe}^{2+} + \text{I}_2 \rightarrow 2\text{Fe}^{3+} + 2\text{I}^-$	579	1	溶剂为水
	$\text{H}_2\text{O}_2 \rightarrow \text{H}_2\text{O} + 1/2\text{O}_2$	310	7~80	溶剂为水

例题 6-13　肉桂酸在光照下溴化生成二溴肉桂酸。在温度为 303.6K，用波长为 435.8

nm，强度为 $0.0014\ \mathrm{J\cdot s^{-1}}$ 的光照射 1105s 后，有 $7.5\times10^{-5}\ \mathrm{mol}$ 的 Br_2 发生了反应。已知溶液吸收了入射光的 80.1%，求量子效率。

解：入射光的爱因斯坦值为

$$\mathrm{Einstein}=\frac{Lhc}{\lambda}=\frac{0.1196}{4.358\times10^{-7}}\mathrm{J\cdot mol^{-1}}=2.744\times10^{5}\mathrm{J\cdot mol^{-1}}$$

吸收的光量子的量为

$$(0.0014\times0.801\times1105)/(2.744\times10^{5})\ \mathrm{mol^{-1}}=4.515\times10^{-6}\ \mathrm{mol}$$

量子效率为

$$\Phi=(7.5\times10^{-5})/(4.515\times10^{-6})=16.6$$

三、光化反应机理与速率方程

光化反应的速率方程较热反应要复杂一些。对于光化反应的初级过程，因其满足光化当量定律，所以活化分子的生成速率仅与吸收的光强度 I_a（即单位时间、单位体积中吸收的光子的数目或"Einstein"量）有关，与反应物浓度无关，表现为对反应物的零级反应。次级过程可以按热反应动力学进行处理。

以三氯甲烷的光氯化反应为例。有人经实验测得三氯甲烷的光氯化反应

$$CHCl_3+Cl_2+h\nu\longrightarrow CCl_4+HCl$$

的速率方程为

$$\frac{dc_{CCl_4}}{dt}=kc_{Cl_2}^{1/2}I_a^{1/2}$$

为解释此速率方程，曾提出如下反应机理

$$Cl_2+h\nu\xrightarrow{k_1}2Cl\cdot \qquad\qquad 初级过程$$

$$Cl\cdot+CHCl_3\xrightarrow{k_2}CCl_3\cdot+HCl \qquad\qquad 次级过程$$

$$CCl_3\cdot+Cl_2\xrightarrow{k_3}CCl_4+Cl\cdot \qquad\qquad 次级过程$$

$$2CCl_3\cdot+Cl_2\xrightarrow{k_4}CCl_4 \qquad\qquad 次级过程$$

按照上述机理，可根据质量作用定律写出 CCl_4 的生成速率方程为

$$\frac{dc_{CCl_4}}{dt}=k_3c_{CCl_3}\cdot c_{Cl_2}+2k_4c_{CCl_3}^2\cdot c_{Cl_2} \qquad\qquad (6-83)$$

$CCl_3\cdot$ 和 $Cl\cdot$ 为活泼中间产物，按稳态法处理

$$\frac{dc_{CCl_3}\cdot}{dt}=k_2c_{CHCl_3}c_{Cl}\cdot-k_3c_{CCl_3}c_{Cl_2}-2k_4c_{CCl_3}^2\cdot c_{Cl_2}=0$$

$$\frac{dc_{Cl}\cdot}{dt}=2k_1I_a-k_2c_{CHCl_3}c_{Cl}\cdot+k_3c_{CCl_3}\cdot c_{Cl_2}=0$$

上两式相加得

$$c_{CCl_3}\cdot=\left(\frac{2k_1I_a}{2k_4c_{Cl_2}}\right)^{\frac{1}{2}}$$

代入式（6-83）得

$$\frac{dc_{CCl_4}}{dt} = k_3 \left(\frac{k_1 I_a}{k_4}\right)^{1/2} c_{Cl_2}^{1/2} + 2k_1 I_a = kI_a^{1/2} c_{Cl_2}^{1/2} + 2k_1 I_a$$

式中

$$k = k_3 \left(\frac{k_1}{k_4}\right)^{\frac{1}{2}}$$

一般光化反应中，$k_1 I_a$ 较小，将其忽略，得

$$\frac{dc_{CCl_4}}{dt} = kI_a^{1/2} c_{Cl_2}^{1/2}$$

此机理推导出的速率方程结果与实验结果相一致。

思考题

1. 测定简单级数反应的动力学参数过程中，一般在两种反应物相互混合一半的时候开始计时。若某同学操作时，在反应已进行了一段时间后才开始计时，并将此时刻计作 t_0，将此时的浓度计作 c_0。这样测得的速率常数 k 偏大、偏小还是不影响 k 的测定值？

2. 在合成某药物时发生副反应，已知主反应的活化能大于副反应的活化能，假设两个反应的指前因子相等，则应采取何种方法提高主反应的速率？

3. 在用作图法处理动力学数据时，当用一级速率方程处理得到的相关系数为 0.975，用二级速率方程处理得到的相关系数为 0.980。能否确定此反应级数一定为二级？如何看待这个问题？如何进一步得到准确的反应级数？

4. 合成氨的反应是一个放热反应，降低反应温度有利于提高平衡转化率，但实际生产中这一反应都是在高温高压和有催化剂存在的条件下进行，为什么？

5. 复杂反应的速率均取决于最慢一步的反应速率，这种说法是否正确？

6. 任何反应的速率常数都可以用碰撞理论或过渡态理论的有关公式计算，此说法是否正确？

习题

1. 已知某滴眼液的眼部药物动力学可按一级反应处理。实验时于不同时间测房水中的药物浓度，经计算得药物在眼部的吸收速率常数为 0.372 h^{-1}。试问：

（1）该药物在眼部的半衰期为多少？

（2）已知第一次滴眼后房水中药物的初始浓度为 3.32 $\mu g \cdot mL^{-1}$，若要保持药物在房水中的浓度不低于 1.50 $\mu g \cdot mL^{-1}$，第一次滴眼后需多长时间再进行第二次？

2. 某一级反应 $A \xrightarrow{k} G$，在某温度下初速率为 $4 \times 10^{-3} mol \cdot L^{-1} \cdot min^{-1}$，2 小时后的速率为 $1 \times 10^{-3} mol \cdot L^{-1} \cdot min^{-1}$。求：

（1）反应速率常数；

（2）半衰期；

（3）反应物初浓度。

3. 某物质 A 的分解是二级反应。恒温下反应进行到 A 消耗掉初浓度的 1/3 所需要的时间是 2min，求 A 消耗掉初浓度的 2/3 所需要的时间。

4. 醋酸甲酯的皂化为二级反应，酯和碱的初浓度相等，在 298K 温度下用标准酸溶液滴定体系中剩余的碱，得如下数据，求：

（1）反应速率常数；

（2）反应物初浓度；

（3）反应完成95%所需的时间。

t/min	3	5	7	10	15	21	25
$10^3 c_{\text{碱}}/(\text{mol}\cdot\text{L}^{-1})$	7.40	6.34	5.50	4.64	3.63	2.88	2.54

5. 某化合物分解是一级反应，该反应的活化能 E_a 为 $1.443\times10^4\text{J}\cdot\text{mol}^{-1}$，已知553K 时反应的速度常数 k_1 为 $3.3\times10^{-2}\text{min}^{-1}$，现在要控制此反应在10分钟内转化率达90%，试问反应温度应控制在多少度？

6. 将1%盐酸丁卡因水溶液安瓿分别置于338.15K、348.15K、358.15K、368.15K 恒温水浴中加热，在不同时间取样测定其含量，得以下结果，当相对含量降至90%即为失效。求该药物在室温（298.15K）下的贮存期，已知其分解反应为一级。

338.15K		348.15K		358.15K		368.15K	
t/h	$c/\%$	t/h	$c/\%$	t/h	$c/\%$	t/h	$c/\%$
0	100	0	100	0	100	0	100
48	98.04	48	96.01	24	95.26	24	90.72
96	96.13	96	91.58	48	90.75	48	80.69
144	94.26	144	87.37	72	86.00	72	71.73
192	92.34	192	83.55	96	81.50	96	63.83
				120	77.24	120	56.75

7. 某液相反应 $A \underset{k_2}{\overset{k_1}{\rightleftharpoons}} B$ 正逆反应均为一级。已知：$\lg k_1 = \dfrac{-2000}{T} + 4.0$；$\lg K_c = \dfrac{2000}{T} - 4.0$（$k_1$ 的单位为 s^{-1}，T 的单位为 K，K_c 为平衡常数）。反应开始时，$c_{A,0} = 0.5\text{mol}\cdot\text{L}^{-1}$，$c_{B,0} = 0.05\text{mol}\cdot\text{L}^{-1}$，求：

（1）400K 时反应达平衡时 A、B 的浓度；

（2）400K 时反应经 10s 时 A、B 的浓度；

（3）400K 时逆反应的活化能。

8. 反应物 A 同时生成产物 B 及副产物 C，反应均为一级。

$$A \begin{array}{c} \overset{k_1}{\longrightarrow} B \\ \underset{k_2}{\longrightarrow} C \end{array}$$

已知 $\ln k_1 = 7.09 - \dfrac{9.0\times10^4\text{J}\cdot\text{mol}^{-4}}{RT}$，$\ln k_2 = 2.19 - \dfrac{8.0\times10^4\text{J}\cdot\text{mol}^{-4}}{RT}$。

（1）使 B 含量大于 90% 时，所需要反应温度为多少？

（2）可否得到含 B 为 99.5% 的产品？

9. 含有 G.T 碱基对的 DNA 双链形成反应为对峙反应，反应方程式如下：

$$2\text{CGTGAATTCGCG} \underset{k_{-1}}{\overset{k_1}{\rightleftharpoons}} \text{DUPLEX}$$

在不同温度下测得该反应的速率常数如下表所示，k_1 为正反应速率常数，k_{-1} 为逆反应速率常数。

T/K	$k_1/$ ($L \cdot mol^{-1} \cdot s^{-1}$)	$k_{-1}/$ (s^{-1})
305	8.0×10^4	1.00
310	2.3×10^5	3.20

（1）计算该反应在 310K 的平衡常数；

（2）计算正反应和逆反应的活化能 $E_{a,1}$ 和 $E_{a,-1}$；

（3）计算该反应的热效应 $\Delta_r H_m^{\ominus}$。

10. 推测反应：$A + B \longrightarrow P$ 的反应机理如下：

$$2A \underset{k_{-1}}{\overset{k_1}{\rightleftharpoons}} A_2 \qquad 快速平衡 \qquad \Delta_r H_{m(1)}^{\ominus} = 45.2 \, kJ \cdot mol^{-1} \qquad (i)$$

$$A + B \underset{k_{-2}}{\overset{k_2}{\rightleftharpoons}} C \qquad 快速平衡 \qquad \Delta_r H_{m(2)}^{\ominus} = -20.5 \, kJ \cdot mol^{-1} \qquad (ii)$$

$$A_2 + C \overset{k_3}{\longrightarrow} C \qquad 慢反应 \qquad E_{a,3} = 14.8 \, kJ \cdot mol^{-1} \qquad (iii)$$

（1）证明该反应的速率方程为：$r = k c_A^3 c_B$；

（2）计算该化学反应的表观活化能；

（3）反应体系中 A 相对于 B 大大过量。334K 时，B 起始浓度 $c_{B,0}$ 为 $0.1 mol \cdot L^{-1}$ 时，测得反应的起始速率 r_0 为 $0.72 \times 10^{-3} mol \cdot L^{-1} \cdot min^{-1}$，计算 334K 时，B 消耗一半所需的时间；

（4）354K 时，反应的准一级速率常数。（假设在此温度范围内，反应热及活化能为常数，与温度无关）

11. 某有机化合物 A 在 323K，酸催化下发生水解反应。当溶液的 pH = 5 时，$t_{1/2} = 69.3min$；pH = 4 时，$t_{1/2} = 6.93min$。$t_{1/2}$ 与 A 的初浓度无关。已知反应速率方程为：$-\dfrac{dc_A}{dt} = k_A c_A^{\alpha} c_{H^+}^{\beta}$。求：

（1）α 及 β；

（2）323K 时的速率常数 k_A；

（3）在 323K、pH = 3 时，A 水解 80% 所需的时间。

12. 某化合物 A 能分解成 G 和 H。用作图法分析在某温度下所得的下列数据，判断该反应是对峙、平行或连续反应，并写出反应式。

t/h	0	10	20	30	40	50	60	∞
$c_A/$ ($mol \cdot L^{-1}$)	1	0.368	0.135	0.0498	0.0183	0.00674	0.00243	0
$c_G/$ ($mol \cdot L^{-1}$)	0	0.156	0.399	0.604	0.748	0.842	0.903	1
$c_H/$ ($mol \cdot L^{-1}$)	0	0.476	0.466	0.346	0.234	0.151	0.095	0

13. 碘化氢分解反应：$2HI \longrightarrow H_2 + I_2$，已知临界能 $E_c = 183.92 kJ \cdot mol^{-1}$，HI 的分子直径 $d = 3.5 \times 10^{-10} m$，摩尔质量为 $127.9 g \cdot mol^{-1}$。试由碰撞理论计算在不同温度下 HI 分子分解的速率常数 k 并和下列实验数据相比较。

T/K	556	666	781
$k/$ ($m^3 \cdot mol^{-1} \cdot s^{-1}$)	3.52×10^{-10}	2.20×10^{-7}	3.95×10^{-5}

14. 浓度为 $0.056 mol \cdot L^{-1}$ 的葡萄糖溶液在 413.15K 温度下被不同浓度的 HCl 催化分

解，得如下数据，在酸性溶液中可忽略 OH^- 离子的催化作用，求 k_{H^+} 和 k_0。

| k/h^{-1} | 0.00366 | 0.00580 | 0.00818 | 0.01076 | 0.01217 |
| $c_{H^+}/(mol \cdot L^{-1})$ | 0.0108 | 0.0197 | 0.0295 | 0.0394 | 0.0492 |

15. 酶 E 作用在某一反应物 S 上将产生氧，其反应机理可表达为：$E + S \underset{k_2}{\overset{k_1}{\rightleftharpoons}} ES \overset{k_3}{\longrightarrow} E + P$。实验测得在底物的初浓度不同时，氧产生的初速率 r_0 数据如下，计算反应的 Michaelis 常数 K_M，并解释其物理意义。

| $c_{S,0}/(mol \cdot L^{-1})$ | 0.050 | 0.017 | 0.010 | 0.005 | 0.002 |
| $10^{-6}r_0/(mol \cdot L^{-1} \cdot min^{-1})$ | 16.6 | 12.4 | 10.1 | 6.6 | 3.3 |

16. N_2O_5 的热分解反应在不同温度下的速率常数如下，求：

(1) Arrhenius 公式中的 E_a 和 A；

(2) 该反应在 323.15K 温度下的 $\Delta G^{\neq}$、$\Delta H^{\neq}$、$\Delta S^{\neq}$。

| T/K | 298.15 | 308.15 | 318.15 | 328.15 | 338.15 |
| $10^5 k/s^{-1}$ | 1.72 | 6.65 | 24.95 | 75.0 | 240 |

17. 经研究发现总反应 $H_2 + I_2 \longrightarrow 2HI$

反应机理为 $\qquad I_2 + M \underset{k_{-1}}{\overset{k_1}{\rightleftharpoons}} 2I \cdot + M$（快）$\qquad$（1）

$$H_2 + 2I \cdot \overset{k_2}{\longrightarrow} 2HI（慢）\qquad（2）$$

分别用平衡近似法和稳态近似法证明其速率方程为 $\dfrac{dc_{HI}}{dt} = kc_{H_2}c_{I_2}$

18. 光气生成和解离的总反应是

$$CO + Cl_2 \rightleftharpoons COCl_2$$

其反应机理如下。

序号	基元反应	指前因子	速率常数	活化能
(1)	$Cl_2 + M \rightarrow 2Cl \cdot + M$	A_1	k_1	E_1
(2)	$Cl \cdot + CO \rightarrow COCl \cdot$	A_2	k_2	E_2
(3)	$COCl \cdot \rightarrow Cl \cdot + CO$	A_3	k_3	E_3
(4)	$COCl \cdot + Cl_2 \rightarrow COCl_2 + Cl \cdot$	A_4	k_4	E_4
(5)	$COCl_2 + Cl \cdot \rightarrow COCl \cdot + Cl_2$	A_5	k_5	E_5
(6)	$2Cl \cdot + M \rightarrow Cl_2 + M$	A_6	k_6	E_6

反应（1）、（6）和（2）、（3）均易达到平衡；对于光气的生成，反应（4）是速控步骤；对于光气的解离，反应（5）为速控步骤。试分别导出光气生成和解离速率公式。

213

第七章　电化学

电化学（electrochemistry）是研究电能和化学能之间相互转化规律的一门学科。随着科学技术的发展，电化学已经渗透到生命科学、环境科学、能源科学、材料科学等领域，出现了电化学与其他学科结合起来的新领域，如生物电化学、环境电化学、催化电化学等。电化学在很多领域有着重要的作用，许多重要的金属和化工产品是通过电化学的方法得到的，药物和药物中间体合成工业，也常利用电化学反应来完成。药物一些热力学函数的测定，与药物生产合成、分离提取有关常数以及与药物吸收分解有关的动力学参数的测量多采用电化学的方法。电化学分析具有测定速率快、灵敏度高、准确性好等特点，在分析技术上被广泛采用。细胞膜电势、心电、脑电等生物电现象都涉及电极和溶液界面发生的化学反应。本章电化学涉及的内容包括电解质溶液、可逆电池、电极过程等。

第一节　电解质溶液的导电性质

扫码"学一学"

一、电子导体和离子导体

能够导电的物体称为导体（conductor）。根据导电方式的不同，可将导体分为两大类。第一类导体称为电子导体，包括金属和部分非金属，依靠自由电子的定向迁移导电，这类导体导电时，导体本身不发生任何化学变化，其导电能力一般随温度升高而降低。

第二类导体称为离子导体，包括电解质溶液和熔融状态的电解质，依靠离子的定向迁移而导电。这类导体导电时，导体电极上有化学反应发生，同时在溶液中正负离子分别向两极定向移动。其导电能力随着温度的升高而增强。

二、原电池和电解池

能够使电解质溶液中的离子作定向迁移的装置有两类：原电池和电解池。将化学能转变为电能的装置叫原电池（primary cell）；将电能转变为化学能的装置叫电解池（electrolytic cell）。

原电池和电解池均含有两个电极，电极的名称一般规定为：发生氧化反应的电极为阳极（anode），发生还原反应的电极为阴极（cathode）；电势高的电极为正极（positive electrode），电势低的电极为负极（negative electrode）。按上述规定，原电池中的正极对应为阴极，负极为阳极；电解池中的正极对应为阳极，负极为阴极。

以电解 HCl 溶液来说明电解质溶液的导电机理。图 7-1 是一电解池，是由与直流电源相连接的两个铂电极插入 HCl 水溶液而构成。当接通电源后，电流流入正极（阳极），电子则由正极流向外电路，再流入负极（阴极）。与此同时，溶液中的 H^+ 向阴极迁移，Cl^- 向阳极迁移，在溶液和电极界面上发生下述反应

$$\text{阴极}\quad 2H^+(aq) + 2e^- \rightarrow H_2(g)$$

$$\text{阳极}\quad 2Cl^-(aq) \rightarrow Cl_2(g) + 2e^-$$

H^+在阴极上获得电子被还原，Cl^-在阳极上失去电子被氧化。这样，就使得电流在电极和溶液界面处得以连续，连同外电路就形成了一个闭合回路。

在电极上进行的电化学反应称为电极反应。两个电极反应的总和称为电解池反应。上述电解池反应为

$$2HCl(aq) \rightarrow H_2(g) + Cl_2(g)$$

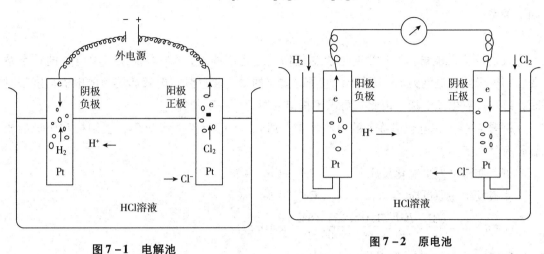

图 7-1　电解池　　　　图 7-2　原电池

图 7-2 为一原电池，将两个铂电极插入到电解质 HCl 溶液中，用导线接通外电路，并使氢气和氯气分别冲打到金属片而构成。在通入 H_2 电极上，H_2 失去电子被氧化成 H^+ 进入溶液，造成 H_2 电极上电子密度较大，电势较低，而成为负极。

电极反应为

$$负极 \quad H_2(g) \rightarrow 2H^+(aq) + 2e^-$$

而在通入 Cl_2 的电极上，Cl_2 得到电子被还原成 Cl^- 进入溶液，造成 Cl_2 电极上因缺少电子而具有较高的电势，成为正极。即

$$正极 \quad Cl_2(g) + 2e^- \rightarrow 2Cl^-(aq)$$

导线接通两电极而产生电流的同时，溶液中通过离子的定向迁移导电：H_2 电极附近溶液中密度较大的 H^+ 由于扩散作用和 Cl_2 电极附近大量 Cl^- 的吸引而向 Cl_2 电极的方向迁移；同理，Cl^- 则向 H_2 电极的方向迁移。这样便形成了通过溶液的电流，连同外电路形成了一个闭合回路。

两个电极反应的总和称为电池反应。上述原电池的反应为

$$Cl_2(g) + H_2(g) \rightarrow 2HCl(aq)$$

综上所述，可以给出电解质溶液的导电机理：①电流通过溶液由正、负离子的定向迁移完成；②电流在电极和溶液界面处连续，是由于两电极上分别发生氧化或还原反应时放出或获得电子而造成的。

三、法拉第定律

1833 年，法拉第在大量电解实验的基础上，发现了通过电解质溶液的电量与参与电极反应物质的定量关系，归纳出了法拉第定律（Faraday's law）。

（1）电极上析出或溶解的物质的质量与所通过电极的电量 Q 成正比。

（2）在各种不同的电解质溶液中，通过 1mol 电子的电量，在各电极上析出不同物质的

物质的量皆为 $1/z$ mol（z 为电极反应中电子转移的计量系数）。

1mol 元电荷（即一个质子或一个电子的电荷绝对值）具有的电量称为法拉第常数，用 F 表示。由于每个电子的电量绝对值等于 1.60219×10^{-19} C（库仑），所以 1mol 电子的总电量为 1.60219×10^{-19} C $\times 6.022 \times 10^{23}$ mol^{-1} $= 96486$ C·mol^{-1}，在电化学中通常将其近似写作 96500 C·mol^{-1}。在电化学反应中，通过的电量 Q 与发生化学变化物质的物质的量之间有如下关系

$$Q = nzF \tag{7-1}$$

式中 Q 为总电量，n 为发生化学变化物质之物质的量，z 为电极反应中电子的计量系数，即电极反应进度为 1mol 时转移电子的物质的量。通过测定电解质溶液的电流强度和时间，即可计算出总电量，由此式可求出析出或溶解的物质的量。

例题 7-1 在电解提炼铜的电解池中，通入 1A 的直流电流 965s，在阳极和阴极的质量将有什么变化？

解：在阳极发生氧化反应 $\qquad$ $Cu \rightarrow Cu^{2+} + 2e$

阴极发生还原反应 $\qquad$ $Cu^{2+} + 2e \rightarrow Cu$

$$m = n \times M = \frac{QM}{zF} = \frac{ItM}{zF} = \frac{1.0 \times 965 \times 63.5}{2 \times 96500} g = 0.32g$$

阳极减重 0.32 克，阴极增重 0.32 克。

法拉第定律电对电解反应或电池反应都是适用的，使用该定律时没有任何限制条件，在任何温度、压力下，水溶液、非水溶液或熔融盐中均可使用，是自然界中最准确的定律之一。

四、离子的电迁移和迁移数

1. 离子的电迁移现象 当电流通过电解质溶液时，正离子在阴极发生还原反应，负离子在阳极发生氧化反应。同时，溶液中的离子作定向移动。由于电解质溶液内部电量的输运是由正负离子共同担当的，且随每种离子迁移速率的不同，各自输运的电量也不尽相同。从而造成电解质在两极附近的溶液中浓度变化的不同。这种离子在外力场作用下发生的定向运动称为离子的电迁移（eletromigration）。

通过溶液的总电量 Q 等于正离子迁移的电量 Q_+ 和负离子迁移的电量 Q_- 之和。

$$Q = Q_+ + Q_-$$

2. 离子的迁移数 离子的迁移数 t 为离子所迁移的电量与总电量的比，t_+，t_- 分别为正负离子的迁移数，r_+ 和 r_- 分别为正负离子的迁移速率。离子所迁移的电量与离子运动速率成正比。凡是影响离子迁移速率的因素都会影响离子迁移数。

$$t_+ = \frac{Q_+}{Q_+ + Q_-} = \frac{r_+}{r_+ + r_-} \tag{7-2}$$

$$t_- = \frac{Q_-}{Q_+ + Q_-} = \frac{r_-}{r_+ + r_-} \tag{7-3}$$

$$t_+ + t_- = 1$$

离子迁移数的测定方法有希托夫（Hittorf）法、界面移动法和电动势法，其中以希托夫法最为常用。

第二节 电解质溶液的电导

一、电导、电导率和摩尔电导率

电导（conductance）是导体导电能力大小的量度。电导为电阻的倒数，用符号 G 表示，即

$$G = \frac{1}{R} \qquad (7-4)$$

G 的单位是 S（西门子，Semens）。导体的电阻越小，G 就越大。根据欧姆定律，电解质溶液的电阻 R 与两极间的距离 l 成正比，而与浸入溶液中的电极面积 A 成反比，即

$$R = \rho \frac{l}{A} \qquad (7-5)$$

$R = \rho \dfrac{l}{A}$ 式中 ρ 称为电阻率（conductivity）。电阻率的倒数称为电导率，或称为比电导，用符号 κ 表示。即

$$\kappa = \frac{1}{\rho} = \frac{1}{R} \frac{l}{A} = G \frac{l}{A} \qquad (7-6)$$

κ 的单位是 $S \cdot m^{-1}$。对于电解质溶液来说，电导率的物理意义为单位长度，单位横截面积电解质溶液的电导。其数值与电解质的种类、溶液浓度及温度等因素有关。

电导和电导率都为容量性质，是可以加和的。κ 在一定程度上反映了电解质溶液的导电能力，但若比较在给定条件下不同电解质的导电能力，需要规定溶液中电解质的物质的量，为此，需要引入摩尔电导率（molar conductivity）的概念。

在相距为 1m 的两平行板电极之间，放置含有 1mol 电解质的电解质溶液的电导，称为摩尔电导率。用 Λ_m 表示。由于摩尔电导率规定了两极间电解质的量为 1mol，含有 1mol 电解质的溶液的体积设为 V，而两平行电极间距离为 1m 时，体积为 $1m^3$ 电解质溶液的电导为该溶液的电导率，所以对于同一电解质溶液来说，摩尔电导率应为电导率的 V 倍。即

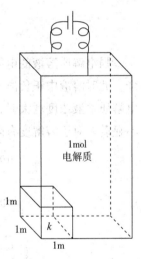

图7-3 Λ_m 与 κ 的关系

$$\Lambda_m = V\kappa$$

设 c 为电解质溶液的浓度，单位为 $mol \cdot m^{-3}$，则 $V = \dfrac{1}{c}$，由图 7-3 可知摩尔电导率与电导率的关系为

$$\Lambda_m = \frac{\kappa}{c} \qquad (7-7)$$

摩尔电导率可以量度导电电量相同的电解质的导电能力，可以在给定条件下就不同的电解质进行比较。值得注意的是，使用摩尔电导率时，需注明基本单元，如 $\Lambda_{m,CuSO_4}$ 和 $\Lambda_{m,\frac{1}{2}CuSO_4}$ 都称为摩尔电导率，但所选基本单元不同，虽然参与导电的基本单元的数量都是 1mol，而前者基本单元的导电电量是后者基本单元的导电电量的 2 倍，所以，$\Lambda_{m,CuSO_4} = 2\Lambda_{m,\frac{1}{2}CuSO_4}$。

二、电导率、摩尔电导率与溶液浓度的关系

1. 电导率与浓度的关系　电解质溶液的电导率与电解质的种类、溶液浓度及温度等因素有关。温度一定时，强电解质溶液的电导率随浓度的变化与弱电解质溶液有所不同，如图 7 - 4 所示。

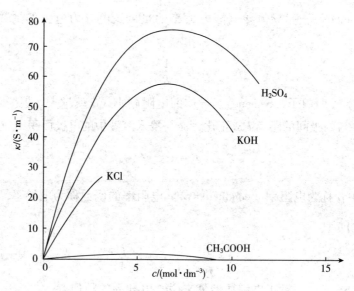

图 7 - 4　电解质溶液的电导和浓度的关系

　　强电解质溶液的电导率随浓度的增加而升高，但浓度增加到一定程度后电导率反而下降。此时溶液中正负离子间的相互作用增大，离子的迁移速率降低，电导率反而下降。弱电解质溶液浓度增大时，解离度则相应减小，离子数目变化不明显，电导率随浓度的变化不显著。对于溶解度有限的盐类而言，将其饱和溶液稀释，电导率值是单调降低的。

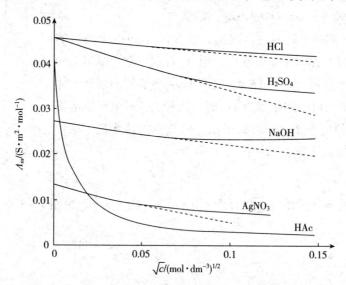

图 7 - 5　电解质溶液的摩尔电导率和浓度的关系

　　2. 摩尔电导率和浓度的关系　科尔劳许（Kohlrausch）根据大量实验结果，归纳出极稀溶液中，强电解质摩尔电导率和浓度的关系，如图 7 - 5 所示。以 $\sqrt{c}$ 为横坐标，Λ_m 为纵坐标作图，在稀溶液范围内，强电解质溶液的 Λ_m 与 $\sqrt{c}$ 成线性关系，即

$$\Lambda_{\mathrm{m}} = \Lambda_{\mathrm{m}}^{\infty}(1 - \beta\sqrt{c}) \tag{7-8}$$

式中 c 为浓度，β 为常数，其数值大小与溶剂的介电常数、黏度及温度有关。$\Lambda_{\mathrm{m}}^{\infty}$ 是电解质溶液无限稀释时的摩尔电导率，称为无限稀释摩尔电导率（limiting molar conductivity）。强电解质的 $\Lambda_{\mathrm{m}}^{\infty}$ 可用外推法求出。

弱电解质在溶液中是部分解离的。溶液稀释时，弱电解质的解离度随溶液稀释而迅速增大，导电的离子数目急剧增加，摩尔电导率显著上升，而且浓度越低越显著。弱电解质溶液的无限稀释摩尔电导率不能用作图法求得，可用离子独立运动定律求算。

三、离子独立运动定律

表 7-1 给出了 298.15K 下，一些强电解质溶液的无限稀释摩尔电导率。

表 7-1　298K 时一些强电解质溶液的无限稀释摩尔电导率

电解质	$\Lambda_{\mathrm{m}}^{\infty}/(\mathrm{S}\cdot\mathrm{m}^2\cdot\mathrm{mol}^{-1})$	差值	电解质	$\Lambda_{\mathrm{m}}^{\infty}/(\mathrm{S}\cdot\mathrm{m}^2\cdot\mathrm{mol}^{-1})$	差值
KCl	0.01499		HCl	0.04262	
LiCl	0.01150	0.00349	HNO₃	0.04213	0.00049
KNO₃	0.01450		KCl	0.01499	
LiNO₃	0.01101	0.00349	KNO₃	0.01450	0.00049
KOH	0.02715		LiCl	0.01150	
LiOH	0.02367	0.00348	LiNO₃	0.01101	0.00049

根据表中数据，具有相同负离子的钾盐和锂盐无限稀释时的摩尔电导率的差值为一常数，与负离子的种类无关。

$$\Lambda_{\mathrm{m,KCl}}^{\infty} - \Lambda_{\mathrm{m,LiCl}}^{\infty} = \Lambda_{\mathrm{m,KNO_3}}^{\infty} - \Lambda_{\mathrm{m,LiNO_3}}^{\infty} = 0.00349\mathrm{S}\cdot\mathrm{m}^2\cdot\mathrm{mol}^{-1}$$

此规律说明，无限稀释时，一种正离子的导电能力不受共存负离子的影响。

具有相同正离子的氯化物和硝酸盐无限稀释时的摩尔电导率的差值为常数，与正离子种类无关。即

$$\Lambda_{\mathrm{m,LiCl}}^{\infty} - \Lambda_{\mathrm{m,LiNO_3}}^{\infty} = \Lambda_{\mathrm{m,KCl}}^{\infty} - \Lambda_{\mathrm{m,KNO_3}}^{\infty} = 0.00049\mathrm{S}\cdot\mathrm{m}^2\cdot\mathrm{mol}^{-1}$$

此规律说明，无限稀释时，一种负离子的导电能力不受共存正离子的影响。

综上所述，得出离子独立运动规律（law of independent migration of ions）为在无限稀释的溶液中，所有的电解质全部解离，离子之间彼此独立运动，互不影响。

电解质在无限稀释时的摩尔电导率等于无限稀释时正、负离子单独存在时摩尔电导率之和，即

$$\Lambda_{\mathrm{m}}^{\infty} = \lambda_{\mathrm{m,+}}^{\infty} + \lambda_{\mathrm{m,-}}^{\infty} \tag{7-9}$$

式中 $\lambda_{\mathrm{m,+}}^{\infty}$、$\lambda_{\mathrm{m,-}}^{\infty}$ 分别为无限稀释时正离子和负离子的摩尔电导率。

在一定温度下，一定溶剂中，无限稀释时离子的摩尔电导率是一定值，与溶液中共存的其他离子无关。

由此可以通过强电解质的无限稀释摩尔电导率数据来求得弱电解质的无限稀释摩尔电导率。

例题 7-2　已知 298K 时，醋酸钠的无限稀释摩尔电导率 $\Lambda_{\mathrm{m,NaAc}}^{\infty} = 0.00910\mathrm{S}\cdot\mathrm{m}^2\cdot\mathrm{mol}^{-1}$，盐酸的 $\Lambda_{\mathrm{m,HCl}}^{\infty} = 0.04262\mathrm{S}\cdot\mathrm{m}^2\cdot\mathrm{mol}^{-1}$，氯化钠的 $\Lambda_{\mathrm{m,NaCl}}^{\infty} = 0.01265\mathrm{S}\cdot\mathrm{m}^2\cdot\mathrm{mol}^{-1}$，求醋酸钠溶液的无限稀释摩尔电导率。

解：$\Lambda_{m,HAc}^{\infty} = \lambda_{m,H^+}^{\infty} + \lambda_{m,Ac^-}^{\infty}$

$\quad\quad\quad = \lambda_{m,H^+}^{\infty} + \lambda_{m,Cl^-}^{\infty} - \lambda_{m,Cl^-}^{\infty} + \lambda_{m,Ac^-}^{\infty} + \lambda_{m,Na^+}^{\infty} - \lambda_{m,Na^+}^{\infty}$

$\quad\quad\quad = \Lambda_{m,HCl}^{\infty} + \Lambda_{m,NaAc}^{\infty} - [\lambda_{m,Cl^-}^{\infty} - \lambda_{m,Na^+}^{\infty}]$

$\quad\quad\quad = \Lambda_{m,HCl}^{\infty} + \Lambda_{m,NaAc}^{\infty} - \Lambda_{m,NaCl}^{\infty}$

$\quad\quad\quad = (0.04262 + 0.00910 - 0.01265) \; S \cdot m^2 \cdot mol^{-1} = 0.03907 \; S \cdot m^2 \cdot mol^{-1}$

如果已知各种离子在无限稀释时的摩尔电导率，则无论对强电解质还是弱电解质，计算 Λ_m^{∞} 的工作更加方便。若要求每一种离子的 λ_m^{∞}，则必须利用离子迁移数，表 7 - 2 列出 298K 时部分离子无限稀释时的摩尔电导率，以供参考。

表 7 - 2　298K 时在无限稀释溶液中常见离子的摩尔电导率

正离子	$\lambda_{m,+}^{\infty} \times 10^4/ (S \cdot m^2 \cdot mol^{-1})$	负离子	$\lambda_{m,-}^{\infty} \times 10^4/ (S \cdot m^2 \cdot mol^{-1})$
H^+	349.8	OH^-	198.0
Li^+	38.7	Cl^-	76.3
Na^+	50.1	Br^-	78.4
K^+	73.5	I^-	76.8
Ag^+	61.9	NO_3^-	71.4
NH_4^+	73.4	MnO_4^-	62.0
$\frac{1}{2}Ca^{2+}$	59.5	$\frac{1}{2}CO_3^{2-}$	83.0
$\frac{1}{2}Ba^{2+}$	63.6	$\frac{1}{2}SO_4^{2-}$	79.8

第三节　电解质溶液电导测定及应用

一、溶液电导率测定

扫码"学一学"

电导是电阻的倒数，测量电解质溶液的电导，只需测量其电阻。而测量电阻的方法，一般用惠斯顿电桥。惠斯顿电桥测定待测溶液的电阻 R_x，则电导率为

$$\kappa = G \frac{l}{A} = \frac{1}{R_x} \frac{l}{A} \qquad\qquad (7 - 10)$$

式中 A 为电极的面积，l 为电极之间的距离，对于一个固定的电导池来说，l 和 A 皆为定值。l/A 为常数，称为电导池常数。直接测量电导池的 l 和 A 比较困难，一般用间接的方法求出 l/A。可将一已知电导率的标准溶液（通常是 KCl 溶液）装入待用电导池中，在指定温度下，测定其电阻，然后根据式（7 - 10）计算出该电导池的 l/A。常用的 KCl 标准溶液的电导率列于表 7 - 3。

表 7 - 3　298K 下，不同浓度 KCl 水溶液的电导率 κ

浓度/ $(mol \cdot dm^{-3})$	电导率 $\kappa/ (S \cdot m^{-1})$
1	11.20
0.1	1.289
0.01	0.1411

只要将待测溶液装入该电导池，测知其电阻，利用标准溶液求得电导池常数 l/A，即可

由上式计算出电导率，并可进一步计算摩尔电导率。

二、电解质溶液电导测定的应用

（一）检验水的纯度

水是弱电解质，当水的纯度越高，所含杂质越少，电导率就越小。理论上纯水的电导率可达 5.5×10^{-6} S/m。自来水含杂质较多，电导率为 1.0×10^{-1} S/m 左右，普通蒸馏水的电导率为 1.0×10^{-3} S·m^{-1}，重蒸馏水的电导率为 1.0×10^{-4} S/m。药用去离子水的电导率不得超过 1.0×10^{-4} S/m。

（二）弱电解质的解离度和解离常数的测定

弱电解质部分电离，对电导有贡献的仅是其电离的部分。部分解离产生的离子数目与全部解离产生的离子数目之比或部分解离时的摩尔电导率与全部解离时的摩尔电导率之比就为解离度 α。即

$$\frac{\Lambda_m}{\Lambda_m^\infty} = \alpha \tag{7-11}$$

对于某一浓度的弱电解质溶液，只需测出 Λ_m，即可求知其解离度。

以初始浓度为 c 的 AB 型弱电解质为例，其在溶液中的解离平衡为

$$\begin{array}{cccc}
\text{AB} & \longrightarrow & \text{A}^+ & + & \text{B}^- \\
\text{初始} & c & & 0 & & 0 \\
\text{平衡} & c(1-\alpha) & & c\alpha & & c\alpha
\end{array}$$

$$K_\alpha^\ominus = \frac{\alpha^2 \dfrac{c}{c^\ominus}}{1-\alpha} \tag{7-12}$$

式中 $K_\alpha^\ominus$ 为弱电解质的解离常数。也可将 $\dfrac{\Lambda_m}{\Lambda_m^\infty} = \alpha$ 代入，得

$$K_\alpha^\ominus = \frac{\left(\dfrac{\Lambda_m}{\Lambda_m^\infty}\right)^2 \dfrac{c}{c^\ominus}}{1-\dfrac{\Lambda_m}{\Lambda_m^\infty}} = \frac{\dfrac{c}{c^\ominus}\Lambda_m^2}{\Lambda_m^\infty(\Lambda_m^\infty - \Lambda_m)} \tag{7-13}$$

上式也可变换为

$$\frac{1}{\Lambda_m} = \frac{\Lambda_m \dfrac{c}{c^\ominus}}{K_\alpha^\ominus(\Lambda_m^\infty)^2} + \frac{1}{\Lambda_m^\infty} \tag{7-14}$$

已知一系列浓度的 Λ_m，以 $\dfrac{1}{\Lambda_m}$ 对 $\Lambda_m \dfrac{c}{c^\ominus}$ 作图呈线性，直线的斜率和截距可分别求得 $K_\alpha^\ominus$ 和 Λ_m^∞。式（7-13）和（7-14）均称为奥斯特瓦尔德（Ostwald）稀释定律。

（三）难溶盐溶解度的测定

难溶盐在水中的溶解度很小，其离子浓度很难直接测定，但用电导法可方便地求得。由于溶液极稀，溶液中水的电导率不可忽略，计算难溶盐的电导率需要从测量的难溶盐饱和溶液的电导率中减去水的电导率。难溶盐的电导率为

$$\kappa_\text{盐} = \kappa_\text{溶液} - \kappa_\text{水}$$

根据式（7-7）得
$$c = \frac{\kappa_{盐}}{\Lambda_m}$$

由于难溶盐溶解度很小，Λ_m 也可近似视为与 Λ_m^∞ 相等，所以

$$c = \frac{\kappa_{盐}}{\Lambda_m^\infty} \tag{7-15}$$

则

$$S = cM \times 10^{-4} = \frac{(\kappa_{溶液} - \kappa_{水}) \times 10^{-4} M}{\lambda_{m,+}^\infty + \lambda_{m,-}^\infty} \tag{7-16}$$

式中 M 为摩尔质量（$g \cdot mol^{-1}$），S 的单位是 $g \cdot (100\ g\ H_2O)^{-1}$。

例题 7-3 298K 时，测得 AgCl 饱和水溶液的电导率为 $3.41 \times 10^{-4}\ S \cdot m^{-1}$，同温下所用水的电导率为 $1.60 \times 10^{-4} S \cdot m^{-1}$，求该温度下 AgCl 的溶解度。

解：查表知 $\lambda_{m,Ag^+}^\infty = 0.006192\ S \cdot m^2 \cdot mol^{-1}$，$\lambda_{m,Cl^-}^\infty = 0.007634\ S \cdot m^2 \cdot mol^{-1}$
难溶盐的饱和溶液浓度为

$$c = \frac{\kappa_{溶液} - \kappa_{水}}{\lambda_{m,Ag^+}^\infty + \lambda_{m,Cl^-}^\infty} = \frac{3.41 \times 10^{-4} - 1.60 \times 10^{-4}}{0.006192 + 0.007634} mol \cdot m^{-3}$$
$$= 1.309 \times 10^{-2} mol \cdot m^{-3}$$

溶液极稀，其密度与水相同。AgCl 溶解度为
$$S = cM \times 10^{-4} = 1.309 \times 10^{-2} \times 143.32 \times 10^{-4} g \cdot (100\ g\ H_2O)^{-1}$$
$$= 1.88 \times 10^{-4} g \cdot (100\ g\ H_2O)^{-1}$$

（四）电导滴定

利用滴定前后溶液电导的变化来确定滴定终点的方法称为电导滴定，电导滴定常被用来测定溶液中电解质的浓度。当溶液混浊、溶液本身有颜色或找不到合适的指示剂指示滴定终点时，可选用电导滴定法。电导滴定的原理是：利用滴定过程中某种离子被另一种与其移动速率（导电速率）不同的离子取代，而导致溶液电导变化，以滴定过程中电导的变化对滴定的标准溶液体积作图，得到滴定曲线。可由滴定曲线上电导变化的转折点确定滴定的终点。

第四节 强电解质溶液的离子平均活度和平均活度因子

扫码"学一学"

一、离子平均活度和平均活度因子

理想溶液中某一组分或稀溶液溶质的化学势，与质量摩尔浓度的关系为

$$\mu_B = \mu_B^\ominus + RT\ln\frac{m_B}{m^\ominus}$$

真实溶液和理想溶液有一定的偏差。在真实溶液中引入了活度的概念，以活度 a_B 代替上式中的相对质量摩尔浓度 $\frac{m_B}{m^\ominus}$，真实溶液中某一组分的化学势可表示为

$$\mu_B = \mu_B^\ominus + RT\ln a_B \tag{7-17}$$

式中 $a_B = \gamma_B \frac{m_B}{m^\ominus}$，$a_B$ 为 B 物质的相对有效质量摩尔浓度又称为活度。γ_B 称为活度因子，$m^\ominus$ 为标准质量摩尔浓度，$\frac{m_B}{m^\ominus}$ 为 B 物质的相对质量摩尔浓度。

真实溶液中，电解质溶液要比非电解质溶液复杂。强电解质溶于水后，完全解离成正、负离子，且离子间存在着静电引力。$a = \gamma m$ 对于溶液中的各种正、负离子仍然适用。即

$$a_+ = \gamma_+ m_+ \quad a_- = \gamma_- m_- \tag{7-18}$$

式中 a_+、a_-、γ_+、γ_-、m_+、m_- 分别为正离子、负离子的活度、活度因子及质量摩尔浓度。设强电解质为 $M_{\nu_+} A_{\nu_-}$，ν_+、ν_- 分别表示一个电解质分子所含 M 和 A 元素的原子数，则电解质溶于水后完全解离成 ν_+ 个正离子 M^{z+} 和 ν_- 个负离子 A^{z-}。

$$M_{\nu_+} A_{\nu_-} \longrightarrow \nu_+ M^{z+} + \nu_- A^{z-}$$

溶液中正、负离子的化学势分别为

$$\mu_+ = \mu_+^\ominus + RT\ln a_+ \quad \mu_- = \mu_-^\ominus + RT\ln a_- \tag{7-19}$$

整个电解质的化学势 μ 应是正负离子化学势之和。

$$\mu_B = \nu_+ \mu_+ + \nu_- \mu_-$$

将上式代入，得

$$\begin{aligned}
\mu_B &= \nu_+ \mu_+^\ominus + \nu_+ RT\ln a_+ + \nu_- \mu_-^\ominus + \nu_- RT\ln a_- \\
&= (\nu_+ \mu_+^\ominus + \nu_- \mu_-^\ominus) + RT\ln a_+^{\nu_+} + RT\ln a_-^{\nu_-} \\
&= (\nu_+ \mu_+^\ominus + \nu_- \mu_-^\ominus) + RT\ln a_+^{\nu_+} a_-^{\nu_-}
\end{aligned}$$

与 $\mu_B = \mu^\ominus + RT\ln a$ 相比较得电解质的活度 a_B 与正、负离子的活度 a_+、a_- 的关系为

$$a_B = a_+^{\nu_+} a_-^{\nu_-} \tag{7-20}$$

由于溶液是电中性的，单独离子的活度或活度因子 a_+、a_- 或 γ_+、γ_- 无法直接测量，需要引入电解质的离子平均活度因子 $\gamma_\pm$（mean activity coefficient of ions）及与之有关的离子平均活度 $a_\pm$（mean activity of ions）和离子平均质量摩尔浓度 $m_\pm$（mean molality of ions），定义为

$$a_\pm = (a_+^{\nu_+} a_-^{\nu_-})^{1/\nu} \tag{7-21}$$

$$\gamma_\pm = (\gamma_+^{\nu_+} \gamma_-^{\nu_-})^{1/\nu} \tag{7-22}$$

$$m_\pm = (m_+^{\nu_+} m_-^{\nu_-})^{1/\nu} \tag{7-23}$$

显然，有

$$a_\pm = \frac{\gamma_\pm m_\pm}{m^\ominus}$$

$$a_B = a_\pm^\nu = \left(\frac{\gamma_\pm m_\pm}{m^\ominus}\right)^\nu \tag{7-24}$$

对于质量摩尔浓度为 m_B 的电解质溶液，有

$$m_+ = \nu_+ m_B \quad m_- = \nu_- m_B$$

$$m_\pm = (m_+^{\nu_+} m_-^{\nu_-})^{1/\nu} = (\nu_+^{\nu_+} \nu_-^{\nu_-})^{1/\nu} \cdot m_B \tag{7-25}$$

$m_\pm$ 可根据电解质的 m 和 ν_+、ν_- 计算。$\gamma_\pm$ 可用多种实验方法测量，由此可求电解质的离子平均活度 $a_\pm$，并进一步计算出电解质的活度 a_B。

例题 7-4 已知 NaCl 的 $m = 0.1\,\text{mol} \cdot \text{kg}^{-1}$ 时，$\gamma_\pm = 0.788$，H_2SO_4 的浓度 $m = 0.5\,\text{mol} \cdot \text{kg}^{-1}$ 时，$\gamma_\pm = 0.154$。

（1）计算 $0.1\,\text{mol} \cdot \text{kg}^{-1}$ 的 NaCl 溶液的 $a_\pm$ 和 a；

（2）计算 $0.5\,\text{mol} \cdot \text{kg}^{-1}$ 的 H_2SO_4 溶液的 $a_\pm$ 和 a。

解：（1）对于 $m = 0.1\,\text{mol} \cdot \text{kg}^{-1}$ 的 NaCl 溶液

$$m_+ = m_- = m_\pm = m_{NaCl} = 0.1\,\text{mol} \cdot \text{kg}^{-1}$$

$$a_{\pm} = \gamma_{\pm} m_{\pm} / m^{\ominus} = 0.788 \times 0.1 = 0.0788$$

$$a_{NaCl} = (a_{\pm})^2 = (0.0788)^2 = 6.21 \times 10^{-3}$$

（2）对于 $m = 0.5 mol \cdot kg^{-1}$ 的 H_2SO_4 溶液

$$m_+ = 2m_{H_2SO_4} = 1.0 mol \cdot kg^{-1} \quad \nu_+ = 2$$

$$m_- = m_{H_2SO_4} = 0.5 mol \cdot kg^{-1} \quad \nu_- = 1$$

$$m_{\pm} = (m_+^{\nu_+} m_-^{\nu_-})^{\frac{1}{\nu}} = (m_+^2 m_-)^{\frac{1}{3}} = (1^2 \times 0.5)^{\frac{1}{3}} mol \cdot kg^{-1} = 0.7937 mol \cdot kg^{-1}$$

$$a_{\pm} = \gamma_{\pm} m_{\pm} / m^{\ominus} = 0.154 \times 0.7937 = 0.122$$

$$a_{H_2SO_4} = (a_{\pm})^3 = 1.82 \times 10^{-3}$$

二、影响离子平均活度因子的因素

实验表明，离子平均活度因子 $\gamma_{\pm}$ 的数值与溶液的温度、离子的浓度和电荷数及溶液中其他离子的浓度与电荷数都有关系。将离子的浓度和电荷数及溶液中其他离子的浓度与电荷数综合考虑，1921 年，路易斯提出了离子强度的概念。定义离子强度（ionic strength）为

$$I = \frac{1}{2} \sum_B m_B z_B^2 \qquad (7-26)$$

式中 m_B、z_B 分别为溶液中离子的质量摩尔浓度和电荷数。I 的单位为 $mol \cdot kg^{-1}$。

离子强度是溶液中由离子电荷所形成的静电场强度的一种度量，它和温度一起构成影响离子平均活度因子的因素。对于稀溶液，不考虑离子强度的影响，近似地将溶液中的离子、中性分子的活度因子视为 1。也就是说活度和相对浓度近似相等。

三、德拜－休克尔极限定律

1923 年，德拜－休克尔提出强电解质溶液的离子互吸理论和离子氛的概念。他们认为强电解质在溶液中是完全电离的，强电解质与理想溶液的偏差，主要是由于正负离子的静电引力引起。由于静电作用，每个中心离子周围都被电荷符号相反的离子包围，形成离子氛。离子氛与中心离子作为一个整体考虑是电中性的，与溶液其他部分之间无静电作用。基于离子氛模型，根据静电理论和玻尔兹曼分布定律，推导出了德拜－休克尔极限公式（Debye–Hückel limiting formula），当电解质溶液浓度较稀时，有

$$\ln\gamma_B = -A z_B^2 \sqrt{I}$$

由于无法测得单独某种离子的活度，因此，将上述公式进行了转换

$$\ln\gamma_{\pm} = -A|z_+ z_-| \sqrt{I} \qquad (7-27)$$

在 298K 的水溶液中，$A = 1.172 mol^{-1/2} \cdot kg^{-1/2}$。德拜－休克尔极限公式预测的结果和实验结果能够较好的吻合。

第五节　可逆电池

扫码"学一学"

一、可逆电池

能将化学能转变为电能的装置称为电池或原电池。若化学能转换成电能是以热力学可逆方式进行的，则可称为可逆电池（reversible cell）。可逆电池电动势 E 与电池反应的摩尔

反应吉布斯自由能有以下的关系。

根据热力学的可逆概念，可逆电池必须满足以下条件。

1. 电池内进行的化学反应必须是可逆的，即充电反应和放电反应互为逆反应。

例如，如果把金属锌块置于硫酸铜溶液中，则发生下面的反应

$$Zn(s) + Cu^{2+}(a_1) \rightarrow Zn^{2+}(a_2) + Cu(s)$$

装置示意图如图7-6。该装置为铜锌原电池。

电池的电动势为E，在外电路并联以可调节电动势的工作电池，其电动势为E'，当$E > E'$时，电池将放电，两电极上发生如下反应。

负极（锌电极）　　　$Zn(s) \rightarrow Zn^{2+}(a_2) + 2e^-$

正极（铜电极）　　　$Cu^{2+}(a_1) + 2e^- \rightarrow Cu(s)$

电池反应　　　　　　$Zn(s) + Cu^{2+}(a_1) \rightarrow Zn^{2+}(a_2) + Cu(s)$

在锌电极上，锌原子失去电子而变成Zn^{2+}进入溶液，锌电极上的电子通过导线而流到铜电极上，使Cu^{2+}在铜电极接受电子而析出金属铜，电子在导线上的方向是从锌极流向铜极，电流在导线上是从铜电极流向锌电极。电流在外线路是从高电势流向低电势，所以铜电极是正极，锌电极是负极。

当$E < E'$时，电池将充电，电极反应为

阴极（锌电极）　　　$Zn^{2+}(a_2) + 2e^- \rightarrow Zn(s)$

阳极（铜电极）　　　$Cu(s) \rightarrow Cu^{2+}(a_1) + 2e^-$

电池反应　　　　　　$Zn^{2+}(a_2) + Cu(s) \rightarrow Zn(s) + Cu^{2+}(a_1)$

可见充放电过程，电极反应和电极反应互为逆反应。

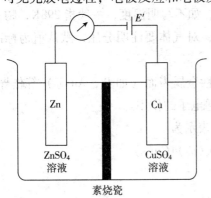

图7-6　铜锌双液电池

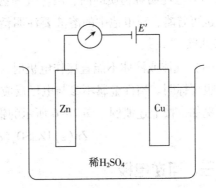

图7-7　铜锌单液电池

有些电池，它们充放电的反应是不可逆的，对于图7-7所示的与外电路并联的铜锌单液电池。

放电时电极与电池反应分别为

负极　　　　　$Zn(s) \rightarrow Zn^{2+}(a_1) + 2e^-$

正极　　　　　$2H^+(a_2) + 2e^- \rightarrow H_2(g)$

电池反应　　　$Zn(s) + 2H^+(a_2) \rightarrow Zn^{2+}(a_1) + H_2(g)$

充电时电极与电解池反应分别为

阴极　　　　　$2H^+(a_2) + 2e^- \rightarrow H_2(g)$

阳极　　　　　$Cu(s) \rightarrow Cu^{2+}(a_3) + 2e^-$

电解池反应　　$2H^+(a_2) + Cu(s) \rightarrow H_2(g) + Cu^{2+}(a_3)$

该电池充、放电时的两个总反应显然不同，因此它是不可逆电池。

2. 能量的转换必须可逆。可逆电池无论是充电还是放电，通过电池的电流必须是无限小的，此时电池可在平衡状态下工作。作为电池放电时，能做出最大有用功，作为电解池充电时，消耗的电能最小。这种过程的变化速度当然是无限缓慢的，这也是电池的热力学可逆过程。

3. 电池中所进行的其他过程（如离子的扩散等）也必须是可逆的。

同时满足以上三个条件的电池称为可逆电池，否则为不可逆电池，上述铜锌双液电池如果忽略离子扩散的影响，可以近似的看作可逆电池，将离子扩散的影响消除到尽可能低的办法是是使用盐桥，有关知识将在后面讨论。

二、电池的书写方式

不同电池具有不同的组成和结构，但绘图过于麻烦，使用书面表达方式则较为方便。1953 年，国际纯粹和应用化学联合会（International Union of Pure and Applied Chemistry, IUPAC）给出了以下规定。

（1）书写电池表示式时，发生氧化反应的负极写在左边，发生还原反应的正极写在右边；极板与电解质溶液之间界面用一根竖线"｜"表示不同相界面；同一相中的不同物质之间可用"，"分开；同一物质不同浓度的溶液界面可用"，"分开，也可用"｜"线表示，二者都表示接触处有电势差。

（2）电池中两极往往有两种不同溶液，为了消除其间存在的电势差通常用盐桥将两溶液隔开。在书写电池表示式时，盐桥用双线"‖"表示。

（3）应注明各物质的固、液、气等物态和温度，如不写明温度，一般指 298K，物态明显者也可省略，对电池中的溶液要注明活度或浓度，对气体要注明分压，默认值为标准压力 100kPa。

（4）气体或液体不能直接作电极时，需附在惰性金属表面（如 Pt，Au 等）等作导体，一般也要标明。惰性金属不参与电极反应，只起传递电子的作用。

例如，按上述惯例，图 7-6 所示的铜锌电池可表示为

$$Zn(s)|ZnSO_4(a_1) \parallel CuSO_4(a_2)|Cu(s)$$

三、可逆电极

可逆电池由可逆电极构成，可逆电极种类很多，结构也各不相同，常见的可逆电极可分为以下几种类型。

（一）第一类电极

第一类电极主要包括金属电极（metal electrode）、气体电极（gas electrode）和汞齐电极（amalgam electrode）。

1. 金属与金属离子电极 该类电极是将金属浸在含有该金属离子的溶液中所构成。

电极表示式　　　　$M(s)|M^{z+}(a_{M^{z+}})$

电极反应　　　　　$M^{z+}(a_{M^{z+}}) + ze^- \rightarrow M(s)$

2. 气体电极 由于气体不能直接导电，要借助惰性金属（如铂）等起导电作用。该类电极是将惰性金属浸入含相关离子的溶液中，以气体冲打表面所构成。包括氢电极、氧电极和氯电极。

（1）氢电极

电极表示式　　　$(Pt) \mid H_2(p_{H_2}) \mid H^+(a_{H^+})$

或　　　　　　　$(Pt) \mid H_2(p_{H_2}) \mid OH^- a_{OH^-}$

电极反应　　　　$2H^+(a_{H^+}) + 2e^- \rightarrow H_2(p_{H_2})$

或　　　　　　　$2H_2O + 2e^- \rightarrow H_2(p_{H_2}) + 2OH^-(a_{OH^-})$

（2）氧电极

电极表示式　　　$(Pt) \mid O_2(p_{O_2}) \mid OH^-(a_{OH^-})$

或　　　　　　　$(Pt) \mid O_2(p_{O_2}) \mid H_2O, H^+(a_{H^+})$

电极反应　　　　$O_2(p_{O_2}) + 2H_2O + 4e^- \rightarrow 4OH^-(a_{OH^-})$

或　　　　　　　$O_2(p_{O_2}) + 4H^+(a_{H^+}) + 4e^- \rightarrow 2H_2O$

（3）氯电极

电极表示式　　　$(Pt) \mid Cl_2(p_{Cl_2}) \mid Cl^-(a_{Cl^-})$

电极反应　　　　$Cl_2(p_{Cl_2}) + 2e^- \rightarrow 2Cl^-(a_{Cl^-})$

3. 汞齐电极　一些活泼的金属不能直接插入到相应的离子的电解质溶液中，可以将它们与金属汞做成汞齐后再构成电极，称为汞齐电极。如：$Na^+ \mid Na(Hg)$ 电极。

（二）第二类电极

1. 金属 – 难溶盐电极　该类电极是在金属表面上覆盖一薄层金属的难溶盐，然后浸入含有该难溶盐负离子的溶液中所构成。该类电极的特点是对难溶盐的负离子可逆而不是对金属离子可逆。最常见的金属 – 难溶盐电极有甘汞电极和银 – 氯化银电极。

（1）甘汞电极（calomel electrode）　　电极的特点是对溶液中的 Cl^- 可逆。如图 7 – 8 所示。

电极表示式　　$Hg(l) \mid Hg_2Cl_2(s) \mid Cl^-(a_{Cl^-})$

电极反应　　　$Hg_2Cl_2 + 2e^- \rightarrow 2Hg + 2Cl^-$

（2）银 – 氯化银电极（silver – silver chloride electrode）电极的特点是对溶液中的 Cl^- 可逆。

电极表示式　　$Ag(s) \mid AgCl(s) \mid Cl^-(a_{Cl^-})$

电极反应　　　$AgCl + e^- \rightarrow Ag + Cl^-$

2. 金属难溶氧化物电极　该类电极是在金属表面覆盖一层该金属的难溶氧化物，然后浸在含有 H^+ 或者 OH^- 的溶液中构成。如银 – 氧化银电极在碱性溶液中。

电极表达式　　$OH^-(a_-) \mid Ag_2O \mid Ag(s)$

电极反应　　　$Ag_2O(s) + H_2O + 2e^- \rightarrow 2Ag(s) + 2OH^-(a)$

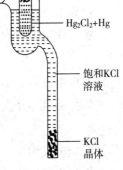

图 7 – 8　甘汞电极

（三）第三类电极

第三类电极也称为氧化还原电极（oxidation – reduction electrode）。该类电极是将惰性电极（如铂片）浸入到含有不同氧化态离子的溶液中构成。惰性电极只起导电作用。电极上发生的反应都是氧化还原反应，且反应后的产物留在溶液中，而不是在电极上析出，它包括对阳离子可逆和对阴离子可逆氧化还原电极。如

$$Pt \mid Fe^{3+}(a_{Fe^{3+}}), Fe^{2+}(a_{Fe^{2+}})$$

电极反应　　　　　　$Fe^{3+}(a_{Fe^{3+}}) + e^- \rightarrow Fe^{2+}(a_{Fe^{2+}})$

（四）离子选择电极

离子选择性电极是对特定离子敏感的电极，专门用于测量溶液中某种特定离子浓度的一种指示电极，其种类很多，这里只介绍一种对氢离子敏感的玻璃电极，其构造如图7-9所示。

玻璃电极是在玻璃管下端有一个球形玻璃膜泡（主要成分为 Na_2O、CaO、SiO_2）制，膜内放置一定浓度（一般为 $0.1mol \cdot dm^{-3}$）的盐酸缓冲溶液，溶液中插入一根镀有氯化银的银丝。玻璃膜电阻很大，只允许微小的电流通过。测量时，玻璃膜将两个 pH 值不同的溶液隔开，膜两侧有一电势差产生，其值与两测溶液的 pH 值有关，由于膜内溶液的 pH 值固定，所以此电势差只随膜外侧溶液的 pH 值改变而改变，这就是玻璃电极测溶液 pH 值的原理。

玻璃电极的电极表示式为

$$Ag(s) | AgCl(s) | HCl(0.1mol \cdot dm^{-3}) | 玻璃膜 | 待测溶液(a_{H^+})$$

这种玻璃电极的优点是不受溶液中各种杂质的影响，且操作简便，使用范围广。

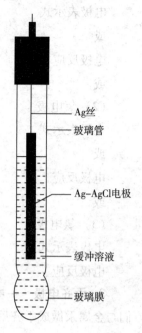

图 7-9　玻璃电极

四、根据化学反应设计电池

电池由两个电极组成，负极发生氧化反应，正极发生还原反应，正极反应与负极反应的总和即为电池反应。将一化学反应设计成电池，写出电池表示式，实际上是将一个化学反应分解成两个电极反应，下面分两种情况讨论原电池的设计。

1. 所给化学反应为氧化还原反应　化学反应中各有关化合物的化合价在反应前后有变化。此时可将反应直接分解成氧化反应和还原反应，把发生氧化反应的物质所对应的电极作负极，写于电池表示式的左侧；发生还原反应的物质所对应的电极作正极，写于电池表示式的右侧。

例题 7-5　将化学反应 $Zn(s) + Cd^{2+}(a_2) \rightarrow Zn^{2+}(a_1) + Cd(s)$ 设计成电池。

解：化学反应中，Zn 失去电子发生氧化反应，作为电极的负极

$$Zn(s) \rightarrow Zn^{2+}(a_1) + 2e^-$$

对应电极为　　　　　　　　　　$Zn(s) | Zn^{2+}(a_1)$

Cd^{2+} 得到电子发生还原反应，作为电极的正极

$$Cd^{2+}(a_2) + 2e^- \rightarrow Cd(s)$$

对应电极为　　　　　　　　　　$Cd(s) | Cd^{2+}(a_2)$

电池表示式为

$$Zn(s) | Zn^{2+}(a_1) \| Cd^{2+}(a_2) | Cd(s) 。$$

2. 所给反应为非氧化还原反应　对于非氧化还原反应，可于化学反应式前后同时添加某种物质的化学式，使化学反应首先变成氧化还原反应，添加时应参考已知条件选择反应中某一物质的氧化产物或还原产物的化学式。然后再按照氧化还原反应所述方法设计电池。

例题 7-6　将化学反应 $AgCl(s) \rightarrow Ag^+(a_1) + Cl^-(a_2)$ 设计成电池。

解：该反应为非氧化还原反应，先于反应式两边同时添加 Ag，化学反应变为

$$Ag(s) + AgCl(s) \rightarrow Ag^+(a_1) + Cl^-(a_2) + Ag(s)$$

反应中，Ag 失去电子发生氧化反应，作为电池的负极

$$Ag(s) \rightarrow Ag^+(a_1) + e^-$$

对应电极为

$$Ag(s)|Ag^+(a_1)$$

AgCl 得到电子发生还原反应，作为电池的正极

$$AgCl(s) + e^- \rightarrow Cl^-(a_2) + Ag(s)$$

对应电极为

$$Ag(s)|AgCl(s)|Cl^-(a_2)$$

所以电池表示式为

$$Ag(s)|Ag^+(a_1) \parallel Cl^-(a_2)|AgCl(s)|Ag(s)$$

第六节　电池电动势与电极电势

扫码"学一学"

一、电池电动势的产生机理与电池电动势

电池的电动势（electromotive force）是组成电池的各相间界面上电势差的代数和，包括：电极－溶液界面电势差、接触电势和液体接界电势。

1. 电极－溶液界面电势差　将金属插入到含有该金属离子的电解质溶液中时，在金属－溶液界面之间形成双电层，其中，由于正、负离子静电吸引和热运动两种效应的结果，溶液中的反离子只有一部分紧密地排在固体表面附近，相距约一二个离子厚度称为紧密层（contact layer）；另一部分离子按一定的浓度梯度扩散到本体溶液中，称为扩散层（diffusion layer）。紧密层和扩散层构成了双电层（double electrode layer）。金属－溶液界面之间由于双电层的存在，使金属与溶液本体之间形成电势差即为伽伐尼电势差。电势的大小主要取决于电极的本性，并受温度、介质和离子浓度等因素的影响。

2. 接触电势　电子逸出金属表面所需功称为逸出功。任意两种不同的金属相互接触时，由于电子的逸出功不同，电子在接触界面的两侧将形成不均匀分布，导致界面两侧带有不同符号的电荷，产生电势差。这种电势差称为接触电势。电极金属与外接导线间的电势差即为接触电势。通常接触电势很小，计算电动势时可忽略。

3. 液体接界电势　任意两种不同的电解质溶液相互接触时，由于离子的迁移速率不同，在两种不同的电解质溶液的接触界面上也会产生电势差，称为液体接界电势或扩散电势。通常接触电势很小。液接电势将引起电池的不可逆性。为减小液体接界电势，通常原电池的正极、负极的电解质溶液不直接接触，而是通过盐桥连接。盐桥通常由浓度较大，正、负离子迁移速率相近的 KCl、KNO_3 或 NH_4NO_3 等电解质组成，在液体接界处产生几乎可相互抵消、符号相反的接界电势。

原电池的电动势应为电池内各相界面上的电势差的代数和，用 $\varepsilon_{接触}$ 代表接触电势，$\varepsilon_{液接}$ 代表液体接界电势，ε_+ 和 ε_- 分别表示正极和负极两电极与溶液界面间的电势差，则电池的电动势可表示为

$$E = \varepsilon_+ + \varepsilon_- + \varepsilon_{接触} + \varepsilon_{液接}$$

其中 $\varepsilon_{接触}$ 很小，可忽略，$\varepsilon_{液接}$ 可用盐桥基本消除。因此上式为

$$E = \varepsilon_+ + \varepsilon_- \tag{7-28}$$

二、电极电势

电池电动势是组成电池的各相间界面上电势差的代数和。这个电势差的绝对值无法直

接准确测量，目前只能利用测量电池电动势的方法并选用一个相对标准（即指定一个标准电极和该电极的标准电极电势）得到它的相对值，将其称为电极电势（electrode potential），用符号 φ 表示，单位为伏特（V）。电池电动势与电池两极的电极电势的关系为

$$E = \varphi_{右} - \varphi_{左} = \varphi_+ - \varphi_- \tag{7-29}$$

电极电势的高低决定于电极的本性，此外还与温度、溶液中相关离子的活度、气体的分压有关。微小的液体接界电势差可使用盐桥消除，接触电势可选择合适导线尽可能消除。

（一）标准氢电极

1953 年，IUPAC 建议选用标准氢电极（standard hydrogen electrode）作为标准电极，并规定在任意温度下其电极电势为零。

将镀有铂黑的铂片浸入氢离子活度 $a_{H^+} = 1$ 的溶液中，并以 $p = 100kPa$ 的干燥氢气不断冲打到铂片上，即构成标准氢电极，见图 7-10。

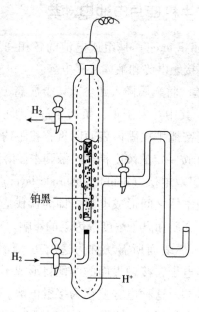

铂黑

H$_2$

H$^+$

图 7-10 标准氢电极

标准氢电极的表示式为

$$Pt|H_2(g,p^{\ominus})|H^+(a_{H^+}=1)$$

（二）标准电极电势

将标准氢电极作为发生氧化作用的负极，而将待测电极作为发生还原作用的正极，组成一个电池。即

$$Pt|H_2(g,p^{\ominus})|H^+(a_{H^+}=1) \parallel 待测电极$$

该电池的电动势就是待测电极的电极电势。由于将给定电极规定为发生还原反应的正极，所以按照此规定所得到的电极电势称为还原电极电势，用 $\varphi_{还原}$ 表示。

待测电极的电极电势正负则由电极上实际发生的反应确定。如果测量时该电极实际进行的反应是还原反应，相当于电池电动势为正值，则 φ 为正值；若该电极实际进行的反应是氧化反应，相当于电池电动势为负值，则 φ 为负值。

如果待测电极为标准电极，则由此测出的电极电势即为待测电极的标准电极电势，用 $\varphi^{\ominus}$ 表示。电极的标准态是指定温度下，参与电极反应的各物质的活度均为 1，气体分压为

$p^{\ominus}$。例如，确定铜电极的标准电极电势 $\varphi^{\ominus}_{Cu^{2+}/Cu}$ 时可组成如下电池

$$Pt \mid H_2(g, p^{\ominus}) \mid H^+(a_{H^+}=1) \parallel Cu^{2+}(a_{Cu^{2+}}=1) \mid Cu(s)$$

实验测得上述电池电动势为 0.34 V，测量时待测电极发生还原反应 $Cu^{2+}(a_1) + 2e^- \rightarrow$ $Cu(s)$，这相当于组成电池的电动势为正值。根据式（7-28）得

$$\varphi^{\ominus}_{Cu^{2+}/Cu} - \varphi^{\ominus}_{H^+/H_2} = 0.34$$

所以

$$\varphi^{\ominus}_{Cu^{2+}/Cu} = 0.34V$$

若以测定锌电极的标准电极电势 $\varphi^{\ominus}_{Zn^{2+}/Cu}$ 为例，此时标准氢电极和锌电极可组成如下电池

$$Pt \mid H_2(g, p^{\ominus}) \mid H^+(a_{H^+}=1) \parallel Zn^{2+}(a_{Zn^{2+}}=1) \mid Zn(s)$$

实验测得电池的电动势为 0.76 V，此时待测电极发生氧化反应

$$Zn(s) \rightarrow Zn^{2+}(a_{Zn^{2+}}) + 2e^-$$

这说明组成电池的电动势为负值，根据式（7-28）得

$$\varphi^{\ominus}_{Zn^{2+}/Zn} - \varphi^{\ominus}_{H^+/H_2} = -0.76$$

$$\varphi^{\ominus}_{Zn^{2+}/Zn} = -0.76 \text{ V}$$

其他电极的标准电极电势都可以按此方法确定。常见电极 298K 时的标准电极电势列于表 7-4。表中数值都是以标准氢电极为标准的相对标准电极电势。

表 7-4　298K 时水溶液中一些电极的标准电极电势

电极	电极反应	$\varphi^{\ominus}/V$
Li^+/Li	$Li^+ + e^- \rightarrow Li$	-3.045
K^+/K	$K^+ + e^- \rightarrow K$	-2.924
Ba^{2+}/Ba	$Ba^{2+} + 2e^- \rightarrow Ba$	-2.906
Ca^{2+}/Ca	$Ca^{2+} + 2e^- \rightarrow Ca$	-2.866
Na^+/Na	$Na^+ + e^- \rightarrow Na$	-2.714
Mg^{2+}/Mg	$Mg^{2+} + 2e^- \rightarrow Mg$	-2.363
Al^{3+}/Al	$Al^{3+} + 3e^- \rightarrow Al$	-1.66
Mn^{2+}/Mn	$Mn^{2+} + 2e^- \rightarrow Mn$	-1.180
OH^-/H_2	$2H_2O + 2e^- \rightarrow H_2 + 2OH^-$	-0.828
Zn^{2+}/Zn	$Zn^{2+} + 2e^- \rightarrow Zn$	-0.763
Cr^{3+}/Cr	$Cr^{3+} + 3e^- \rightarrow Cr$	-0.744
Fe^{2+}/Fe	$Fe^{2+} + 2e^- \rightarrow Fe$	-0.440
Cd^{2+}/Cd	$Cd^{2+} + 2e^- \rightarrow Cd$	-0.403
$Cd^{2+}/Cd(Hg)$	$Cd^{2+} + 2e^- \rightarrow Cd(Hg)$	-0.352
Co^{2+}/Co	$Co^{2+} + 2e^- \rightarrow Co$	-0.277
Ni^{2+}/Ni	$Ni^{2+} + 2e^- \rightarrow Ni$	-0.250
$Ag, AgI/I^-$	$AgI + e^- \rightarrow Ag + I^-$	-0.152
Sn^{2+}/Sn	$Sn^{2+} + 2e^- \rightarrow Sn$	-0.136
Pb^{2+}/Pb	$Pb^{2+} + 2e^- \rightarrow Pb$	-0.126
H^+/H_2	$2H^+ + 2e^- \rightarrow H_2$	0.000
$Ag, AgBr/Br^-$	$AgBr + e^- \rightarrow Ag + Br^-$	0.071
Sn^{4+}/Sn^{2+}	$Sn^{4+} + 2e^- \rightarrow Sn^{2+}$	0.150
Cu^{2+}/Cu^+	$Cu^{2+} + e^- \rightarrow Cu^+$	0.153

续表

电极	电极反应	$\varphi^{\ominus}/V$
$Ag, AgCl/Cl^-$	$AgCl + e^- \rightarrow Ag + Cl^-$	0.222
Cu^{2+}/Cu	$Cu^{2+} + 2e^- \rightarrow Cu$	0.337
O_2/OH^-	$O_2 + 2H_2O + 4e^- \rightarrow 4OH^-$	0.401
Cu^+/Cu	$Cu^+ + e^- \rightarrow Cu$	0.521
I_2/I^-	$I_2 + 2e^- \rightarrow 2I^-$	0.535
MnO_4^-/MnO_2	$MnO_4^- + 2H_2O + 3e^- \rightarrow MnO_2 + 4OH^-$	0.564
Hg_2SO_4/Hg	$Hg_2SO_4 + 2e^- \rightarrow 2Hg + SO_4^{2-}$	0.62
Fe^{3+}/Fe^{2+}	$Fe^{3+} + e^- \rightarrow Fe^{+2}$	0.771
Hg_2^{2+}/Hg	$Hg_2^{2+} + 2e^- \rightarrow 2Hg$	0.788
Ag^+/Ag	$Ag^+ + e^- \rightarrow Ag$	0.799
Hg^{2+}/Hg	$Hg^{2+} + 2e^- \rightarrow Hg$	0.854
Br_2/Br^-	$Br_2 + 2e^- \rightarrow 2Br^-$	1.065
Pt^{2+}/Pt	$Pt^{2+} + 2e^- \rightarrow Pt$	1.20
$H^+, O_2/H_2O$	$O_2 + 4H^+ + 4e^- \rightarrow 2H_2O$	1.229
MnO_2/Mn^{2+}	$MnO_2 + 4H^+ + 2e^- \rightarrow Mn^{2+} + 2H_2O$	1.23
$Cr_2O_7^{2-}/Cr^{3+}$	$Cr_2O_7^{2-} + 14H^+ + 6e^- \rightarrow 2Cr^{3+} + 7H_2O$	1.33
Cl_2/Cl^-	$Cl_2 + 2e^- \rightarrow 2Cl^-$	1.359
MnO_4^-/Mn^{2+}	$MnO_4^- + 8H^+ + 5e^- \rightarrow Mn^{2+} + 4H_2O$	1.51
Ce^{4+}/Ce^{3+}	$Ce^{4+} + e^- \rightarrow Ce^{3+}$	1.61
F_2/F^-	$F_2 + 2e^- \rightarrow 2F^-$	2.87

在生物系统中，许多氧化还原过程有氢离子或氢氧根离子参与，且反应基本在体温和接近酸碱中性条件下进行，为方便生物学上的研究，进一步规定了生物化学标准态：一定温度下，参与电极反应的氢离子活度（a_{H^+}）或氢氧根离子活度（a_{OH^-}）等于 10^{-7}，即 pH = 7，而其他条件和热力学标准态相同时的状态。在生物化学标准态下的电极电势称为生物化学标准电极电势，用符号 $\varphi^{\oplus}$ 表示。

标准电极电势是相对于标准氢电极的相对电极电势，因为测量时，是将待测电极与标准氢电极组成原电池，测出电池电动势，并规定标准氢电极的电极电势后得到的，标准氢电极起到了参考标准的作用。类似于标准氢电极这样电极电势一定且稳定的电极称为参比电极。以标准氢电极作为参比电极测定电动势时可以测的很准确，但使用条件要求十分严格，而且制备和纯化也比较复杂。在实际测量时常使用其他电极（如甘汞电极或饱和甘汞电极、银－氯化银电极等）代替标准氢电极作为参比电极。饱和甘汞电极是最常见的一种。甘汞电极的优点是电极电势稳定，温度系数小，容易制备。

第七节　可逆电池的热力学

可逆电池的工作过程是以热力学上可逆的方式进行的，即可逆电池放电时，对外做最大电功；充电时，消耗外界电能最小。对于可逆电池，在等温等压下，放电时所做的非体积功（电功）等于系统摩尔吉布斯能的减少，即

$$-\Delta_r G_m = -W' = zFE$$

$$\Delta_r G_m = -zFE \tag{7-30}$$

式中 z 按所写的电池反应，在反应进度为 1mol 时，反应式中转移电子的物质的量；F 为法拉第常数；E 代表可逆电池的电动势。在标准状态下

$$\Delta_r G_m^\ominus = -zFE^\ominus \tag{7-31}$$

$\Delta_r G_m^\ominus$ 代表标准状态下电池反应的摩尔吉布斯能改变值，$E^\ominus$ 代表电池在标准状态下的电动势，称为标准电动势。等温等压下，可逆电池中起化学反应时，吉布斯能的减少，全部转变成为电能。从可逆电池的电动势，可以求出化学反应的最大功以及反应过程中其他热力学性质。

一、电池电动势与热力学函数的关系

已知热力学函数的变化包括 $\Delta_r G_m$、$\Delta_r G_m^\ominus$ 及平衡常数 $K_a^\ominus$ 与可逆电池电动势的关系，若能测得可逆电池电动势 E 和标准电动势 $E^\ominus$ 就可求得电池反应的摩尔吉布斯能变化 $\Delta_r G_m$ 和反应的平衡常数 $K_a^\ominus$。

（一）电池反应的摩尔熵变与电池电动势温度系数的关系

根据热力学公式

$$S = -\left(\frac{\partial G}{\partial T}\right)_p$$

由此可得

$$-\left(\frac{\partial \Delta_r G_m}{\partial T}\right)_p = \Delta_r S_m$$

再将 $\Delta_r G_m = -zFE$ 代入，得

$$\Delta_r S_m = zF\left(\frac{\partial E}{\partial T}\right)_p \tag{7-32}$$

式中 $\left(\frac{\partial E}{\partial T}\right)_p$ 称为电池电动势温度系数，物理意义是等压下电池电动势随温度的变化率。$\left(\frac{\partial E}{\partial T}\right)_p$ 值可由实验测定，并由此可算得电池反应的摩尔熵变。

（二）电池反应的摩尔焓变与电池电动势及电池电动势温度系数的关系

根据吉布斯 - 赫姆霍兹公式，在温度 T 时

$$\Delta_r G_m = \Delta_r H_m - T\Delta_r S_m$$

将 $\Delta_r G_m = -zFE$，$\Delta_r S_m = zF\left(\frac{\partial E}{\partial T}\right)_p$ 代入，得

$$-zFE = \Delta_r H_m - zFT\left(\frac{\partial E}{\partial T}\right)_p$$

$$\Delta_r H_m = -zFE + zFT\left(\frac{\partial E}{\partial T}\right)_p \tag{7-33}$$

根据上述公式，只要测出电池的电动势 E 和电动势温度系数 $\left(\frac{\partial E}{\partial T}\right)_p$，就可计算出电池反应的摩尔焓变 $\Delta_r H_m$。由于电池电动势目前能够测得很准确，因此，用此法所得到的 $\Delta_r H_m$ 比通常用热化学法得到的 $\Delta_r H_m$ 值还要可靠。

二、可逆电池放电时的热效应

等温可逆过程的热温商等于过程的熵变，由此可以得出在等温情况下可逆电池放电时

的热效应为

$$Q_R = T\Delta_r S_m = zFT\left(\frac{\partial E}{\partial T}\right)_p \qquad (7-34)$$

此式表明，由电池电动势温度系数$\left(\dfrac{\partial E}{\partial T}\right)_p$的正负可以判断可逆电池在放电时是吸热还是放热。

若$\left(\dfrac{\partial E}{\partial T}\right)_p = 0$，则$Q_R = 0$，电池等温可逆放电时，不吸热也不放热。

若$\left(\dfrac{\partial E}{\partial T}\right)_p > 0$，则$Q_R > 0$，电池等温可逆放电时，需从环境中吸热。

若$\left(\dfrac{\partial E}{\partial T}\right)_p < 0$，则$Q_R < 0$，电池等温可逆放电时，向环境放热。

比较式（7-32）和式（7-33）可得

$$\Delta_r H_m = -zFE + Q_R$$

或

$$Q_R = \Delta_r H_m + zFE \qquad (7-35)$$

以上公式表明，可逆电池放电时的热效应Q_R和电池反应的焓变是有差别的，电池反应的焓变就是电池不做电功时的热效应，相当于一般化学反应的等压热效应Q_p；而当可逆电池放电对外做出电功时发生电池反应，此时的热效应应是可逆电池对外所做的电功与电池反应的焓变的综合效应。上式也可写作

$$Q_R = Q_p + zFE \qquad (7-36)$$

例题7-7 298K时，电池$Zn(s)|ZnCl_2(m)|AgCl(s)|Ag(s)$的电动势$E = 1.007$ V，电动势温度系数$\left(\dfrac{\partial E}{\partial T}\right)_p = -4.02 \times 10^{-4}$ V·K^{-1}，试写出该电池的电池反应，并求出$\Delta_r G_m$、$\Delta_r H_m$、$\Delta_r S_m$以及等温可逆放电时的热效应Q_R。

解： 负极　　　$Zn(s) \rightarrow Zn^{2+}(m) + 2e^-$

正极　　　$2AgCl(s) + 2e^- \rightarrow 2Ag(s) + 2Cl^-(m)$

电池反应　　　$Zn(s) + 2AgCl(s) \rightarrow Zn^{2+}(m) + 2Cl^-(m) + 2Ag(s)$

$$\Delta_r G_m = -zFE = -2 \times 96500 \times 1.007 \text{ J·mol}^{-1} = -194351 \text{ J·mol}^{-1}$$

根据$\Delta_r H_m = -zFE + zFT\left(\dfrac{\partial E}{\partial T}\right)_p$

$$= [-2 \times 96500 \times 1.007 + 2 \times 96500 \times 298 \times (-4.02 \times 10^{-4})] \text{ J·mol}^{-1}$$

$$= -217471 \text{ J·mol}^{-1}$$

$$\Delta_r S_m = zF\left(\frac{\partial E}{\partial T}\right)_p = 2 \times 96500 \times (-4.02 \times 10^{-4}) \text{ J·K}^{-1}\cdot\text{mol}^{-1}$$

$$= -77.59 \text{ J·K}^{-1}\cdot\text{mol}^{-1}$$

$$Q_R = T\Delta_r S_m = 298 \times (-77.59) \text{ J·mol}^{-1} = -23122 \text{ J·mol}^{-1}$$

三、电池的能斯特方程

设在温度T时，某可逆电池的电池反应为

$$d\text{D} + e\text{E} \rightarrow f\text{F} + g\text{G}$$

其平衡常数为$K_a^\ominus$，反应中各物质的活度商为Q_a，根据化学反应等温方程式，得到

$$\Delta_r G_m = -RT\ln K_a^\ominus + RT\ln Q_a = \Delta_r G_m^\ominus + RT\ln Q_a$$

因为
$$\Delta_r G_m = -zFE \qquad \Delta_r G_m^\ominus = -zFE^\ominus$$

所以
$$E^\ominus = -\frac{\Delta_r G_m^\ominus}{zF} = \frac{RT}{zF}\ln K_a^\ominus \qquad (7-37)$$

$$E = E^\ominus - \frac{RT}{zF}\ln Q_a \qquad E = E^\ominus - \frac{RT}{zF}\ln\frac{a_F^f a_G^g}{a_D^d a_E^e} \qquad (7-38)$$

式（7-37）称为电动势能斯特方程式（Nernst equation），它表示在一定温度下，可逆电池电动势与参加电池反应的各物质的活度的定量关系，虽然反应吉布斯能变化值与反应计量方程式的写法有关，但可逆电池电动势则与电池反应计量方程式的写法无关。

四、电极电势的能斯特方程

电极电势 φ 主要取决于组成电极物质的本身，并受到溶液中有关物质的活度和温度的影响。电极电势 φ 与标准电极电势 $\varphi^\ominus$ 及溶液中有关物质的活度和温度的关系可由电动势能斯特方程式导出。

将任意给定电极如铜电极与标准氢电极组成电池

$$\mathrm{Pt}\,|\,\mathrm{H}_2(\mathrm{g},p^\ominus)\,|\,\mathrm{H}^+(a_{\mathrm{H}^+}=1)\,\|\,\mathrm{Cu}^{2+}(a_{\mathrm{Cu}^{2+}}=1)\,|\,\mathrm{Cu}(\mathrm{s})$$

负极反应　$\mathrm{H}_2(p^\ominus) \rightarrow 2\mathrm{H}^+(a_{\mathrm{H}^+}=1) + 2\mathrm{e}^-$

正极反应　$\mathrm{Cu}^{2+}(a) + 2\mathrm{e}^- \rightarrow \mathrm{Cu}(\mathrm{s})$

电池反应　$\mathrm{Cu}^{2+}(a) + \mathrm{H}_2(p^\ominus) \rightarrow \mathrm{Cu}(\mathrm{s}) + 2\mathrm{H}^+(a_{\mathrm{H}^+}=1)$

根据式（7-37）得该电池电动势为

$$E = E^\ominus - \frac{RT}{2F}\ln\frac{a_{\mathrm{H}^+}^2 a_{\mathrm{Cu}}}{a_{\mathrm{H}_2} a_{\mathrm{Cu}^{2+}}}$$

$$\varphi_{\mathrm{Cu}^{2+}/\mathrm{Cu}} - \varphi_{\mathrm{H}^+/\mathrm{H}_2} = \varphi_{\mathrm{Cu}^{2+}/\mathrm{Cu}}^\ominus - \varphi_{\mathrm{H}^+/\mathrm{H}_2}^\ominus - \frac{RT}{2F}\ln\frac{a_{\mathrm{H}^+}^2}{a_{\mathrm{H}_2}} - \frac{RT}{2F}\ln\frac{a_{\mathrm{Cu}}}{a_{\mathrm{Cu}^{2+}}}$$

整理　$\varphi_{\mathrm{Cu}^{2+}/\mathrm{Cu}} - \varphi_{\mathrm{H}^+/\mathrm{H}_2} = \left(\varphi_{\mathrm{Cu}^{2+}/\mathrm{Cu}}^\ominus + \frac{RT}{2F}\ln\frac{a_{\mathrm{Cu}^{2+}}}{a_{\mathrm{Cu}}}\right) - \left(\varphi_{\mathrm{H}^+/\mathrm{H}_2}^\ominus + \frac{RT}{2F}\ln\frac{a_{\mathrm{H}^+}^2}{a_{\mathrm{H}_2}}\right)$

对比得　$\varphi_{\mathrm{Cu}^{2+}/\mathrm{Cu}} = \varphi_{\mathrm{Cu}^{2+}/\mathrm{Cu}}^\ominus - \frac{RT}{2F}\ln\frac{a_{\mathrm{Cu}}}{a_{\mathrm{Cu}^{2+}}}$

推广到任意电极，电极反应通式为

$$m\,\text{氧化态} + z\mathrm{e}^- \rightarrow n\,\text{还原态}$$

则
$$\varphi = \varphi^\ominus - \frac{RT}{zF}\ln\frac{a_{\text{还原态}}^n}{a_{\text{氧化态}}^m} \qquad (7-39)$$

此式即为电极电势的能斯特方程。式中 $a_{\text{氧化态}}$、$a_{\text{还原态}}$ 分别表示电极反应中氧化态物质的活度和还原态物质的活度，气体则用相对分压表示，m 和 n 分别表示氧化态和还原态的化学计量系数。如反应中物质的计量系数不等于1，其活度应计为相应的方次（幂）。此外，在电极反应中，如有其他物质参加，则 $a_{\text{氧化态}}$ 应表示为反应式中氧化态一侧各物质活度幂乘积形式；$a_{\text{还原态}}$ 应表示为反应式中还原态一侧各物质活度幂乘积形式。电极不管发生氧化反应还是还原反应，其电极电势的能斯特方程式形式是不变的。

例题7-8　计算298K时，电极 $\mathrm{Ag(s)}\,|\,\mathrm{AgBr(s)}\,|\,\mathrm{Br}^-(a=0.01)$ 的电极电势。

解：电极反应 $\mathrm{Ag} + \mathrm{Br}^- \rightarrow \mathrm{AgBr} + \mathrm{e}^-$，根据式（7-38）

$$\varphi_{\mathrm{AgBr/Ag}} = \varphi_{\mathrm{AgBr/Ag}}^\ominus = -\frac{BT}{zF}\ln\frac{a_{\mathrm{Ag}}a_{\mathrm{Br}^-}}{a_{\mathrm{AgBr}}}$$

扫码"学一学"

查表知 $\qquad \varphi^{\ominus}_{AgBr/Ag} = 0.07 \text{ V}$，$z = 1$，$a_{AgBr} = 1$，$a_{Ag} = 1$，$a_{Br^-} = 0.01$

所以 $\qquad \varphi_{AgBr/Ag} = 0.07\text{V} - \dfrac{8.314 \times 298}{1 \times 96500} \ln \dfrac{0.01}{1} \text{V} = 0.19\text{V}$

第八节 电池电动势的测定及其应用

一、电池电动势的测定

（一）对消法（补偿法）测电池电动势

可逆电池的一个基本条件是通过电池的电流接近于零，通常采用对消法可以测定可逆电池的电动势，在外电路上并联一个方向相反而电动势几乎相同的工作电池，以对抗原电池电动势作功，此时，外电路上差不多没有电流通过。其线路图如图 7-11 所示。

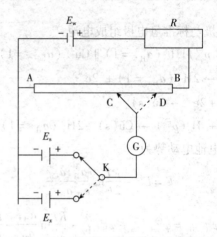

图 7-11 对消法测量电池电动势原理

图中 AB 为均匀滑线电阻线，工作电池（电动势为 E_w）通过可变电阻 R 与 AB 构成一个通路，在 AB 上产生均匀的电势降。E_s 为标准电池，E_x 为待测电池，G 为灵敏度较高的检流计，K 为双向电键开关。测定时，将电键 K 先与 E_x 相连，改变滑动接头位置，设滑动点移至 C 点时，检流计 G 中无电流，此时待测电池电动势恰好和 E_w 在 AC 线段上产生的电势差数值相等而方向相反。

为了求得 AC 线段上的电势差，再将电键 K 与 E_s 相通，标准电池的负极与工作电池的负极并联，设滑动点移至 D 点时，检流计 G 中无电流，此时标准电池电动势恰好和 E_w 在 AD 线段上产生的电动势数值相等而方向相反。对于 E_wAB 回路来说，电势差与电阻线长度成正比，所以

$$\frac{E_x}{E_s} = \frac{AC}{AD} \qquad E_x = \frac{AC}{AD} E_s \qquad\qquad (7-40)$$

AC 与 AD 的长度可从 AB 上读出，E_s 为已知，根据上式可得 E_x。

（二）韦斯顿标准电池

测定电池电动势时的标准电池必须是电动势已知并且能保持长期稳定的可逆电池。常用的标准电池是韦斯顿电池，其构造见图 7-12。

电池的正极是汞与硫酸亚汞的糊状体，负极为镉汞齐（12.5% Cd）。正极和负极均浸

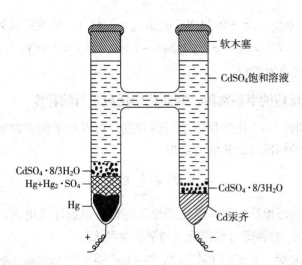

图 7 – 12 韦斯顿电池

入含有 $CdSO_4 \cdot \frac{8}{3}H_2O$ 晶体的饱和溶液中，当电池工作时所进行的电极反应分别是

负极 $\qquad Cd(汞齐) \rightarrow Cd^{2+} + 2e^-$

正极 $\qquad Hg_2SO_4(s) + 2e^- \rightarrow 2Hg(l) + SO_4^{2-}$

电池反应 $\qquad Cd(汞齐) + Hg_2SO_4(s) \rightarrow 2Hg(l) + CdSO_4(s)$

293K 时，$E_s = 1.01865$ V，298K 时，$E_s = 1.01832$ V，其他温度时，电动势可由下式计算

$$E = 1.01865V - 4.05 \times 10^{-5}V \cdot K^{-1}(T - 293K) -$$
$$9.5 \times 10^{-7}V \cdot K^{-2}(T - 293K)^2 - 1.0 \times 10^{-8}V \cdot K^{-3}(T - 293K)^3$$

二、电池电动势测定的应用

测定可逆电池的电动势数据，可以求出电池反应的各种热力学函数，如 $\Delta_r G_m$、$\Delta_r H_m$、$\Delta_r S_m$ 等，借助于能斯特公式和 $\varphi^\ominus$ 数据还可以判别化学反应的方向。电动势测定的应用极其广泛，主要介绍以下几方面。

（一）判断化学反应自发进行的方向

判断一个化学反应是否可以自发进行，可以将反应设计成可逆电池，在等温、等压下系统吉布斯能的减少等于电池所做的最大电功，即

$$\Delta_r G_m = -zFE$$

因此，利用电池电动势可以判断化学反应自发进行的方向。

$\Delta_r G_m < 0$，$E > 0$，则反应正向自发进行；

$\Delta_r G_m > 0$，$E < 0$，则反应逆向自发进行；

$\Delta_r G_m = 0$，$E = 0$，则反应达到平衡。

电池电动势数据可由实验测出，也可由电极电势数据计算。

例题 7 – 9 判断 298K、标准状态下，反应 $Fe(s) + Cu^{2+}(a_1) \rightarrow Fe^{2+}(a_2) + Cu(s)$ 自发进行的方向。

解：将所给化学反应设计成电池

负极 $\qquad Fe(s) \rightarrow Fe^{2+}(a_2) + 2e^-$，对应电极：$Fe(s) | Fe^{2+}(a_2)$

正极 $\qquad Cu^{2+}(a_1) + 2e^- \rightarrow Cu(s)$，对应电极 $Cu(s) | Cu^{2+}(a_1)$

查表知 298K 时，$\varphi^{\ominus}_{Fe^{2+}/Fe} = -0.44$ V，$\varphi^{\ominus}_{Cu^{2+}/Cu} = 0.34$ V，电池电动势

$$E^{\ominus} = \varphi^{\ominus}_+ - \varphi^{\ominus}_- = 0.34V - (-0.44)V = 0.78V$$

$E^{\ominus} > 0$，正向反应自发进行。

（二）计算化学反应的平衡常数，判断化学反应进行的程度

化学反应达平衡时，一个化学反应进行的程度，可以用平衡常数来衡量，一个电池反应的平衡常数与电池的标准电动势的关系为

$$\ln K^{\ominus}_a = \frac{zF}{RT} E^{\ominus}$$

任意反应包括氧化还原反应和非氧化还原反应都可以设计成电池，测出电池的标准电动势或利用两电极的 $\varphi^{\ominus}$ 数据即可求得反应的平衡常数 $K^{\ominus}_a$。

例题 7 - 10 298K 时，求反应 $Ce^{4+} + Fe^{2+} \rightarrow Ce^{3+} + Fe^{3+}$ 的平衡常数。

解：将所给反应设计成电池，正向 Fe^{2+} 发生氧化反应，对应电极 $Pt \mid Fe^{3+}$，Fe^{2+} 作负极；Ce^{4+} 发生还原反应，对应电极 $Pt \mid Ce^{4+}$，Ce^{3+} 作正极。

查表知 $\quad\quad\quad\quad \varphi^{\ominus}_{Fe^{3+}/Fe^{2+}} = 0.77V$，$\varphi^{\ominus}_{Ce^{4+}/Ce^{3+}} = 1.61V$

$$E^{\ominus} = \varphi^{\ominus}_{Ce^{4+}/Ce^{3+}} - \varphi^{\ominus}_{Fe^{3+}/Fe^{2+}} = 1.61V - 0.77V = 0.84V$$

$$\ln K^{\ominus}_a = \frac{zFE^{\ominus}}{RT} = \frac{1 \times 96500 \times 0.84}{8.314 \times 298} - 32.7$$

$$K^{\ominus}_a = 1.59 \times 10^{14}$$

计算非氧化还原反应的平衡常数（包括酸碱解离常数、水的离子积、微溶化合物的溶度积常数、配合物的稳定常数等）首先写出所需反应，在反应式等号两侧同时添加反应中某一物质的氧化态或还原态将反应变为氧化还原反应，再按照 1 中所述方法计算平衡常数。

例题 7 - 11 设计电池，求 298K 时，AgI 的溶度积 $K^{\ominus}_{sp}$。

解：AgI 的溶解反应 $\quad\quad\quad AgI(s) \rightarrow Ag^+(a_1) + I^-(a_2)$

两边同时加上 Ag，反应变为 $\quad Ag(s) + AgI(s) \rightarrow Ag^+(a_1) + I^-(a_2) + Ag(s)$

负极发生氧化反应 $\quad\quad\quad Ag(s) \rightarrow Ag^+(a_1) + e^-$

对应电极 $\quad\quad\quad\quad\quad Ag(s) \mid Ag^+(a_1)$

正极发生还原反应 $\quad\quad\quad AgI(s) + e^- \rightarrow Ag(s) + I^-$，

对应电极为正极 $\quad\quad\quad\quad Ag(s) \mid AgI(s) \mid I^-(a_2)$

电池表示式 $\quad\quad\quad\quad\quad Ag(s) \mid Ag^+(a_1) \parallel I^-(a_2) \mid AgI(s) \mid Ag(s)$

电池反应 $\quad\quad\quad\quad\quad\quad AgI(s) \rightarrow Ag^+(a_1) + I^-(a_2)$

查表 $\varphi^{\ominus}_{Ag^+/Ag} = 0.80V$，$\varphi^{\ominus}_{AgI/Ag} = -0.15V$，

$$E^{\ominus} = \varphi^{\ominus}_{AgI/Ag} - \varphi^{\ominus}_{Ag^+/Ag} = -0.15V - 0.80V = -0.95V$$

$$\ln K^{\ominus}_{sp} = \frac{zFE^{\ominus}}{RT} = \frac{1 \times 96500 \times (-0.95)}{8.314 \times 298} = -37.0$$

$$K^{\ominus}_{sp} = 8.52 \times 10^{-17}$$

（三）测定溶液的 pH 值

根据 pH 值的定义，溶液的 pH 值是溶液中氢离子活度的负对数，即 $pH = -\lg a_{H^+}$，用电动势法测定溶液的 pH 值时，通常采用对氢离子可逆的电极（称为指示电极），这类电极与参比电极组成电池，通过测定电池电动势，便可算出溶液中氢离子活度，得到溶液的 pH

值。目前使用最多的参比电极为饱和甘汞电极，使用最多的 pH 指示电极为玻璃电极。玻璃电极的电极电势

$$\varphi_{玻} = \varphi_{玻}^{\ominus} - \frac{RT}{F} \ln \frac{1}{a_{H^+}}$$

298K 时

$$\varphi_{玻} = \varphi_{玻}^{\ominus} - 0.05916 pH$$

式中 $\varphi_{玻}^{\ominus}$ 为玻璃电极的标准电极电势，因玻璃电极而定，对玻璃电极来说，一定温度下 $\varphi_{玻}^{\ominus}$ 是一定值，但是一未知数，需要测量得到。组成电池时，因玻璃电极的电极电势较低，常作负极，参比电极的电极电势较高，常作正极。

玻璃电极与饱和甘汞电极组成的电池可表示为

$$玻璃电极 | 待测溶液(a_{H^+}) \parallel 饱和甘汞电极$$

298K 时，电池电动势

$$E = \varphi_{饱和甘汞} - \varphi_{玻} = 0.2412 - \varphi_{玻}^{\ominus} + 0.05916 pH$$

式中同时出现两个未知数，也就是说，一次测量无法直接得到溶液的 pH 值。pH 值的测量需要分两步进行：首先把饱和甘汞电极和玻璃电极同时放入已知 pH 值为 pH_s 的标准缓冲溶液中，测出其电池电动势 E_s，则

$$E_s = 0.2412 - \varphi_{玻}^{\ominus} + 0.05916 pH_s$$

然后再将此电池装置中标准缓冲溶液换成待测 pH_x 值的溶液，测其电池电动势 E_x，则

$$E_x = 0.2412 - \varphi_{玻}^{\ominus} + 0.05916 pH_x$$

两式联立可得

$$E_x - E_s = 0.05916(pH_x - pH_s)$$

$$pH_x = pH_s + \frac{(E_x - E_s)F}{RT \ln 10} \tag{7-41}$$

以上是测定溶液 pH 值的基本原理。依据该原理和对应关系测定溶液 pH 值的仪器称为 pH 计（酸度计）。

（四）测定标准电动势及离子平均活度因子

在电动势测定的应用中，经常用到标准状态下电池的电动势 $E^{\ominus}$。$E^{\ominus}$ 数据来自于测量的电池两极的标准电极电势。实验测量时并不必要制作各种物质活度均为 1 的电池来直接测量其电动势，可采取作图法外推求得。

例如，电池 $Pt | H_2(100kPa) | HCl(m) | AgCl(s) | Ag(s)$

负极 $H_2 \rightarrow 2H^+ + 2e^-$

正极 $2AgCl(s) + 2e^- \rightarrow 2Ag(s) + 2Cl^-$

电池反应 $H_2 + 2AgCl(s) \rightarrow 2Ag(s) + 2HCl$

电池电动势 $E = E^{\ominus} - \frac{RT}{2F} \ln \frac{a_{HCl}^2 a_{Ag}^2}{(p_{H_2}/p^{\ominus}) a_{AgCl}^2} = E^{\ominus} - \frac{RT}{F} \ln a_{HCl}$

对于 HCl 来说 $a_{HCl} = a_{\pm}^2 = (\gamma_{\pm} m_{\pm}/m^{\ominus})^2 = (\gamma_{\pm} m/m^{\ominus})^2 = (m/m^{\ominus})^2 \gamma_{\pm}^2$

所以 $E = E^{\ominus} - \frac{RT}{F} \ln \left[\left(\frac{m}{m^{\ominus}}\right)^2 \gamma_{\pm}^2 \right] = E^{\ominus} - \frac{2RT}{F} \ln \frac{m}{m^{\ominus}} - \frac{2RT}{F} \ln \gamma_{\pm}$

当 m 趋于零即溶液无限稀释时，$\gamma_{\pm}$ 趋近于 1，$\ln \gamma_{\pm} = 0$，此时

$$E^{\ominus} = \left(E + \frac{2RT}{F} \ln \frac{m}{m^{\ominus}} \right)_{m \to 0}$$

以不同质量摩尔浓度下的 $E + \dfrac{2RT}{F} \ln \dfrac{m}{m^\ominus}$ 为纵坐标，以质量摩尔浓度 $\dfrac{m}{m^\ominus}$ 为横坐标作图，对稀溶液可得一条直线，将直线外推至 $\dfrac{m}{m^\ominus} = 0$，所得截距即为 m 等于 0 时的 $E + \dfrac{2RT}{F} \ln \dfrac{m}{m^\ominus}$ 值，也即为 $E^\ominus$。求出 $E^\ominus$ 以后，还可根据不同质量摩尔浓度时的电动势 E，按下式求不同质量摩尔浓度 m 的 HCl 溶液的平均活度因子 $\gamma_\pm$。

$$\ln \gamma_\pm = \dfrac{(E^\ominus - E)F}{2RT} - \ln \dfrac{m}{m^\ominus} \qquad (7-42)$$

（五）电势滴定

在滴定分析中，可以把待分析离子的溶液当成电池溶液，以对该离子可逆的指示电极和一个参比电极组成电池，然后进行滴定。在滴定过程中，随着滴定液的不断加入，待分析离子的浓度也不断变化，电池电动势随之不断地变化，接近计量点时，少量滴定液的加入便可引起待分析离子浓度的骤然变化。记录滴入的滴定液体积 V 及对应的电池电动势 E，作 $E-V$ 曲线，由曲线的转折点可确定滴定的终点。这种由电池电动势的突然变化指示滴定终点的方法称为电势滴定法。电势滴定法可用于酸碱中和、沉淀反应及氧化还原反应等滴定反应。

第九节　浓差电池

前面讨论的电池一般涉及化学反应，这类电池称为化学电池。还有一类电池，物质变化的净作用仅仅是由高浓度向低浓度扩散，这类电池称为浓差电池。

浓差电池的标准电动势 $E^\ominus = 0$。浓差电池有以下几类。

一、单液浓差电池

单液浓差电池由材料相同而活度不同的两个电极插入同一电解质溶液中构成。

例如　　　　$Pt \mid H_2(p_1) \mid HCl(m) \mid H_2(p_2) \mid Pt$

负极反应　　$H_2(p_1) \rightarrow 2H^+(m) + 2e$

正极反应　　$2H^+(m) + 2e \rightarrow H_2(p_2)$

电池反应　　$H_2(p_1) \rightarrow H_2(p_2)$

电池电动势　$E = \dfrac{RT}{2F} \ln \dfrac{p_1/p^\ominus}{p_2/p^\ominus}$

温度一定时，单液浓差电池的电池电动势只与两电极上物质的活度有关，当 $p_1 > p_2$ 时，电池的电动势是正值，即气体由高压向低压的扩散是自发过程。

二、双液浓差电池

双液浓差电池（溶液浓差电池）是由两个相同电极，插入到活度不同的两个电解质溶液所构成。

例如　　　　$Ag(s) \mid AgNO_3(a_1) \parallel AgNO_3(a_2) \mid Ag(s)$

负极反应　　$Ag \rightarrow Ag^+(a_1) + e$

正极反应　　$Ag^+(a_2) + e \rightarrow Ag$

电池反应　　$Ag^+(a_2) \rightarrow Ag^+(a_1)$

电池电动势　$E = \dfrac{RT}{F} \ln \dfrac{a_2}{a_1}$

同样，这类电池的电池电动势在温度一定时，也仅与两电极溶液的活度有关。当 $a_2 > a_1$ 时，物质由高浓度区向低浓度区扩散是自发过程。

三、双联浓差电池

将两个相同的电池串接在一起，构成双联浓差电池，目的是可消除液接电势。
例如

$$Pt \mid H_2(p^\ominus) \mid HCl(a_1) \mid AgCl(s) \mid Ag(s) \text{——} Ag(s) \mid AgCl(s) \mid HCl(a_2) \mid H_2(p^\ominus) \mid Pt$$

左电池反应　　　$H_2(p^\ominus) + AgCl(s) \rightarrow Ag(s) + HCl(a_1)$

右电池反应　　　$Ag(s) + HCl(a_2) \rightarrow H_2(p^\ominus) + AgCl(s)$

总电池反应　　　$HCl(a_2) \rightarrow HCl(a_1)$

实际就是一个浓差电池，电池电动势为

$$E = \frac{RT}{F} \ln \frac{a_2}{a_1} \tag{7-43}$$

四、膜电势

膜电势也叫膜电位（membrane potential），研究发现，在正常的细胞内 K^+ 的浓度大于细胞外的 K^+ 的浓度，细胞内 Na^+ 的浓度小于细胞外的 Na^+ 的浓度。由于在细胞膜的 K^+、Na^+ 两边都存在浓度差，必然会造成扩散现象，而由于细胞膜的特殊结构，这些扩散并不是完全自由进行的，因此，势必在细胞膜的两边形成浓差电池，其电势差称为膜电势。

膜电势的大小与细胞的存在状态有关，换句话说，根据膜电位的变化可以研究生物体活动的情况。

第十节　电极的极化和超电势

可逆电池中，电极反应都是在平衡或者接近平衡的条件下进行，但在实际工作中，无论原电池还是电解池总是会有一定电流通过，电极上将会发生极化作用，导致电极偏离平衡态。

扫码"学一学"

一、分解电压

当直流电通过电解质溶液时，阳离子向阴极迁移，阴离子向阳极迁移，并分别在电极上发生氧化还原反应，这就是电解过程。例如 H_2SO_4 水溶液的电解。如图 7-13 所示，在硫酸水溶液中插入两根铂电极，并联接电路。随着外加电压的改变，流经电解池的电流也随之变化，记录电压和电流值，可作出如图 7-14 所示的电流-电压曲线。当外加电压很小时，电解池中几乎没有电流通过。随着外加电压的增大，电流略有增加，但电极上观察不到电解的产生。当电压增大到某一临界值后，电流呈急剧上升趋势，同时两电极上有连续气泡逸出。这一临界电压就是分解电压（decomposition voltage），即使电解质溶液连续不断发生电解所需外加的最小电压，用 $E_{分解}$ 表示。

理论上，只要外加电压略大于电池的电动势，电解反应就发生。因此该电压称为理论分解电压。

$$E_{可逆} = E_{理论分解} < E_{分解}$$

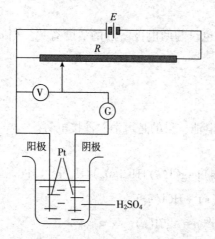
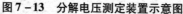

图 7-13 分解电压测定装置示意图

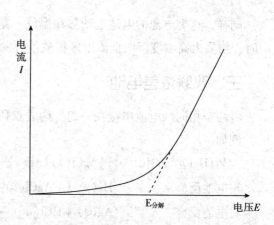

图 7-14 测定分解电压时的电流-电压曲线图

二、电极的极化与超电势

1. 电极的极化 电解时，若电极上没有电流通过，则电极处于平衡状态，此时有

$$E_{可逆} = \varphi_{可逆,阳} - \varphi_{可逆,阴} \qquad (7-44)$$

为了使电化学反应以明显速度持续进行，电极将有电流通过，此时电极将偏离平衡状态，电极电势将偏离可逆值。这种使电极电势偏离可逆值的现象称为电极的极化（polarization of electrode），此时有

$$\varphi_{不可逆} \neq \varphi_{可逆}$$

电极极化的结果如下。

阴极电势降低：$\varphi_{不可逆,阴} < \varphi_{可逆,阴}$

阳极电势升高：$\varphi_{不可逆,阳} > \varphi_{可逆,阳}$

2. 超电势 由于电极的极化，实际电解时，要使正离子在阴极得到电子析出产物，外加的阴极电极电势必须比可逆电极电势更负一些；要使负离子在阳极失去电子析出相应产物，则外加的阳极电极电势必须比可逆电极电势更正一些。电极的极化程度可用超电势（overpotential）来度量，用符号 η 表示。

$$\eta = |\varphi_{不可逆} - \varphi_{可逆}|$$

$$\eta_{阴} = \varphi_{可逆,阴} - \varphi_{不可逆,阴}$$

$$\eta_{阳} = \varphi_{不可逆,阳} - \varphi_{可逆,阳}$$

3. 浓差极化 电流通过电池或电解池时，因电极反应的速率大于离子扩散的速率，则在两极附近的电解质浓度与溶液本体中不同，使电极电势与平衡电极电势发生偏离。这种由于浓差所造成的极化称为浓差极化（concentration polarization）

由浓差极化形成的超电势称为浓差超电势（concentration overpotential），浓差超电势可通过搅拌溶液或升高温度的方法来减小。

4. 电化学极化 通常电极反应有多个连续步骤，而速度控制步骤反应所需的活化能较高，必须通过增加外加电压的途径得到。这种由于电极反应动力学的原因而形成的电极电势与可逆电极电势间的偏差现象，称为电化学极化（electrochemical polarization）。

电化学极化造成的电极电势与可逆电极电势之差称为电化学超电势（electrochemical overpotential）。

三、超电势的影响因素

超电势的影响因素较多，如电极材料的本质、电极表面状态、溶液的温度、浓度、pH、电流密度的大小等。

一般来说，金属析出的超电势较小，气体析出的超电势较大，而且随电流密度增加而加大。

四、极化曲线

以电流密度对电极电势作图，得到待测电极的极化曲线，由图7－15可以看到，电解池和原电池的极化曲线是各不相同的。

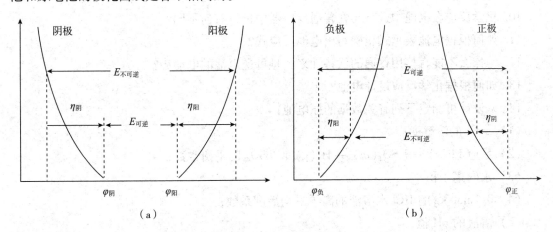

（a）　　　　　　　　　　　　（b）

图7－15　电流密度与电极电势的关系

（a）电解池中两电极的极化曲线　（b）原电池中两电极的极化曲线

电解池的阳极为正极，阴极为负极，故阳极极化曲线在右边，阴极极化曲线在左边［图7－15（a）］。随着电流密度增加，超电势增大，使阳极电势变大，阴极电势变小，外加端电压增大，电池的不可逆程度越大，消耗电能越多。

原电池的负极为阳极，正极为阴极，故阳极极化曲线在左边，阴极极化曲线在右边［图7－15（b）］。随着电流密度的增加，阳极电势变大，阴极电势变小，原电池两端的电动势减小，电池的做功能力下降。

电极极化从能量消耗的角度看是不利的，因为电解时将消耗更多的电能，而作为电源，所能做的电功会减少。但是人们也利用电极的极化进行电镀和制备金属，如可以在电解时选择性地获得希望的电解产物。

🅠 **思考题**

1. 怎样分别求强电解质和弱电解质溶液的无限稀释摩尔电导率？为什么要用不同的方法？

2. 电导率与摩尔电导率的关系式为 $\Lambda_m = \kappa/c$，式中 c 的单位是什么？对于弱电解质，浓度 c 应该用总计量浓度还是用解离部分的浓度？

3. 在水溶液中，带有相同电荷数的离子如 Li^+、Na^+、K^+ 其离子半径依次增大。离子半径越大，其迁移速率应越小，离子无限稀释摩尔电导率 $\lambda_{m,+}^\infty$ 也应越小。因此，按理应有 $\lambda_m^\infty(Li^+) > \lambda_m^\infty(Na^+) > \lambda_m^\infty(K^+)$ 的顺序。但实验测得的却是 $\lambda_m^\infty(Li^+) < \lambda_m^\infty(Na^+) < \lambda_m^\infty$

（K^+），正好相反。这是为什么？

4. 离子独立运动定律只适用于弱电解质溶液，而不适用于强电解质溶液，该说法是否正确？

5. 研究电解质溶液时，定义离子的平均活度和平均活度系数的意义何在？

6. 为什么离子平均活度、离子平均活度系数、离子平均质量摩尔浓度都是几何平均值而不是算术平均值？若定义为算术平均值将会导致怎样的后果？

7. 为什么要引入离子强度的概念？

8. 为什么要引入可逆电池的概念？有什么重要意义？

9. 根据电池表达式，按照 $E = \varphi_+ - \varphi_-$ 计算电池电动势时，有无必要强调是电化学平衡体系？

10. 化学反应在电池中进行与在普通反应器中进行有何不同？

11. 如何根据电池表示式正确写出电池反应式？

12. 为什么不能直接用普通的伏特计来测量可逆电池的电动势？

13. 如何根据化学反应设计电池？

14. 试设计可测定下列有关数据的原电池：

（1）AgCl 的溶解度；

（2）反应 $Pb(s) + H_2SO_4(m) \rightarrow H_2(g) + PbSO_4$ 的平衡常数；

（3）水的离子积；

（4）0.1mol/kg 的 HCl 水溶液的离子平均活度系数；

（5）溶液的 pH 值；

（6）水的标准生成吉布斯能。

15. 标准电池电动势 $E^\ominus$ 与平衡常数的关系为 $E^\ominus = RT/(zF) \ln K^\ominus$，$E^\ominus$ 是不是电池反应达平衡时的电动势？$K^\ominus$ 是不是各物质都处于标准态时的平衡常数？

16. 在电化学中为什么可以用电流密度来表示电极反应的速率？

17. 在电解过程中，正、负离子分别在阴、阳两极上析出的先后顺序有何规律？

习题

1. 将 0.10A 的电流通过硫酸铜溶液共 4h，在阴极上同时析出铜和氢气，生成氢气的体积在标准状况下为 70.0cm³，求析出铜多少克？

2. 一电导池充满 0.01mol·dm⁻³ KCl 溶液，298K 时，测出其电导率为 0.141S·m⁻¹，同时测出其电阻为 484Ω，然后用该电导池盛满 0.1mol·dm⁻³ AgNO₃ 溶液，两电极之间施以 20V 的电压，则所得电流强度为 0.2765A，试计算电导池常数、0.1mol·dm⁻³ AgNO₃ 溶液的电导、电导率和摩尔电导率。

3. 298K 时，实验测得苯巴比妥钠（NaP）盐酸和氯化钠的无限稀释摩尔电导率分别为 0.00735S·m²·mol⁻¹、0.04262S·m²·mol⁻¹ 和 0.01265S·m²·mol⁻¹，试求苯巴比妥的无限稀释摩尔电导率。

4. 298K 时，将电导率为 0.06997S·m⁻¹ 的 K₂SO₄ 溶液装入电导池，测其电阻为 326Ω，在同一电导池中装入同体积的 0.1mol·dm⁻³ NH₃·H₂O 溶液，测出其电阻为 631.8Ω，计算此溶液中 NH₃·H₂O 的解离度和解离常数。

5. 298K 时，实验测得 $BaSO_4$ 饱和溶液的电导率为 $4.58 \times 10^{-4}\,S \cdot m^{-1}$，而该温度时蒸馏水的电导率为 $1.52 \times 10^{-4}\,S \cdot m^{-1}$，$\frac{1}{2}Ba^{2+}$ 和 $\frac{1}{2}SO_4^{2-}$ 的 λ_m^{∞} 分别为 $0.006364\,S \cdot m^2 \cdot mol^{-1}$ 和 $0.00798\,S \cdot m^2 \cdot mol^{-1}$，试计算 $BaSO_4$ 的溶解度。

6. 已知 $ZnSO_4$ 的 $m = 0.1\,mol \cdot kg^{-1}$ 时，$\gamma_{\pm} = 0.148$，计算 $0.1\,mol \cdot kg^{-1}\,ZnSO_4$ 溶液的 $m_{\pm}$、$a_{\pm}$ 和 a。

7. 某混合溶液中，$NaCl$ 的质量摩尔浓度为 $0.02\,mol \cdot kg^{-1}$，$CaCl_2$ 的质量摩尔浓度为 $0.01\,mol \cdot kg^{-1}$，求该溶液的离子强度。

8. 将下列化学反应设计成电池，写出电池表示式。

(1) $Sn(s) + Pb^{2+} \rightarrow Sn^{2+} + Pb(s)$

(2) $AgCl(s) + I^- \rightarrow AgI(s) + Cl^-$

9. 298K 时，电池表示式为

$$Zn(s) \mid Zn^{2+}(a = 0.001) \parallel Cd^{2+}(a = 0.01) \mid Cd(s)$$

(1) 写出电极反应与电池反应；

(2) 计算电池的电动势。

10. 298K 时，电池 $Ag(s) \mid AgCl(s) \mid HCl(溶液) \mid Hg_2Cl_2(s) \mid Hg$ 的电动势 $E = 0.0459\,V$，电动势温度系数 $\left(\dfrac{\partial E}{\partial T}\right)_p = 3.43 \times 10^{-4}\,V \cdot K^{-1}$。试写出电池产生 $2F$ 电量时的电池反应，并求出该电池反应的 $\Delta_r G_m$、$\Delta_r H_m$、$\Delta_r S_m$。

11. 298K 时，将某可逆电池短路使其放电 $1\,mol$ 电子的电量，此时放出的热量恰好是该电池可逆操作时所吸收热量的 40 倍，试计算此电池的电动势 E。已知此电池电动势的温度系数 $\left(\dfrac{\partial E}{\partial T}\right)_p$ 为 $1.40 \times 10^{-4}\,V \cdot K^{-1}$。

12. 298K 时，电池 $Cu(s) \mid Cu^{2+}(0.01\,mol \cdot kg^{-1}) \parallel Ag^+(x\,mol \cdot kg^{-1}) \mid Ag(s)$ 的电动势 $E = 0.436\,V$，将溶液视为理想溶液，试计算 Ag^+ 的质量摩尔浓度。

13. 根据能斯特方程计算下列情况下在 298K 时有关电对的电极电势

(1) 金属铜放在 $a_{Cu^{2+}}$ 的 Cu^{2+} 溶液中；

(2) 50kPa 氢气通入 a_{H^+} 的 HCl 溶液中；

(3) $Cr_2O_7^{2-}(a = 1.0) + 14H^+(pH = 5.0) + 6e^- \rightarrow 2Cr^{3+}(a = 1.0) + 7H_2O$

14. 判断下列反应在 298K 时自发进行的方向。

(1) $2Ag(s) + Cu^{2+}(a = 0.01) \rightarrow 2Ag^+(a = 0.1) + Cu(s)$

(2) $AgBr(s) + Cl^-(a = 0.1) \rightarrow AgCl(s) + Br^-(a = 0.01)$

15. 试推测 298K 时金属铁能否与下列各溶液反应。

(1) 溶液中 $(a_{Fe^{2+}}) = 0.001$，$(a_{Cd^{2+}}) = 0.1$；

(2) 溶液中 $(a_{Fe^{2+}}) = 0.1$，$(a_{Cd^{2+}}) = 0.001$。

16. 利用标准电极电势表计算 298K 时，

(1) $Ag(s) + Fe^{3+} \rightarrow Ag^+ + Fe^{2+}$ 的平衡常数；

(2) Hg_2SO_4 的溶度积。

17. 用玻璃电极和饱和甘汞电极插入 pH 为 5.35 的标准缓冲溶液中组成一个电池，在 298K 时测得电池电动势 $E = 0.0954V$；再将标准缓冲溶液换成 pH 为未知的待测溶液组成电池，在 298K 时测得其电池电动势 $E = 0.3458V$，求待测溶液的 pH 值。

第八章　表面现象

　　界面广泛存在于自然界中，如大地、海洋与大气之间存在界面，一切有形的实体都为界面所包裹。可以毫不夸张的说，我们眼睛所见的大部分都是界面。不过，这还只是自然界中的一部分——宏观界面。自然界中还存在着大量的微观界面，生物体内存在多种多样肉眼看不到的界面，如细胞膜及生物膜，许多生命现象的重要过程如能量转换、细胞识别、免疫激素和药物的作用、物质转运等都离不开生物膜的功能，而所有这些过程都是在生物膜的界面上发生的。凡是在表面或界面上发生的一切物理和化学现象统称界面现象或表面现象。

　　界面现象普遍存在于自然界中并与人类生产、生活息息相关，如蓝天、白云、晚霞、彩虹等自然现象；人工降雨、织物染色等过程及其在医用粘结剂、人工器官、控释与定向给药等方面的研制与应用等，无一不与界面现象有关。目前医药方面研究的热点——纳米医学和纳米药学也是基于物质巨大的表面和界面效应，使其很多性能发生质变为理论基础进行研究的。可见，界面现象与工农业生产及人们的生活密切相关，在理论和实践中都有十分重要的意义。现在，界面化学已发展成一门涉及物理、化学、生物学、医药学的交叉学科。

第一节　表面吉布斯能与表面张力

一、表面与界面

　　界面乃两相之交界处，物质在一定条件下可以形成气、液、固三相，各相之间存在有界面，如气－液、气－固、液－液、液－固、固－固等界面。各界面中有气相参与构成的常被称为表面，如液体表面和固体表面，而其余的相界面都称为界面，一般两者可通用。

　　界面并不是简单的几何面，而是从一个相到另一个相的过渡区，约几个分子层厚度。实验表明过渡区内，系统的性质是不均匀的，称为界面相或表面相，将相的性质均匀的部分称为体相。界面相的性质与相邻两个体相密切相关，但又明显不同。

二、分散度与比表面积

　　凝聚相物质的表面积大小和分散程度有关，物质的分散程度越高，表面积越大。通常用单位质量或单位体积粒子所具有的表面积，称比表面积（specific surface area），或分散度（degree of disperation），即用粒子总表面积 A 与其总质量 m（或其总体积 V）的比值来表示。

$$a_m = \frac{A_\text{总}}{m_\text{总}}, \quad a_V = \frac{A_\text{总}}{V_\text{总}}$$

　　对于边长为 l 的立方体颗粒，其比表面积可用下式计算

$$a_m = \frac{A_\text{总}}{m_\text{总}} = \frac{6l^2}{\rho l^3} = \frac{6}{\rho l}$$

$$a_V = \frac{A_总}{V_总} = \frac{6l^2}{l^3} = \frac{6}{l}$$

式中 ρ 为密度，$kg \cdot m^{-3}$；l 为边长，m；例如将一个体积为 $10^{-2}m^3$ 的立方体分割成边长为 $10^{-9}m$ 的小立方体时，其表面积增加一千万倍。表 8-1 列出了随分割程度的增加，其比表面积的变化情况。

表 8-1 $10^{-2}m^3$ 的物体分割为小立方体时比表面积的变化

立方体边长 l/m	微粒数/个	总表面积 A/m²	比表面积 a_V/m⁻¹
10^{-2}	1	6×10^{-4}	6×10^2
10^{-3}	10^3	6×10^{-3}	6×10^3
10^{-4}	10^6	6×10^{-2}	6×10^4
10^{-5}	10^9	6×10^{-1}	6×10^5
10^{-6}	10^{12}	6×10^0	6×10^6
10^{-7}	10^{15}	6×10^1	6×10^7
10^{-8}	10^{18}	6×10^2	6×10^8
10^{-9}	10^{21}	6×10^3	6×10^9

由此可见，对于一定量的物质，被分割成愈小的粒子，其总表面就愈大，系统的分散度愈高。在药物制剂学中通常利用增加药物分散度提高药物的治疗效果，如灰黄霉素一般使用片剂，由于主药的颗粒较大，在体内溶解缓慢，吸收不完全，经微粒化处理后，粒子大小控制在 $5\mu m$ 以下，药效可以增加一倍以上。药剂中的固体分散法，就是尽可能提高药物颗粒的分散度。

例题 8-1 把 $2 \times 10^{-3}kg$ 汞分散成直径为 $4.00 \times 10^{-8}m$ 的球状粒子，求其表面积和比表面积。已知：汞的密度 $\rho = 13.6 \times 10^3 kg \cdot m^{-3}$。

解：汞的总体积（m 为汞的质量）

$$V = \frac{m}{\rho} = \frac{2 \times 10^{-3}}{13.6 \times 10^3}m^3 = 1.47 \times 10^{-7}m^3$$

汞分散后的总粒子数

$$n = \frac{V}{\frac{4}{3}\pi r^3} = \frac{1.47 \times 10^{-7}}{\frac{4}{3} \times 3.14 \times \left(\frac{4}{2} \times 10^{-8}\right)^3} = 4.39 \times 10^{15}$$

分散后的总面积

$$A_总 = n \cdot 4\pi r^2 = 4.39 \times 10^{15} \times 4 \times 3.14 \times \left(\frac{4}{2} \times 10^{-8}\right)^2 m^2 = 22.1 m^2$$

$$a_V = \frac{A_总}{V} = \frac{22.1 m^2}{1.47 \times 10^{-7} m^3} = 1.50 \times 10^8 m^{-1}$$

$$a_m = \frac{A_总}{m} = \frac{22.1 m^2}{0.002 kg} = 1.11 \times 10^4 m^2 \cdot kg^{-1}$$

三、产生表面现象的原因

界面层分子所处的环境与系统内部分子所处的环境是不同的。以纯液体与其蒸气形成的界面为例（图 8-1）。在液体内部，每个分子周围布满了相同的分子，它们从不同的方向吸引此分子，各方向受力均等，因此该分子受的合力为零，所以分子在液体内移动不消耗能量。处于液体表面层的分子则不同，由于气体密度比液体密度小的多，使表面层的分子受的力不能相互抵消。这些力的总和垂直于表面而指向液体内部，即液体表面分子受到内向的拉力作用，在此力场作用下，表面层分子有脱离表面进入液体内部的趋势，从而使表面缩为最小。因此，在没有其他作用力存在时，所有的液体都有缩小其表面积而呈球形的趋势，因为体积相同的各种形状以球形的表面积最小。相反，如果扩展液体的表面积，即把一部分分子从内部移到表面上来，则需要克服向内的拉力而作功。此功称为表面功，即恒温、恒压、组成恒定条件下系统可逆扩展单位表面所做的非体积功。表面扩展完成后，表面功转化为表面分子的能量，因此，表面上的分子比内部分子具有更高的能量。所以增大液体表面使表面层分子比液体内部分子具有的多余能量，称此为表面能（surface energy）。

综上所述，表面现象的产生是由于构成两相性质（组成、密度等）不同和分子间存在相互作用的结果。

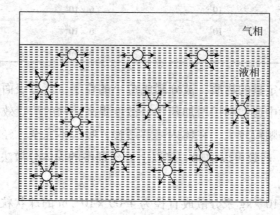

图 8-1　表面分子与内部分子受力情况

四、表面吉布斯能

在一定的温度与压力下，对组成一定的液体来说，扩展表面所做的表面功 $\delta W'$ 与增加的表面积 dA_S 成正比。

$$\delta W' = \gamma dA_S \tag{8-1}$$

在恒温、恒压、恒组成及可逆情况下，则 $\delta W' = dG_{T,P,n_B}$，上式又可表示为

$$dG_{T,P,n_B} = \gamma dA_S \text{ 或 } \gamma = \left(\frac{\partial G}{\partial A_S}\right)_{T,P,n_B} \tag{8-2}$$

以上式中下标 "n_B" 表示组成恒定。γ 称为 "比表面吉布斯函数（specific surface Gibbs function）"，简称 "比表面能"。γ 的物理意义是：在恒温、恒压、组成恒定的条件下，增加单位表面积所引起的系统吉布斯函数的增量，其单位为 $J \cdot m^{-2}$。

例题 8-2　水的比表面能在 298.15K 时为 $71.97 \times 10^{-3} J \cdot m^{-2}$，试求 298.15K，101325Pa 下，可逆增大 $1 \times 10^{-4} m^2$ 表面积时，环境所需做的功，并求系统的 ΔG。

解：$\delta W' = \gamma dA$

$$W' = \int_{A_1}^{A_2} \gamma dA = 71.97 \times 10^{-3} \times 1 \times 10^{-4} J = 71.97 \times 10^{-7} J$$

系统吉布斯函数变化 $\delta W' = dG_{T,p}$，$W' = \Delta G$，$\Delta G = 71.97 \times 10^{-7} J$

或　　　　　$\Delta G = \gamma \Delta A = 71.97 \times 10^{-3} \times 10^{-4} J = 71.97 \times 10^{-7} J$

五、表面张力

早在表面吉布斯函数的概念被提出之前一个世纪就有人提出了表面张力的概念。液体表面最基本的特性就是趋向于收缩，如水银和荷叶上的水珠收缩为球形，液膜自动收缩以及毛细管现象等都使人们确信有一种作用在液体表面的力，称之为表面张力（surface tension）。如图 8 - 2 所示，在恒温恒压条件下，以力 F 将金属框上的液膜边界可逆的从 AB 移动 dx 至 A'B'，因液膜有两个表面，面积增加 $dA = 2ldx$。环境克服液膜收缩力所做的功为 $\Delta W = Fdx$。液膜吉布斯函数的增量为

$$G = \gamma dA = \gamma \cdot (2ldx) \tag{8-3}$$

整理得
$$\gamma = F/2l \tag{8-4}$$

由上式可以看出，γ 是从力学的角度，被定义为沿着液体表面并垂直作用于单位长度线段上的力，称为表面张力（surface tension），单位是 N/m。

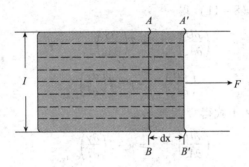

图 8 - 2　表面张力示意图

可以看出，表面吉布斯函数和表面张力是分别用热力学和力学的方法讨论同一个表面现象时采用的物理量。虽然这两个物理量具有不同的物理意义，但它们具有等价的量纲和相同的数值，在应用上各有特色。采用表面吉布斯函数概念，便于用热力学原理和方法处理界面问题，对各种界面有普适性。而表面张力更适合于实验，对解决流体界面的问题具有直观方便的优点。

六、表面热力学基本方程

（一）表面热力学基本方程

将热力学定律应用于表面系统时，除体积功之外还要考虑到表面功（γdA_S），相应的热力学函数变化关系式表示为

$$dU = TdS - pdV + \gamma dA_S + \sum_B \mu_B dn_B \tag{8-5}$$

$$dH = TdS - Vdp + \gamma dA_S + \sum_B \mu_B dn_B \tag{8-6}$$

$$dF = -SdT + pdV + \gamma dA_S + \sum_B \mu_B dn_B \tag{8-7}$$

$$dG = -SdT + Vdp + \gamma dA_S + \sum_B \mu_B dn_B \tag{8-8}$$

根据式（8 - 5）～（8 - 8）可得

$$\gamma = \left(\frac{\partial U}{\partial A_S}\right)_{S,V,n_B} = \left(\frac{\partial H}{\partial A_S}\right)_{S,p,n_B} = \left(\frac{\partial A}{\partial A_S}\right)_{T,V,n_B} = \left(\frac{\partial G}{\partial A_S}\right)_{T,p,n_B} \tag{8-9}$$

由此表明，γ 是在指定相应参数不变的条件下，每增加单位面积时系统相应热力学函

数的增量，称为广义表面吉布斯函数。一般情况下，γ 是指狭义表面吉布斯函数，即

$$\gamma = \left(\frac{\partial G}{\partial A_S}\right)_{T,p,n_B}。$$

（二）表面吉布斯 – 亥姆霍兹公式

对于组成不变的等容或等压系统，式（8 – 5）和式（8 – 6）可分别表示为

$$dU = TdS + \gamma dA_S \tag{8 – 10}$$

$$dH = TdS + \gamma dA_S \tag{8 – 11}$$

根据 Maxwell 关系式

$$-\left(\frac{\partial S}{\partial A_S}\right)_{T,V,n_B} = \left(\frac{\partial \gamma}{\partial T}\right)_{A_S,V,n_B} \tag{8 – 12}$$

$$-\left(\frac{\partial S}{\partial A_S}\right)_{T,p,n_B} = \left(\frac{\partial \gamma}{\partial T}\right)_{A_S,p,n_B} \tag{8 – 13}$$

由式（8 – 10）和式（8 – 11）得

$$\left(\frac{\partial U}{\partial A_S}\right)_{T,V,n_B} = T\left(\frac{\partial S}{\partial A_S}\right)_{T,V,n_B} + \gamma \tag{8 – 14}$$

$$\left(\frac{\partial H}{\partial A_S}\right)_{T,p} = \gamma - T\left(\frac{\partial \gamma}{\partial T}\right)_{p,A_S} \tag{8 – 15}$$

将 Maxwell 关系式代入上式得

$$\left(\frac{\partial U}{\partial A_S}\right)_{T,V,n_B} = \gamma - T\left(\frac{\partial \gamma}{\partial T}\right)_{V,A_S,n_B} \tag{8 – 16}$$

$$\left(\frac{\partial H}{\partial A_S}\right)_{T,p,n_B} = \gamma - T\left(\frac{\partial \gamma}{\partial T}\right)_{p,A_S,n_B} \tag{8 – 17}$$

上两式称为表面吉布斯 – 亥姆霍兹（Gibbs – Helmholtz）式，$\left(\frac{\partial H}{\partial A_S}\right)_{T,p,n_B}$ 及其 $\left(\frac{\partial H}{\partial A_S}\right)_{T,V,n_B}$

分别表示指定条件下单位表面积发生改变时，系统表面焓及热力学能的变化值。也就是说扩展单位表面积时，系统所增加的总表面能包括两个来源。

（1）增加单位表面积时，外界对表面所作的功，其值相当于 γ。

（2）增加单位表面积时，为了维持原来温度所吸收的热量。

七、影响表面张力的因素

表面张力的大小取决于界面两侧物质的性质以及温度、压力等因素。

（一）物质性质

不同的物质，分子之间的作用力不同，表面张力不同。分子之间的相互作用力愈大，表面张力也愈大。如对于极性液体水的表面张力为 $72.88 \text{mN} \cdot \text{m}^{-1}$（293.15K），而非极性液体乙醚的表面张力在 298.15K 时为 $26.43 \text{mN} \cdot \text{m}^{-1}$。

一般来说，对纯液体或纯固体，表面张力决定于分子间形成的化学键能的大小，一般化学键越强，表面张力越大。

金属键 > 离子键 > 极性共价键 > 非极性共价键

（二）相邻相的性质

在一定条件下，同一种物质与不同性质的其他物质接触时，表面层分子所处的力场不同，故界面张力出现明显的差别。表 8 – 2 给出 298.15K 时，水与不同液体接触时界面张力

的数据。

表 8-2 298.15K 时水与不同液体接触时的界面张力

W	B	$\gamma_{W,g} \times 10^3 / N \cdot m^{-1}$	$\gamma_{B,g} \times 10^3 / N \cdot m^{-1}$	$\gamma_{W,B} \times 10^3 / N \cdot m^{-1}$
水	苯	72.75	28.9	35.0
水	四氯化碳	72.75	26.8	45.0
水	正辛烷	72.75	21.8	50.8
水	正己烷	72.75	18.4	51.1
水	汞	72.75	470.0	375.0
水	辛醇	72.75	27.5	8.5
水	乙醚	72.75	17.0	10.7

（三）温度

温度升高时，通常使界面张力下降，这可从热力学的基本公式中看出。对于多组分系统，根据式（8-13）可得

$$\left(\frac{\partial S}{\partial A_S}\right)_{T,V,n_B} = -\left(\frac{\partial \gamma}{\partial T}\right)_{A_S,V,n_B} \tag{8-18}$$

$$\left(\frac{\partial S}{\partial A_S}\right)_{T,p,n_B} = -\left(\frac{\partial \gamma}{\partial T}\right)_{A_S,p,n_B} \tag{8-19}$$

将式（8-19）和（8-20）等号两边都乘以 T，则 $-T\left(\frac{\partial \gamma}{\partial T}\right)$ 的值等于在温度不变时可逆扩大单位表面积所吸收的热 $\left(T\frac{dS}{dA}\right)$ 是一正值，所以 $\left(\frac{\partial \gamma}{\partial T}\right) < 0$，即 γ 将随 T 的升高而下降。

总之，温度对液体或溶液表面张力的影响是不可忽视的，因此在测定液体或溶液的表面张力时，要保持较好的恒温条件。

（四）压力

压力对表面张力影响非常复杂。虽然从理论上可以导出 $(\partial \gamma / \partial p)_{T,A_S} = (\partial V / \partial A_S)_{T,p}$。根据此关系式应该可以考察压力对液体表面张力的影响。但实际上 $(\partial V / \partial A_S)_{T,p}$ 不易测定，并且测定 $(\partial \gamma / \partial p)_{T,A_S}$ 也难以实现，因此，难于定量的讨论压力对液体表面张力的影响。但是，综合效应的结果一般是压力增大，界面张力下降，一般每增加 10 个大气压，表面张力约降低 $1 mN \cdot m^{-1}$。

第二节 曲面的附加压力

一、曲面的附加压力

用细管吹一肥皂泡后，若松开另一管口，肥皂泡很快缩小成一液滴。该现象说明，肥皂泡液膜内外存在压力差。这种压力差是由于弯曲液面而引起的。

在液体的表面取一圆形面积 AB（图 8-3）。对于面积 AB，表面张力作用在 AB 的边缘线上，力的方向和液面相切并和圆 AB 的边界线相垂直。当液体表面是水平面时，表面张力的作用方向也是水平的，作用在圆周各方向的表面张力相互抵消，合力为零，如图 8-3 （a）所示。如果液体表面是弯曲的，作用在圆 AB 周边的表面张力不在一个水平面上，因

扫码"学一学"

而产生一个垂直于液体表面的合力。对于凸液面，合力的方向指向液体内部，见图 8 - 3（b），此时液体内部分子受到的压力大于外部压力；对于凹液面，表面张力的合力指向液体外部，见图 8 - 3（c），此时液体内部分子受到的压力小于外部压力。

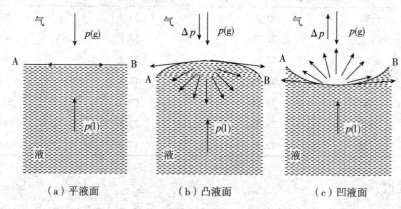

（a）平液面　　　　　（b）凸液面　　　　　（c）凹液面

图 8 - 3　曲面上的附加压力

弯曲液面内外的压力差称为附加压力（excess pressure），用符号 Δp 表示。

$$p_内 = p_外 + \Delta p \tag{8 - 20}$$

总之，由于表面张力的作用，在弯曲表面下的液体与平面不同，它受到一种附加的压力 Δp，附加压力的方向指向曲面的球心。

二、杨 - 拉普拉斯方程

（一）球面的杨 - 拉普拉斯方程

附加压力的大小与曲面的曲率半径和表面张力有关。以凸形液面为例，设有一毛细管（图 8 - 4），管内充满液体，管端有一半径为 r 的球形液滴与之平衡。设外压为 $p_外$，内压为 $p_内$，弯曲液面产生的附加压力为 Δp。平衡时液滴所受的总压为 $p_内 = p_外 + \Delta p$。现对活塞稍稍施加压力，以减少毛细管中液体的体积，在等温可逆条件下使液滴体积增加 dV，其表面积相应增加 dA。此过程中为了克服表面张力所产生的附加压力，环境对系统所做功为

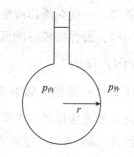

图 8 - 4　弯曲液面的附加压力

$$\delta W = (p_内 - p_外)\,dV = \Delta p\,dV \tag{8 - 21}$$

此功应等于系统表面吉布斯能的增加，即

$$\Delta p\,dV = \gamma\,dA \tag{8 - 22}$$

由于球体积 $V = 4\pi r^3/3$，表面积 $A = 4\pi r^2$，所以 $dV = 4\pi r^2 dr$，$dA = 8\pi r dr$。将 dV、dA 代入式（8 - 22）中可得

$$\Delta p = \frac{2\gamma}{r} \tag{8 - 23}$$

式（8 - 23）为适用于球面的杨 - 拉普拉斯（Young - Laplace）方程。应用此式时需注意以下几点。

（1）弯曲液面的附加压力和表面张力 γ 成正比，表面张力越大，附加压力越大；和曲率半径 r 成反比，曲率半径越小，附加压力越大。

（2）附加压力的方向总是指向曲率的球心。

（3）对于像肥皂泡那样的球形液膜。由于液膜有内外两个表面，均产生指向球心的附加压力，所以式（8-23）应为

$$\Delta p = \frac{4\gamma}{r} \tag{8-24}$$

（二）任意曲面的杨-拉普拉斯方程

描述一个任意曲面需要两个曲率半径，如图8-5所示，在任意弯曲液面上取一小块长方形曲面ABCD，其面积为xy。在曲面上任选两个互相垂直的截面，它们的交线为曲面上O点的法线，两个截面割于曲面上的两条曲线的曲率半径为r_1和r_2。如令曲面ABCD沿法线的方向移动dz，使曲面移到A'B'C'D'，其面积扩大为$(x+dx)(y+dy)$，所以移动后曲面面积的增量为$\Delta A_S = (x+dx)(y+dy) - xy = xdy + ydx + dxdy$（可忽略），由于面积增加，系统得到的表面功为$W' = \gamma(xdy + ydx)$。由于弯曲表面上有附加压力$\Delta p$，所以表面扩展需要克服这种附加压力而做功，即$\Delta pdV$，$dV$是曲面移动时所扫过的体积，$dV = xydz$，所以$W' = \Delta pxy\,dz$。由此可得

$$\gamma(xdy + ydx) = \Delta pzydz \tag{8-25}$$

由图8-5比较两个相似三角形可得

$$(x+dx)/(r_1 + dz) = x/r_1 \text{ 或 } dx = xdz/r_1$$

$$(y+dy)/(r_2 + dz) = y/r_2 \text{ 或 } dy = ydz/r_2$$

将dx，dy代入式（8-25）可得任意曲面的附加压力Δp与曲率半径的关系为

$$\Delta p = \gamma\left(\frac{1}{r_1} + \frac{1}{r_2}\right) \tag{8-26}$$

式（8-26）称为杨-拉普拉斯（Young-Laplace）方程的一般式，是研究弯曲表面附加压力的基本公式。若曲面是球面，$r_1 = r_2 = r$，则式（8-26）变为$\Delta p = \frac{2\gamma}{r}$，与式（8-23）相同。若为平面，则$r_1$和$r_2 \to \infty$，$\Delta p \to 0$。

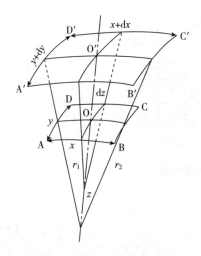

图8-5 任意曲面的面积增量

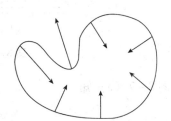

图8-6 不规则形状液滴上的附加压力

用杨-拉普拉斯方程可以解释一些常见的现象。例如自由液滴或气泡（在不受外加力场影响时）通常都呈球形。假如为不规则形状，则液体表面各点曲率半径不同，所受到附加压力的方向和大小也不同，这种不平衡的力必将迫使液滴呈球形（图8-6）。因为只有

在球面上各点的曲率相同，各处的附加压力也相同，液滴才会稳定存在。另外，对于相同体积的物质，球形的表面积最小，则表面总的吉布斯函数值最小，所以球形最稳定。

2013 年 6 月 20 日 10 点我国神舟十号航天员王亚平在"天宫一号"舱内进行了别开生面的太空授课。其中使青少年最感兴趣也最感神奇的就是第四个实验：在太空（失重条件下）制作水膜与水球。一个金属圈插入饮用水袋并抽出，形成了一个水膜；往水膜表面贴上一片画有中国结图案的塑料片，水膜依然完好。这在地面是难以实现的，为什么？因为重力会使水膜四分五裂。更令人感到神奇的是：在水膜上不断注水，水膜会很快长成一个晶莹剔透的大水球。这些现象的本质都是液体的表面张力。无论是在太空还是在地面，液滴产生表面张力的原理以及表面张力大小都是一样的。只是，在失重的状态下，表面张力表现更为明显。失重时，由于水珠之间没有了重力的挤压，液滴在表面张力的作用下形成了最完美的球形。

三、毛细现象

毛细管中液柱的高度不同于管外平液面高度的现象，叫做毛细现象。当把玻璃毛细管的一部分插入润湿管壁的液体中时，管中的液柱表面会成凹形液面，致液柱上升到一定高度。这是由于在凹液面上液体所受到的压力小于平面上液体所受到的压力，因此管外液体（平面）被压入管内，直到液柱的静压力与附加压力相等时为止，如图 8-7 （a）。因此

$$\Delta p = \frac{2\gamma}{R} = \rho g h \qquad (8-27)$$

式中 ρ 是液面两边液相与气相的密度差；g 是重力加速度；R 是凹液面的曲率半径；h 是液柱高度。

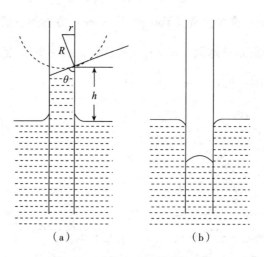

图 8-7　液体在毛细管中的升降

由图 8-7 （a）知

$$r = R\cos\theta \qquad (8-28)$$

把式（8-28）代入式（8-27）中，得

$$h = \frac{2\gamma\cos\theta}{\rho g r} \qquad (8-29)$$

式中 θ 是液面与管壁间形成的接触角；r 是毛细管半径。

当液体不润湿玻璃管壁时，$\cos\theta < 0$，由式（8-29）知 $h < 0$，这时管内液柱高度低于

管外平液面的高度，h 为管内液柱相对于管外液面下降的高度，见图 8-7（b）。汞在玻璃毛细管中，或者水在涂有石蜡、有机硅或其他非极性化合物的玻璃毛细管内就是如此。当液体完全润湿管壁时 $\cos\theta = 1$，这时式（8-29）简化为

$$h = \frac{2\gamma}{\rho g r} \tag{8-30}$$

式（8-30）也可以在接触角不大时应用。由式（8-30）知，液体的上升高度与毛细管半径成反比。

上面讨论的是毛细管中液面上升或下降的情况。实际上，毛细现象存在于形形色色的自然的和人工的过程中。产生毛细现象的关键是连续液体具有不同曲率的液面。一堆粉末或一束纤维的空隙相当于一束毛细管；两片平板玻璃以不同的方式插入水中也会产生不同的毛细效应。甚至一片玻璃插入水面，水面在靠近玻璃处的曲率与远处不同，也会引起毛细上升。原油和水在地层中的流动以及纺织品的润湿性、渗透性都与毛细现象密切相关。土壤中的水可以沿很细的毛细管上升几百甚至几千米，所以植物可以吸收地下水而维持生命。相反，干旱时农民锄地保墒就是为了切断土壤表面层的毛细管，以防止水分蒸发。

人们通常采取表面化学方法改变系统的界面张力和液面曲率等从而改变毛细压差实现所需要的流动，这是三次采油的关键问题之一。毛细现象另一个很重要的应用就是用于测定液体的表面张力（见本章第三节）。

第三节　表面张力的测定

测定表面张力的方法很多，如毛细管上升法、最大气泡压力法、吊环法/吊片法、滴重法（滴体积法）、振荡射流法、旋滴法等。这里只介绍几种常用方法的原理。

扫码"学一学"

一、毛细管上升法

当一支干净的玻璃毛细管插入液体时，若液体能润湿毛细管壁，则在表面张力的作用下液体沿着毛细管壁上升，见图 8-8。若平衡时液柱高度为 h，可由下式计算表面张力

$$\gamma = \frac{\rho g r h}{2\cos\theta} \tag{8-31}$$

式中 r 为毛细管半径；g 为重力加速度；θ 为接触角；ρ 为液体密度。

对于水和部分液体，接触角接近零，这时式（8-31）简化为

$$\gamma = \frac{1}{2}\rho g r h$$

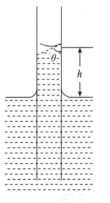

图 8-8　毛细管上升法测表面张力

计算表面张力时必须事先知道毛细管的内半径，一般用已知表面张力的液体测求。毛细管的内半径通常为 $1 \times 10^{-4}\,\text{m} \sim 1.5 \times 10^{-4}\,\text{m}$，毛细管要均匀一致，内壁要非常干净。

二、挂环法

挂环法（Du Nouy Ring method）是将一铂制圆环连在扭力秤上，并使圆环平置在液面上，然后测定使环脱离表面所需之力 F（图 8-9）。由下式求表面张力

$$\gamma = \frac{F}{4\pi R}f \tag{8-32}$$

式中 R 为环的平均半径；f 为校正因子，主要是由于环拉起的液体不是圆柱形而引起的。f 可在专用表中查得。

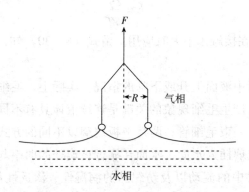

图 8-9　挂环法测表面张力示意图

三、最大泡压法

最大泡压法的装置图见图 8-10。测定时将毛细管口刚好触及液面，然后以抽气瓶放水抽气，随着毛细管内外压差的增大，毛细管口的气泡慢慢长大，直到形成半球形（这时 R 与毛细管半径 r 相等），此时 R 最小，气泡内外压差最大；之后气泡的曲率半径又变大，见图 8-11。读出气泡内外压差最大时压差计上的最大液柱差 h，由下式计算表面张力

$$\gamma = \frac{r}{2}\rho g h \tag{8-33}$$

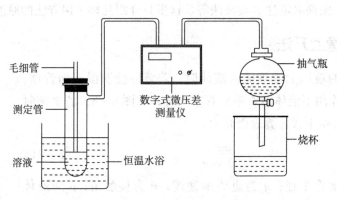

图 8-10　最大泡压法装置图

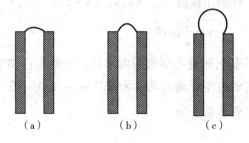

图 8-11　气泡的形成过程

四、滴重法

滴重法（滴体积法）依据的原理是液滴即将从毛细管口滴落时，液滴的重力等于管口对液滴的拉力。这一拉力应等于液体的表面张力乘以管口的周长。测量的是一定体积的液体从毛细管口自然滴落时的液滴数，由此可以推算每滴液滴的质量或体积。装置如图 8-12 所示。将液体在磨平了的毛细管口慢慢形成液滴并滴下，测出一个液滴的平均质量 m 或体积 V，可根据下式计算表面张力

$$\gamma = \frac{mg}{2\pi r} f \tag{8-34}$$

或

$$\gamma = \frac{V\rho g}{2\pi r} f \tag{8-35}$$

式中，r 为毛细管口的外半径；g 为重力加速度；ρ 为液体密度；f 为校正因子。f 主要是由于测量过程中掉下的并不是整个液滴的质量或体积，有部分剩留在毛细管端口上（图 8-13），这使得掉下的液滴的质量或体积无法精确计算，所以需要加入经验校正因子。f 可在专用表中查得。

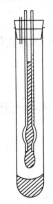

图 8-12　滴体积法的装置

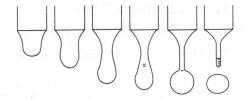

图 8-13　液滴滴落时的实际情况

五、吊片法

吊片法（Wilhelmy Plate method）常称为 Wilhelmy 法，测量的是当片的底边平行液面并刚好接触液面时所受到的拉力，此法具有完全平衡的性质。吊片法是最常用的方法之一，尤其适用于长时间表面张力的测量。现代化的表面张力仪大多采用这种方法。为保证测定结果准确，要求液体必须很好的润湿吊片。常用的吊片材质有铂金、玻璃、云母等。

第四节　曲面的蒸气压

一、开尔文公式

弯曲液面产生附加压力的一个直接后果是液体饱和蒸气压的改变，曲面的曲率不同，液面上的饱和蒸气压也将不同。一定温度下，液面上的饱和蒸气压与液面曲率的关系导出如下。

扫码"学一学"

设在一定温度 T 时，

$$1\text{mol 平面液体}（p_0）\xrightarrow{\Delta G_1}\text{小液滴}（p_0+\Delta p，r）$$

$$\Delta G_2\downarrow\qquad\qquad\qquad\uparrow\Delta G_4$$

$$1\text{mol 饱和蒸气（正常，}p_0）\xrightarrow{\Delta G_3}\text{饱和蒸气（小滴液，}p_r）$$

过程（2）和（4）是等温等压下的气液两相平衡过程，$\Delta G_2=\Delta G_4=0$。过程（3）是等温变压过程，设蒸气为理想气体，当压力由 p_0 变为饱和蒸气压为 p_r，半径为 r 的小液滴时，过程的吉布斯函数变化为

$$\Delta G_3=\int_{p_0}^{p_r}V_m(g)\,\mathrm{d}p=RT\ln(p_r/p_0)$$

过程（1）为 1mol 的平面液体直接分散成半径为 r 的小液滴，由于附加压力的作用，此分散过程实为等温变压过程，小液滴内的液体所承受的压力为 $(p+\Delta p)$，附加压力 $\Delta p=2\gamma/r$，若忽略压力对液体体积的影响，则

$$\Delta G_1=\int_{p_0}^{p_0+\Delta p}V_m(l)\,\mathrm{d}p=V_m(l)\Delta p=2\gamma V_m(l)/r$$

上式中 $V_m(l)$ 为液体的摩尔体积，若已知液体的密度 ρ 及摩尔质量 M，则 $V_m(l)=M/\rho$，故 $\Delta G_1=2\gamma M/(\rho r)$。

因为始末态相同，所以 $\Delta G_1=\Delta G_2+\Delta G_3+\Delta G_4$，将各过程吉布斯函数代入可得

$$RT\ln\frac{p_r}{p_0}=\frac{2\gamma M}{\rho r}\tag{8-36}$$

式中，p_0 是液体的正常饱和蒸气压，p_r 是半径为 r 的液滴的饱和蒸气压，γ 是液体的表面张力，ρ 是液体的密度，M 是液体的摩尔质量。

如果研究的是两个半径不同的小液滴，则式（8-36）变为

$$\ln\frac{p_2}{p_1}=\frac{2\gamma M}{RT\rho}\left(\frac{1}{r_2}-\frac{1}{r_1}\right)\tag{8-37}$$

式（8-36）、（8-37）均称为开尔文（Kelvin）公式。式中 p_1、p_2 分别是半径为 r_1、r_2 小液滴的饱和蒸气压。温度一定时，γ、M、ρ、R、T 都是常数。由开尔文方程知，液滴半径越小，其饱和蒸气压越大。

二、晶粒大小与溶解度的关系

开尔文公式也可应用于晶体物质，即微小晶体的饱和蒸气压 p_r 恒大于普通晶体的饱和蒸气压 p_0，当该晶体溶于某溶剂达到溶解平衡时，根据亨利（Henry）定律，溶液中溶质浓度与其蒸气分压成正比，即可得出晶体溶解度与颗粒大小的关系。

根据开尔文公式

$$\ln\frac{p_r}{p_0}=\frac{2\gamma M}{RT\rho r}$$

因为 $p=kc$，所以

$$\ln\frac{c_r}{c_0}=\frac{2\gamma_{\text{固-液}}M}{RT\rho r}\tag{8-38}$$

式中 c_r，c_0 分别表示同温度下微小晶体和普通晶体的溶解度；r 为微小晶体的半径，ρ 为晶体的密度；$\gamma_{\text{固-液}}$ 为固液界面张力。

式（8－38）表明，一定温度时，晶体粒子的溶解度与其半径 r 成反比，因而溶液中溶质小颗粒沉淀具有较大的溶解度，实验室常见的沉淀陈化过程即采用延长保温时间的方法使原来大小不匀的结晶中小晶体逐渐溶解，大晶体不断成长的过程。

三、毛细管凝结现象

运用开尔文公式可以说明许多表面效应。例如，在毛细管内，某液体能润湿管壁，管内液体将呈凹面，在一定温度下，根据开尔文方程，蒸气虽对平液面未达饱和，但对管内凹面液体已呈过饱和，此蒸气在毛细管内就会凝结成液体，这种现象称为毛细管凝结。硅胶是一种多孔性物质，具有很大的比表面积，利用它的多孔性可自动吸附空气中的水蒸气并在毛细管内发生凝结达到干燥空气的目的。又如水泥地面在冬天易冻裂也与其中存在毛细管凝结后的水有关。水蒸气在植物叶子气孔口的凹形弯液面上冷凝可以在相对湿度小于100％时发生，于是形成露水，这对于干旱地区植物的生长是十分重要的。

四、亚稳态

亚稳态是按照相平衡条件应该发生相变而未发生的状态。常见的亚稳态现象有以下几种。

（一）过饱和蒸气

按相平衡条件，在某一温度当气体的分压大于其在该温度下的饱和蒸气压时，该气体将自发凝聚成液体或固体。但新生成凝聚相颗粒极其微小。根据开尔文公式，微小颗粒的蒸气压远远大于该物质的正常蒸气压。因此，虽然该气体的分压已经大于其正常蒸气压，但对于将要形成的微小新相颗粒来说仍未饱和，所以不可能凝聚。这种按相平衡条件应凝聚而未凝聚的气体称为过饱和蒸气（supersaturated vapor）。蒸气中的灰尘或者容器的粗糙内表面都可以成为蒸气的凝聚中心，使新生成的凝聚相从一开始就具有较大的曲率半径，这样在蒸气的过饱和程度较小的情况下，蒸气就可开始凝聚。人工降雨就是根据这个原理向云层中撒入固体颗粒使已经饱和的水蒸气凝聚成雨的。

（二）过冷液体

在一定压力下，当液体的温度已低于该压力下液体的凝固点，而液体仍不凝固的现象，叫过冷现象，此时的液体称为过冷液体（supercooling liquid）。过冷液体的产生同样是由于新生相微粒具有较高蒸气压所致。如图 8－14 所示，正常情况下物质的熔点在液体的蒸气压曲线 OC 和固体的蒸气压曲线 OA 的交点 O 处，微小晶体的蒸气压高于正常值，因此蒸气压曲线 BD 在 OA 线上方，和液体蒸气压曲线 OC 的延长线交于 D，D 点是微小晶体的熔点。从图上可以看出，正常情况下的凝固点 O，对于有较高蒸气压的微小晶

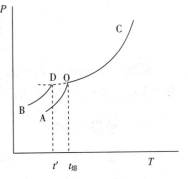

图 8－14　过冷液体相图

体来说，仍处于气液平衡区，是不可能有固体析出的。为此，向液体中投入该物质的晶粒作为新相种子，可使晶体以较大的粒径析出。

（三）过热液体

沸腾是液体从内部形成气泡、在液体表面上剧烈气化的现象。但如果在液体中没有提

供气泡的物质存在时，液体在沸点时将无法沸腾。这种温度高于沸点但仍不沸腾的液体，称为过热液体（superheated liquid）。

液体沸腾时首先在液体底部形成气泡，根据开尔文公式，小气泡形成时气泡内饱和蒸气压远小于外压，而微小气泡稳定存在必须克服三种压力：大气压 $p_{大}$、液体静压力 $p_{静}$ 及气泡凹形液面产生的附加压力 $p_{曲}$，仅当气泡内蒸汽压 $p_{内}$ 满足 $p_{内} \geq p_{大} + p_{静} + p_{曲}$ 时，气泡才能成长上升。新生成的小气泡不能满足这一条件，因而不能稳定存在，这样便造成了液体在沸点时不沸腾，温度继续升高的过热现象。过热较多时，产生暴沸。

防止暴沸的关键在于促使新相气泡顺利产生，具体措施有：①不断搅拌，防止局部过热，同时使液体与空气不断撞击产生微细空气泡沫，这些气泡作为新相种子，可以避免过热发生；②加入沸石或毛细管。由于沸石内有很多小孔，吸附大量空气。液体加热后，空气由毛细孔逸出形成气泡，这种气泡作为新相种子，使气泡成长扩大，成为沸腾中心。此法简便，效果较好。

（四）过饱和溶液

由式（8-38）可知，在一定条件下，晶体的颗粒愈小其溶解度愈大。所以将溶液进行恒温蒸发时，溶质的浓度逐渐增大，达到普通溶质晶体的饱和浓度时，对微小晶体溶质却仍未达到饱和状态，作为晶体成长核心的晶核难以析出。为了使微小晶体能自动的生成，需要将溶液进一步蒸发，达到一定的饱和程度，晶体才可能不断的析出。这种按照相平衡的条件，应当有晶体析出而未析出的溶液，称为过饱和溶液（supersaturated solution）。

在结晶过程中，若溶液的过饱和度太大，将生成很细小的颗粒，不利于过滤或洗涤，会影响产品的质量。在生产中常采用向结晶器中投入小晶体作为新相种子的方法，防止溶液过饱和程度过高，可获得较大颗粒的晶体。

上述亚稳态的共同特征是它们都偏离平衡而处于较高的能量状态。从热力学观点看，它们是不稳定的，但是却能持久存在。出现亚稳态的原因是由于新相种子难以产生的缘故。上面提出的各种防止方法都是为了创造有利于新相种子的形成，促使亚稳态过渡到平衡状态。在科研和生产中，有时需要破坏亚稳态，如上述的结晶过程。但有时则需要保持这种亚稳态长期存在，如金属的淬火。

扫码"学一学"

第五节　铺展与润湿

铺展（spreading）与润湿（wetting）都是与表面或界面张力有关的表面现象，与人类的生活和工农业生产关系非常密切。

一、液体的铺展

一种液体在另一种不互溶液体表面自动展开的过程称为铺展。认识铺展过程的本质可以从界面能的观点入手。设液体 A 与液体 B 不互溶，A 在 B 表面上铺展，B 的表面消失，同时产生一个 A 表面和 AB 新界面。在一定的温度、压力下，可逆铺展单位表面积时，系统的表面吉布斯函数变化为

$$\Delta G_{T,p} = \gamma_A + \gamma_{A/B} - \gamma_B$$

当 $\Delta G < 0$ 时，A 才能在 B 表面上自动铺展，定义铺展系数 $S = -\Delta G_{T,p}$。

$S \geq 0$ 时，A 能在 B 上面铺展。$S < 0$ 时，则不能铺展。

实际上两种液体完全不互溶的情况很少见，常常是接触后相互溶解而达到饱和。在这种情况下，判断两种液体相互关系所用的表面张力数据应改为被 B 饱和了的 A 的表面张力和被 A 饱和了的 B 的表面张力。

二、液体对固体的润湿

固 – 气界面被固 – 液界面代替的过程称为润湿。

润湿可以分为三类：粘湿（adhesion）、浸湿（immersion）和铺展。下面分别进行讨论。

（一）粘湿

粘湿指的是液体与固体由不接触到接触，变液 – 气界面和固 – 气界面为固 – 液界面的过程（图 8 – 15）。从热力学的角度分析，在恒温、恒压下，当接触面积为单位面积时，此过程系统吉布斯函数的变化为

$$\Delta G = \gamma_{l-s} - \gamma_{g-s} - \gamma_{g-l} \tag{8-39}$$

定义 $W_a = -\Delta G = \gamma_{g-s} + \gamma_{g-l} - \gamma_{l-s}$，$\gamma_{l-s}$、$\gamma_{g-s}$、$\gamma_{g-l}$，分别表示液 – 固、气 – 固、气 – 液的界面张力。W_a 称为粘湿功（work of adhesion）。显然，W_a 值越大，液体愈容易粘湿固体。

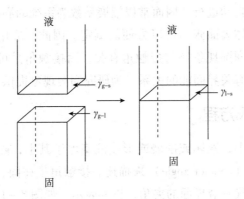

图 8 – 15　粘湿示意图

（二）浸湿

浸湿是指固体浸入液体中的过程。洗衣时把衣服泡在水中就是浸湿过程。此过程的实质是固气界面为固液界面所代替，而液体表面在此过程中并无变化。在浸湿单位面积时，过程的吉布斯函数降低值为

$$-\Delta G = \gamma_{g-s} - \gamma_{l-s} = W_i \tag{8-40}$$

W_i 称为浸湿功，它是液体在固体表面上取代气体能力的一种量度，$W_i > 0$ 时，浸湿过程可自动进行。

（三）铺展

铺展是固 – 液界面取代固 – 气界面，同时生成新的气 – 液界面的过程。如图 8 – 16 所示，ab 界面开始是气 – 固界面，当液体铺展后，ab 界面转变为液 – 固界面，而且增加了同样面积的气 – 液界面。

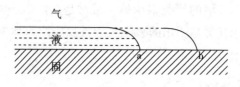

图 8-16 铺展润湿示意图

在恒温、恒压下，当铺展面积为一个单位面积时，系统吉布斯函数降低值为

$$-\Delta G = \gamma_{g-s} - \gamma_{g-l} - \gamma_{l-s} = S_i \tag{8-41}$$

S 为铺展系数，与液－液铺展一致，$S \geqslant 0$ 是铺展过程发生的必要条件；$S < 0$ 时，则不能铺展。

当润湿单位表面积的固体表面时，三种润湿过程表面吉布斯函数的降低值分别为

粘湿 $-\Delta G = \gamma_{g-s} + \gamma_{g-l} - \gamma_{l-s} = W_a$

浸湿 $-\Delta G = \gamma_{g-s} - \gamma_{l-s} = W_i$

铺展 $-\Delta G = \gamma_{g-s} - \gamma_{g-l} - \gamma_{l-s} = S$

对比上述三式可知 $W_a = W_i + \gamma_{g-l}$,

$$S = W_i - \gamma_{g-l}$$

由于液体的表面张力总是正值，对于同一系统 $W_a > W_i > S$，所以凡是能够自行铺展的系统，其他润湿过程皆可自动进行，因而常以铺展系数为系统的润湿性指标。

在三种界面中只有液体表面张力可以方便的测定。因此，应用上述润湿判据实际上是困难的。后来，人们发现润湿现象还与接触角有关，而接触角是可以测量的，在一百多年前就已经找出了接触角与有关界面能的关系，为研究润湿现象提供了方便。

三、接触角与杨氏方程

将液体滴于固体表面上，液体或铺展或形成液滴停于其上，随体系性质而异。所形成液滴的形状可以用接触角（contact angle）来描述。接触角是在固、液、气三相交界处，自固－液界面经液体内部到气－液界面的夹角，以 θ 表示，如图 8-17。接触角的大小可以通过实验测定，从接触角的数值可以看出液体对固体的润湿程度。当平衡时接触角与界面张力之间有如下关系

$$\gamma_{s-g} = \gamma_{l-s} + \gamma_{l-g} \cos\theta \tag{8-42}$$

此式称为杨氏方程。

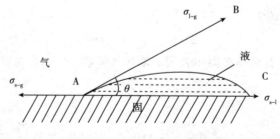

图 8-17 液滴形状与接触角

四、润湿情况的判断

通过接触角的大小可以判断液体润湿固体的能力。根据杨氏方程可以得到以下结论。

（1）如果 $\gamma_{s-g} - \gamma_{l-s} < \gamma_{l-g}$，则 $0 < \cos\theta < 1$，$\theta < 90°$，在此情况下固体能被液体所润湿，如图 8 – 18（a）所示。当 $\theta = 0°$，这时液体可完全润湿固体，如图 8 – 18（b）所示。在毛细管中上升的液面呈凹形半球状属于这种情况。

（2）$\gamma_{s-g} < \gamma_{l-s}$，则 $\cos\theta < 0$，$\theta > 90°$，固体不为液体所润湿，如图 8 – 18（c）所示。当 $\theta = 180°$ 时，则为完全不润湿，在玻璃上滚动的水银即属于这种情况，如图 8 – 18（d）所示。

（3）如果 $\gamma_{s-g} - \gamma_{l-s} > \gamma_{l-g}$，则杨氏方程不再成立。此时，液体将在固体表面上铺展。$\gamma_{s-g} - \gamma_{l-s} - \gamma_{l-g}$ 即是前面讲到的铺展系数 S。

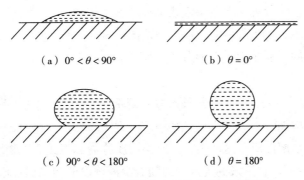

（a）$0° < \theta < 90°$　　（b）$\theta = 0°$

（c）$90° < \theta < 180°$　　（d）$\theta = 180°$

图 8 – 18　不同 θ 时液滴在固体表面的润湿情况

将杨氏方程代入式（8 – 40）~（8 – 42）可以得出

$$W_a = \gamma_{g-l}(\cos\theta + 1)$$

$$W_i = \gamma_{g-l}\cos\theta$$

$$S = \gamma_{g-l}(\cos\theta - 1)$$

由以上三式可知，只要测出液体的表面张力和接触角就可以对各种润湿条件做出判断。从上面三式不难看出，接触角愈小润湿性能愈佳。表 8 – 3 是部分药物及辅料粉末与水的接触角。

表 8 – 3　部分药物及辅料粉末与水的接触角（水中已饱和了待测物）

物质	接触角	物质	接触角
碳酸钙	58°	吲哚美辛	90°
硬脂酸铝	120°	非那西丁	78°
硬脂酸镁	121°	地高辛	49°
硬脂酸	98°	巴比妥	70°
水杨酸	103°	戊巴比妥	86°
硬脂酸钙	115°	地西泮	83°
氯霉素	59°	咖啡因	43°
茶碱	48°	醋酸泼尼松	63°
氨茶碱	47°	异烟肼	49°
硼酸	74°		

扫码"学一学"

第六节　溶液表面的吸附

一、溶液表面张力与浓度的关系

溶液的表面张力除与温度、压力、溶剂的性质有关外，还与溶质的性质和浓度有关。在恒温条件下，将不同浓度溶液的表面张力与对应浓度作图，所得曲线称为溶液表面张力等温线。实验表明，水溶液表面张力随浓度变化规律大致有如图 8-19 所示的三种类型。图中 γ_0 为纯水在测定温度下的表面张力。下面分别介绍它们的特点。

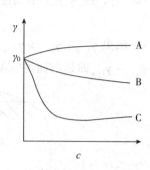

图 8-19　溶液表面张力与浓度的关系

第一种类型（曲线 A）：溶液的表面张力随溶液浓度的增加呈缓慢线性增加，多数无机盐（如 $NaCl$，NH_4Cl）、不挥发性酸、碱及蔗糖、甘露醇等多羟基有机物的水溶液属于这一类型。此类物质称为非表面活性物质。

第二种类型（曲线 B）：溶液的表面张力随着溶液浓度的增加而逐渐下降，这种类型的例子包括大多数低分子量的极性有机物，如醇、醛、低脂肪酸、酯胺及其衍生物等。

第三种类型（曲线 C）：在溶液中加入很少量的溶质能引起溶液表面张力急剧下降，至某一浓度后，表面张力趋于稳定，不随溶液浓度的增大而变化，此类物质称为表面活性剂。表面活性剂主要是由长度大于 8 个碳原子的碳链和足够强的亲水基团如羧酸盐、硫酸盐、烷基苯磺酸盐、季铵盐等构成的。

二、溶液表面的吸附

溶液无论看起来如何均匀，表面上一薄层的浓度总与内部不同。通常，把溶质在表面的浓度与在体相中浓度不相等的现象称为表面吸附（surface adsorption）。

在一定 T、p 下，当溶液的表面积 A_S 一定时，降低吉布斯函数的唯一途径是尽可能地使溶液的表面张力降低，即

$$dG_{T,p,A_S} = A_S d\gamma < 0$$

若溶剂中加入溶质后表面张力降低，即 $d\gamma < 0$，则溶质将从溶液的本体中自动富集于表面层，使表面层的浓度大于本体溶液，就是正吸附。若在溶剂中加入溶质后溶液的表面张力增加，则溶质会自动离开表面层而进入本体溶液中，导致表面层的浓度小于其体相浓度，这就是负吸附。

由于液体表面与体相具有物理的不可分离性，其吸附现象既难于观察又难于测量。有两个著名实验证明溶液表面吸附确实存在。一是英国著名胶体与表面化学家 Mc Bain 的"刮皮实验"，他用刀片从表面活性物质水溶液表面上飞快地刮下一薄层液体，收集起来分析其浓度，结果确实高于原有溶液浓度。另一个是向表面活性剂水溶液中通气，使生成大量泡沫，收集泡沫分析其浓度，结果也大大高于原溶液浓度。这种做法后来发展成为有实用意义的泡沫分离法。

三、吉布斯吸附等温式

（一）溶液表面吸附量与吉布斯面

实验证明，在两相的界面层内，系统的性质是不均匀的。从一相过渡到另一相时，在界面区，系统的性质呈连续性变化。表面吸附量的热力学处理示意图见图 8 − 20。在 α、β 二相之间取 AA′ 与 BB′ 平面，α 相为气相或液相，β 相为另一液相。选择时需满足系统的浓度及其他性质从 α 相内直到 AA′ 平面为止，都是均匀的，与 α 相内本体的浓度和性质相同。从 β 相内到 BB′ 平面之间与 β 相本体的浓度和性质均匀一致。这样界面上的变化都发生在 AA′ 与 BB′ 平面之间。从 AA′ 到 BB′ 平面为界面层。在此界面层内选取 SS′ 平面，称为二维空间的表面相（surface phase of two dimention space），简称 σ 相。

Gibbs 将两相系统等效为由两个均匀的体相和一个没有厚度的界面构成的系统。设想交界面只是一个理想的几何面 SS′ 所构成。自体相 α 内部到 SS′ 面之间的浓度是均匀一致的，并令其 i 组分浓度为 c_i^α，同样，自体相 β 内部到 SS′ 面之间的浓度是均匀的，i 组分浓度为 c_i^β。两相的体积分别为 V^α 与 V^β。于是系统内 i 组分的总物质的量 n_i 为

$$n_i' = c_i^\alpha V^\alpha + c_i^\beta V^\beta = n_i'^\alpha + n_i'^\beta$$

但实际上界面相浓度是不均匀的，见图 8 − 20，因而上述计算与实际 i 组分的物质的量 n_i 有差别，此差值用 n_i^σ 表示（此差值反映了 i 组分在相界面上的吸附量）

$$n_i^\sigma = n_i - n_i' = n_i - (n_i'^\alpha + n_i'^\beta) \tag{8 − 43}$$

单位面积相界面上的吸附量表示为

$$\Gamma = n_i^\sigma / A_S \tag{8 − 44}$$

A_S 为界面层面积，Γ_i 称为表面超量（surface in excess）。Gibbs 巧妙地把 SS′ 面放在系统表面相中某一组分（通常是溶剂）的超量为零的位置上，即 $\Gamma_i = 0$ 处，见图 8 − 21。可以看出，如果 SS′ 面选在溶剂的表面超量为零的位置上，即 ASE（实线）和 B′S′E 的面积相等时 $\Gamma_{溶剂} = 0$。而 ASE（虚线）和 CDE 的面积并不相等。此二者面积之差，即为溶质的表面超量，这样的 SS′ 面称为吉布斯面。由于满足溶剂的 $\Gamma_{溶剂} = 0$ 的 SS′ 界面位置只有一个，因而这时溶质的表面超量具有明确的物理意义和数值。

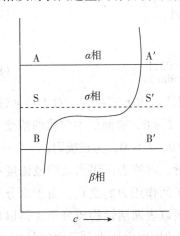

图 8 − 20　两相界面层结构示意图

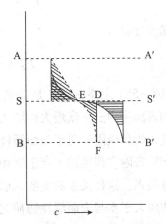

图 8 − 21　界面超量示意图

（二）吉布斯吸附等温式

设有一个二组分溶液，n_1 和 n_2 分别为体相中溶剂和溶质的物质的量。而 n_1^σ 和 n_2^σ 分别

为表面相中溶剂和溶质的物质的量。当溶液的表面积扩大 dA_S 时，其表面功为 $\delta W' = \gamma dA_S$，表面相中该二组分系统的吉布斯函数变化应写成

$$dG^\sigma = -SdT + Vdp + \gamma dA_S + \mu_1 dn_1^\sigma + \mu_2 dn_2^\sigma \tag{8-45}$$

对于等温等压过程

$$dG^\sigma = \gamma dA_S + \mu_1 dn_1^\sigma + \mu_2 dn_2^\sigma \tag{8-46}$$

在等温等压和组成不变时 γ 和 μ 均为常数，对上式积分得

$$G^\sigma = \gamma A_S + \mu_1 n_1^\sigma + \mu_2 n_2^\sigma \tag{8-47}$$

G 为状态函数，进行全微分得

$$dG^\sigma = \gamma dA_S + A_S d\gamma + \mu_1 dn_1^\sigma + n_1^\sigma d\mu_1 + \mu_2 dn_2^\sigma + \mu_2^\sigma dn_2^\sigma \tag{8-48}$$

式（8-49）与式（8-47）相减，得

$$A_S d\gamma + n_1^\sigma d\mu_1 + n_2^\sigma d\mu_2 = 0 \tag{8-49}$$

该式称表面相的吉布斯－杜亥姆（Gibbs－Duhem）公式，是讨论溶液表面吸附的基础

$$-A_S d\gamma = n_1^\sigma d\mu_1 + n_2^\sigma d\mu_2 \tag{8-50}$$

$$-d\gamma = \frac{n_1^\sigma}{A_S}d\mu_1 + \frac{n_2^\sigma}{A_S}d\mu_2 = \Gamma_1 d\mu_1 + \Gamma_2 d\mu_2 \tag{8-51}$$

令 $\dfrac{n_1^\sigma}{A_S} = \Gamma_1$，$\dfrac{n_2^\sigma}{A_S} = \Gamma_2$。现在是如何确定 Γ，这里就要应用上述表面层超量中吉布斯所提出的方法；就是把表面 SS' 放在表面层中，并能满足 $\Gamma_1 = 0$ 的位置上，即溶剂表面吸附为零，则

$$-d\gamma = \Gamma_2 d\mu_2$$

吸附平衡时，溶质 2 在表面层的化学势与溶液体相中的化学势相等。

$$\mu_{2,\text{表面}} = \mu_{2,\text{体相}}$$

$$-d\gamma = \Gamma_2 \mu_{2,\text{体相}} \tag{8-52}$$

溶液中溶质 2 的化学势与活度关系为 $\mu_2 = \mu_2^\ominus + RT\ln a_2$，代入得

$$-d\gamma = \Gamma_2 RT\, d\ln a_2 \tag{8-53}$$

$$\Gamma_2 = -\frac{1}{RT}\left[\frac{\partial\gamma}{\partial\ln a_2}\right]_T = -\frac{a_2}{RT}\left[\frac{\partial\gamma}{\partial a_2}\right]_T \tag{8-54}$$

在稀溶液时

$$\Gamma_2 = -\frac{c}{RT}\left[\frac{\partial\gamma}{\partial c}\right]_T = -\frac{1}{RT}\left[\frac{\partial\gamma}{\partial\ln c}\right]_T \tag{8-55}$$

式（8-55）、（8-56）是著名的吉布斯吸附等温式。由上式可知，对于非活性物质，其溶液的表面张力随浓度增大而增大，$(\partial\gamma/\partial c)_T > 0$，$\Gamma < 0$，表面层中溶质的浓度小于其体相浓度，为负吸附。对于表面活性物质，$(\partial\gamma/\partial c)_T < 0$，$\Gamma > 0$，为正吸附。

吉布斯吸附方程描述了当温度恒定时，表面吸附量、溶液表面张力及溶液浓度三者之间的定量关系。这种关系的实质反映了溶质、溶剂分子间作用力的变化。由于水分子之间的相互作用大于水与表面活性物质之间的相互作用，所以表面活性物质分子才得以在表面聚集；相反，电解质离子（如 Na^+、Cl^-）与水分子间的作用力比水分子之间的作用力大，所以它们更容易被"拉"入体相，使得电解质在表面层的浓度小于在体相内的浓度。

例题 8-3 某表面活性剂水溶液在 291.15K 时，表面张力与浓度之间的关系为 $\gamma = \gamma_0 - ac$，水的表面张力 $\gamma_0 = 72.75 \times 10^{-3} N \cdot m^{-1}$，$a = 13.1 \times 10^{-3} N \cdot m^{-1} \cdot m^3 \cdot mol^{-1}$。求 $c = 0.2 \times 10^3 mol \cdot m^{-3}$ 时的吸附量 Γ。

解：
$$\Gamma = -\frac{c}{RT}\left(\frac{\partial \gamma}{\partial c}\right)_T$$

$$\left(\frac{\partial \gamma}{\partial c}\right)_T = -a = -13.1 \times 10^{-3} \text{N} \cdot \text{m}^{-1} \cdot \text{m}^3 \cdot \text{mol}^{-1}$$

当 $c = 0.2 \times 10^3 \text{mol} \cdot \text{m}^{-3}$ 时，

$$\Gamma = -\frac{0.2 \times 10^3 \text{mol} \cdot \text{m}^{-3}}{8.314 \text{J} \cdot \text{K}^{-1} \cdot \text{mol}^{-1} \times 291.15 \text{K}} \times (-13.1 \times 10^{-3} \text{N} \cdot \text{m}^{-1} \cdot \text{m}^3 \cdot \text{mol}^{-1})$$
$$= 1.08 \times 10^{-3} \text{mol} \cdot \text{m}^{-2}$$

（三）溶液表面吸附层结构

实验表明，对表面活性剂来说，同系物中各不同化合物的饱和吸附量是相同的。这是因为表面活性剂的分子定向而整齐地排列在溶液的表面上，极性基伸入水中，非极性基暴露在空气中，如图 8 – 22 所示。同系物中不同化合物的差别只是碳链长短不同，而分子横截面积相同，因而它们的饱和吸附量是相同的。

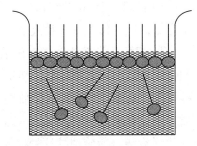

图 8 – 22　吸附层结构示意图

饱和吸附时，表面几乎完全被溶质分子所占据。饱和吸附量 Γ_m 可看作是单位面积表面上溶质的物质的量。因此，可以由 Γ_m 值计算出每个吸附分子所占的面积即表面活性物质的横截面积 A。即

$$A = \frac{1}{\Gamma_\text{m}L} \qquad (8-56)$$

式中 L 为 Avogadro 常数。A 的计算结果一般比用其他方法所得值稍大，这是因为由于热运动，尤其在温度比较高时，分子并不是绝对整齐排列的。其次，饱和吸附层中，除了被表面活性物质占据也不可避免地存在一些溶剂分子。表 8 – 4 列出一些 $C_nH_{2n+1}X$ 结构化合物的实验结果。这一结果可以帮助我们认识表面活性物质的分子模型及在表面层的排列方式。表中所示的 $20.5 \times 10^{-20} \text{m}^2$ 即为碳氢链的横截面积，而醇类及酯类的横截面积大于 $20.5 \times 10^{-20} \text{m}^2$ 可能由于生成氢键的影响及极性基间的电性斥力作用的结果。

表 8 – 4　$C_nH_{2n+1}X$ 化合物在单分子膜中每个分子的截面积

化合物种类	X	$A(\times 10^{-20} \text{m}^2)$
脂肪酸	$R-COOH$	20.5
二元酯类	$R-COOC_2H_5$	20.5
酰胺类	$R-CONH_2$	20.5
甲基酮类	$R-COCH_3$	20.5
甘油三酸酯类（每链面积）	$R-COOCH_2$	20.5
饱和酸的酯类	$R-COOR$	22.0
醇类	$R-CH_2OH$	21.6
酚类及对位苯衍生物	R—⟨苯环⟩—OH	24.0
	R—⟨苯环⟩—NH_3	24.0

当然，在吸附量不大的情况下，表面活性分子在表面上有较大的活动范围，排列方式未必非常整齐。但非极性基团仍然倾向伸出液面。

四、不溶性表面膜

（一）不溶性表面膜及其性质

水的表面张力较大，很多水不溶性物质如长碳链脂肪酸和脂肪醇借助于适当的溶剂可在水表面上铺展成单分子层的薄膜，其亲水基朝着水相，而憎水基则朝着气相。当憎水基大到一定程度，不溶物在水中的浓度便小得可以忽略，这时，表面活性物质可视为全部集中于表面层作定向排列。当浓度达一定程度，便形成不溶性表面膜或称单分子层表面膜（monomolecular film or monolayer）。

19 世纪末至 20 世纪初，许多学者描述了在水表面形成单分子膜的概念，并设计了直接测定表面压的仪器——膜天平，它至今仍然被广泛用于表面膜的研究。

1. 表面压及其测定　表面活性剂分子在水表面铺展成单分子膜后，它们只能在二维空间范围内运动，这种运动虽然比三维空间少了一个自由度，但仍然具有类似三维空间的一些特性。例如，把一根火柴放到水面上，然后用沾有油的玻璃棒在火柴一边的水面上轻轻碰一下，火柴很快便会向另一边移动，这表明展开的膜对火柴棒有推动力。膜对单位长度浮片（火柴）所施加的这种推动力叫作表面压，与三维压力一样，它也是由于表面膜中的分子不断碰撞浮片的结果。

设浮片长 l，被膜移动了 $\mathrm{d}x$ 距离，则表面膜所作之功为 $\pi l \mathrm{d}x$，π 为表面压。这个功应当等于纯水表面被表面膜覆盖后系统吉布斯函数的改变，即

$$\pi l \mathrm{d}x = (\gamma_0 - \gamma)\mathrm{d}A_\mathrm{S}$$

因为 $\mathrm{d}A_\mathrm{S} = l\mathrm{d}x$，所以

$$\pi = \gamma_0 - \gamma$$

式中 γ_0 为纯水的表面张力；γ 为加入不溶物后的表面张力。由此可见，表面压实际上是由于表面活性物质降低了水的表面张力引起的。由于有表面活性物质的一侧表面张力小，纯水一侧表面张力大，致使浮片受到一不平衡力的作用而移动。测定表面压的膜天平就是根据这一原理设计的。图 8-23 是膜天平的示意图。在涂有石蜡的浅盘 E 上放一片装有扭力丝的憎水薄浮片 B，浮片两端用涂了凡士林的细金属丝连在盘上。实验时在盘上盛满水，并使水面略高于盘边，再用滑尺 A 刮去水的表层。这一操作要重复多次，直至水面干净。把溶解在挥发性溶剂中的待测物溶液滴加在水面上，溶剂挥发后，待测物在水面上形成了单分子膜 C。膜对浮片的压力可以通过钮丝旋转的度数测得。移动滑尺改变膜的面积，可测定相对应的表面压数据。从而得到表面压 π 和成膜分子占有的面积之间的关系。用表面压 π 和分子占有面积 a 作图，发现膜的特征和物质状态相似，可以类比为二维空间的气态、液态和固态，因此常把膜分为气态膜、液态膜和固态膜。

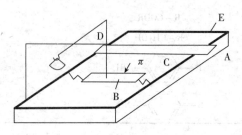

图 8-23　膜天平测表面压示意图

2. 膜的其他性质

（1）**表面电势** 洁净水面和空气之间电势差与膜表面和空气之间电势差的差值称为膜的表面电势。如前所述，表面活性物质在成膜时，分子的极性端在水中，非极性端向外，当表面压较低时，分子斜躺在水面，此时表面电势较低。随着表面压的增大，分子间距离减小，成膜分子的物质和水面之间的垂直度逐渐增大，表面电势也越来越大。当所有成膜物质分子都垂直取向时，分子排列紧密，膜面积不能继续缩小，表面电势趋于定值。所以表面电势数据可以指示膜的不均匀性，提供成膜分子在膜中的定向和膜结构变化的信息。

（2）**表面黏度** 表面黏度是液体在有膜时的黏度和无膜时的黏度之比。

$$\eta_s = \eta_t / \eta_0$$

式中 η_s 为表面黏度，η_t 和 η_0 分别为液体有膜和无膜时的黏度。

表面黏度主要用来研究单分子相变、成膜分子之间的相互作用、单分子膜上的化学反应以及泡沫、乳状液等各种液膜的稳定性等。

（二）不溶性表面膜的应用

1. 抑制水蒸发 水资源的保护在国际上已引起普遍重视。在干燥地区及炎热地带，水池和水库中的水蒸发速度较快，如果在水面上铺上一层不溶性单分子膜，就能大幅度降低水的蒸发速度。将十六醇溶于石油醚中制成铺展溶液，所产生的单分子膜可降低水蒸发量达 90%。单分子膜不但能降低水的蒸发速度，还能提高水温，对农作物的生长也是有益的。

2. 摩尔质量的测定 在低表面压时成膜分子所占面积很大，分子间的相互作用较小，膜的行为特征类似气体，其状态方程可以表示为

$$\pi(A - nA_m) = nRT = \frac{m}{M}RT \tag{8-57}$$

式中 A 和 A_m 分别为膜面积和成膜物质的摩尔面积，n 为成膜物质的量，m 为成膜物质的质量，M 为成膜物质的摩尔质量。根据式（8-58），用 πA 对 π 作图，外推至 $\pi = 0$ 处，截距为 $\frac{m}{M}RT$，即由此可求出 $\lim_{\pi \to 0} \pi A = \frac{m}{M}RT$ 成膜物质的摩尔质量。

根据膜表面压法测定可铺展的蛋白质的摩尔质量，其结果与渗透压法、超离心法或黏度法测定结果相符。用膜表面压法测定摩尔质量的优点是迅速而简单，且每次用量很少（约 $20\mu g$），缺点是当摩尔质量大于 $2.5 \times 10^4 \, \text{g} \cdot \text{mol}^{-1}$ 时就不够准确，可能是被测分子发生缔合的缘故。

3. 分子结构的推定 由于不同分子结构的物质形成的膜状态不同，因此可以利用表面膜测试技术作为测定分子结构的辅助方法。例如，鲨肝醇和鲛肝醇两个二元醇分子就是利用和已知结构的相应二元酸分子所形成表面膜的 $\pi - a$ 数据，推测出它们的分子结构。

4. 不溶膜上的化学反应 不溶膜的化学反应指的是成膜物质和与其接触的其他相物质之间所发生的化学反应。其中研究最多的是成膜物质分子和溶液中的分子之间发生的化学反应。成膜物质分子的取向可以通过调整膜压来控制，反应过程中膜中分子数量的变化会引起膜区及膜面积的改变。因此，可以通过固定膜压改变膜面积或固定膜面积改变膜压的方法进行化学动力学研究。

（三）其他表面膜

1. 高分子膜和蛋白质膜 许多高分子化合物，特别是蛋白质可以在水面上形成单分子膜。由于它们与生命现象关系密切，所以引起人们的极大研究兴趣。

蛋白质是由多种氨基酸以一定方式结合而成的。当表面压很低时，蛋白质分子在表面膜中铺展开，各侧链平躺在表面上，形成比较理想的单分子膜。这时膜的可压缩性很大，因为压缩时亲水性侧链从水表面逐渐进入液相，而憎水性侧链则从水表面逐渐伸向空中，直至多缩氨基酸链形成紧密定向排列，很难再进一步压缩为止。这时可以测定蛋白质的分子量。

目前，人们认为自然界中蛋白质的合成很可能是在相界面上的膜中进行的，而构成生物膜的主要成分之一就是蛋白质。因此，研究蛋白质和高分子膜对了解生物膜在生命过程中所起的巨大作用具有十分重要的价值和意义。

2. L-B膜　在适当的条件下，不溶物的单分子膜可以通过简单的方法转移到固体基质上，经过多次转移仍保持其定向排列的多分子层结构。这种多层单分子膜是表面化学家Langmuir和他的学生Blodgett女士首创的，故称L-B膜（Langmuir-Blodgett film），也称组装膜。L-B膜提供了在分子水平控制排列方式的手段，使人们有了根据需要组建分子聚集体的可能，为制成具有实用功能的分子电子元件和仿生元件展现了光明的前景。

3. 双分子脂质膜　在水溶液中放入一块有小孔的疏水性隔板，脂质分子会自动在小孔中形成一个双分子层的隔膜，该膜称为双分子脂质膜（bilayer lipid membrane，BLM）。双层脂质膜的研究是物理、化学、生物、医药等多学科的交叉结合点，对于药学工作者具有独特的意义。脂质体（liposome）是人工制备的类脂双分子层的小囊，从20世纪70年代开始用作药物载体，目前已在实际应用方面取得很大进展。

第七节　表面活性剂

一、表面活性剂的特点

表面活性剂（surface active agent or surfactant）是这样一类物质，它在加入很少量时便能大大降低溶剂（一般指水）的表面张力，改变系统的界面组成和结构，从而产生润湿或反润湿、乳化或破乳、起泡或消泡、增溶等一系列作用，以达到实际应用要求。

表面活性剂分子结构特点是具有不对称性。整个分子可以分为两部分，一部分是亲油的（lipophilic）非极性基团，称为疏水基（hydrophobic group）；另一部分是极性基团，称为亲水基（hydrophilic group）。因此，表面活性剂分子具有两亲性质，被称为两亲分子（amphiphilic molecule）。例如，肥皂的主要成分脂肪酸盐就是人类较早使用的表面活性剂，它的疏水基是碳氢链，亲水基是羧基。但并不是所有具有两亲结构的分子都是表面活性剂，例如，甲酸、乙酸、丙酸、丁酸都具有两亲结构，但并不是表面活性剂，而只是具有表面活性而已。只有分子中疏水基足够大的两亲分子才显示表面活性剂的特性。对于正构烷基来说，碳链长度一般为8~18。多数表面活性剂的疏水链呈长链状，故形象的把疏水基叫做"尾巴"，亲水基叫做"头"。这样的分子结构使得此种分子具有一部分可溶于水而另一部分易自水中逃离的双重性质。因此，此种分子就会在水溶液体系中（包括表面、界面）相对于水介质而采取独特的定向排列，并形成一定的组织结构。这种情况发生于表面活性剂溶液体系，即表现为两种重要的基本性质：溶液表面的吸附与溶液内部的胶团形成。

二、表面活性剂的分类

表面活性剂的种类繁多，应用也极其广泛，目前通常以它的化学结构来分类。即以亲

扫码"学一学"

水基团是否是离子型及其类别为主要依据，通常可分为以下几类。

（一）阴离子表面活性剂

这类表面活性剂在水中电离后产生的阴离子起表面活性作用。它们是人们最早使用的一类表面活性剂，主要包括以下几种。

1. 羧酸盐 它们都是脂肪酸盐（一般是钠盐），常见的是肥皂，它是最古老的表面活性剂，至今仍在大量的应用。这类表面活性剂不宜在硬水及酸性溶液中使用。

2. 磺酸盐 磺酸盐分为烷基苯磺酸盐和烷基磺酸盐。

（1）烷基苯磺酸盐 结构为 R—⬡—SO_3M，是大多数洗衣粉中采用的表面活性剂。它可以在硬水中使用，表面活性也较强，最常用的是十二烷基苯磺酸钠。它比肥皂易溶于水，其水溶液极易起泡，但因黏度较低，泡沫易于消失。它的渗透力和去污力都很好。

（2）烷基磺酸盐 结构为 RSO_3M。由于碳原子与硫原子直接相连，所以在酸性介质中比较稳定，耐硬水能力较强。这种表面活性剂毒性较小，易于为生物降解，因而对环境污染较小，近年来产量不断增加，但造价较高。

3. 硫酸酯盐 硫盐结构为 $ROSO_3M$。十二烷基硫酸钠（$C_{12}H_{25}OSO_3Na$）是这类表面活性剂的代表，它具有良好的乳化、起泡性能，常用作高级牙膏的起泡剂。其缺点是在强酸性水溶液中不稳定。

4. 磷酸酯盐 磷酸酯盐为低泡表面活性剂，主要用作抗静电剂、抗蚀剂和乳化剂等，其产量较小，应用量不大。

（二）阳离子表面活性剂

这类表面活性剂在水中电离后，阳离子起表面活性作用。它们多是有机胺的衍生物，一般常用的阳离子表面活性剂是季铵盐，十六烷基三甲基溴化铵就是其中之一。

季铵盐类阳离子表面活性剂水溶液的特点是具有很强的杀菌能力，因此常用作消毒灭菌剂。杀菌剂"新洁尔灭"就是典型的例子，其结构为

$$\left[\text{⬡}-CH_2-\overset{\displaystyle CH_3}{\underset{\displaystyle CH_3}{N}}-C_{12}H_{25} \right]^+ \cdot Br^-$$

它在酸性和碱性水溶液中都很稳定，无刺激性，对金属、橡胶、塑料等无腐蚀作用，常用于外科手术及医疗器械消毒。

阳离子表面活性剂的另一特点是易吸附于一般固体表面，使固体的表面性质发生改变。因此，它常用作矿物浮选剂、沥青乳化剂、织物柔软剂、抗静电剂、颜料分散剂等。

（三）非离子表面活性剂

非离子表面活性剂是较晚应用于生产的一类表面活性剂。自20世纪30年代应用以来，发展非常迅速，其性能在很多方面超过了离子表面活性剂。在药物制剂中被广泛用作乳化剂、助悬剂、润湿剂、分散剂等。

非离子表面活性剂在水中不电离，其亲水基主要是由一定数量的羟基（—OH）或醚基（—O—）构成的。由于这些含氧基团在水中不是离子状态，所以比较稳定，不易受电解质及酸碱性的影响。与其他类型表面活性剂的相容性好，能很好地混合使用，在水及有机溶

剂中皆有较好的溶解性能（视结构不同而有所差别）。由于在溶液中不电离，故在一般固体表面上亦不易发生强烈吸附。

根据亲水基种类的不同，非离子表面活性剂分为聚乙二醇型和多元醇型两大类。

1. 聚乙二醇型　聚乙二醇非离子表面活性剂是由亲水基原料环氧乙烷与相应疏水基原料加成的产物。其亲水性主要由分子中的醚键数决定，疏水基 R 加成的环氧乙烷分子数 n 越多，其亲水性越大。聚乙二醇型非离子表面活性剂主要有以下几类。

（1）脂肪醇聚氧乙烯醚和烷基苯酚聚乙烯醚　这类表面活性剂是高级醇或烷基苯酚与环氧乙烷的加成物，它们在水中的稳定性较高，有较好的润湿能力。前者易于为生物降解，可用作匀染剂或缓染剂；后者可用作乳化剂、润湿剂、分散剂、洗涤剂，缺点是毒性较大，不易被生物降解。属于这类表面活性剂的有乳化剂 OP、平平加 -20 等。

（2）脂肪酸聚氧乙烯酯　结构为 $RCOO(CH_2CH_2O)_nH$。因酯键易于水解，所以这类表面活性剂在酸、碱性热溶液中不稳定，主要用作乳化剂，分散剂或染色助剂等。

（3）聚氧烯烃嵌段共聚物　这是一类较新的非离子表面活性剂，常用的是环氧丙烷与环氧乙烷的嵌段共聚物。其亲水部分是聚氧乙烯基，亲油部分是聚氧丙烯基，结构为

$$RO(CH_2CH_2O)_n(CH_2CH_2CH_2O)_mH$$

聚合时控制亲水、亲油部分的比例，可以制得性能良好的乳化剂、破乳剂、分散剂、润湿剂、消泡剂等。这种聚醚类表面活性剂的优点是无臭、无味、毒性和刺激性较小，因而不易引起皮肤过敏。

2. 多元醇型　这类表面活性剂主要是脂肪酸与甘油、季戊四醇、失水山梨醇等多元醇作用生成的酯。它们多数不溶于水，在水中呈乳化或分散状态。这类表面活性剂的最大优点是无毒，因此主要用于食品及医药工业中。主要有以下几类。

（1）失水山梨醇脂肪酸酯　它是山梨醇分子失去 1~2 个水分子后与脂肪酸的加成物。这类表面活性剂的商品名叫司盘（Span）。它们是油溶性的。如果使司盘与环氧乙烷反应，让失水山梨醇的其余羟基与聚氧乙烯基结合，则制得吐温（Tween）。

司盘类表面活性剂多数为油状黏稠液体，不溶于水，可溶于醇、液状石蜡等有机溶剂，是油包水型乳化剂；吐温类型表面活性剂为黄色油状粘稠液体。易溶于水，不溶于液体石蜡、脂肪油等。常用作难溶性药物的增溶剂以及水包油型乳化剂。

司盘与吐温类活性剂都是无毒的，因而在药物制剂中获得广泛应用。用作乳化剂时混合用比单一用效果更好。例如，用吐温 20 制备的水包油型乳状液加入司盘 20 后系统更加稳定。

（2）甘油脂肪酸酯　主要有单硬脂酸甘油酯，是油溶性的，可用作油、脂、蜡等的乳化剂以制备非乳化性的、乳化性的以及消散性的各型基质，能用以制成稳定而细腻的乳膏。

（3）蔗糖脂肪酸酯　蔗糖脂肪酸酯是单、双及三酯的混合物，易溶于水。其去污力和乳化能力虽不如其他非离子表面活性剂强，但对人体无害是最大的优点。蔗糖酯由于无毒、无味、无臭，在体内能降解成有营养价值的脂肪酸和蔗糖，所以主要用作食品工业和医药工业的乳化剂。

（四）两性表面活性剂

两性表面活性剂分子与蛋白质中的氨基酸相似，其分子中同时存在着酸性基和碱性基，易生成"内盐"。大多数情况下，两性表面活性剂的碱性基主要是胺基或季胺基；酸性基主要是羧基或磺酸基（也有磷酸基），它们主要有两种类型，即氨基酸型和甜菜碱型，其结

构为

氨基酸型 $\qquad$ $RNHCH_2CH_2COOH$

甜菜碱型 $\qquad$ $RN^+(CH_3)_2CH_2COO^-$

两性表面活性剂易溶于水，但不易溶于有机溶剂。具有杀菌作用，但毒性比阳离子表面活性剂小，作用也比较柔和。另外，两性表面活性剂还具有防止金属腐蚀和抗静电作用。

（五）高分子表面活性剂

天然高分子化合物（如水溶性蛋白质）及合成高分子物质（如聚乙烯醇、聚丙烯酰胺等）都属于高分子表面活性剂。其分子量往往在几千以上，有时高达数十万。分子结构的特点是分子量大，并有极性和非极性部分；也可分为非离子型、阴离子型、阳离子型及两性型等几种。它们主要用于悬浮体的絮凝和稳定及乳状液的稳定与破坏等。使用时常常将数种这类表面活性剂复配在一起。

（六）Gemini 表面活性剂

近年来，Gemini 表面活性剂引起了人们的广泛注意。Gemini 表面活性剂又称双子表面活性剂或偶联表面活性剂，是通过一个联接基将两个传统表面活性剂分子在其亲水头基或接近亲水头基处连接在一起而形成的一类新型表面活性剂。Gemini 表面活性剂与相应的单体表面活性剂相比，具有非常低的临界胶束浓度和较好的润湿性，其表面活性比单头基的高 1~3 个数量级。

（七）其他表面活性剂

1. 以碳氟链为疏水基的表面活性剂 简称为氟表面活性剂，如全氟辛酸钾 $CF_3(CF_2)_6COOK$。这类活性剂具有极高的表面活性，不仅可以使水的表面张力降低至 $20mN \cdot m^{-1}$ 以下，而且能降低油的表面张力。其化学性质极其稳定，具有抗氧化、抗强酸和强碱及抗高温等特性。

2. 以硅氧烷为疏水基的表面活性剂 如二甲硅烷的聚合物，简称为硅表面活性剂，其表面活性仅次于氟表面活性剂。

3. 生物表面活性剂 是近几年发展起来的一类物质，它们包括由酵母、细菌作培养液，生成有特殊结构的表面活性剂，如鼠李糖脂、海藻糖脂等，及存在于生物体内的非微生物的表面活性剂，如胆汁、磷脂等。

4. Bola 型表面活性剂 是由疏水链两端各连接一个亲水基团构成的，这类表面活性剂不仅在界面性质和溶液中的聚集行为具有特殊性，而且 Bola 分子形成的单层类脂膜和囊泡都有优异的热稳定性，在生物膜模拟方面具有重要的应用前景。

三、临界胶束浓度及其测定

（一）表面活性剂溶液的性质

表面活性剂水溶液的物理化学性质随浓度变化的关系如图 8-24 所示。可以看出，在所有物理性质的变化中皆有一转折点，而此转折点又都在一较小的浓度范围内。这就说明系统的某些性质（如当量电导，渗透压以及密度变化等）与表面活性剂分子在溶液中的状态有关。

可以看出，在各种性质随溶液浓度变化的关系中，都存在一个相互一致的浓度突变点，而且均与表面性质的 $\gamma \sim c$ 曲线中的转折点浓度相符。

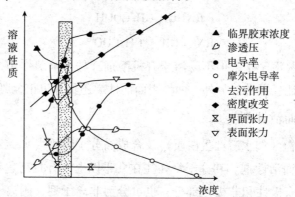

图 8-24　胶束形成前后溶液各种性质的改变

（二）胶团化作用和临界胶束浓度

一般认为：表面活性剂在溶液中（超过一定浓度时）会从单体（单个离子或分子）缔合成为胶态聚集物，即形成胶团。溶液性质发生突变时的浓度，亦即形成胶束时的浓度，称为临界胶束浓度（critical micelle concentration，CMC），此过程称为胶团化过程。实验表明，表面张力曲线、电导率曲线、渗透压曲线等表现出明显的转折，都是由于表面活性剂形成胶团引起的。

临界胶束浓度是表面活性剂性质的一个重要参数。CMC 值的大小与表面活性剂的结构密切相关，其规律如下。

（1）疏水基相同时，直链非离子型表面活性剂的 CMC 大约比离子型表面活性剂的 CMC 小两个数量级。

（2）同系物中，无论是离子型的还是非离子型的活性剂，疏水基的碳原子数目越多，CMC 值就越小。根据经验总结，对于直链的活性剂，CMC 值与疏水基碳原子数目的关系可由下式表示

$$\lg CMC = A - BN$$

式中 A、B 为常数；N 为碳原子数。根据经验，A 值无一定规律，对于 $1-1$ 价离子型表面活性剂，B 值为 0.3 左右，而对于非离子型表面活性剂，B 值为 0.5 左右。

（3）疏水基碳链长度相同而化学组成不同时，CMC 值存在显著差别。碳氢表面活性剂的 CMC 远大于相同碳链长度的碳氟表面活性剂，一个 $-CF_2$ 基团对 CMC 的贡献大约相当于 1.5 个 $-CH_2$ 基团。

（4）亲水基相同，疏水基碳原子数也相同，疏水基中含有支链或不饱和键时，会使 CMC 升高。

（5）疏水基相同时，离子型表面活性剂的亲水集团对 CMC 值影响较小，同价反离子交换对 CMC 影响很小。但二价反离子取代一价反离子，则使 CMC 显著降低。

（6）聚氧乙烯类非离子表面活性剂的氧乙烯数目增多，使 CMC 稍有增大。

另外，温度、电解质等也都对 CMC 有明显影响。

（三）胶团的结构

胶团的形状也是多年来存在争议的问题。Hartely 认为胶束是球状的，碳氢链指向球心，极性基团构成球的表面，其大小在胶体分散体系之间，它的表面性质为极性基所决定。而

McBain 认为胶束是层状结构，有两层结构组成，在水中极性基团向外，而非极性基团整齐的定向排列。Debye 从光散射实验结果推断胶束是圆柱形结构。在活性剂浓度较稀时，圆柱体比较短，接近于圆形，随着浓度的增加，圆柱体逐渐加长，最后成了网状结构，甚至形成凝胶。

现在一般认为，表面活性剂溶于水后，当其浓度小于 CMC 时，表面活性剂已存在几个分子的聚集体，常称其为预胶束（pre - micelle）。由于预胶束的数量少，缔合数小，而且不稳定，所以对溶液性质的影响很小，可以不予考虑。当浓度超过 CMC 值后，表面活性剂分子自发聚集成胶束。如果系统中不含添加剂，表面活性剂浓度大于 CMC 不多时，形成的胶束一般为球形；表面活性剂浓度大于 10 倍 CMC 时，往往有棒状、盘状等不对称形状的胶束形成。胶束由球状向棒状转化时所对应的表面活性剂浓度，被称为第二临界胶束浓度。若系统存在添加剂，如无机盐等，即使表面活性剂浓度没有大于 10 倍 CMC，有时也可能形成不对称形状的胶束。目前，人们已发现随表面活性剂浓度的增大，不仅有层状、柱状胶束形成而且有绕性的蠕虫状胶束等多种聚集体形成，几种常见的表面活性剂聚集体形状见图 8 - 25。

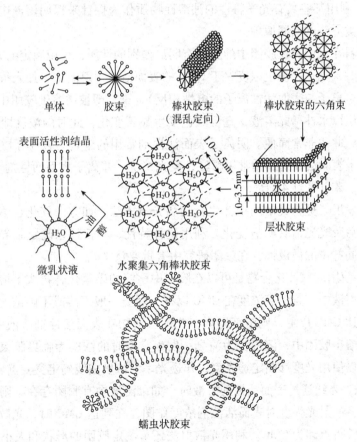

图 8 - 25　表面活性剂溶液中各种聚集体形状示意图

（四）临界胶束浓度的测定

原则上，表面活性剂物理化学性质的突变皆可利用来测定 CMC。图 8 - 23 胶束形成前后溶液各种性质的变化情况即说明了此点：各种性质在一较小浓度范围内有突变，借此突变即可定出 CMC。然而，不同性质随浓度的变化有不同的灵敏度与不同的环境条件。因而，利用不同性质和方法测定出的 CMC 也有一定差异，需要加以具体分析。下面简单介绍几种测定 CMC 的方法。

1. 表面张力法 测定不同浓度溶液的表面张力 γ，作出 $\gamma \sim \ln c$ 曲线，将曲线转折点两侧的直线部分外延，相交点的浓度即临界胶束浓度。这是一个方便的方法，可以同时求出表面活性刑的 CMC 和表面吸附等温线。此法还有下列优点：①简单、方便，而且 $\gamma \sim \ln c$ 曲线是研究表面活性剂最基本的数据，容易得到；②对各种类型的表面活性剂普遍适用；③方法的灵敏度不受表面活性剂类型、活性高低、存在无机盐及温度变化等因素的影响。因此，一般认为此法是测定表面活性剂临界胶束浓度的标准方法。不过在溶液中存在少量高表面活性杂质时，表面张力~浓度对数曲线上往往出现最低点，不易确定临界胶束浓度。但最低点的出现则说明表面活性剂含有高表面活性杂质，因而此法又不失为一鉴定表面活性剂纯度之良法。

2. 电导法 测定表面活性剂水溶液的电导率，作电导率~浓度曲线，按转折点两侧直线部分外延，相交点的浓度即为临界胶束浓度。这是测定 CMC 的经典方法，具有简便的优点，但只限应用于离子性表面活性剂。此方法对于有较高活性的表面活性剂准确性高，但对于 CMC 较大的表面活性剂灵敏度较差。过量的无机盐存在会大大降低测定灵敏度。

3. 光谱法 利用某些具有光学特性的油溶性物质作为探针来探明溶液中开始大量形成胶团的浓度是此类方法的共同原理。

利用某些染料在水中和在胶团中的颜色有明显差别的性质，采用滴定的方法测定 CMC，简便易行。实验时，先在一确定浓度大于 CMC 的表面活性剂溶液中，加入很少的染料（一般此种染料的有机离子与表面活性离子的电性相反），染料即被增溶于胶团中，呈现某种颜色。再用滴定方法以水冲稀此溶液，直至颜色发生显著变化，此时的浓度即为 CMC。只要找到合适的染料，此法非常简便。阴离子表面活性剂常用的染料为频哪氰醇氯化物和碱性蕊香红 G；阳离子表面活性剂，则常用曙红，荧光黄等。非离子表面活性剂可用频哪氰醇、四碘荧光素、碘、苯并紫红 4B 等。

目前人们又发展了更为灵敏的探针化合物和光谱方法。如方向族化合物萘、蒽，特别是芘，它们增溶后荧光光谱有明显变化。利用这种特性，不仅可以测定临界胶束浓度，还可以探知胶团不同部位的微极性，在胶团研究中有重要意义。

4. 增溶法 使用的探针化合物是可以在胶束中增溶的碳氢化合物或不溶性染料。将之加入表面活性剂溶液中，若溶液浓度在 CMC 以下，烃类一般不溶或不随浓度改变，摇动时将出现浑浊；到达 CMC 以上，则溶度剧增，此即不溶物在表面活性剂溶液中的增溶作用。当探针化合物增溶于胶团中，溶液变为清亮。发生突变时的浓度为临界胶束浓度。测定时可以目测，也可以使用光度计测定透光率，作透光率~浓度曲线确定突变点。

5. 光散射法 光线通过表面活性剂溶液时，如果溶液中有胶团存在，则一部分光线将被胶团所散射，将散射光强度对表面活性剂浓度作图，在到达 CMC 时，光散射强度将急剧上升，因此曲线转折点即为 CMC。利用光散射法还可测定胶团的形状和大小（水合半径）、聚集数以及推测胶团上的电荷量等。但测定时要求溶液非常干净，任何尘埃质点都会有显著影响。

目前，还有许多现代仪器方法测定 CMC，如荧光光度法、核磁共振法、导数光谱法等。

四、亲水/亲油平衡值

表面活性剂的应用非常广泛，如润湿、起泡、消泡、乳化、破乳、加溶、稳定和絮凝等等。在实际工作中如何选择合适的表面活性剂以满足人们的需要是一个非常重要的问题。但遗憾的是至今仍然缺乏具有普遍意义的理论，主要靠经验。在这方面，格里芬（Griffin）提出的 HLB 值（hydrophile - lipophile balance values），即亲水亲油平衡值以表示表面活性剂分子亲水性与亲油性的相对强弱，并用它作为选择不同用途的表面活性剂的参考标准。对于含有聚氧乙烯基非离子的表面活性剂，HLB 可以用式（8-58）进行计算

$$HLB = \frac{亲水基质量}{亲水基质量 + 亲油基质量} \times 20 \tag{8-58}$$

为此，把完全是亲水基的聚乙二醇定为 HLB = 20，把完全没有亲水基的石蜡定为 HLB = 0，其他非离子表面活性剂的 HLB 介于 0 ~ 20 之间。表面活性剂的 HLB 值越大，表明其亲水性越强；反之，HLB 值越小，说明其亲油性越强。图 8-26 列出了表面活性剂的 HLB 值与性质的对应关系。

后来又将这一方法扩展到离子表面活性剂，并规定强亲水性的十二烷基硫酸钠（SDS）的 HLB = 40。

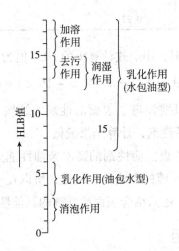

图 8-26　表面活性剂的 HLB 值与性质的对应关系

当一种表面活性剂的 HLB 值不能满足要求时，可以选用两种不同 HLB 值的表面活性剂混合使用。混合表面活性剂的 HLB 值可按式（8-59）计算。

$$HLB = \frac{HLB_1 \times W_1 + HLB_2 \times W_2}{W_1 + W_2} \tag{8-59}$$

式中 W_1、W_2 分别为表面活性剂 1、2 的质量；HLB_1、HLB_2 分别为它们的 HLB 值。

例如，某混合表面活性剂含司盘 80 为 45kg，其 HLB 值 4.3；含吐温 80 为 55kg，其 HLB 值 15.0，所以混合系统的 HLB 值可以按式（8-59）计算，如下

$$HLB = \frac{4.3 \times 45 + 15.0 \times 55}{45 + 55} = 10.2$$

表面活性剂 HLB 值的加合性并不十分严格，其偏差为 1 左右。这一误差并不影响它实际应用。

戴维斯（Davles）提出来利用分子中各基团的 HLB 值计算表面活性剂 HLB 值的方法。他把表面活性剂分子分解为一些基团，每一基团都对分子的 HLB 值作出确定的贡献。由实验得出各个基团的 HLB 值（称为 HLB 基数）列在表 8-5 中。把它们代入下式，就可以计算出各种表面活性剂的 HLB 值

$$HLB = 7 + \sum H + \sum L$$

表 8 – 5　亲水基团和疏水基团的基数

亲水基 H		疏水基 L	
—SO$_4$Na	38.7	—CF$_2$—	0.870
—COOK	21.1	—CH$_3$	0.475
—COONa	19.1	—CH$_2$—	0.475
—SO$_3$Na	11	$\overset{\mid}{\underset{}{—CH—}}$	0.475
—N（叔胺）	9.4	—CH =	0.475
—酯（失水山梨醇环中）	6.8	—（C$_3$H$_6$O）—	0.15
—COO（R）	2.4	—C$_2$H$_4$O	0.33
—COOH	2.1	—CF$_3$	0.870
—OH（游离）	1.9		
—OH（失水山梨醇环中）	0.5		
—O—	1.3		
—C$_2$H$_4$O—	0.33		

例如，对于十六醇 C$_{16}$H$_{33}$OH，用上式计算出的 HLB 值为

$$HLB = 7 + \sum H + \Sigma L = 7 + 1.9 + 16 \times (-0.475) = 1.3$$

戴维斯方法应用很方便，只要知道了表面活性剂的结构，就可以计算出它的 HLB 值。但是该法对聚氧乙烯醚类表面活性剂，计算结果偏低。

HLB 值在一定程度上反映了表面活性剂的亲水亲油性能。因而它是选择表面活性剂的重要依据。但是，由于确定 HLB 值的方法比较粗糙，所以在工作中单用这种方法来确定最合适的表面活性剂是很不够的，还需结合表面活性剂的其他性质来考虑。

五、表面活性剂的应用

由于表面活性剂在界面上的定向吸附使界面张力降低以及在溶液中形成胶团等独特的性质使其在药物制剂、临床医学、轻工、食品等方面具有重要的实际应用价值。下面介绍表面活性剂的几种重要作用。

（一）润湿作用

在水中加入少量表面活性剂则会显著改善水对固体表面的铺展或渗透效果，表面活性剂的这种作用称为润湿作用。具有润湿作用的表面活性剂称为润湿剂。例如把水滴在石蜡上，水对石蜡几乎不润湿。若在水中加入表面活性剂，石蜡就被水所润湿。润湿剂的润湿效果取决于它的 HLB 值，一般良好的润湿剂其 HLB 值在 7~11 之间。

表面活性剂润湿作用的实质是其分子定向吸附于液 – 固界面，其非极性基朝向低能固体表面，极性基伸向液体，形成吸附层，改变了固体表面的性质，降低了液 – 固之间的界面张力。由杨氏方程知，这时接触角变小，从而使得液 – 固之间的润湿作用增强。

润湿作用在药物制剂方面有着重要的应用。如改善药膏在皮肤上的涂布性能或附着力；或改善液体农药对某些昆虫体表的润湿性能等。皮肤的表面是一层与脂肪酸混合物类似的极性 – 非极性的水油层，以矿物油为基质的制剂都不能在皮肤上均匀地铺展，所以纯凡士林做基质的眼药膏，在眼结膜上不易涂开，药效难以发挥，在基质中加入少量羊毛脂制成的眼药膏就能均匀地与结膜接触而提高药效。因此涂在皮肤、黏膜上的软膏，在选择辅助

剂时不仅应该考虑它与主药有良好的润湿而且与用药部位以及排出的分泌物都应保持良好的接触。液体杀虫剂在含蜡质的昆虫表皮与植物叶子上能否润湿是发挥药效的先决条件，在选择溶剂或辅助剂时应该尽可能降低蜡－液界面张力，利于润湿。

不仅外用药需要有良好的润湿才能更好地发挥药效，内服药（如片剂，丸剂等）同样也要考虑润湿问题。片剂中的崩解剂可以使药片在口服后迅速崩解，因此要求崩解剂对水有良好的润湿性，才利于体液渗入片内。在选用片剂、丸剂的液体黏合剂时应考虑到它们对药物的润湿性能，例如阿拉伯胶溶液、淀粉溶液能润湿植物性药粉，适用于生药粉末的丸药，不适合于油脂类药物。相反，蜂蜡、羊毛脂对油脂类药物的润湿能力较强，常被用作油脂类药物的黏合剂。

润湿作用对混悬剂的制备更是至关重要。混悬剂是指不溶性固体药物微粒分散于液体分散介质中形成的多相分散药剂。固体药物微粒能否为介质所润湿是制备药物混悬剂的关键。对于难以被介质所润湿的药物微粒，要选用合适的润湿剂，以改善药物的润湿性能。例如硫黄是憎水性物质，把它直接分散于水中时由于硫黄难以被水润湿而得不到均匀分散的系统。如果先在水中加入润湿剂，如甘油、乙醇等，就可以制成分散均匀的硫黄洗剂混悬液。

（二）乳化作用

两种或两种以上不互溶或部分互溶的液体形成的分散系统称为乳状液，形成乳状液的过程叫做乳化。乳状液是热力学不稳定体系，为使其能相对稳定的存在较长时间，需加入稳定剂。这种稳定剂又称作乳化剂。乳化剂对乳状液的稳定作用称为乳化作用。乳化剂分子定向吸附在液－液界面上，一方面降低系统界面张力，另一方面在液滴周围形成具有一定机械强度的保护膜或者形成具有静电斥力的双电层，使乳状液稳定。乳化剂的 HLB 值在 8~18 之间，或亲水性较强的活性剂分子，如吐温类、水溶性单价金属皂、$RN(CH_2)_3Cl$、卵磷脂、植物胶等，可以形成 O/W 型乳剂；相反，乳化剂 HLB 值在 3~8 之间，或亲油性较强的活性剂分子，如高级醇类、司盘类、二价金属皂等，可以形成 W/O 型乳剂。

表面活性剂的乳化作用在药物制剂尤其是乳剂以及软膏剂中有着重要的应用，且表面活性剂作为乳化剂在处方中含量一般较小。

1. 静脉注射用脂肪乳

【处方】精制大豆油（油相）　　　　150g

精制大豆磷脂（乳化剂）　　15g

注射用甘油（等渗调节剂）　25g

注射用水加至　　　　　　　1000mL

两性离子表面活性剂大豆磷脂作为乳化剂，其含量约为 1.26%。

2. 软膏剂基质

【处方】白凡士林（油相）　　　　　250g

硬脂醇（油相）　　　　　　250g

十二烷基硫酸钠（乳化剂）　10g

丙二醇（保湿剂）　　　　　120g

羟苯甲酯（防腐剂）　　　　0.25g

羟苯乙酯（防腐剂）　　　　0.15g

加水至　　　　　　　　　　1000mL

阴离子表面活性剂十二烷基硫酸钠为乳化剂含量，约为0.61%。

在实际工作中缺少某一合适HLB值的乳化剂，可以考虑使用混合乳化剂来达到所要求的HLB值。

（三）起泡与消泡作用

1. 起泡作用　气相高度分散在液相中，形成各个气泡彼此被液膜隔开的集合体，称为泡沫。要得到稳定的泡沫必须加入作为起泡剂的表面活性剂。一般起泡剂具有如下特性。

（1）降低表面张力，定向吸附在液膜表面。

（2）具有适当表面黏度以增强膜的机械强度，膜表面形成双电层，使膜稳定。

作为良好的起泡剂，它分子中的疏水基与亲水基比例应大致相当。非离子型活性剂的HLB值一般在8～18。起泡剂的碳氢链宜长，有利形成坚固泡膜。如皂素类、蛋白质类和合成洗涤剂等。起泡可用于泡沫浓缩、泡沫分离纯化、泡沫浮选、泡沫灭火、泡沫隔热。X光透视胃肠时，用起泡剂使胃充气扩张，以便检查。

2. 消泡作用　在医药工业中，发酵、中草药提取、蒸发等过程中产生的大量泡沫带来很大危害，应当消除。常用于防泡或消泡的化学消泡剂应满足以下要求。

（1）消泡剂应该具有较低的表面张力和较高的表面活性，碳链宜短。

（2）消泡剂分子间内聚力要足够小，在气－液界面的铺展系数要足够大。常用于制药工业的消泡剂有以下四类：①天然油脂类；②低碳醇、醚、酯类；③聚醚类，如聚氧乙烯；④硅酮类，如羟基二甲基硅氧烷。

（四）增溶作用

表面活性剂在水溶液中使难溶性有机物溶解度增加的作用称为增溶（solubilization），具有增溶作用的表面活性剂称为增溶剂，被增溶的物质叫增溶质。增溶作用是一种比较普通的现象，它在药物制剂中应用很广泛，例如煤酚在水中的溶解度仅有3%，但在肥皂溶液中却能增溶至50%左右，这就是"煤酚皂溶液"。

表面活性剂的增溶作用与其在溶液中形成胶团直接有关，因为在临界胶团浓度之前观察不到增溶现象，只有在CMC之后才有明显的增溶作用发生，而且表面活性剂的浓度越大由于胶团量越多，增溶效果表现得越显著。

研究表明，不同结构的增溶质，其被增溶的方式也不相同，大体有以下几种类型：①无极性基的饱和碳氢化合物主要被增溶于胶团的内核（图8－27a）；②极性长链有机物如正醇类、胺等，其分子与胶团的表面活性剂分子一起以交错排列的形式而溶解，犹如混合胶团（图8－27b）；③某些不易溶于水和非极性烃的有机物如苯二甲酸二甲酯、甲苯以及一些染料以"吸附"于胶团"表面"的形式溶解（图8－27c）；④较易极化的有机化合物如苯、乙苯等，增溶于非离子表面活性剂胶团的聚氧乙烯"外壳"中（图8－27d）。这是这类表面活性剂胶团具有的一种特殊增溶方式。

增溶作用具有以下热力学特点：①增溶后增溶质的化学势大大降低，形成稳定的热力学均相体系；②增溶作用是一可逆平衡过程；③增溶作用与真正的溶解不同，后者可以使溶液的依数性明显改变，而前者对溶液的依数性影响甚小。这表明在增溶过程中，增溶质并未被拆成分子或离子，而是"整团"地溶解于表面活性剂水溶液的胶团之中，所以增溶所得的溶液不是真溶液。

选用增溶剂时，要求表面活性剂偏重于亲水性，其HLB值在15以上，而且碳链应长而

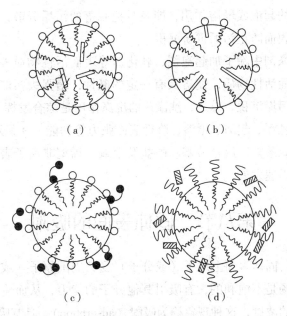

(a)　　　　　　　　(b)

(c)　　　　　　　　(d)

图 8-27　增溶的几种方式

直，以利于形成胶团。

在药物制剂中，目前已广泛应用表面活性剂的增溶作用来增加难溶药物在水中的溶解度。由于无毒性（或低毒性）的非离子表面活性剂的发展，增溶作用的应用范围越来越广，不但用于注射用溶液。现在，油溶性维生素、激素、抗生素、生物碱、挥发油等许多有机化合物都可经增溶制得相应制剂。例如常温下维生素 A 和维生素 D 都极不稳定，容易氧化失效。经采用非离子表面活性剂增溶后，由于它们被包封于胶团内部，与氧隔绝，使分子上的不饱和位置受到保护，这不仅增加了维生素 A 或维生素 D 的溶解度，而且能防止它们被氧化，从而增加了使用期限。又如很多中草药注射液，贮存一定时间后析出少量不溶物，造成澄明度不合格。如果在制备时加入 1% ~ 2% 的吐温 80 作增溶剂，往往可以改善其澄明度。

当然，在选择药物的增溶剂时应慎重，尤其是用作内服制剂的表面活性剂必须是无毒的，医疗上允许的。外用药所用的表面活性剂也不能对皮肤有明显的刺激性；至于注射剂所用增溶剂要求则更为严格。

（五）洗涤作用

洗涤作用指在机械的搅动下从浸在洗涤剂水溶液的固体表面清除污垢的过程。表面活性剂的洗涤作用是一个比较复杂的过程。它与上面讨论的润湿、乳化、起泡、增溶等作用都有关系。

用作洗涤剂的表面活性剂的 HLB 值一般为 13 ~ 16。污垢一般由油脂和灰尘等物组成。去污过程可以看作是带有污垢的固体浸入含有洗涤剂的水中，洗涤剂的疏水基团吸附在污垢和固体表面，降低了污垢与水以及固体表面与水的界面张力，使污垢与固体表面的黏附作用减弱，然后用机械搅拌等方法使污垢从固体表面脱落。洗涤剂分子在污垢周围形成吸附膜而悬浮在溶液中，洗涤剂分子同时也在洁净的固体表面形成吸附膜而防止污垢重新在固体表面的沉积。所以在制备合成洗涤剂的过程中必须考虑以下几个因素：①洗涤剂必须具有良好的润湿性能，使它与被清洁的固体表面有成分的接触；②洗涤剂能有效的降低被清洗固体与水及污垢与水的界面张力，使污垢与固体表面的黏附作用减小而使污垢容易脱落；③洗涤剂有一定的起泡或增溶作用，能及时把脱落的污垢分散；④洗涤剂能够在洁净的固体表面形成保护膜而防止污垢重新沉积。

所以，在合成洗涤剂中除了加起泡剂、乳化剂等表面活性物质外，还要加入一些硅酸盐、焦磷酸盐等非表面活性物质，使溶液有一定的碱性，增强去污能力，同时也可防止清洁的固体表面重新被污垢沉积。总之，洗涤剂的洗涤作用是综合发挥了表面活性剂的润湿、吸附、乳化、分散、悬浮、起泡、增溶、降低表面张力等功能，才显示出洗涤的良好效果。近几十年来，用烷基硫酸盐、烷基芳基磺酸盐及聚氧乙烯型非离子表面活性剂等作原料制成的各种洗涤剂工业迅速发展。

扫码"学一学"

第八节　固体表面的吸附

和液体表面一样，固体表面上原子（或分子）受其周围原子（或分子）的作用力也是不对称的，或所受力场是不饱和的，有吸引其他分子的能力，从而使环境介质在固体表面上的浓度大于体相中的浓度，这种现象称为吸附（adsorption）。具有吸附能力的固体称为吸附剂（adsorbent），被吸附的物质称为吸附质（adsorbate）。固体的比表面积越大，吸附现象越明显。吸附是固体表面最重要的性质之一。分离提纯混合物、净化空气、滤毒、催化、药物中毒急救等都与固体的吸附密切相关。因此，了解固体表面对于气体和液体的基本作用规律是非常重要的。

一、物理吸附与化学吸附

按固体表面对被吸附气体分子作用力的不同，可将吸附分为物理吸附和化学吸附两种类型。

固体表面与被吸附分子之间由于范德华引力而引起的吸附是物理吸附，物理吸附无选择性，任何吸附质都能在任何吸附剂表面上吸附，只是吸附量有所不同。物理吸附的吸附速率和解吸速率都很大，因此吸附可以很快达到平衡。物理吸附的吸附热在数值上与气体的液化热相近，一般为每摩尔几百焦，最多不超过几千焦，因而只有气体低于它们的临界温度时物理吸附才是明显的。而化学吸附类似于化学反应，吸附后吸附质分子与吸附剂表面分子之间形成了化学键，因而化学吸附具有选择性。一般讲，化学吸附的速率比物理吸附慢得多，随着温度升高，吸附速率加快。化学吸附是不可逆吸附，已被吸附的吸附质分子比较稳定，难以解吸除去。表8-6列出两种吸附的差异。

表8-6　物理吸附和化学吸附的差别

	物理吸附	化学吸附
吸附力	范德华力	化学键力
吸附热	较小，近于液化热（0~20kJ·mol⁻¹）	较大，近于反应热（80~400kJ·mol⁻¹）
吸附选择性	无选择性	有选择性
吸附稳定性	不稳定，易解吸	比较稳定，不易解吸
吸附层	单分子层或多分子层	单分子层
吸附速率	较快，不需要活化能	较慢，需活化能
吸附温度	较低（低于临界温度）	相当高（远高于沸点）
吸附层结构	基本同吸附质分子结构	形成新的化合态
吸附可逆性	可逆	不可逆（解吸物性质常不同于吸附质）

物理吸附和化学吸附并不是绝对分开的，往往相伴发生。一般来说，物理吸附是化学吸附的前奏，如果没有物理吸附，许多化学吸附将变得极慢，实际上不能发生。

在给定的温度和压力下，固体表面发生的物理吸附和化学吸附都是自发进行的，因此 $\Delta G < 0$。当吸附质分子被吸附到固体表面后，分子运动的自由度减少了，所以 $\Delta S < 0$。根据热力学基本关系式 $\Delta G = \Delta H - T\Delta S$ 可以推知，$\Delta H < 0$。因此，吸附是一放热过程（有时例外）。吸附热是表示吸附剂对吸附质吸附能力的一个物理量，吸附热的大小取决于吸附作用力的性质、吸附键的类型及强度等。因此，化学吸附热大于物理吸附热。

二、吸附曲线

吸附量是吸附研究中最重要的参数，通常指吸附平衡时，单位质量吸附剂所能吸附气体的物质的量 x 或这些气体在标准状态下所占的体积 V，以 Γ 表示，即 $\Gamma = x/m$ 或 $\Gamma = V/m$，其中 m 为吸附剂的质量。显然，对于气体在固体表面上的吸附，吸附量是吸附质、吸附剂的性质及其相互作用、吸附平衡时的压力和温度的函数。当吸附质、吸附剂固定后，吸附量只与温度和压力有关。在吸附量、温度、压力三个参数中，为了不同的研究目的，常恒定其中某个参数，考查其他两个参数之间的关系，它们的关系曲线称为吸附曲线。

若 $T =$ 常数，则 $\Gamma = f(p)$，称为吸附等温式（adsorption isotherm）；

若 $p =$ 常数，则 $\Gamma = f(T)$，称为吸附等压式（adsorption isobar）；

若 $\Gamma =$ 常数，则 $\Gamma = f(T)$，称为吸附等量式（adsorption isostere）。

其中，吸附等温线是三种吸附曲线中最常用的。Brunauer 等根据大量的气体吸附实验结果，将气体吸附等温线分为五种基本类型（图 8-28）。图中 p_0 表示在吸附温度下，吸附质的饱和蒸气压。

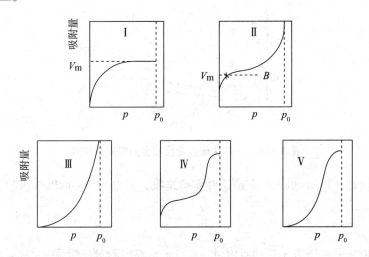

图 8-28　气体吸附等温线的五种基本类型

通常认为类型 I 是单分子层吸附。如常温下氨在炭上的吸附、氯乙烷在炭上的吸附等。化学吸附通常是单分子层吸附，一般在远低于 p_0 时，固体表面就吸满了单分子层，即使压力再增大，吸附量也不再增加，即吸附达到饱和。

类型 II ～ V 是多分子层吸附，类型 II 称为 S 型吸附等温线。这种类型的吸附，在低压时形成单分子层，随着压力的增加，开始产生多分子层吸附。图中 B 点是低压下曲线的拐点，认为这时吸满了单分子层，这就是用 B 点法计算比表面积的依据。

类型Ⅲ的吸附等温线比较少见。从曲线可以看出，一开始就是多分子吸附层，如低温下（135.5～223.2K）溴在硅胶上的吸附。类型Ⅱ和Ⅲ的吸附等温线，当压力接近于 p_0 时，曲线趋于纵轴平行线的渐近线。这表明在固体粉末样品的颗粒间产生了吸附质的凝聚，所以当压力接近于 p_0 时，吸附层趋于无限厚，吸附量趋于无穷大。

类型Ⅳ表示在低压下形成单分子层，然后随着压力的增加，由于吸附剂的孔结构中产生毛细凝聚，所以吸附量急剧增大，直到吸附剂的毛细孔装满吸附质后，吸附达到饱和。

类型Ⅴ表示在低压下就形成多分子层吸附，然后随着压力增加，开始出现毛细凝聚，它与类型Ⅳ一样，在较高压力下吸附量趋于极限值。所以类型Ⅳ和Ⅴ的吸附等温线反映了多孔性吸附剂的孔结构。

因此，由吸附等温线的类型可以得到一些有关吸附剂表面性质、孔的分布以及吸附质和吸附剂相互作用等方面的信息。

三、弗罗因德利希吸附等温式

为了描述各种类型的吸附等温线，人们提出了多种吸附模型和吸附等温式。其中最早提出的一个吸附方程式是 Freundlich 吸附等温式。图 8-29 是在不同温度下测得的一氧化碳在炭上的吸附等温线。从图可以看出，在低压范围内压力与吸附量呈线性关系。压力增高，曲线逐渐弯曲。测定乙醇在硅胶上的等温线，也得到与此相类似的结果。

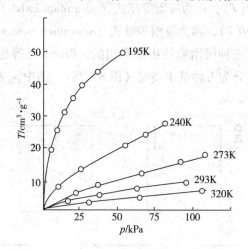

图 8-29 一氧化碳在活性炭上的吸附等温线

弗罗因德利希（Freundlich）归纳这些实验结果，总结出 Freundlich 吸附等温式

$$\frac{x}{m} = kp^{\frac{1}{n}} \tag{8-60}$$

式中 $\frac{x}{m}$ 代表在平衡压力 p 时的吸附量，k 和 n 是与吸附剂、吸附质种类以及温度等有关的常数，$\frac{1}{n}$ 值在 0～1 之间。

将式（7-60）两边取对数得

$$\ln \frac{x}{m} = \ln k + \frac{1}{n}\ln p$$

以 $\ln \frac{x}{m}$ 对 $\ln p$ 作图，可得一直线。由直线斜率和截距可求得 n 及 k 值。弗罗因德利希等温式形式简单，使用方便，但它仅适用于图 8-28 中类型Ⅰ等温线中间部分的吸附情况，

其经验式中的常数 k、n 没有明确的物理意义，也不能由该式说明吸附机理，特点是没有饱和吸附量。

四、兰格缪尔吸附等温式

Langmuir（兰格缪尔）在 1916 年从动力学角度出发得出了吸附等温式，它至今仍然被广泛地应用。该理论的基本假定如下。

（1）气体在固体表面的吸附是单分子层的。因此，只有当气体分子碰撞到固体的空白表面上时才有可能被吸附，已经吸附了气体分子的固体表面则不再吸附其他气体分子。

（2）固体表面是均匀的，各处吸附能力相等，不随覆盖程度而改变。

（3）被吸附分子之间无相互作用，故气体的吸附、脱附不受周围被吸附分子的影响。

（4）吸附平衡是动态平衡。

一定温度下，设气体压力为 p，固体表面的覆盖百分数为 θ，则 $(1-\theta)$ 为空白表面的百分数。显然，气体的吸附速率 ν_a 与气体压力和空白表面成正比，即

$$\nu_a = k_1(1-\theta)p \qquad (8-61)$$

式中 k_1 是吸附速率常数。脱附速率 ν_d 与已覆盖的表面成正比，即

$$\nu_d = k_{-1}\theta \qquad (8-62)$$

式中 k_{-1} 是脱附速率常数。当吸附过程达到动态平衡时，吸附速率等于脱附速率，所以

$$k_1(1-\theta)p = k_{-1}\theta$$

于是

$$\theta = \frac{k_1 p}{k_{-1}+k_1 p}$$

令 $k_1/k_{-1}=b$，则上式简化为

$$\theta = \frac{bp}{1+bp} \qquad (8-63)$$

式中 b 是吸附作用的平衡常数（也称为吸附系数），其值代表了固体表面吸附气体的能力。式（8-63）称为兰格缪尔吸附等温式，它定量地描述了表面覆盖率 θ 与平衡压力 p 之间的关系。

（1）当吸附很弱或压力很低时，$bp \ll 1$，则 $\theta \approx bp$，即 θ 与 p 呈线性关系，所以吸附等温线的开始阶段接近一直线。

（2）当吸附很强或压力足够高时，$bp \gg 1$，则 $\theta \approx 1$，即 θ 与 p 无关。这相当于吸附剂表面全部被吸附质分子所吸满。因此，吸附等温线的末端趋近于一渐近线。

（3）当压力适中时，则 θ 用式（8-63）表示。

兰格缪尔吸附等温式只适用于单分子层吸附，它能较好的表示典型的吸附等温式在不同压力范围内的特征。兰格缪尔吸附等温式的 $\theta \sim p$ 曲线见图 8-30。

若以 V_m（Γ_m）表示固体表面吸满单分子层时的吸附量，V（Γ）表示压力为 p 时的平衡吸附量，于是 $\theta=V/V_m$（或 $\theta=\Gamma/\Gamma_m$），将此关系代入式（8-63），则

$$V = V_m bp/(1+bp) \text{ 或 } \Gamma = \Gamma_m bp/(1+bp) \qquad (8-64)$$

上式整理后可得

$$\frac{p}{V} = \frac{1}{V_m b} + \frac{p}{V_m} \text{ 或 } \frac{p}{\Gamma} = \frac{1}{\Gamma_m b} + \frac{p}{\Gamma_m} \qquad (8-65)$$

这是兰格缪尔吸附等温式的另一种形式。若以 p/V（p/Γ）对 p 作图可以得到一条直

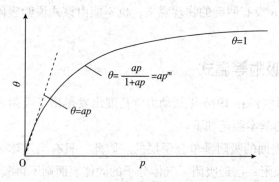

图 8-30 兰格缪尔吸附等温线

线，从直线的斜率和截距可以求出单分子层的饱和吸附量 V_m（Γ_m）。

兰格缪尔吸附等温式属于图 8-28 第 I 种类型，是一理想的吸附公式，在应用时会出现偏差。但它仍是吸附理论中的一个重要的基本公式，是其他吸附理论的基础，也是判断其他吸附理论正确与否的依据。

例题 8-4 用活性炭吸附 $CHCl_3$，符合兰格缪尔吸附等温式，在 273K 时的饱和吸附量为 $9.38 \times 10^{-2} m^3 \cdot kg^{-1}$。已知 $CHCl_3$ 在分压为 13.4kPa 时的平衡吸附量为 $8.25 \times 10^{-2} m^3 \cdot kg^{-1}$。试计算：

（1）兰格缪尔吸附等温式中的常数 b。

（2）$CHCl_3$ 的分压为 6.67kPa 时的平衡吸附量。

解：（1）已知兰格缪尔吸附等温式为 $\theta = \dfrac{V}{V_m} = \dfrac{bp}{1+bp}$，所以

$$b = \frac{V}{p(V_m - V)} = \frac{8.25 \times 10^{-2}}{13.4 \times (9.38 - 8.25) \times 10^{-2}} kPa^{-1} = 0.545 kPa^{-1}$$

（2）$V = \dfrac{V_m bp}{1+bp} = \dfrac{9.38 \times 10^{-2} \times 0.545 \times 6.67}{1 + 0.545 \times 6.67} m^3 \cdot kg^{-1} = 7.36 \times 10^{-2} m^3 \cdot kg^{-1}$

五、BET 吸附等温式

1938 年，Brunauer、Emmet 和 Teller 三人在 Langmuir 单分子层吸附理论的基础上提出了多分子层的气固吸附理论，简称 BET 吸附理论。

BET 理论接受了兰格缪尔理论的基本假设，并补充了三个新的假定：①吸附是多分子层的；②除第一吸附层外，其他各层的吸附热都等于吸附质的液化热；③吸附分子的蒸发和凝聚只发生在最外层。因此，当固体表面吸附了一层分子后，可以范德华力继续进行多层吸附（见图 8-31）。在一定温度下，当吸附达到平衡时，气体的吸附量等于各层吸附量的总和。

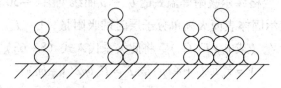

图 8-31 多层吸附示意图

根据上述多分子层吸附模型，经过严格的数学推导，得到了 BET 吸附等温方程，即

$$V = \frac{V_m C p}{(p_0 - p)\left[1 + (C-1)\dfrac{p}{p_0}\right]} \quad\quad (8-66)$$

式中 V 是平衡压力 p 时的吸附量；V_m 是吸附剂表面吸满单分子层时的吸附质的吸附量（换算为标准状态下的体积），p_0 是实验温度时吸附质的饱和蒸气压，C 是与吸附热有关的常数，由于式中含有 C 和 V_m 两个常数，所以式（8-66）又称 BET 二常数公式。BET 公式适用于单分子层吸附以及多分子层吸附，可以描述图 8-28 中 I ~ III 型吸附等温线。BET 公式的重要应用是测定和计算固体吸附剂的比表面积 a_m（即单位质量吸附剂所具有的表面积）。

将式（8-66）整理，可得到如下直线方程

$$\frac{p}{V(p_0 - p)} = \frac{1}{V_m C} + \frac{(C-1)p}{V_m C p_0} \quad\quad (8-67)$$

即以 $\dfrac{p}{V(p_0 - p)}$ 对 $\dfrac{p}{p_0}$ 作图得一直线。斜率 $=(C-1)/V_m C$，截距 $=1/V_m C$，联立两式可得

$$V_m = \frac{1}{斜率 + 截距}$$

如果已知吸附质分子的截面积 A，就可以计算固体吸附剂的比表面积

$$a_m = \frac{V_m L}{22.4 \times 10^{-3} \mathrm{m^3 \cdot mol^{-1}}} \cdot \frac{A}{m} \quad\quad (8-68)$$

式中 m 是吸附剂的质量；L 为 Avogadro 常数。

由于固体吸附剂和催化剂的比表面积是吸附性能和催化性能研究中的重要参数，所以测定固体比表面积十分重要。目前，利用 BET 公式测定计算比表面积的方法被公认为是所有方法中最好的一种，其相对误差一般在 10% 左右。现在普遍采用横截面积已知的 N_2 或其他吸附分子作标准。

下面举例说明求吸附剂比表面积的具体计算过程。

例题 8-5　273.15K 时测得不同压力下丁烷在某吸附剂上的吸附量数据如下（已换算成标准状况下的体积）。

$p \times 133.3^{-1}$/Pa	56.39	89.47	125.22	156.61	176.30	187.46
$V \times 10^6$/m^3	17.09	20.62	23.74	26.09	27.77	28.30

已知 273.15K 时丁烷的饱和蒸气压 $p_0 = 774.4 \times 133.3\mathrm{Pa}$，每个丁烷分子的横截面积 $A = 4.46 \times 10^{-19}\mathrm{m^2}$，吸附剂的质量为 $1.876 \times 10^{-3}\mathrm{kg}$。用 BET 方程求该吸附剂的总表面积和比表面积。

解：由已知条件算得各项数据如下。

$[p/p_0] \times 10^2$	7.283	11.55	16.17	20.00	22.77	24.21
$[p/V(p_0-p)] \times 10^{-3}$/$m^{-3}$	4.597	6.333	8.128	9.714	10.61	11.29

以 $p/V(p_0 - p)$ 对 p/p_0 作图，得图 8-32。

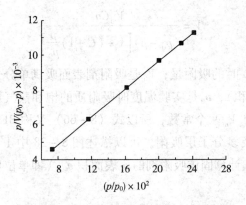

图 8-32　丁烷在吸附剂上的吸附

由图求得直线的截距 $= 1.65 \times 10^{3} \, \mathrm{m}^{-3}$，斜率 $= 39.31 \times 10^{3} \, \mathrm{m}^{-3}$。由斜率和截距求得单层饱和吸附体积为

$$V_{\mathrm{m}} = 1/(\text{截距} + \text{斜率}) = 1/(1.65 \times 10^{3} + 39.31 \times 10^{3}) \, \mathrm{m}^{3}$$
$$= 2.442 \times 10^{-5} \, \mathrm{m}^{3}$$

比表面积为

$$a_{\mathrm{m}} = \frac{V_{\mathrm{m}} L}{22.4 \times 10^{-3} \, \mathrm{m}^{3} \cdot \mathrm{mol}^{-1}} \cdot \frac{A}{m}$$
$$= \frac{2.442 \times 10^{-5} \times 6.023 \times 10^{23}}{22.4 \times 10^{-3}} \cdot \frac{4.46 \times 10^{-19}}{1.876 \times 10^{-3}} \, \mathrm{m}^{2} \cdot \mathrm{kg}^{-1}$$
$$= 1.561 \times 10^{5} \, \mathrm{m}^{2} \cdot \mathrm{kg}^{-1}$$

六、溶液中的吸附

固体自溶液中吸附比较复杂，至今尚未建立起完整的理论，主要是由于溶液中除了溶质外还有溶剂。但鉴于溶液中的吸附具有重要的意义，人们在长期的实践中也总结了一些规律。

取一定量的吸附剂，放入一定量已知浓度的溶液中不断振摇，当吸附达到平衡后，测定溶液浓度的变化，根据浓度变化可以计算每克吸附剂所吸附溶质的量 $\Gamma_{\text{表现}}$。

$$\Gamma_{\text{表现}} = \frac{x}{m} = \frac{c_{0} - c}{m} V \tag{8-69}$$

式中 c_{0}、c 分别为吸附前、后溶液的浓度，m、V 分别为吸附剂和溶液的体积。由于上述计算并未考虑溶剂的吸附，$\Gamma_{\text{表现}}$ 为表观吸附量。

根据吸附质的不同，固体自溶液中的吸附可分为两类：一类是从非电解质溶液中的吸附；另一类是从电解质溶液中的吸附。

（一）非电解质溶液中的吸附

实验表明，固体在非电解质稀溶液中的吸附时，常见的吸附等温线有以下 3 种类型（图 8-33）。

图中的 a 型是单分子层吸附等温线，曲线的形状与气 - 固吸附等温线的类型 I（图 8-28）相似，因此可用兰格缪尔吸附等温式进行描述，只是假设的条件有所不同，这时把溶质的吸附单分子层看作是二维空间的理想溶液。高岭土从水溶液中吸附番木鳖、奎宁、阿托品；糖炭从水中吸附酚、苯胺、丁醇、戊醇；SiO_2、TiO_2 自苯中吸附硬脂酸等均属于这一

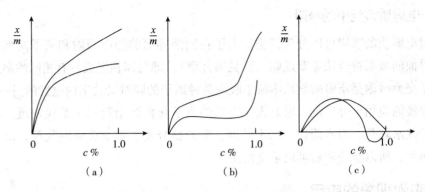

图 8-33　不同类型固-液吸附等温线

类型的吸附，因而都可以用兰格缪尔吸附等温式处理。但是由于固-液吸附等温线只是形式上与气-固吸附等温线相似，所以这时兰格缪尔等温式只是用作经验式，而且要把压力 p 换成浓度 c，即

$$\Gamma = \Gamma_{m}\frac{bc}{1+bc} \tag{8-71}$$

式中 Γ_{m} 为单分子层饱和吸附量；c 是吸附平衡时溶液的浓度；b 是与溶质和溶剂的吸附热有关的常数。

另外，还有些固-液吸附等温线虽然属于 a 型，但可用弗罗因德利希吸附等温方程来描述，但是把压力 p 换成浓度 c。

$$\frac{x}{m} = kc^{\frac{1}{n}}$$

活性炭从水中吸附低级脂肪酸、醇，血炭自水中吸附溴、酚、琥珀酸以及从苯中吸附苯甲酸等都可以用这一经验式处理。

图 8-33 中的 b 型吸附等温线情况比较复杂，具有多分子层吸附的特征。例如，石墨自水中吸附戊酸、乙酸的等温线就属于这种类型。这种类型的吸附等温线常可以用类似于 BET 公式的式子进行处理。图 8-33 中的 c 型吸附等温线比较特殊，图中吸附量出现了负值，因而没有已知的气-固吸附等温线与之对应。这充分显示了固-液吸附的特殊性和复杂性。出现这种情况的原因是由于固体吸附剂不仅吸附溶质，也吸附溶剂，而且在某一浓度内对溶剂的吸附还大于对溶质的吸附，硅胶自苯中吸附乙醇就是如此。因此，表观法测定吸附量只适用于稀溶液。

一般说来，大多数稀溶液的固-液吸附体系都可以用兰格缪尔吸附等温式或弗伦德利希经验式处理。大量实验表明，固体自非电解质溶液中的吸附遵循以下经验规律。

（1）相似者易于吸附　极性吸附剂易于吸附极性溶质，非极性吸附剂易于吸附非极性溶质。因此，如果从水溶液中吸附苯甲酸时应当选用非极性吸附剂，如活性炭等；反之，为了从苯溶液中吸附苯甲酸，则应当选用硅胶等极性吸附剂。

（2）溶解度小者易于吸附　溶解度越低的物质，越容易被吸附。

（3）界面吉布斯函数降低多者易于吸附　使固-液界面吉布斯函数降低越多的溶质，其被吸附的量越多。例如，用活性炭吸附水溶液中的脂肪酸同系物，其吸附量随着碳链的增加而增大，原因是随着碳链的增加，脂肪酸的表面活性不断增大，因而吸附时可使固-液界面吉布斯函数降得更低，系统更加稳定。

（二）电解质溶液中的吸附

固体对电解质的吸附可以分为两类。离子在固液界面的静电吸附和离子交换吸附。离子在固液界面的吸附符合法金斯规则（详见第九章），即与固相组成具有相同的离子优先被吸附。离子交换吸附是指吸附剂从溶液中吸附某种离子的同时又放出同电性的另一种离子。

离子交换的应用十分广泛，因此人工合成的离子交换树脂得到了很快发展。离子交换剂主要用于硬水软化、海水淡化、污水处理、混合物分离、贵重金属回收等，由于离子交换剂可以再生，所以经处理后可以重复使用。

七、吸附现象的应用

在生产和科学实验中吸附作用应用很广，例如，用活性炭吸附糖水溶液中的杂质使之脱色；用硅胶或氧化铝吸附气体中的水使之干燥；用分子筛吸附混合气体中某一组分使之分离等等都是吸附作用的应用。

能有效地从气体或液体中吸附其中某些成分的固体物质称为固体吸附剂，其最重要的质量指标是孔隙率和比表面积。孔的总体积与分散体系的总体积之比叫做孔隙率，它是孔性吸附剂的重要特性；比表面积是吸附剂的定量标准，它基本上决定着吸附剂的吸附能力，吸附效果等。下面介绍几种常见的固体吸附剂及其性能。

常用的固体吸附剂分为极性和非极性两类，典型的极性吸附剂是硅胶，而典型的非极性吸附剂是活性炭。

1. 硅胶　硅胶是典型的孔性极性吸附剂，它由结合水的氧化硅组成，其表面上含有很多硅羟基 Si—OH。当硅酸钠或硅酸钾（水玻璃）与酸相互作用时，形成多硅酸凝胶，分离掉水并烘干，制得干燥的孔性硅胶。硅胶在使用前要在 393K 下加热 24 小时进行活化。根据含水量的高低可以把硅胶分为 5 级。在使用时要根据溶质、溶剂的极性以及硅胶的活性合理选择硅胶的级别。当硅胶因含水过多而失效时，可以烘后继续使用。硅胶具有优良的吸水性能，因此常用作仪器、设备的干燥剂，也可用于提纯生物碱、强心甙等药物。所以，按其用途不同又可分为变色硅胶、色谱分析用硅胶等。

2. 活性炭　活性炭是一种性能优良应用非常广泛的非极性吸附剂。根据原料来源的不同，活性炭可以分为植物炭、动物炭和矿物炭 3 类。矿物炭主要用于吸附有机气体、臭味以及净化水；植物炭、动物炭主要用于药物提取以及生产过程中的脱色、精制、吸附等，也可用于临床治疗，如解毒、血液灌流等。

活性炭的制备方法很简单，将木材、果壳、兽骨等原料在适当气流中经高温（973K）炭化，赶掉其中的易挥发性物质，就制成具有很大比表面积的活性炭，其比表面积可达 $5 \times 10^5 \sim 1.5 \times 10^6$ m^2 · kg^{-1}。活性炭在使用前要进行活化，以净化表面，增加比表面积。由于活性炭是一非极性吸附剂，所以宜于从水溶液中吸附非极性溶质，并且溶质的溶解度越小，越易被活性炭吸附。

3. 氧化铝　氧化铝与硅胶类似，也是一种孔性极性吸附剂。根据制备方法的不同，可以分为碱性、酸性和中性氧化铝。根据含水量的不同，氧化铝也可以分为 5 级。氧化铝是一种吸附性较强的吸附剂，它能吸附水分、NH$_3$、H$_2$S 等多种气体，也可以吸附醇和烯烃类化合物，因此，可以用作干燥剂，也可用于净化空气。另外，还常用来层析分离中草药的有效成分。

4. 分子筛　分子筛是一类能筛分分子的多孔性吸附剂。它们含有孔径均匀一致的孔隙，只允许接近或小于孔径的分子进入孔道被吸附，而大于孔径的分子则被排除在外，因此可以将不同大小的分子进行分离。这种选择性吸附过程称为分子筛作用，具有分子筛作用的这类吸附剂称作分子筛。

分子筛不仅是吸附性能很强的极性吸附性，而且具有离子交换作用。它对极性分子和不饱和分子有很高的亲和力，因而对它们具有选择吸附作用。例如，它对 H_2O、NH_3、H_2S 等极性分子有很强的吸附能力。即使在高温和低浓度体系中分子筛仍能保持很高的吸附能力。例如，高温时分子筛仍能吸附相当数量的水分，而同样温度下硅胶则几乎完全丧失了吸附水的能力。实验表明，分子筛是唯一可用于高温的吸附剂。

选择吸附分子是分子筛最突出的优点，例如 5A 型分子筛对正丁烷的吸附量比异丁烷大 20 倍左右。因此，利用分子筛的这一特性可以进行气体分离。

由于分子筛具有以上特点，所以获得了广泛的应用。它可以用于分离提纯各种气体，可以用于除去 H_2S 等有害废气，也可以用于提取稀有金属以及用作高效干燥剂等。

第九节　乳状液及微乳

扫码"学一学"

一、乳状液

（一）乳状液的类型

一种或几种液体分散在另一种与之不相溶的液体中形成的分散系统称为乳状液。通常称前者为分散相或内相，后者为分散介质或外相。分散相的直径为 $10^{-7} \sim 10^{-4} m$，属于粗分散系统。

乳状液总是一相为水，另一相为不溶于水的有机液体（统称为油）。水与油可以形成不同类型的乳状液。一种是分散介质为水，分散相为油的水包油型，用 O/W 表示；另一种是分散介质为油，分散相为水的油包水型，用 W/O 表示。此外，还有一种多重乳剂，又称为复乳，它是 W/O 型（或 O/W 型）乳状液分散在水（或油）中形成的分散系统，用 W/O/W（或 O/W/O）表示。

W/O 型和 O/W 型乳状液在外观上并无多大区别，可根据以下几种简单的方法进行鉴别。

（1）稀释法　乳状液能被外相所稀释，若能被水相稀释，则为 O/W 型；若能被油相稀释，则为 W/O 型。如牛奶能被水稀释，所以它是 O/W 型乳状液。在低倍数显微镜下作此实验，观察的会更清楚。

（2）染色法　用微量油溶染料（如苏丹红、苏丹ⅲ）加到乳状液中，若整个乳状液显色，说明外相为油相，即 W/O 型；若只有小液珠染色，则是 O/W 型。用水溶性染料（如亚甲基蓝、甲基橙）加到乳状液中，情况正好相反。

（3）电导法　以水为外相的 O/W 型乳状液有较好的导电性能，W/O 型乳状液的导电性能则差。但由于影响因素较多，如乳化剂的类型、相体积等，所以该法虽简便，但不十分准确。

乳状液几乎无处不在。它们在自然中出现，也在工业的各个分支里起着重要的作用，如食品、制药、石油、精细化学品、油漆等。在人类的胃里，脂肪被乳化成水包油（O/W）乳状液，其中，胆汁起到乳化剂的作用。黄油和人造奶油是 W/O 型乳状液，而蛋黄酱是

O/W 型乳状液。牛奶是被蛋白质高度稳定的 O/W 型乳化液。药剂和化妆品如软膏、香脂、油脂等也都是乳状液。一些不溶于水的外用药也常被制成乳状液。农业上使用的杀虫剂通常难溶于水，这种情况下，有效成分经常被包载在 O/W 型乳状液的油相。

（二）乳化剂

水和"油"直接振摇形成的分散体是不稳定的，具有很大的油－水界面，是热力学不稳定系统，不久会聚集分层，必须加入起稳定作用的第三组分以降低其界面自由能，才能形成乳状液，这第三组分称为乳化剂（emulsifying agent）。现在绝大多数实用的乳化剂都是人工合成的表面活性剂，包括离子型、非离子型和高聚物型的各种表面活性剂，其用量一般占系统总量的 1%～10%。

乳化剂可以看成是定向排列在油/水界面上形成的膜，其 HLB 值是决定乳状液类型的主要因素。比较膜与水的界面张力 $\sigma_{膜-水}$ 和膜与油的界面张力 $\sigma_{膜-油}$，若前者大，膜向水相弯曲，以降低表面能，易形成 W/O 型乳状液；反之若后者大，膜向油相弯曲，降低其表面能，易形成 O/W 型乳状液。通常情况下，若为 HLB 值在 8～18 间的亲水性表面活性剂，如吐温（Tween）类、卵磷脂等，可以形成 O/W 型乳状液；相反，HLB 值在 3～8 之间的亲油性乳化剂，如高级醇类、司盘（Span）类等，可以形成 W/O 型乳状液。制备乳状液时如果缺少合适 HLB 值乳化剂，也可用两种乳化剂复配。

选择乳化剂的通用原则如下。

（1）有良好的表面活性，能降低表面张力，在形成的乳状液外相中有良好的溶解能力。

（2）乳化剂在油水界面上能形成稳定的、紧密排列的凝聚膜。

（3）水溶性和油溶性乳化剂的混合使用有更好的乳化效果。

（4）乳化剂应能适当增大外相黏度，以减小液滴的聚集速度。

（5）满足乳化系统的特殊要求。如食品和乳液药物系统的乳化剂要求无毒和有一定的药理性能等。

（6）要能用最小的浓度和最低的成本达到乳化效果，乳化工艺简单。

（三）乳化剂的稳定作用

乳化剂对乳状液的稳定作用主要表现在以下几个方面。

（1）降低界面张力　乳状液具有很大的界面能量。乳化剂的稳定作用首先在于它能定向吸附在液－液界面上，大大降低了系统的界面张力，使系统处于较低能量状态。

（2）形成界面膜　乳化剂分子降低界面张力，吸附在液滴表面，形成具有一定机械强度的坚韧界面膜。界面膜包围着液滴，阻止它们合并变大，使乳状液保持稳定。

（3）形成双电层　若乳化剂为离子型表面活性剂，则乳液滴与溶胶粒子一样，其表面也具有双电层结构，只是情况复杂一些。分散相液滴相互靠近时双电层产生排斥作用，从而增加了液滴间的聚集阻力。

（4）固体粉末的稳定作用　固体粉末在液滴界面可以形成坚固、稳定的界面膜，使生成的乳状液稳定存在。研究表明，对固体粉末润湿性好的液体将形成乳状液的外相，因此氢氧化铁、硫化砷、二氧化硅等亲水性固体粉末易形成 O/W 型乳状液；而炭黑、煤烟等亲油性固体粉末可以形成 W/O 型乳状液。

（四）乳状液的破坏

有时我们需要稳定的乳状液，有时则需要将乳状破坏掉，这称之为破乳。例如，药物生产中往往会形成不必要的乳状液需要破除，原油脱水、污水中除油珠、牛奶中提炼奶油等都是破乳过程。乳状液的破坏一般要经过分层、转相和破乳等不同阶段。破乳原理归根结底是破坏乳化剂的保护作用，最终使油、水分离。常用的破乳方法有以下几种。

1. 电解质破乳 以双电层起稳定作用的稀乳状液可以用电解质破坏，这是工业上常采用的方法。电解质的破乳作用也符合舒尔茨－哈迪规则，即与液滴电性相反的离子的价数越高，其破乳能力越强。电解质破乳的原理是它降低了液滴间的静电排斥作用，使之容易相互碰撞而聚沉。常用的电解质有 NaOH、HCl、NaCl 及高价离子。

2. 改变乳化剂的类型破乳 乳化剂分子系统的稳定作用与乳化剂的分子构型即空间结构密切相关。例如，一价金属皂（一种表面活性剂）可以稳定 O/W 型乳状液，而二价金属皂可以稳定 W/O 型乳状液，如图 8－34 所示。可以把乳化剂比喻成两头大小不同的"楔子"，由于空间位阻的不同，若要楔子排列的整齐稳定，截面小的一头总是指向分散相，截面大的一头留在分散介质中。所以，如果把足量的钙盐加到由钠型表面活性剂为乳化剂形成的 O/W 型乳状液中时，由于表面活性剂中金属离子的置换可以使乳状液转相，利用从 O/W 型向 W/O 型转变过程中的不稳定性使之破坏。

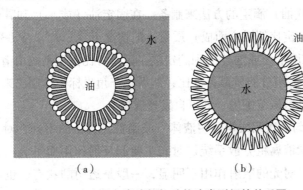

图 8－34　金属皂类价数与乳状液类型间的关系图
（a）一价金属皂形成的 O/W 型乳状液　（b）二价金属皂形成的 W/O 型乳状液

3. 破坏保护膜破乳 由坚韧保护膜稳定的乳状液可以选用表面活性更强，但碳氢链较短，不能形成坚韧保护膜的表面活性剂取代原乳化剂，以破坏保护膜而使乳状液破坏。这是当前重要的破乳的方法，常用的表面活性剂是低级醇或醚，如异戊醇等。

4. 破坏乳化剂破乳 加入能与乳化剂发生反应的试剂，使乳化剂破坏或沉淀。例如，向皂类稳定的乳状液中加入无机酸，使之变成脂肪酸析出，从而破乳等。

5. 其他破乳方法 如加热破乳、高压电破乳、离心破乳、过滤破乳等。实际工业生产中很少采用单一的破乳方法，一般是多种方法并用。

（五）药物乳状液

将杀虫药、灭菌药制成乳剂使用，不但药物用量小，而且能均匀地在植物叶上铺展，提高杀虫、灭菌效率。也有将农药与乳化剂溶在一起制成乳油，使用时配入水中即成乳状液。

牛乳和豆浆是天然 O/W 型乳状液，其中的脂肪以细滴分散在水中，乳化剂均是蛋白质，故它们易被人体消化吸收。根据这一原理，人们制造了"乳白鱼肝油"，它是鱼肝油分散在水中的一种 O/W 型乳状液。由于鱼肝油为内相，口服时无腥味，便于儿童服用。

临床上给严重营养缺乏患者使用的静脉滴注用脂肪乳剂，主要是含有精制豆油、豆磷脂和甘油的 O/W 型乳状液。药房中许多用作搽剂的药膏，以往多以凡士林为基质，使用时易污染衣物，目前常制成霜剂，为浓的 O/W 型乳状液，极易被水清洗。

二、微乳状液

微乳状液（microemulsion），简称微乳，是由油相、表面活性剂、助表面活性剂和水自发形成的，粒径在 10 ~ 100nm 之间、透明或半透明、热力学稳定的各向同性的四元系统。分为 O/W 型、W/O 型和双连续型三种类型。微乳中，乳化剂用量特别大，占总体积的 20% ~ 30%，并需加入一些极性的有机物（通常是短链或中长链的醇类物质）作助乳化剂。微乳与乳状液的显著区别如下。

1. 微乳是热力学稳定系统 由于制备时表面活性剂用量很大，且有助表面活性剂的作用，可大大降低油水界面张力，甚至趋于零或出现负值。另一方面，微乳中油相的用量很小，一般不大于总质量的 3%，这样形成的乳滴粒径非常小，相当于表面活性剂的胶束缔合胶体，是热力学稳定系统，即使离心也不能使之破乳。

2. 微乳可自发形成 乳状液制备时需要高速搅拌以使之分散，但微乳属热力学稳定系统，能够自发形成。制备微乳时最关键的是要确定微乳区域，一般通过伪三元相图来确定。伪三元相图可用水（或油）滴定的方法来制备。在固定油（或水）和乳化剂（由表面活性剂和助表面活性剂按一定比例混合而成）质量比的情况下（1/9、2/8、3/7、4/6、5/5、6/4、7/3、8/2、9/1），用水（或油）分别滴定之，记录各比例下系统由清变浊的边界点处水（或油）的用量，计算各组分的质量百分比，然后在三角坐标中绘制出来，即得。只要微乳中各组分的比例在微乳区域范围内，即可自发形成微乳。

3. 微乳是外观均匀的透明或半透明液体 液滴粒径大小的不同，对光的吸收、反射和散射作用也不同。乳状液属粗分散系统，对光主要起反射作用而呈乳白色，乳状液由此而得名。微乳液滴很小，对光的散射作用不明显，一般是透明的状态，也可能呈现浅蓝色的半透明状态。

有人把微乳液看成是含有增溶物的胶束溶液。表 8-7 列出了乳状液、微乳液和胶束溶液的性质比较。

表 8-7 乳状液、微乳液和胶束溶液的性质比较

性质	乳状液	微乳液	胶束溶液
外观	不透明	透明或近乎透明	一般透明
大小	大于 0.1μm，一般为多分散体系	0.01 ~ 0.1μm，一般为均分散体系	一般小于 0.01μm
形状	一般为球状	球状	稀溶液中为球状，浓溶液中可呈各种形状
热力学稳定性	不稳定，用离心机易于分层	稳定，用离心机不能使之分层	稳定，不分层
表面活性剂用量	少，一般无需加助表面活性剂	多，一般需加助表面活性剂	浓度大于 CMC 即可，增溶油量或水量多时可适当增加
与油、水混溶性	O/W 型与水混溶，W/O 型与油混溶	与油、水在一定范围内可混溶	能增溶油或水直至达到饱和

目前，人们对微乳的兴趣不断增加，特别近年来在 3 次采油中的应用研究发展很快，它可以使采油率提高 10% 以上。微乳作为新出现的给药系统之一，近年来被用于多种药物制剂的开发，其突出优点有增溶、促进吸收、提高生物利用度、减少过敏反应等。如抗肿瘤药喜树碱乳化后溶解度提高 2.3 倍，环孢素 A 的口服微乳生物利用度可增加 2 ~ 3 倍，胰

岛素微乳透皮给药的皮肤透过量明显提高，氟比洛芬微乳注射剂在病变部位的浓度提高 7 倍。微乳作为给药载体具有热力学稳定性，易于制备和保存，黏度低（O/W 型微乳一般低于 200mPa·s），注射时不会引起疼痛，对于易降解的药物制成 W/O 型微乳可起到保护作用等特性，而具备很好的开发前景。可以预料，微乳在轻工、食品及医药制剂等方面的应用将与日俱增。

第十节 固体在溶液中的吸附

扫码"学一学"

固体自溶液中的吸附是最常见的吸附现象之一。固体在溶液中除了吸附溶质外，还会对溶剂进行吸附，因此溶液吸附规律比较复杂，至今没有像气体吸附那样完整的溶液吸附理论，仍处于研究阶段。

固体对气体的吸附主要取决于固体表面分子与气体分子之间的相互作用力。而固体自溶液中的吸附，至少要考虑三种作用力，即：在界面层上固体与溶质之间的作用力；固体与溶剂之间的作用力；以及在溶液中溶质与溶剂之间的作用力。固体自溶液中的吸附是溶质与溶剂分子争夺固体表面的净结果。若固体表面上的溶质浓度比溶液本体的大，就是正吸附；反之，就是负吸附。

固体在溶液中的吸附速度一般比在气体中的吸附速度慢很多，这是由于吸附质分子在溶液中的扩散速度慢。在溶液中，固体表面总有一层液膜，溶质分子必须通过这层液膜才能被吸附。多孔性固体的吸附速度更低，往往需要更长的时间才能达到吸附平衡。

固体在溶液中吸附的应用极为广泛。例如，利用葡聚糖凝胶分离分子量或粒径大小不同的物质，就是因为葡聚糖凝胶具有孔径均匀一致的孔隙，其只允许与孔隙的孔径大小相近或小于孔隙孔径的粒子进入孔隙而被吸附，大于孔隙孔径的粒子则被洗脱出来，从而达到分离的目的。再如，在控制注射剂的质量时，加入活性炭吸附脱色；固体从溶液中吸附表面活性剂后，使固体的润湿性发生变化；胶体的稳定；水的净化及色谱分析等。吸附作用也并不都是有利的。例如，药物制剂中的药物之间和药物与赋形剂之间的相互吸附作用会导致疗效下降。如季铵盐类表面活性剂常用于皮肤和黏膜的杀菌，效果较好，但常因处方中其他成分的吸附作用而失去活性。因此，上述这些规律有助于我们进一步发展溶液吸附的定量理论。

❓ 思考题

1. 纯液体、溶液和固体各采用什么方法来降低表面能使系统稳定？

2. 表面性质与什么有关？服用同样质量同样成分的药丸和药粉，哪一种的药效快？

3. 分别从力和能量的角度解释为什么气泡和小液滴总是呈球形？

4. 把大小不等的液滴封在一玻璃罩内，隔相当长时间后，估计会出现什么现象？

5. 在一管径不均匀的毛细管中有一些可润湿管壁的液体存在（图 8-35）。问平衡时，液体所在位置？

图 8-35　思考题 5 示意图

6. 如何用开尔文方程解释喷雾干燥的原理？

7. 用不同大小的 $CaCO_3$（s）颗粒作分解实验，在相同温度下，哪些晶粒的分解压大？为什么？

8. 两块平板玻璃在干燥时，叠放在一起很容易分开。若在其间放些水，再叠放在一起，使之分开却很费劲，这是什么原因。若其间不是放水而是放非极性有机液体。则结果又将如何？为什么？

9. 干净的玻璃片表面是亲水的，用稀有机胺水溶液处理后，变成疏水的。再用浓有机胺溶液处理后，又变成亲水的表面。后者用水冲洗之，又变成疏水的表面，请解释这一现象。

10. 用学过的关于界面现象的知识解释以下几种做法或现象的基本原理：①人工降雨；②有机蒸馏中加沸石；③过饱和溶液、过饱和蒸汽、过冷液体等过饱和现象；④喷洒农药时在药液中加入少量表面活性剂。

 习题

1. 1×10^{-3}kg 汞分散为直径等于 7×10^{-8}m 的汞溶胶，试求其表面积及比表面积（汞的密度为 13.6×10^{3}kg · m^{-3}）。

2. 293.15K 及 1.01×10^{5}Pa 下，把半径等于 1×10^{-3}m 的汞滴分散成半径为 1×10^{-9}m 的小汞滴，试求此过程环境作功多少？系统的表面吉布斯函数增加多少？已知 293.15K 时汞的表面张力为 484×10^{-3}N · m^{-1}。

3. 将 1×10^{-6}m³ 的油分散到盛有水的烧杯内，形成液滴半径为 1×10^{-6}m 的乳状液，设油 - 水之间的界面张力为 62×10^{-3}N · m^{-1}，求分散过程所需的功为多少？系统所增加的表面吉布斯函数为多少？如果加入微量的表面活性剂之后再进行分散，这时油 - 水间的界面张力降至 52×10^{-3}N · m^{-1}，问此分散过程所需的功比原来减少多少？

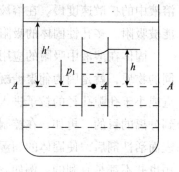

4. 在一定温度下，容器中加入适量的完全不互溶的某油类和水，将一支半径为 r 的毛细管垂直地固定在油 - 水界面之间（如图 8 - 36）。已知水能润湿毛细管壁，油则不能。导出水在毛细管中上升的高度 h 与油 - 水界面张力间的定量关系。

图 8 - 36　习题 4 示意图

5. 已知 $CaCO_3$ 在 773.15K 时的密度为 3900kg/m³，表面张力为 1210×10^{-3}N · m^{-1}，分解压力为 101.325kPa。若将 $CaCO_3$ 研磨成半径为 30nm 的粉末，求其在 773.15K 时的分解压力。（碳酸钙的分子量为 100×10^{-3}kg · mol^{-1}）

6. 373.15K 时水的表面张力为 58.9×10^{-3}N · m^{-1}，密度为 0.9584×10^{3}kg · m^{-3}，问直径为 10^{-7}m 的球形凹面上，373.15K 时水蒸气压力为多少？在 1.01×10^{5}Pa 的外压下能否从 373.15K 的水中蒸发出直径为 10^{-7}m 的水蒸气泡？

7. 293.15K 时，水的表面张力为 72.8×10^{-3}N · m^{-1}，汞的表面张力为 484×10^{-3}N · m^{-1}，而汞和水的界面张力为 375×10^{-3}N · m^{-1}，请判断：

（1）水能否在汞的表面上铺展？

（2）汞能否在水的表面上铺展？

8. 已知水的表面张力 $\gamma_{水} = 72.8 \times 10^{-3}$N · m^{-1}，己醇的表面张力 $\gamma_{醇} = 24.8 \times 10^{-3}$N · m^{-1}，己醇与水的界面张力 $\gamma_{醇-水} = 6.8 \times 10^{-3}$N · m^{-1}，己醇与水相互饱和后，则 $\gamma_{水}' = 28.0 \times 10^{-3}$N · m^{-1}，$\gamma_{醇}' = \gamma_{醇}$，根据上述数据判断，己醇滴在水面上时开始与终了的

形状，相反，如果把水滴在己醇表面上，其形状如何？

9. 293.15K 时，表面张力为 $72 \times 10^{-3} \mathrm{J} \cdot \mathrm{m}^{-2}$ 的一杯水与直径为 $2 \times 10^{-9} \mathrm{m}$ 的水滴比较，二者蒸气压相差多少倍？

10. 在 293.15K 时，水和正辛烷的表面张力分别为 $72.8 \times 10^{-3} \mathrm{N} \cdot \mathrm{m}^{-1}$ 和 $21.8 \times 10^{-3} \mathrm{N} \cdot \mathrm{m}^{-1}$，且正辛烷与水的界面张力为 $50.8 \times 10^{-3} \mathrm{N} \cdot \mathrm{m}^{-1}$，试计算：

（1）正辛烷与水之间的黏附功；

（2）正辛烷与水的内聚功；

（3）正辛烷在水面上的初铺展系数。

11. 有一杀虫剂粉末，欲分散在一适当的液体中以制成混悬喷洒剂。今有三种液体（1，2，3），测得它们与药粉及虫体表面之间的界面张力关系如下：

$$\gamma_{粉} > \gamma_{1-粉} \qquad \gamma_{表皮} < \gamma_{表皮-1} + \gamma_{1}$$

$$\gamma_{粉} > \gamma_{2-粉} \qquad \gamma_{表皮} > \gamma_{表皮-2} + \gamma_{2}$$

$$\gamma_{粉} < \gamma_{3-粉} \qquad \gamma_{表皮} > \gamma_{表皮-3} + \gamma_{3}$$

试从润湿原理考虑何种液体最适宜？为什么？

12. 293.15K 时，已醚–水，汞–乙醚及汞–水的界面张力分别为 $10.7 \times 10^{-3} \mathrm{N} \cdot \mathrm{m}^{-1}$，$379 \times 10^{-3} \mathrm{N} \cdot \mathrm{m}^{-1}$，$375 \times 10^{-3} \mathrm{N} \cdot \mathrm{m}^{-1}$，在乙醚与汞的界面上滴一滴水，试求其接触角。

13. 用毛细上升法测定某液体的表面张力。此液体的密度为 $0.790 \mathrm{g} \cdot \mathrm{cm}^{-3}$，在半径为 $0.235 \mathrm{mm}$ 的玻璃毛细管中上升的高度为 $2.56 \times 10^{-2} \mathrm{m}$。设此液体能很好地润湿玻璃，试求此液体的表面张力。

14. 298.15K 时，有一表面活性剂稀溶液，测得表面张力 γ 与其浓度 c 之间的关系为 $\gamma = 72 \times 10^{-3} - 1000 \times 10^{-6} c$，求该表面活性剂在浓度为 $0.01 \times 10^{3} \mathrm{mol} \cdot \mathrm{m}^{-3}$ 时的表面吸附量。

15. 298.15K，乙醇的表面张力 γ 与其浓度 c 的关系符合下式：$\gamma = 72 \times 10^{-3} - 0.5 \times 10^{-6} c + 0.2 \times 10^{-9} c^{2}$，试计算浓度为 $0.5 \times 10^{3} \mathrm{mol} \cdot \mathrm{m}^{-3}$ 时乙醇溶液的表面吸附量。

16. 292.15K 时，丁酸水溶液的表面张力可以表示为 $\gamma = \gamma_{0} - a \ln (1 + bc)$ 式中 γ_{0} 为纯水的表面张力，a 和 b 为常数。

（1）求该溶液中丁酸的表面吸附量 Γ 和浓度 c 的关系；

（2）若已知 $a = 13.1 \mathrm{mN} \cdot \mathrm{m}^{-1}$，$b = 19.62 \mathrm{L} \cdot \mathrm{mol}^{-1}$，计算当 $c = 0.200 \mathrm{mol} \cdot \mathrm{L}^{-1}$ 时的 Γ；

（3）当丁酸的浓度足够大，达到 $bc \gg 1$ 时，饱和吸附量 Γ_{m} 为多少？设此时表面上丁酸成单分子层吸附，试计算在液面上每个丁酸分子所占的截面积为多少？

17. 为将棉籽油乳化成 O/W 型乳状液，需要 HLB = 7.5 的乳化剂。现有司盘 80（HLB = 4.3）$6 \times 10^{-3} \mathrm{kg}$，问需吐温 80（HLB = 15）多少 kg 才能使混合乳化剂的 HLB 值满足要求？

18. 某活性炭吸附甲醇蒸气，在不同压力时的吸附量为

p/Pa	15.3	1070	3830	10700
$\dfrac{x}{m}/(\mathrm{kg} \cdot \mathrm{kg}^{-1})$	0.017	0.130	0.300	0.460

求适用于此实验数据的弗罗因德利希吸附等温式。

19. 273.15K 时，用 $2.964 \times 10^{-3} \mathrm{kg}$ 活性炭吸附 CO，实验测得当 CO 分压分别为 9731Pa 及 71982Pa 时，其平衡吸附体积分别为 $7.5 \times 10^{-6} \mathrm{m}^{3}$ 和 $38.1 \times 10^{-6} \mathrm{m}^{3}$，（已换成标准状

况）已知活性炭吸附 CO 符合兰格缪尔吸附等温式，试求：

（1）兰格缪尔公式中的 b 值？

（2）53320Pa 时，其平衡吸附量为多少？

20. 已知活性高岭土从水溶液中吸附奎宁符合兰格缪尔等温式，293.15K 时测得不同浓度奎宁的吸附量如下：

$c \times 10^2 / kg \cdot m^{-3}$	1.25	2.5	5	10	15	30
$\dfrac{x}{m} \times 10^3 / kg \cdot kg^{-1}$	20	31	44	57	63	68

现有奎宁浸出液一批，含量为 $2kg \cdot m^{-3}$，共有 $5m^3$，欲将其中 90% 奎宁提取出来，问需要加吸附剂多少？

21. 77.2K 时，微球硅酸铝吸附 N_2，在不同的平衡压力下，测得每千克吸附剂吸附的 N_2 在标准状况下的体积数据如下：

p/kPa	8.6993	13.639	22.112	29.924	38.910
$V \times 10^3 / m^3 \cdot kg^{-1}$	115.58	126.3	150.69	166.38	184.42

已知 77.2K 时 N_2 的饱和蒸气压 $p_0 = 99.125kPa$，N_2 分子的截面积 A 为 $16.2 \times 10^{-20} m^2$，试用 BET 公式计算该吸附剂的比表面积。

第九章　胶体分散体系

人们对胶体的应用自古就有，例如吃的豆浆，用的墨汁都是胶体体系。但是对胶体的认识却只有一百多年的时间。19世纪40年代，意大利科学家 Francesco Selmi 发现有些溶液，如蛋清溶液和天然纤维素溶液，与小分子溶液相比，有强烈的光散射，加入电解质会引起物质的沉淀等。他把这些溶液称为假溶液，并总结出这类假溶液的特殊性质。这是对胶体体系（colloidal system）基本特性的最早认识。19世纪60年代，英国科学家 Thomas Graham 对假溶液的扩散速度进行研究后，提出物质可分为两类：晶体（crystalloids）和胶体（colloids）。晶体物质在水中扩散速度快，能透过半透膜，溶液蒸发后留下晶体颗粒。胶体物质在水中扩散速度慢，不能透过半透膜，溶液蒸发后留下胶黏状物质。但 Graham 的分类方式招到了后续研究人员的质疑，例如氯化钠是晶体，但将其溶在有机溶剂中则不能透过半透膜，蒸去溶剂成胶黏状。这说明 Graham 的物质分类方式并不科学，胶体不是一种特殊类型的物质，而是物质的一种特殊存在形态。后续研究发现不能透过半透膜，在介质中扩散速度慢是分散相颗粒直径介于粗分散体系和小分子溶液之间的液体分散体的特性，1907年俄国科学家法伊曼将这类分散体系定义为胶体。同年，德国 Ostwald 创办了第一个胶体化学的专门刊物——《胶体化学和工业杂志》，成为胶体化学学科正式成立的标志，胶体化学逐渐发展成为一门系统性的学科。

20世纪末，随着研究手段和测量技术的高度发展，介于宏观物质与微观基本粒子（原子，分子）尺度间的纳米粒和微米粒的奇异性质被观测到，科学家发现还有一个介观世界被忽略。"介观（mesoscopic）"这个词汇，由 van Kampen 于1981年所创，特指介于微观和宏观之间的尺度。胶体分散相就处于该领域。对介观尺度的研究成为各学科领域的关注点，这促进了胶体化学的蓬勃发展，使其在化工能源、材料、医学、生物、药学、地质、环境等领域均有重要应用。胶体化学本身也发展成为一门综合性很强的学科。

第一节　分散体系

一、分散体系的分类及其特征比较

分散体系（dispersion）是指一种或者几种物质被分散到另一种物质中所形成的体系。被分散的物质称为分散质或分散相（dispersed phase），而容纳分散相的连续的介质称为分散介质（dispersion medium）。

在分散体系中，分散相的颗粒大小改变时，分散体系的性质也随之改变，所以分散相的粒度（particle size）是表征分散体系特性的重要依据。分散体系按分散相的粒度分成三类：粗分散体系、胶体分散体系和分子分散体系（表9–1）。

扫码"学一学"

表9-1 按分散相粒度对分散体系分类

类型	分散相粒度/nm	特性（分散介质为液体）
粗分散体系	> 1000	粒子不能通过滤纸，无扩散能力，在显微镜下可见，体系浑浊不稳定
胶体分散体系	1 ~ 1000	粒子能通过滤纸，不能透过半透膜，扩散慢，在显微镜下不可见，在超显微镜下可见，体系透明有一定稳定性
分子分散体系	<1	粒子能通过半透膜，扩散快，在超显微镜下不可见，体系均相透明稳定

说明：有科学家建议以超显微镜的可分辨范围来定义胶体体系，将分散相粒度在 1 ~ 200 nm 范围内的分散体系称为胶体。也有科学家将胶体分散相粒度定义在 5 nm ~ 50 μm 范围内。本书采用 IUPAC 的规定。

分散体系的性质随分散相粒子与分散介质之间亲和力强弱而改变。如果分散相粒子与分散介质之间亲和力较强，分散体系可以自发形成。如果分散相粒子与分散介质之间亲和力的较弱，则分散体系需通过外界做功才能形成，并且分散相和分散介质分属不同的相，是热力学不稳定体系，所以分散体系又可分为均相和非均相体系（表9-2）。

表9-2 按分散相与分散介质亲和力强弱对分散体系分类

分散体系类型	实例	特性（分散介质为液体）
均相分散体系	小分子溶液 电解质溶液	透明，无散射，溶质扩散快，热力学稳定体系
	大分子溶液 胶束溶液/缔合胶体	透明，弱散射，溶质扩散慢，聚结可逆，热力学稳定体系
非均相分散体系	溶胶	透明，有散射，分散相扩散慢，聚结不可逆，热力学不稳定体系
	粗分散体系	浑浊，无散射，不扩散，聚结不可逆，热力学不稳定体系

二、胶体体系的分类及其特征

分散相和分散介质都可以气、液、固三态存在。按照分散相和分散介质的相态不同，胶体可区分为八种不同类型，具体实例见表9-3。生活中常见的胶体类型有气溶胶（液、固体分散入气体）、泡沫（气体分散入液体）、乳状液（液体分散入液体）、溶胶（固体分散入液体）、大分子溶液（固体分散入液体）等。本章对胶体基本特性的讨论主要集中于固体分散入液体形成的胶体分散体系。

表9-3 不同相态胶体举例

分散介质	分散相	分散体系名称	实例
气态	液态	气溶胶	雾、云
	固态	气溶胶	烟、尘、雾霾
液态	气态	泡沫	喷雾、泡沫、奶油、汽水
	液态	微乳，乳状液	发胶、面霜、牛奶、石油
	固态	溶胶，溶液	金溶胶、牙膏、蜂蜜、墨汁
固态	气态	固体泡沫	泡沫塑料、海绵、饼干
	液态	凝胶	珍珠、蛋白石、黄油、豆腐
	固态	固溶胶	合金、有色玻璃

按照 IUPAC 关于胶体体系（colloidalsy stem，简称胶体）的定义，只要分散相的一维尺度在 1 ~ 1000nm 范围内的分散体系都属于胶体体系。按此定义，固体分散到液体介质中形成的胶体有三种类型：溶胶（colloidal dispersion or colloidal solution or sol）、缔合胶体（association colloid）和大分子溶液（macromolecular solution）。缔合胶体是指由表面活性剂分子分散在液体介质中缔合形成的胶束溶液，已在表面化学中有详细介绍（见第八章），所以本章只详细介绍溶胶和大分子溶液。

溶胶通常指不易溶解的小分子化合物在液体介质中分散形成的胶体体系。这类胶体的分散相和介质间有相界面，存在巨大的界面能，是热力学不稳定体系。大分子化合物（如合成橡胶、PEG 和淀粉等）的单个分子的一维尺寸正好介于 1~1000nm，溶于良溶剂中形成的大分子溶液则没有相界面，所以大分子溶液属于热力学稳定体系。根据体系稳定性的不同，胶体又可分为亲液胶体（lyophilic colloid）——大分子溶液和憎液胶体（Lyophobic-colloid）——溶胶。尽管溶胶和大分子溶液在稳定性上存在本质不同，但是由于两者的分散相粒度一致，其性质和研究方法基本一致，本书把两者统一到胶体分散体系讨论。两者的性质比较见表 9-4 和表 9-5。

表 9-4 溶胶和大分子溶液的相同性质

性质	溶胶和大分子溶液
分散相粒度	均为 1~1000nm
透过半透膜	不能
扩散速度	慢
粒子均一性	不均，具有多分散性，溶胶用平均粒径表征，大分子用平均分子量表征

表 9-5 溶胶和大分子溶液性质的差异

溶胶	大分子溶液
分散介质亲和力小，多相	溶剂亲和力大，单相
热力学不稳定体系	热力学稳定体系
强丁达尔效应	弱丁达尔效应
对比介质黏度增加不大	对比介质黏度显著增加
分散相与分散介质分离再混合，体系不可恢复	分散相与分散介质分离再混合，体系可恢复
不可通过加分散介质直接制备	加分散介质直接制备
加电解质易发生聚沉	中性大分子溶液对电解质不敏感
有电泳现象	中性大分子没有电泳现象

三、胶体的多分散性及其表征

根据分散相粒子的均一性程度，分散体系可分为单分散体系和多分散体系。

分散相粒子的化学组成相同且大小完全均一的体系称为单分散体系。否则称为多分散体系。除非特意制备，如纯的蛋白质溶液是单分散体系，绝大多数体系的胶粒是大小不均匀的，所以胶体体系主要是多分散体系。

在胶体化学中，常用粒径的平均值表征溶胶和缔合胶体，用平均分子量值表征大分子溶液。由于不同实验方法的统计平均意义不同，平均值的含义和数值随测量方法而不同。

（一）平均直径

溶胶在制备过程中，由于制备方法、介质性质、分散剂的不同等等，所得胶粒的粒径会有较大波动，其大小用平均直径表征。

用显微镜法测得的胶粒平均直径是数均直径，d_n，具有数均性质。

$$d_n = \frac{\sum_B N_B d_B}{\sum_B N_B} = \sum_B f_B d_B \tag{9-1}$$

式中 N_B 是直径为 d_B 的胶粒数目，N 是总的胶粒数目。f_B 是胶粒 B 所占分数或加权因子。

用吸附实验测得的胶粒平均直径是面均直径，d_S。该方法是用吸附实验测得胶粒的平均表面积，再折算胶粒直径。

$$d_S = \sqrt{\sum_B f_B d_B^2} \tag{9-2}$$

用密度法测得的胶粒平均直径是体均直径，$\bar{d}_V$。该方法是先测得胶粒的平均体积，再折算胶粒直径。

$$d_V = \sqrt[3]{\sum_B f_B d_B^3} \tag{9-3}$$

（二）平均分子量

纯的天然蛋白质是单分散性的，其有确定的分子量。但合成的大分子化合物通常是多分散性的，其分子量是平均分子量。

用渗透压法测得的分子量是数均分子量，M_n，是总质量对分子数的平均。

$$M_n = \frac{\sum_B N_B M_B}{\sum_B N_B} = \frac{\sum_B N_B M_B}{N} = \frac{1}{N}\sum_B M_B \tag{9-4}$$

式中 N_B 是分子量为 M_B 的大分子的数目，N 是总的分子数目。

用光散射法测得的分子量是质均分子量，M_m，其统计平均意义如下。

$$M_m = \frac{\sum_B N_B M_B^2}{\sum_B N_B M_B} = \frac{1}{m}\sum_B m_B M_B \tag{9-5}$$

式中 m_i 是分子量为 M_i 的大分子的质量，m 是总的质量。

沉降平衡法测得的分子量是 Z 均分子量，$\bar{M}_z$，其统计平均意义如下。

$$\bar{M}_z = \frac{\sum_B N_B M_B^3}{\sum_B N_B M_B^2} \tag{9-6}$$

例题 9-1 PE 树脂制备中，由共聚单体的聚合得到的产物组成如下。

分级范围	5~10	10~15	15~20	20~25	25~30	30~35
摩尔质量/（kg·mol^{-1}）	1500	2500	3500	4500	5500	6500
物质的量/mmol	0.49	0.76	1.3	0.70	0.51	0.25

求该树脂的数均、质均分子量，并计算其多分散系数。

解：$M_n = \dfrac{\sum_B N_B M_B}{\sum_B N_B} = \dfrac{0.49\times1500+0.76\times2500+1.3\times3500+0.70+0.51+0.25}{0.49+0.76+1.3+0.70+0.51+0.25}$kg·mol^{-1}

$$= \frac{14765}{4.01} = 3682 \text{kg·mol}^{-1}$$

$$M_m = \frac{\sum_B N_B M_B^2}{\sum_B N_B M_B} = \frac{6.194\times10^7}{14765}\text{kg·mol}^{-1} = 4191\text{kg·mol}^{-1}$$

$$M_m/M_n = 1.138$$

（三）多分散性表征

胶体体系的多分散性可用分布宽度或多分散指数（polydispersity index，PDI）来表征。

体系的分散程度可以用尺寸分布曲线或相对分子量分布曲线来描述，见图9-1。用分布曲线表征体系的多分散性比较直观，给出的信息比较全面。对于多分散体系，有 $\bar{d}_n < \bar{d}_S < \bar{d}_V$ 或 $\bar{M}_n < \bar{M}_m < \bar{M}_z$，它们之间的差值越大，表明分布越宽。体系的多分散性可以用分布曲线的肩值大小来判断。肩值指的是分布曲线峰值一半时的曲线宽度。显然，肩值越小说明分散相粒子大小越均匀。

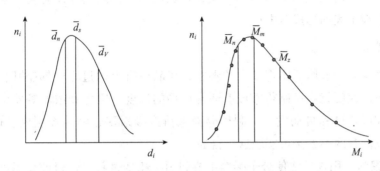

图9-1 粒径和分子量分布曲线示意图

胶体的多分散性还可用多分散指数 PDI 来表征。多分散指数定义为面均直径与数均直径的比值 d_S/d_n 或质均分子量与数均分子量的比值 M_m/M_n，表征胶粒的不均一程度。显然，对于单分散体系，$d_n = d_S = d_V$ 或 $M_n = M_m = M_z$，所以 PDI 为 1。而多分散体系的 PDI 大于 1，数值越大，体系均匀性越差。

第二节 溶胶的制备和净化

扫码"学一学"

溶胶的制备就是让分散相粒径大小进入 1~1000nm 范围。小分子或原子的粒径在0.1~1nm 范围内，所以胶体粒子是小分子或原子的聚集体。难溶小分子在介质中分散或聚集时会产生巨大的相界面，表面吉布斯能增大，这不是一个自发过程，需要外界做功才能发生。外界的做功方式分为两类：通常将借助外力使大块物质粒径变小的制备过程称为分散法（dispersion method）；而将小分子或离子聚集成胶粒的制备方法称为凝聚法（aggregation method）。

一、溶胶的制备

（一）分散法

1. 机械碾磨法 依靠各种粉碎机或胶体磨将大块物质机械粉碎到胶体粒径范围。例如阿奇霉素纳米混悬剂的制备，可以采用介质研磨法，加入适量的表面活性剂和大分子化合物，得到平均粒径为 165 nm 的稳定分散体系。该方式适用于热不稳定物质分散体系的制备。

2. 超声波分散法 利用超声波将物质分散到介质里形成胶体。实验证明，超声振动频率影响超声分散的效果。超声分散法通常与其他方法联用更为有效。

3. 电分散法 将需要分散的金属作为电极，通直流电，两电极靠近的过程中产生电弧，使电极表面金属气化。气化的金属原子冷凝过程中生成胶体。

4. 胶溶法　通过化学反应制备疏松的沉淀，过滤除去多余杂质，再重新分散到介质中形成胶体。例如 Fe（OH）$_3$ 胶体的制备。

$$FeCl_3 + NH_4OH = Fe(OH)_3$$

$$Fe(OH)_3 + HCl = FeOCl + 2H_2O$$

$$\{[Fe(OH)_3]_m \cdot n\, FeO^+ \cdot (n-x)Cl^-\}^{x+} \cdot xCl^-$$

将新鲜制备并洗涤得到的氢氧化铁沉淀重新分散到蒸馏水中，加适量稀盐酸，加热至微沸并不断搅拌至沉淀完全消失得深褐色氢氧化铁胶体。盐酸的作用是可与氢氧化铁粒子表面作用，并在粒子表面形成双电层。

（二）凝聚法

凝聚法是将小分子或原子团聚成大的颗粒，在晶核析出的过程中抑制其长大，使晶核成长速度低于析出速度就容易制得溶胶。通常体系的温度、压力和浓度等发生改变引起相变化时，成核和成长过程自动发生。利用界面电荷或吸附聚合物等控制成长过程的速度，可形成稳定溶胶。有两类方法可实现这一目的。

1. 物理凝聚法　用物理法使分子凝聚主要利用了相变过程。通过改变温度、酸碱度或溶解度，使分散相凝聚析出并控制微粒的大小在胶体粒径范围。

改变酸碱度的方法：利用阿奇霉素在酸中溶解、水中析出的特点，通过控制水的 pH 值大小制备出阿奇霉素纳米混悬剂。

改变溶解度的方法：更换溶剂法来制备硫溶胶，将硫磺的酒精溶液滴加到水中，利用硫磺在水中溶解度更小可制备硫溶胶。

改变温度的方法：采用蒸气凝聚法，将汞蒸气通入不相溶的分散介质冷水中可制备汞溶胶。

同时改变温度和溶解度的方法：药物尼群地平在 35℃ 用有机溶剂溶解，加入到有稳定剂的 3℃ 水中，控制析晶条件除去有机溶剂得到平均粒径 200 nm 的混悬剂。

2. 化学凝聚法　利用生成沉淀的化学反应制备溶胶。其本质是改变化合物的浓度，促使相变产生。

例如水解法制备氢氧化铁溶胶：将 FeCl$_3$ 溶液滴加到沸水中，控制搅拌速度和三氯化铁溶液的滴加速度，可制得棕红色氢氧化铁胶体。

$$FeCl_3 + H_2O \xrightarrow{\text{boiling}} Fe(OH)_3(溶胶) + 3HCl$$

氧化还原法制备金溶胶：金氯酸稀溶液用碳酸钾水溶液中和至中性或弱碱性，加水稀释并加热至沸，逐滴加入新配置的 1% 单宁溶液，得红色金溶胶。

$$HAuCl_4 + 2K_2CO_3 \rightarrow HAuO_2 + CO_2 + 4KCl$$

$$2\,HAuO_2 + C_{76}H_{52}O_{48}(单宁) \rightarrow 2Au(溶胶) + H_2O + C_{76}H_{52}O_{49}$$

复分解反应法制备碘化银负溶胶：碘化钾水溶液在搅拌下滴加等浓度得硝酸银水溶液，碘化钾略过量，可得黄绿色碘化银溶胶。

$$KI + AgNO_3 \rightarrow AgI(溶胶) + KNO_3$$

（三）溶胶制备过程的稳定性控制

无论是分散法还是凝聚法，溶胶的制备过程都需要加入稳定剂。这是因为从宏观角度分析，溶胶体系是多相热力学不稳定体系，胶粒聚集时界面积减小，体系吉布斯能是减小的；在微观上分散相微粒之间由于诱导偶极，存在范德华引力作用促使微粒聚集。但是我们制备的很多胶体分散体系，如药物、化妆品和食品行业的大多数产品都能稳定存在相当长一段时间，是因为增加了热力学和动力学的稳定机制。

从热力学的角度，控制凝聚吉布斯能变化值大于零，使体系成为潜在的热力学稳定体系。凝聚过程的体系吉布斯能变化值 $\Delta G_{cds} = \Delta H_{cds} - T\Delta S_{cds}$，式中 ΔH_{cds} 和 ΔS_{cds} 是凝聚过程的能量变化和熵变化值，均为负值。颗粒越小，体系的 ΔS_{cds} 越负，如果绝对值 $T\Delta S_{cds}$ 大于 ΔH_{cds}，那么 ΔG_{cds} 恒为正值，分散体系实际就是热力学稳定体系。

从动力学的角度，则是在制备过程中加入稳定剂，利用了动力因素阻止胶粒的成长和聚集。分散相颗粒和介质间存在相界面。溶胶制备过程加入稳定剂可以使胶粒表面产生界面电荷，胶粒的界面区域结构见图9-2。在胶粒周围介质中存在相反电荷的离子的扩散层（离子氛）。胶粒表面的电势称为表面电势 ψ_0（胶体电学实验中实际能测量到的是滑动面上的电动电势 ζ）。扩散层具有一定厚度，有些可达几个分子尺寸。胶粒相互接近时，扩散层的叠合产生静电斥力阻止胶粒的进一步接近聚集，当静电斥力大于范德华引力时，胶粒碰撞后又分开，因而体系能稳定存在。这是胶体稳定的主要因素。

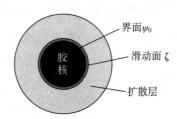

图9-2 胶粒界面结构示意图

在溶胶的制备中，还可加入具有吸附作用的长链表面活性剂或大分子溶液，它们可以吸附在胶粒表面，增加与溶剂的亲和性，降低表面能。或者覆盖在粒子表面提供立体位阻，产生空间稳定作用。

二、胶体的净化

胶体制备后，需要将其中多余的电解质和杂质除去，胶体才能稳定。过大的颗粒可以通过静置，再将沉淀分离。小分子和离子可以通过渗析、超滤、电渗析等方法除去。

1. **渗析法** 渗析法（dialysis method）是利用胶粒或大分子不能透过半透膜而小分子或离子能通过的方法。常见半透膜有动物膀胱膜、醋酸纤维、硝化纤维、胶棉薄膜等。如图9-3所示，将溶胶放在半透膜内，膜外放水。由于膜内外的浓度差，小分子杂质向水中扩散。不断更换水从而除去小分子杂质。渗析速率和膜面积、膜两侧浓度梯度、杂质扩散速率相关。想要提高渗析速度，可通过外加电场提高离子的迁移速率，这种方法称为电渗析法（electrodialysis），见图9-4。

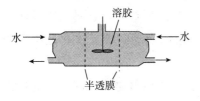

图9-3 渗析示意图

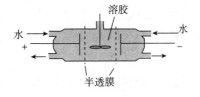

图9-4 电渗析示意图

渗析原理应用于治疗肾衰竭的血透仪、污水处理、海水淡化等。

2. 超滤法 超滤法指的是滤膜用半透膜代替，在外压作用下将胶体中的小分子和离子通过过滤随滤液一起除去的方法。超滤得到的胶粒需要立刻重新分散到介质中。最简单的超滤装置是使用抽滤装置，滤膜为半透膜。目前不同孔径的滤膜的制备已商业化，使得超滤技术在很多行业广泛应用。

三、胶体分散体系在药学中的应用

大量的药物曾因溶解度问题使用受到限制。提高难溶性药物的溶解度和生物利用度一直是药学研究的热点之一。纳米悬浮剂的出现部分解决了这个难题。纳米混悬剂指纯药物纳米粒子借助少量表面活性剂或大分子的稳定作用形成的胶体分散体系。纳米级药物粒径小，可以进入毛细血管，在血液循环系统自由流动，还可穿过细胞，被组织与细胞以胞饮的方式吸收，提高生物利用率。药物被制成混悬剂能解决药物的溶解度问题并增加溶出速率。纳米悬浮剂不仅适合多种给药途径，而且可以制备成各种剂型。纳米混悬剂的这些优势为难溶性抗生素类药物、抗肿瘤药物和一些治疗窗窄的药物提供了发挥更好作用的机会。已经成为商品的纳米混悬剂品种有治疗乳腺癌药物紫杉醇（abraxan）、免疫抑制剂西罗莫司（rapamune）及止吐药阿瑞吡坦（emend）等。还有糖尿病患者在笔式注射中使用的胰岛素悬浮液，胰岛素混悬液的稳定时间足够长，可以给患者提供非常精确的剂量。这些都是胶体分散体系在医药领域的成功运用。

第三节 胶体分散体系的动力性质

扫码"学一学"

胶体颗粒整体是电中性的。其悬浮于介质中会受到一些力的作用：相对静止时有溶剂分子的惯性力、重力和浮力，运动时的流体摩擦阻力等。胶体的动力学性质（dynamic properties）主要讨论这些力作用下产生的布朗运动、扩散和渗透以及在外力场下的沉降行为等。

一、布朗运动和扩散

1. 布朗运动 从微观角度分析，由于热运动，胶体分散体系并不是静止不动的世界，分散相粒子和介质分子在不停激烈地运动着。介质分子热运动的过程中不断撞击悬浮胶粒，依据统计规律，少量分子同时作用于小颗粒时，它们的合力是不可能平衡的。且胶粒比较小，周围分子不均衡撞击产生的不平衡力足以使它产生运动。由于分子热运动的无规则性，每一瞬间，介质分子对小颗粒撞击时的冲力大小、方向都不相同，合力大小、方向随时改变，导致胶粒的运动是无规则的。这种由分子的热运动引起的悬浮微粒做永不停息的无规则运动的现象被称为布朗运动。如果悬浮微粒的粒径过大，则同一瞬间作用于微粒的分子足够多，容易达到平衡。且微粒太大，分子的撞击不容易改变微粒的运动状态。所以能观测到布朗运动的悬浮微粒的粒径在 $1 \sim 10\mu m$ 范围内。布朗运动间接反映并证明了分子热运动。

布朗运动的特征：①微粒越小，布朗运动越明显：因为微粒越小，同一瞬间撞击的分子数越少，其合力越不平衡，又微粒越小，其质量越小，因而微粒的加速度越大，运动状态越容易改变，故微粒越小，布朗运动越明显。②温度越高，布朗运动越明显：因为温度越高，液体分子的运动越剧烈，分子对微粒的撞击力越大，力的不平衡作用就越大，小微粒的运动状态改变就越快，故温度越高，布朗运动越明显。③肉眼看不见：悬浮粒子直径低于 10 微米才能观测到布朗运动，这个粒径肉眼是看不见的，必须在显微镜才能看到。

1905 年，爱因斯坦依据分子运动论的原理提出了布朗运动的理论。给出在 t 时间里，微粒在 x 轴方向上位移的统计平均值，即方均根值为 $x = \sqrt{2Dt}$，D 是微粒的扩散系数（diffusion coefficient），量纲是 cm^2/s 或 m^2/s。

爱因斯坦还推出球型微粒的布朗运动位移公式。

$$x = \sqrt{\frac{RT}{N_A} \cdot \frac{1}{3\pi\eta r}} \qquad (9-7)$$

式中 N_A 为 Avogadro 常数；η 为黏度。

爱因斯坦布朗公式说明，布朗运动与黏度、粒径、温度有关，这与实验观测结果一致。

2. 扩散现象 质点浓度分布不均衡的分散体系，依据统计规律，由于质点密度分布不均匀，分子热运动时密度大的区域向密度小的区域迁移的分子数多于反向迁移的分子数。宏观上体现为悬浮微粒由高浓度区域向低浓度区域的净迁移，称为扩散现象（diffusion）。扩散最终使浓度趋于均衡。如果用半透膜阻止微粒的迁移则可观测到介质分子由低浓度向高浓度的净迁移，称为渗透现象（Osmosis）。用热力学的知识分析，悬浮微粒在高浓度的化学势大于低浓度的化学势，而介质分子的化学势则反过来，低浓度的大于高浓度。物质是从化学势高处向低处传递，所以扩散和渗透现象都是热力学自发过程。

Fick 研究发现：在单位时间内通过垂直于扩散方向的单位截面积的扩散物质流量与该截面处的浓度梯度（concentration gradient）成正比，比例系数 D 称为扩散系数（m^2/s）。

$$J = \frac{dm}{Adt} = -D \cdot \frac{dc}{dx} \qquad (9-8)$$

上式称为 Fick 第一定律，式中 J 称为扩散通量（diffusion flux），量纲是 $kg/m^2 \cdot s$；dm/dt 为扩散速度；A 为截面积；dc/dx 为扩散方向的浓度梯度；"$-$"号表示扩散方向为浓度梯度的反方向，即扩散由高浓度区向低浓度区扩散。扩散系数 D 的物理意义是单位浓度梯度单位时间通过单位面积的物质扩散量，或者单位浓度梯度时的扩散通量，D 值越大则扩散越快。

Fick 第一定律只适应于浓度梯度和扩散通量不随时间变化——稳态扩散（steady-state diffusion）的体系。即扩散过程中，在不同 x 处的 J 都相同，所以每个截面处流入和流出的物质的量相同，浓度梯度也不变。

如果在扩散过程中，浓度梯度和 J 都随时间变化，则称为非稳态扩散。对于非稳态扩散，就要应用 Fick 第二定律。

$$\frac{dc}{dt} = D \cdot \frac{d^2c}{dx^2} \qquad (9-9)$$

Fick 第二定律中假设 D 常数与浓度无关。依据爱因斯坦第一扩散公式，D 与粒子运动的阻力系数 f 呈反比关系。

$$D = \frac{RT}{N_A} \cdot \frac{1}{f} \qquad (9-10)$$

对于球形粒子

$$f = 6\pi\eta r \qquad (9-11)$$

可得

$$D = \frac{RT}{N_A} \cdot \frac{1}{6\pi\eta r} \qquad (9-12)$$

对于溶液小分子，D 的数量级约 $10^{-9}\,\mathrm{m^2/s}$，对于 10nm 的胶体微粒，D 的数量级约 $10^{-11}\,\mathrm{m^2/s}$。利用扩散系数的测定可计算球型质点的半径。

例题 9 - 2 0℃ 时测得某不带电球型粒子在水中的扩散系数为 $2.15 \times 10^{-12}\,\mathrm{m^2/s}$，0.23s，求该粒子的球型半径及布朗运动位移 $1\mu\mathrm{m}$ 所需时间。已知水的黏度为 $1.0050 \times 10^{-3}\,\mathrm{Pa \cdot s}$。

解：根据球型微粒的扩散系数的计算公式

$$D = \frac{RT}{N_A} \cdot \frac{1}{6\pi\eta r}$$

$$= \frac{8.314 \times 293.15}{6.023 \times 10^{23}} \cdot \frac{1}{6 \times 3.14 \times 1.005 \times 10^{-3} r/\mathrm{m}}\,\mathrm{m^2/s} = 2.15 \times 10^{-12}\,\mathrm{m^2/s}$$

解得

$$r = 99.4\,\mathrm{nm}$$

$$(1 \times 10^{-6})^2 = 2 \times 2.15 \times 10^{-12} \times t/\mathrm{s}$$

$$t = 0.23\,\mathrm{s}$$

二、沉降和沉降平衡

如果有外加力场存在，需要考虑外加力场对悬浮粒子的作用。外加力场主要有重力场和离心力场两种。

1. 重力场中的沉降 在重力场中，悬浮粒子要受到重力的作用。如果悬浮粒子和介质存在密度差，其所受的净力为

$$F = V(\rho - \rho_0)g$$

式中 V 为单个悬浮粒子的体积；ρ 和 ρ_0 分别为悬浮粒子与介质的密度；g 为重力加速度。

$\rho > \rho_0$，粒子下沉。下沉过程受到介质的阻力，即流动阻力的作用。阻力大小和沉降速度、黏度、粒子大小和形状有关。球型粒子的阻力可用 Stocks 定律 $F_{阻} = fv = 6\pi\eta r v$ 求出。速度越大，阻力越大。力平衡时

$$V(\rho - \rho_0)g = fv$$

由此得

$$v = \frac{V(\rho - \rho_0)g}{6\pi\eta r} = \frac{2r^2}{9\eta}(\rho - \rho_0)g \qquad (9-13)$$

速度 v 称为沉降（sedimentation）速度，当小球在黏滞流体中下沉时，若已知小球的半径 r、ρ、ρ_0，则可以通过测量沉降速度 v 获得液体的黏滞系数 η。落球式黏度计据此设计。

上述依靠地球引力场的作用，利用颗粒与流体的密度差异，使之发生相对运动而沉降称为重力沉降。对胶体分散体系，即悬浮微粒大小为纳米级时，在重力场中的沉降速度极慢，可以通过离心力场来增加其速度。

2. 离心力场中的沉降 在离心力场中，粒子的受力和重力场类似受三个径向作用力：①惯性离心力 $F_c = m\omega^2 x$，式中 m 为颗粒质量；ω 为回转角速度（$\omega = 2\pi n$，n 为离心机每秒转速）；x 为旋转半径，即粒子与旋转轴的距离。②浮力（方向与惯性离心力相反）。③流体阻力。对于符合 Stocks 定律的粒子，在离心力场中的沉降速度 v 仍可使用式（9-13）处理，只需把重力加速度 g 换成离心加速度 $\omega^2 x$。

当阻力和离心力相等时，离心沉降速度为

$$\nu = \frac{dx}{dt} = \frac{2r^2}{9\eta}(\rho - \rho_0)\omega^2 x \tag{9-14}$$

对上式积分得

$$9\eta \ln \frac{x_2}{x_1} = 2r^2(\rho - \rho_0)\omega^2(t_2 - t_1) \tag{9-15}$$

$$r = \left[\frac{9\eta}{2} \frac{\ln \frac{x_2}{x_1}}{(\rho - \rho_0)\omega^2(t_2 - t_1)} \right]^{\frac{1}{2}} \tag{9-16}$$

式中 x_1 和 x_2 分别是时间 t_1 和 t_2 时粒子离旋转轴的距离。

三、沉降-扩散平衡

沉降最终导致质点的浓集，分散体系的粒度分布不均衡，从而产生扩散作用，促使体系变均衡，所以沉降和扩散是两个相对抗的过程。沉降使质点沿着沉降方向浓集；扩散则相反，使质点在介质中均匀分布。重力场中，两种作用对抗可能出现下列 3 种情况：当颗粒较大时，重力作用 ≫ 扩散作用，主要体现为沉降，颗粒最终全部沉淀。当颗粒很小时，重力作用 ≪ 扩散作用，主要体现为扩散，颗粒最终均衡分布，分散体系在动力学上是稳定的。当颗粒较小时，重力作用与扩散作用相当，主要体现为沉降-扩散平衡，颗粒最终出现下浓上稀、浓度随着高度的平衡分布。

沉降-扩散平衡时，体系表观上浓度随高度的分布不再变化，粒子的表观运动速度为零。但实际上沉降和扩散仍都在进行，只是两者速率大小相等方向相反。通过任一截面积的沉降流量 J_s 与扩散流量 J_d 扩散流量相等。

扩散流量
$$J_d = -D\frac{dc}{dx} = -\frac{RT}{N_A f}\frac{dc}{dx}$$

沉降流量
$$J_s = \frac{d\left(\frac{m}{A}\right)}{dt} = \frac{d\left(c\frac{V}{A}\right)}{dt} = c \cdot \frac{dx}{dt} = c \cdot \frac{V(\rho - \rho_0)g}{f}$$

由 $J_s = J_d$ 得

$$-\frac{RT}{R_A f} \cdot \frac{dc}{dx} = c \cdot \frac{V(\rho - \rho_0)g}{f}$$

式中 V 是一个粒子的体积，$V = 4/3\,\pi r^3$，整理得

$$-RT\frac{dc}{c} = \frac{4}{3}\pi r^3(\rho - \rho_0)gN_A dx \tag{9-17}$$

积分得沉降-扩散平衡高度分布公式

$$RT\ln\frac{c_1}{c_2} = -\frac{4}{3}\pi r^3(\rho - \rho_0)gN_A(x_1 - x_2) \tag{9-18}$$

式中 c_1 和 c_2 分别是高度 x_1 和 x_2 处的粒子浓度。

如果离心力场比较小，也可出现离心沉降-扩散平衡

$$M = \frac{4}{3}\pi r^3 \rho N_A$$

$$-RT\frac{dc}{c} = \frac{4}{3}\pi r^3(\rho - \rho_0)\omega^2 x N_A dx = M\left(1 - \frac{\rho_0}{\rho}\right)\omega^2 x dx$$

积分得

$$2RT\ln\frac{c_1}{c_2} = -M\left(1-\frac{\rho_0}{\rho}\right)\omega^2(x_1^2-x_2^2) \tag{9-19}$$

如果测出不同高度 x_1 和 x_2 处的浓度，可以利用式（9-19）求算粒子的质量或大分子化合物的相对质量。

四、渗透压

1. 渗透压 U 型管中间用半透膜隔开，两侧分别放溶剂和溶液（溶质分子不能透过半透膜）。由于两侧的溶剂化学势不一样，溶剂将从纯溶剂一侧向溶液扩散。如图 9-5 所示，渗透的结果使两侧存在液面高度差，即两侧的压力不一样。高浓度一侧的压力比低浓度一侧高，从而阻止了溶剂向高浓度溶液的渗透。所以渗透压可理解为阻止溶剂从低浓度一侧渗透到高浓度一侧而在高浓度一侧施加的最小额外压强。

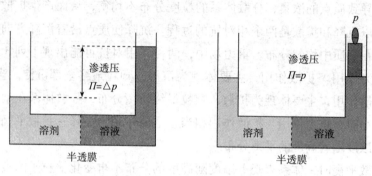

图 9-5 渗透压示意图

在等温条件下，达到渗透平衡时溶剂在膜两侧的化学势相等，即

$$\mu_A^\ominus(T,p_0) = \mu_A^\ominus(T,p_0+\Pi) + RT\ln x_A$$

纯溶剂压力改变 Π 引起的化学势改变值 ΔG_m 为

$$\Delta G_m = \mu_A^\ominus(T,p_0+\Pi) - \mu_A^\ominus(T,p_0) = \int_{p_0}^{p_0+\Pi} V_{m,A}dp = V_{m,A}\Pi$$

稀溶液中，溶质的摩尔分数 $x_B \ll 1$，则

$$\ln x_A = \ln(1-x_B) \approx -x_B \approx -\frac{n_B}{n_A}$$

$$V_{m,A}\Pi = -RT\ln x_A = RT\frac{n_B}{n_A}$$

$$\Pi = RT\frac{n_B}{n_A V_{m,A}} \approx RT\frac{n_B}{V} = cRT \tag{9-20}$$

式中 c 为体积摩尔浓度，单位为 mol/dm^3，当将 c 表达为体积质量时

$$\Pi = \frac{cRT}{M} \tag{9-21}$$

式中 c 的单位为 kg/dm^3。式 9-20 和 9-21 均是应用于理想溶液和稀溶液的渗透压计算公式，称为 van't Hoff 公式。如果半透膜两侧放置浓度不同的多分散体系，则膜两侧的渗透压计算公式为

$$\Pi = \Pi_内 - \Pi_外 = (c_内 - c_外)RT \tag{9-22}$$

式中 $c_内$ 和 $c_外$ 为膜内外的质点总浓度。

对于非理想溶液，渗透压公式修正为

$$\Pi = cRT\left(\frac{1}{M} + A_2c + A_3c^2 + \cdots\right) \tag{9-23}$$

上式称为维利方程，A_2、A_3、$\cdots$ 称为维利系数，它反映了溶液的非理想行为。对于大分子稀溶液，高次项可以忽略不计，其渗透压可用下列公式计算

$$\Pi = cRT\left(\frac{1}{M} + A_2c\right) \tag{9-24}$$

上式可用于渗透压法测量大分子化合物的相对分子量。

2. 数均分子量 $\overline{M}_n$ 测量　依据式（9-24）

$$\frac{\Pi}{cRT} = \frac{1}{M} + A_2c \tag{9-25}$$

测量不同浓度 c 的渗透压，以 Π/cRT 对 c 作图，得一条直线，由截距的倒数求得 M，M 就是大分子化合物的数均分子量 $\overline{M}_n$。

3. 唐南平衡　如果在用半透膜隔开的 U 型管两侧，分别放小分子电解质和大分子电解质。小分子电解质能透过半透膜，大分子离子不能透过半透膜，在达到渗透平衡时，小分子电解质在膜两侧的浓度不相等，这种现象称为唐南（Donnan）平衡。一般含大分子离子一侧称膜内侧，不含大分子离子一侧称膜外侧。

假设膜内大分子电解质 Na_zR 浓度为 c_1，则 Na^+ 和 R^{z-} 的浓度为 zc_1 和 c_1，如图 9-6 所示。膜外小分子电解质 NaCl 的浓度为 c_2，解离出等浓度的 Na^+ 和 Cl^-。大分子离子 R^{z-} 不能透过半透膜，而 Na^+ 和 Cl^- 可以自由通过半透膜。由于膜内没有 Cl^-，Cl^- 一定会由膜外进入膜内。设唐南平衡时有 x 的 Cl^- 进入膜内，由于溶液电中性的要求，一定有等数量的 Na^+ 进入膜内。

```
       平衡前                              平衡后
    膜内  ⋮  膜外                     膜内        ⋮   膜外
R^{z-}  Na^+ ⋮ Na^+  Cl^-  ⟹  R^{z-}  Na^+  Cl^-  ⋮ Na^+   Cl^-
 c_1    zc_1 ⋮  c_2   c_2      c_1  zc_1+x  x    ⋮ c_2-x  c_2-x
          ←Cl^-
```

图 9-6　唐南平衡浓度分布示意图

平衡时 NaCl 在膜两侧的化学势一定相等，即

$$\mu_{NaCl,内} = \mu_{NaCl,外}$$

$$RT\ln a_{NaCl,内} = RT\ln a_{NaCl,外}$$

$$(a_{Na^+} \cdot a_{Cl^-})_内 = (a_{Na^+} \cdot a_{Cl^-})_外 \tag{9-26}$$

这就是唐南平衡的公式。稀溶液可用浓度代替活度，即

$$(zc_1 + x) \cdot x = (c_2 - x)^2$$

$$x = \frac{c_2^2}{zc_1 + 2c_2} \tag{9-27}$$

$$\frac{c_{NaCl,内}}{c_{NaCl,外}} = \frac{x}{c_2 - x} = \frac{c_2}{zc_1 + c_2} \tag{9-28}$$

上述计算结果表明，唐南平衡时，小分子电解质在膜两侧的浓度不等。

依据上述分析，可计算唐南平衡时膜两侧的渗透压。上述体系可近似为稀溶液体系，则

$$\Pi = (c_内 - c_外)RT = RT\{[c_1 + (zc_1 + x) + x] - 2(c_2 - x)\}$$
$$= RTc_1\left(1 + \frac{z^2 c_1}{zc_1 + 2c_2}\right)$$

有两种极限情况。

（1）$c_1 \gg c_2$，$\Pi_1 \approx (z+1)c_1 RT$，此时渗透压值随大分子离子的阶数增大而增大，用渗透压法计算所得大分子电解质的平均摩尔质量偏低。

（2）$c_1 \ll c_2$，$\Pi_2 \approx c_1 RT$。此时膜内外小分子电解质浓度近似相等，相当于没有唐南效应的影响，所以这时用渗透压法测量大分子平均摩尔质量比较准确。

综上分析，用渗透压法测量大分子电解质的均摩尔质量需要消除唐南效应的影响，方法有两种：①让大分子处于等电点状态测量渗透压；②加入大量小分子电解质。

例题 9 – 3 在 298K 时，浓度为 $0.01 \text{mol} \cdot \text{dm}^{-3}$ 的大分子电解质 $R^+ Cl^-$ 置于半透膜内，膜外放置 NaCl 水溶液浓度为 $0.02 \text{mol} \cdot \text{dm}^{-3}$，膜两侧体积相等。试计算唐南平衡后，膜两边离子分布浓度及其渗透压 $\Pi_测$。

解： 设唐南平衡后有 $x \text{ mol} \cdot \text{dm}^{-3}$ 的 Na^+ 透过半透膜

	膜内			：	膜外	
	Na^+	Cl^-		：	Na^+	Cl^-
开始	0.01	0	0.01	：	0.02	0.02
平衡	0.01	x	$0.01 + x$	：	$0.02 - x$	$0.02 - x$

$$(0.01 + x) \cdot x = (0.02 - x)^2$$
$$x = 0.008 \text{mol} \cdot \text{dm}^{-3}$$

唐南平衡后膜两边离子分布浓度为

$$[R^+]_内 = 0.01 \text{mol} \cdot \text{dm}^{-3}$$
$$[Na^+]_内 = x = 0.008 \text{mol} \cdot \text{dm}^{-3}$$
$$[Cl^-]_内 = 0.01 + x = 0.018 \text{mol} \cdot \text{dm}^{-3}$$
$$[Na^+]_外 = [Cl^-]_外 = 0.02 - x = 0.012 \text{mol} \cdot \text{dm}^{-3}$$

渗透压为

$$\Pi_测 = 2RT[(0.01 + x) - (0.02 - x)]$$
$$= 2 \times 8.314 \times 298 \times (0.018 - 0.012) \times 10^3 \text{Pa}$$
$$= 2.98 \times 10^4 \text{Pa}$$

第四节　胶体分散体系的光学性质

胶体的光学性质主要研究胶体分散体系对光的散射现象。散射（scattering）指的是光通过不均匀介质时，部分光的传播方向发生偏离的现象。对胶体光学现象的研究，可以帮助我们理解胶体的光学行为，便于直接观测胶粒的运动，获取胶粒的大小和形状信息，还是区分小分子溶液和溶胶的最简易方法。

一、丁达尔效应和瑞利散射公式

以一束强光照射溶胶，在垂直于入射光的方向可以观测到光线的传播轨迹，这种现象称为丁达尔（Tyndall）效应或丁达尔现象（图 9 – 7）。丁达尔效应是溶胶对光发生强烈散

扫码"学一学"

射的结果。

光是电磁波。光照射粒子后使其极化为偶极子，偶极子振动时向各个方向发射与入射光同频率的电磁波，这就是散射光。如果是均匀单相介质，散射光波相互干涉而抵消，就观测不到光散射现象。如果是不均匀的介质（包括粒度不均一、密度涨落、浓度涨落），散射光波不能抵消，有的还干涉增强，就能观测到散射现象。所以光学不均匀性是产生散射现象的原因。

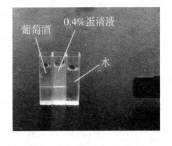

图 9-7 丁达尔效应

英国物理学家瑞利研究丁达尔现象的散射光强度发现：对于粒径远小于入射光波长（$d < 0.05\lambda$）的稀溶胶体系，且粒子为不吸收光的球型非导体，散射光的强度 I 与入射光波长 λ 的四次方成反比

$$I = I_0 \frac{24\pi^3 cV^2}{\lambda^4}\left(\frac{n_1^2 - n_2^2}{n_1^2 + 2n_2^2}\right)^2 \tag{9-29}$$

上式称为瑞利散射公式，式中，c 为单位体积中的粒子数，即粒子浓度；V 为单个粒子的体积；n_1 和 n_2 分别为分散相粒子和分散介质的折射率。瑞利散射公式只适用于小粒子的稀溶胶，因此不考虑内外干涉。

由瑞利散射公式可得出如下结论。

（1）散射光强度与入射光波长的四次方成反比，所以以波长较短的蓝紫光比波长较长的红光散射更明显。当一束光通过粒径较小的溶胶，如果粒子不吸收光，由于短波长的蓝紫光易发生散射，侧面看到的光显蓝色，而透过光显橙红色。雨过天晴或秋高气爽的天空呈蔚蓝色是空气因为密度涨落发生强烈散射作用。交通信号灯用红色作为警示是考虑长波长的红色光不容易被散射。

（2）分散相粒子与分散介质的折射率差越大，散射光越强。大分子溶液是均相体系，大分子和溶剂的折射率极小，按照瑞利散射公式应该没有散射现象。但实际上大分子溶液也有散射现象。大分子溶液产生散射的原因是分子热运动引起的密度涨落、浓度涨落以及散射光的干涉增强。

（3）散射光强度与粒子浓度 c 成正比，浊度计就是依据此原理设计的。利用浊度计可测量污水中悬浮杂质的含量。

（4）散射光强度与粒子体积的平方成正比，粒子直径每减小 10 倍，散射光强减弱 10^6 倍。因此观测不到小分子溶液的散射现象。

二、胶体光散射的应用

1. 溶胶颜色的解释 溶液的颜色取决于溶质对可见光的吸收波长。如果溶液对可见光没有吸收，溶液是无色的。如果溶液吸收特定波长的光，其颜色呈现其补色。

溶胶有丁达尔效应，体系的颜色除了考虑粒子对光的选择吸收外还得考虑散射作用。如果粒子对可见光的各部分吸收都很弱，则呈现散射的颜色，并与观测方向有关，即侧面看呈淡蓝色，对着光源看呈淡橙色。如果粒子选择吸收某种特定波长的光，则溶胶呈现其补色。例如红色的金溶胶是因为金胶粒对 500~600nm 的绿光有较强吸收，因而透过光呈现其补色——红色，而微弱的散射光则掩盖。溶胶颜色鲜亮并与观测方向无关。但金溶胶放置一段时间后，颜色逐渐由红变蓝。这是因为放置后粒子变大，散射增强且散射光波长向长波方向移动，透过光趋向波长较短的蓝光，所以溶胶颜色变蓝。

2. 大分子质均平均摩尔质量的测定 大分子溶液的光散射是由于体系分子热运动引起的不均一性导致。其散射光强度与溶剂的密度涨落、大分子的浓度涨落以及散射光之间的干涉等多种因素有关。根据涨落理论，可以导出大分子稀溶液的散射公式

$$R_\theta = KcM \tag{9-30}$$

$$K = \frac{2\pi^2 n_0^2 \ (\mathrm{d}n/\mathrm{d}c)^2}{n_A \lambda_0^4} \tag{9-31}$$

式中 R_θ 称为 Rayleigh 比，代表散射光对入射光的相对强度，是光散射实验中的重要参数；K 称为光学常数；λ_0 是入射光在真空中的波长；为溶液浓度；M 为分子量；$\mathrm{d}n/\mathrm{d}c$ 为溶液折射率随浓度的变化率；n_0 介质折射率；N_A 为 Avogadro 常数。

结合大分子渗透压公式（9-25），非理想溶液有

$$\frac{Kc}{R_\theta} = \frac{1}{M} + 2A_2 c \tag{9-32}$$

上式是光散射方法测定大分子分子质量的基本公式。测定散射光强时通常固定测量部位在 $\theta = 90°$ 处，测定不同浓度的 R_θ，以 Kc/R_θ 对 c 作图，由直线截距可求得 M。

3. 超显微镜和溶胶粒径的测量 普通光学显微镜的分辨率为 200nm，无法观测小于 100nm 的胶体。1~100nm 的胶体用普通显微镜观测是透明的。在电子显微镜发明以前，主要利用超显微镜来间接测定胶粒的平均大小并推断胶粒的形状。

超显微镜又称暗视野显微镜，由席格蒙迪（Zsigmondy）发明，通过普通显微镜观测粒子的 Tyndall 散射光，能观察到 0.005~0.2μm 的微粒子。超显微镜与普通显微镜的区别是，背景为暗场，光源从侧面照射到胶体。如果是没有胶粒的均匀介质，视野一片黑暗。若有胶粒存在，则在黑暗背景中有闪烁光点，这个光亮点就是胶粒的散射光图像。

超显微镜观测到的不是胶粒本身而是其散射光。但是可以根据光亮点的强弱判定粒子大小，由闪烁情况推断粒子的对称性。粒子对称性越差越闪烁。溶胶粒子大小通过对发光点的计数再结合一定粒子数的体积或重量来计算得到

$$W = \frac{4}{3}\pi r^3 N\rho \tag{9-33}$$

电子显微镜发明以后，超显微镜用途变小，目前主要用于测 ζ 电位。

第五节 胶体的电学性质

胶体的电学性质主要介绍电动现象和 ζ 电势的测定。

一、电动现象

电动现象直接证明胶粒带电。由于胶粒带电，所以在外加电场或外加压力下出现因电而动或因动而电的电动现象，包括电泳、电渗、流动电势和沉降电势四种现象。电动现象反映了胶粒-介质的相对运动和电场间的关系。

1. 电泳 在外电场作用下，带电粒子在介质中向电荷相反的电极定向迁移的现象称为电泳。例如外加电场下带正电的胶粒向负极移动。

电泳现象最早由俄国科学家 Peйce 于 1807 年发现，1937 年界面电泳技术建立并被用于分离蛋白质，目前电泳技术在实际生产和科学实验中建立了诸多应用，例如蛋白质的分离、

扫码"学一学"

鉴定等；水处理工程中的苦咸水除盐；制药行业中药物的除盐；食品工业中果汁和乳清的除盐等。

2. 电渗 在外电场作用下，分散介质经由多孔物体或极细毛细管向电荷相反的电极定向迁移的现象称为电渗，此时分散相一般固定不动。电渗现象也有诸多应用，如常被用于土建施工中的工地排水，称为电渗井点降水法。

3. 流动电势 在外力作用下，分散介质在分散相颗粒表面流动所产生的电势差称为流动电势。例如水在压力下流过多孔塞，在多孔塞的两端可测出电位差。该现象是电渗的逆过程。

4. 沉降电势 无外加电场时，带电粒子快速沉降，使粒子的带电中心和介质的带点中心相对错开，产生电位差，称为沉降电势。该现象是电泳的逆过程。运输油料的过程需要考虑油中水滴下沉产生的沉降电势的危害，所以油罐车需要接地消除沉降电势。

二、界面电荷来源

界面电荷主要有以下几个来源。

1. 界面吸附 胶体有巨大界面能，所以大多数胶粒带电的原因是界面吸附。吸附又分了非选择性吸附和离子选择性吸附。非选择性吸附如吸附表面活性剂、H^+、OH^- 或其他离子等，从而使粒子带电。通过化学反应法制备的胶体，其胶粒电荷大多源自离子选择性吸附。实验证明，胶粒优先吸附与胶核具有相同组成元素的离子，这一规则称为 Fanjans 规则。例如，通过 $AgNO_3$ 和 KI 制备 AgI 胶体，AgI 胶粒的带电状态取决于 Ag^+ 和 I^- 中哪种离子过量：如 $AgNO_3$ 过量，Ag^+ 被吸附而使胶粒带正电；如 KI 过量，I^- 被吸附而使胶粒带负电。

2. 界面基团的电离 有些粒子可通过界面基团的电离或吸附的聚合物电离而带电。例如蛋白质具有氨基和羧基基团，在合适的 pH 值下分别质子化（$-NH_3^+$）和去质子化（$-COO^-$）而带电荷。

3. 晶格置换 晶格中的离子被不同价数的其他离子替换产生净电荷。例如黏土晶格中的 Al^{3+} 被 Mg^{2+} 或 Ca^{2+} 取代后，使黏土颗粒带负电荷。

有研究认为摩擦是非水介质中颗粒荷电的原因。如 Coehn 研究发现在非水介质中，两种不同物质接触时，相对介电常数 D 大的物质带正电。例如玻璃（$D=5\sim6$）在丙酮（$D=21$）中带负电，在苯（$D=2$）中带正电。但是玻璃在二氧六环（$D=2.2$）中带负电则不符合这一规则，所以 Coehn 提出的规则并没有得到公认。

三、双电层模型

胶粒表面带电，其周围介质中有电荷相反数量相等的离子（称为反离子），使整个体系呈电中性。如果仅考虑静电引力作用，则胶粒表面电荷结构见图 9-8，这是最早的双电层模型，称为 Helmholtz 模型。但实际得考虑扩散作用的影响，扩散层由静电作用引起的紧密层和扩散作用引起的扩散层构成，称为扩散双电层 Gouy-Chapman 模型。但这种模型仍然不能解释所有实验现象，将 Helmholtz 模型和 Gouy-Chapman 模型合并起来，进一步修正后提出了吸附扩散双电层 Stern 模型。

Stern 认同 Gouy-Chapman 提出的扩散层有两层，一层为紧靠粒子表面的紧密层（Stern

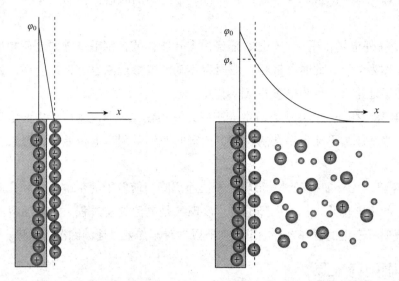

图9-8 Helmholtz 模型（左）和 Gouy-Chapman 模型（右）

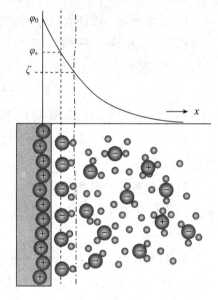

层或吸附层），厚度 δ 由被吸附离子大小决定。此层中电势变化类似平板电容器，呈直线下降。Stern 层中反离子电荷中心连成的假想平面称为 Stern 面。另一层为扩散层，电势随距离增加呈指数下降，到溶液本体时降为零。由于离子的溶剂化作用，在电动现象中，这部分溶剂分子随着紧密层一起与粒子作为一个整体运动。所以在电动现象中粒子与介质之间的滑动面在 Stern 层的外侧约一个分子层的距离。粒子表面到溶液本体的电势差称为胶粒的表面电势 ψ_0，Stern 面到溶液本体的电势差称为 Stern 电势 ψ_s，滑动面到溶液本体的电势差称为电动电势 ζ。显然，电动电势只是 Stern 电势的一部分，其值比 ψ_s 略低，见图9-9。

图9-9 Stern 模型

根据 Stern 模型，ζ 电势大小取决于扩散层厚度。而扩散层厚度与电解质浓度、离子价数有关。电解质浓度增加和离子价数增大均使双电层厚度减小。由图9-10可知，双电层厚度变小将使溶液 ζ 电势降低。当 ζ 电势降低到静电斥力不能抗衡范德华引力时，胶体失去稳定性。当 ζ 电势降为零时观测不到电泳现象。这是外加电解质影响胶体稳定性的根本原因。反之，当电解质浓度变得极稀时，扩散层厚度的增加使得 Stern 面和滑动面之间的差距可以忽略不计，ζ 电势和 ψ_s 电势近似相等。

双电层中的离子容易被离子半径更大、水化体积更小的离子取代。高价反离子或同号大离子取代扩散层甚至吸附层中的低价反离子，使 ψ_s 电势和 ζ 电势发生改变，甚至发生电势符号的改变，见图9-10。

双电层的 Stern 模型虽然清楚而合理，但数学处理太过复杂，因此更多时候采用 Gouy-Chapman 模型进行数学计算。

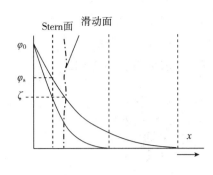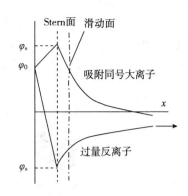

图 9 – 10　外加电解质对 ψ_s 电势和 ζ 电势的影响

四、电动电势的测量

理论上上述四种电动现象都可用来测量电动电势，但在实际应用上主要是应用电泳和电渗技术测量。下面介绍电泳法测定电动电势的原理。

半径为 r 的球型胶粒所带电量为 q，在电场强度为 E 的外电场中迁移，受到的电场力为 $F = qE$，介质对胶粒运动的阻滞力为 $f = K\pi\eta r v$。胶粒做匀速运动时，两力相等，$qE = K\pi\eta r v$。根据静电学原理，如果胶粒半径 $\gg$ 双电层厚度 δ，双电层可近似作平板电容，则球型粒子表面电荷与电动电势间关系为 $\zeta = \dfrac{q}{4\pi\varepsilon_0\varepsilon_r r}$，因此可得

$$\zeta = \frac{K\eta v}{4\varepsilon_0\varepsilon_r E} \tag{9 – 34}$$

式中 η 为介质黏度，v 为粒子运动速度，真空绝对介电常数 $\varepsilon_0 = 8.85 \times 10^{-12}$ C^2/（N·m^2），ε_r 为介质的相对介电常数，水的 $\varepsilon_r = 81$。根据斯托克斯公式，K 是形状参数，球型粒子的 $K = 6$，棒状 $K = 4$。

例题 9 – 4　298K 时进行牛血清白蛋白的纸上电泳实验，两电极间距 15 cm，电压 120 V，通电 40 min，样品带移动 2.1 cm。已知水的介电常数为 81，黏度为 0.001 Ps·s，试求牛血清白蛋白的 ζ 电势。

解：根据电泳法测 ζ 电势的计算公式可得

$$\zeta = \frac{K\eta v}{4\varepsilon_0\varepsilon_r E} = \frac{6 \times 0.001 \times \dfrac{2.1 \times 10^{-2}}{40 \times 60}}{4 \times 8.85 \times 10^{-12} \times 81 \times \dfrac{120}{0.15}}\text{V} = 0.023\text{V} = 23\text{mV}$$

五、带电胶体的胶团结构

溶胶整体是电中性的，而电动现象又说明分散相和分散介质的相界面处存在相反电荷，利用吸附 – 扩散双电层理论可以推出胶团的结构（图 9 – 11）。

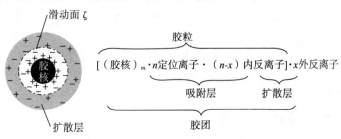

图 9 – 11　胶团结构

如氢氧化铁胶体的胶团结构：$[(Fe(OH)_3)_m \cdot nFeO^+ \cdot (n-x)Cl^-] \cdot xCl^-$

As_2S_3 胶体的胶团结构：$[(As_2S_3)_m \cdot nHS^- \cdot (n-x)H^+] \cdot xH^+$

大分子电解质和胶束的表面带电时，也具有双电层结构（图 9-12）。

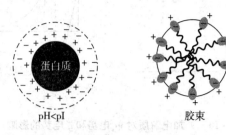

图 9-12　双电层结构

第六节　胶体分散体系的流变性质

一、流变性质的基本概念和规律

流变性是指物质在外力作用下的变形和流动性质。物体在外力作用下变形或流动时，在物体内各部分之间产生内摩擦力，以抵抗这种外力的作用，消除外力产生的影响。所有流体在有相对运动时都要产生内摩擦力，这是流体的一种固有物理属性，称为流体的黏滞性或黏性。

黏性流体在管中以一定速度流动时，会出现中间流速快，越靠近管壁流速越慢的现象（图 9-13）。假设把液体从中心轴向外切分成平行的 n 多环状薄层，则每一液层的流速都不同，呈梯度降低。这种液体分层流动的现象称为层流。

流体做层流时，流层的速度沿垂直于流动的方向逐渐变化，单位距离上流体流动速度的变化率 dv/dx，称为速度梯度（velocity gradient）或切变速度 D。

在层流模型中，由于液层间的流速不同，流速慢的液层对快的液层有阻滞作用。研究表明，两液层间的内摩擦力 F 与两液层的接触面积和速度梯度成正比。

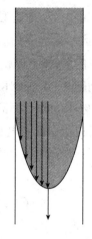

$$F = \eta A \frac{dv}{dx} \qquad (9-35)$$

图 9-13　层流示意图

或
$$\frac{F}{A} = \tau = \eta \frac{dv}{dx} = \eta D \qquad (9-36)$$

这就是牛顿黏性定律。式中比例系数反映了流体黏性的大小，称为流体的动力黏滞系数或黏度（viscosity），单位是 Pa·s。式中 τ 称为切应力（shearing force），表示作用在层流单位面积上的内摩擦力。

遵循牛顿黏性定律的流体称为牛顿流体，如水、空气、有机溶剂以及小分子稀溶液都属于牛顿流体。

二、稀胶体分散体系的黏度

对于胶体分散体系，分散相粒子的存在会干扰介质分子的流动方式，从而使胶体分散体系的黏度大于纯溶剂的黏度。Einstein 给出了极稀胶体分散体系的黏度 η 与分散介质 η_0 的黏度之间的关系式。

$$\eta = \eta_0 \left(1 + 2.5\phi\right) \tag{9-37}$$

式中 ϕ 是分散相所占的体积分数。该公式推导时假设：介质流动时是层流；分散相粒子远大于介质分子；粒子是刚性小球且相互间无相互作用。因此上述公式只适用于很稀的分散体系。当浓度增大、粒子形状为非球型、粒子溶剂化、粒子带电以及粒子的多分散性都使分散体系的黏度增大，出现正偏差，需要对上述公式进行修正。

分散相对分散体系黏度的影响，可以通过 η/η_0 来反映，称为相对黏度 η_r。η_r 的数值大小与分散相粒子的大小、形状、浓度等因素相关。除了 η_r 外，稀分散体系还采用其他一些黏度处理形式，如

增比黏度 $\quad\quad \eta_{sp} = \dfrac{\eta - \eta_0}{\eta_0} = \eta_r - 1$

比浓黏度 $\quad\quad \eta_{red} = \dfrac{\eta_{sp}}{c}$

比浓对数黏度 $\quad\quad \eta_{ink} = \dfrac{\ln\eta_r}{c}$

特性黏度 $\quad\quad \left[\eta\right] = \lim\limits_{c \to 0}\dfrac{\eta_{sp}}{c} = \lim\limits_{c \to 0}\dfrac{\eta_r}{c}$

增比黏度、比浓黏度以及特性黏度都 $\left[\eta\right]$ 是溶液在无限稀时的比浓黏度，这时由于分散体系无限稀，分散相分子间的相互作用可以忽略。特性黏度的数值反映了分散相分子对液体黏度的贡献，在恒定温度下，其值取决于溶剂的性质及分散相分子的大小和形状，所以特性黏度也称为结构黏度。

三、大分子溶液的黏度及黏均分子量的测定

大分子化合物通常有多个相同或不同的单元组成。分子链可分为线型链结构、支化链结构和交联结构，如图 9 – 14 所示。

线型　　　　　　支化型　　　　　　交联

图 9 – 14　大分子链结构示意图

大分子化合物溶解时，先发生溶胀过程，溶剂分子进入大分子内部，使得分子的有效体积分数增大，所以总体来说大分子溶液的黏度比小分子溶液大。交联度高的大分子在良溶剂中只溶胀不溶解，而交联度低的大分子、线型和支化链结构的大分子在良溶剂中先溶胀再溶解，分子链被溶剂分子包围。由于分子链具有很大的柔韧性，其在溶液中的形状并不固定，而是在不停地变化。大分子的伸展程度存在两个极端：完全伸展和卷曲成团（图9 – 15）。一般来说，大分子的伸展程度与溶剂极性有大关系，其在不良溶剂中很难分散，分子卷曲成团，溶剂化程度很低，黏度相对较低；而在良溶剂中则能够充分分散，链充分舒展，分子溶剂化程度很大。但即使在良溶剂中，大分子也很少完全伸展，而是呈无规则不定型态。分子链的伸展和变化使得大分子链的末端距增大，链段密度减小，有效体积增

大，从而增大了溶液的黏度。

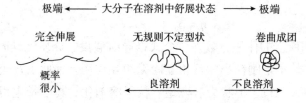

极端 ◄—— 大分子在溶剂中舒展状态 ——► 极端

完全伸展　　　　　无规则不定型状　　　　卷曲成团

概率
很小　　　　　　◄—— 良溶剂　　不良溶剂 ——►

图 9 – 15　大分子在溶剂中的伸展状态

对于大分子电解质，由于基团电离带相同电荷，产生静电斥力使大分子更加伸展。带电基团的溶剂化使大分子的表观体积增大，体积分数增大。这些都使大分子电解质溶液的黏度大于不带电的大分子溶液，这种因为大分子带电引起的黏度变化现象称为电黏效应。消除电黏效应的方法是外加大量中性小分子电解质。小分子电解质的溶解增加了溶液的介电常数，电荷被离子屏蔽，减小了同种电荷间的静电斥力，使分子链卷曲，溶液黏度下降。小分子电解质还可夺去大分子的溶剂化水分子，进一步降低了溶液的黏度。

黏度法测定大分子溶液的黏均分子量是利用了大分子溶液的特性黏度与其黏均分子量的 Mark – Houwink 经验公式。

$$[\eta] = kM^{\alpha} \tag{9-38}$$

式中 k 和 α 为经验常数，其数值与溶剂、分子的形状以及溶剂和溶质之间的相互作用有关。M 是黏均分子量。表 9 – 6 中列举了一些体系的 K 和 α 的值。K 和 α 的值只能通过其他实验方法测量，比如端基滴定法、光散射法、超离心法和渗透压法等。

大分子溶液的特性黏度 $[\eta]$ 通过 Huggins 和 Kraemer 总结出的两个关于线型大分子稀溶液的经验关系式获得。

$$\frac{\eta_{sp}}{c} = [\eta] + k[\eta]^2 c \tag{9-39}$$

$$\frac{\ln\eta_r}{c} = [\eta] - k'[\eta]^2 c \tag{9-40}$$

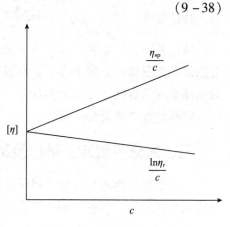

图 9 – 16　外推法求 $[\eta]$

依据上述两式，以 $\dfrac{\eta_{sp}}{c}$ 或 $\dfrac{\ln\eta_r}{c}$ 为纵坐标，浓度 c 为横坐标可得到一条直线，从直线的截距可求出 $[\eta]$，如图 9 – 16。

表 9 – 6　高分子溶液在 298.15K 时的 K 和 α 值，g/mL

高分子化合物	溶剂	$K \times 10^3$	α	相对分子质量范围 $\times 10^{-3}$
聚丙烯	苯	27	0.71	60 – 300
聚丙乙烯	苯	722.7	0.72	2 – 8
聚乙烯醇	水	20	0.76	6 – 20
聚乙酸乙烯酯	丙酮	21.4	0.68	40 – 300
聚乙酸乙烯酯	三氯甲烷	20.3	0.72	40 – 300
聚乙酸乙烯酯	甲醇	101	0.5	40 – 300
聚乙烯吡咯烷酮	水	67.6	0.55	10 – 40
聚乙二醇	水	156	0.5	0.2 – 8

四、浓分散体系的流变曲线

浓分散体系的流变性比较复杂，不遵守牛顿黏度定律，称为非牛顿型流体，通常用流变曲线来描述其流体特点。流变曲线就是切应力 τ 与切变速度 D 的关系曲线。流变曲线的切线斜率就是流体的表观黏度。依据流变曲线的不同，流体可以分为以下五种类型。

1. 牛顿流体 其流变曲线是经过原点的直线，见图 9-17 中曲线 a，说明流体的黏度在一定温度下是定值，不受切变速率的影响。纯溶剂、小分子溶液和稀分散体系多属于牛顿流体。

2. 塑流体 其流变曲线是不通过原点的直线，见图 9-17 中曲线 b。当施加的切力比较小时，流体只发生弹性形而不流动。只有切力超过某个临界值才发生永久形变开始流动。使塑流体开始流动的所需施加的临界切力 τ_y 称为屈服值。屈服值可理解为，当分散体系浓到质点相互接触时，受到氢键或范德华力作用，形成立体网状结构，屈服值就是这种立体结构强弱的表征。只有外加切力大于屈服值才能拆散这种立体结构使体系恢复流动性。塑流体的流变曲线可以用下式表示。

$$\tau - \tau_y = \eta_p D \tag{9-41}$$

式中 η_p 称为塑性黏度，它和屈服值是描述塑流体的两个特征参数。油漆、牙膏、泥浆等都属于塑流体。

3. 假塑流体 其流变曲线是通过原点的曲线，见图 9-17 中曲线 c，没有屈服值，并且切变速率增大，系统的黏度降低，即流动越快显得越稀，这种现象称为切稀作用。假塑流体的流变曲线可以用下式表示。

$$\tau = KD^n \quad (0 < n < 1) \tag{9-42}$$

式中 K 是与分散体系有关的经验常数，K 值越大表示流体越稠，故为体系稠度系数。经验常数 $n=1$ 为牛顿流体；$0 < n < 1$ 为假塑流体。n 偏离 1 越多其非牛顿流体行为越强。假塑流体的粒子多为不对称型。大多数大分子溶液和乳状液是假塑性流体，如淀粉糊、奶油。

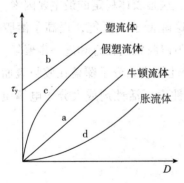

图 9-17 流变曲线

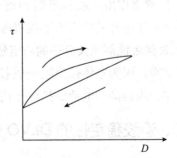

图 9-18 触变流体流变曲线

4. 胀流体 其流变曲线是通过原点的曲线，见图 9-17 中曲线 d，胀流型流体也没有屈服值，黏度随着切变速率的增加而增大，也就是说流动越快黏度越大，这种现象称为切稠作用。胀流体的流变曲线可以用下式表示。

$$\tau = KD^n \quad (n > 1) \tag{9-43}$$

式中经验常数 K 和 n 与分散体系有关，n 接近 1 时流体行为近似牛顿流体。药物制剂中的糊剂、栓剂就是典型的胀流体。

5. 触变流体 其流变曲线与时间相关，曲线不通过原点，τ 需要超过屈服值才能使体系开始流动。随着切变速度增加表观黏度下降，类似于假塑流体。当切变速度再逐渐变小的过程中，流变曲线类似塑流体。即触变流体的增速曲线和减速曲线不重合，两者围成一个环线，称为时间滞后环（图 9-18）。产生这种流变曲线的原因是体系的分散相质点形成结构，流动时结构被破坏，停止流动后结构恢复。由于结构恢复需要时间，导致流变曲线出现滞后环。这种现象称为触变性。滞后环越大说明恢复结构的时间越长，流体的触变性越高。沼泽地的泥浆就是典型的触变流体。某些药物制剂中的乳剂、凡士林软膏等都属于触变流体。

第七节 胶体分散体系的稳定性

扫码"学一学"

将电解质加入胶体分散体系，少量就可以使溶胶发生聚沉，大量可以使大分子溶液发生盐析，导致分散相从分散介质中析出，体系失去表观稳定性。由于大分子溶液是热力学稳定体系，所以胶体的稳定性主要讨论的是溶胶的稳定性。

一、影响溶胶稳定的因素

1. 分子热运动的双重影响 微观上，分子热运动导致的布朗运动增加了悬浮微粒碰撞到一起的概率，而从宏观上，分子热运动导致的扩散作用阻止粒子聚集到一起。

2. 悬浮粒子的尺寸双重影响 粒子小，分散度高，表面积大，体系吉布斯能大，不稳定；粒子小，分散体系黏度小，布朗运动剧烈，增加粒子碰撞概率。但是，粒子越小，絮凝和聚沉过程的熵减就比较大，而絮凝过程的热效应一般不大，这使絮凝过程的吉布斯能变为正值变为可能，体系反而更稳定；而且粒子尺寸越小越容易达扩散-沉降平衡一致，使体系处于动力学稳定态。

3. 带电粒子间的相互排斥作用 胶粒表面带电，在扩散层接触重合的过程中产生静电斥力，当静电斥力大于范德华引力时阻止胶粒的团聚。这是胶体稳定的最主要因素。

4. 溶剂化作用 胶核吸附的离子是溶剂化的，这降低了表面能，提高了溶胶的稳定性。溶剂化作用在胶粒表面形成机械弹性溶剂化膜，阻碍胶粒的接近和进一步聚集。

5. 表面活性剂或大分子的稳定性 非离子表面活性剂或大分子覆盖在胶粒表面形成一定厚度的膜，因为立体位阻阻止胶粒的聚集；而离子性表面活性剂或大分子电解质则是形成双电层，因为同种电荷的排斥作用阻止胶粒的聚集。

二、溶胶稳定性的 DLVO 理论

DLVO 理论由 Derjguin、Landau、Verwey 和 Overbeek 在 20 世纪 40 年代各自分别提出。因此，以四人名字的起首字母命名该理论。该理论被认为是目前解释溶胶稳定性最为成功的理论。理论认为，在一定条件下溶胶能否稳定存在，取决于胶粒之间的范德华引力和静电斥力。当静电斥力大于范德华引力时体系能稳定存在。

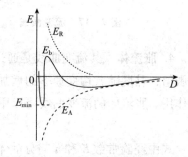

图 9-19 胶粒间势能与间距的示意图

从微观角度分析，当两个胶粒相距一定距离时，因范德华引力的作用产生吸引势能 E_A。这是分子集合体间产生的势能，与粒子间距的平方成反比。当胶粒间距进一步缩短到静电力作用范围即双电层重叠时，扩散层因带同种电荷的离子氛，产生静电斥力。静电斥力作用产生的斥力势能 E_R 随粒子间距呈指数下降。这两种势能都是粒子间距的函数，见图 9-19。两胶粒间的总势能 E 等于吸引势能和排斥位能之和。

$$E = E_A + E_R \qquad (9-44)$$

当 D 很大时，只有远程的范德华引力作用，总势能 E 随 D 的曲线变化趋势和吸引势能 E_A 一致；随着 D 的减小，扩散层接触，出现斥力势能 E_R，E 的减小趋势变缓并逐渐增大，说明此阶段粒子接近受阻或接近了又弹开；当 D 进一步的减小时，E 出现极大值 E_b 后，由于吸引势能 E_A 的激增，E 下降为负值，说明此时粒子聚集在一起体系更稳定。

综上分析，如果溶胶要发生聚集，必须跨越能垒 E_b。能垒的高低取决于 E_A 和 E_R 的相对大小。E_R 越大，E_b 越高，体系越不易聚集。

溶胶中加入过量电解质会使双电层厚度变薄，导致 ζ 电势变小，E_R 变小，E_b 随之降低。当 E_b 降低到被布朗运动的平均动能克服，则溶胶发生聚集。当电解质加入使 $E_b = 0$ 时，溶胶的聚集稳定性最差。

三、溶胶的聚沉

溶胶失去表观均一性，分散相从介质中析出的现象称为溶胶的聚沉现象。

1. **电解质对溶胶的聚沉作用**　溶胶在制备过程中需要加入适量电解质做稳定剂，所以胶溶法制备胶体时不能将电解质净化过度。但是，过量电解质可以破坏溶胶的稳定性，使溶胶发生聚沉。原因是少量电解质的存在，能帮助胶团双电层和胶粒 ζ 电势的形成；随着外加电解质浓度的增加，胶团双电层厚度变薄，胶粒的 ζ 电势降低，胶粒相互接近时的静电斥力变小，使得胶粒容易逐渐聚集而沉降。一般认为，使胶体稳定的 ζ 电势的临界值是 30mV，低于该临界值胶体就失去稳定性。

研究表明，对溶胶稳定性有影响的主要是与胶粒表面电荷电性相反的离子，称为反离子。电解质对溶胶的聚沉能力，与反离子价数的六次方呈反比，称为 Schulze–Hardy 规则。但该规则不适用于有机化合物离子。

同价反离子的聚沉能力也有差别，水和离子的半径越小，聚沉能力越强。同价离子的聚沉能力的排列次序称为感胶离子序（lyotropic series）。一价离子的感胶离子序为

$$H^+ > Cs^+ > Rb^+ > NH_4^+ > K^+ > Na^+ > Li^+$$

$$F^- > Cl^- > ClO_3^- > Br^- > NO_3^- > I^- > CNS^- > OH^-$$

在比较电解质的聚沉能力时还需要考虑与胶粒表面电荷电性相同离子的影响。反离子相同时，同离子的价数越高，聚沉能力反而越低。

高价反离子或大分子离子的聚沉能力，并不一定符合上述总结规律。由于胶粒对上述离子的强烈吸附作用，少量即可使溶胶发生聚沉；继续添加，反离子进入胶粒的紧密层，使胶粒重新带电而分散；再继续添加则重新压缩新的双电层，再次发生聚沉。这种现象称为不规则聚沉（irregular coagulation）。

2. **溶胶的相互聚沉**　电性相反的溶胶相互混合也能发生聚沉。当两种胶体的电量正好完全中和时发生完全聚沉，否则可能不聚沉或不完全聚沉。明矾净水就是利用了胶体的相互聚沉原理：明矾在水中水解形成带正电的胶体，而水中杂质大多为带负电的溶胶，遇到

正电溶胶产生絮状沉淀析出，从而达到净水作用。

3. 大分子溶液的敏化作用　溶胶制备中可加入足量线型可溶性大分子作为稳定剂，但如果加入的大分子的量不足时，不但对胶体无保护作用，而且会使胶体更不稳定，甚至发生聚沉，生成絮状沉淀，这种现象称为胶体的敏化作用（sensitization）。敏化作用的原理，可能是由于线型大分子同时吸附多个胶粒，由于链的柔性而在旋转卷缩过程中将胶粒聚集到一起沉淀析出，称为架桥效应。

四、大分子水溶液的盐析作用

大分子水溶液加入大量盐将使胶粒的溶解度降低，最终沉底析出，这种现象称为盐析作用。盐析作用的最大特点是，析出的大分子仍可以溶解在水中，而不影响原来大分子的性质。因此，盐析是一个可逆的过程。利用这个性质，可以采用多次盐析的方法来分离、提纯大分子化合物。

大分子溶液发生盐析的主要原因是去水化。能形成溶液的大分子都具有可电离的极性基团，在水溶液中高度水合而稳定存在。而小分子电解质的水合作用比大分子更强烈，大量的小分子电解质夺取大分子的水合分子，使大分子去水化。大分子溶液失去稳定性的还有一个原因是大量电解质中和了蛋白质颗粒上的电荷，降低了其 ζ 电势，大分子从舒展变成卷缩成团，从水溶液中析出。

因此盐析剂与水结合愈强烈，盐析效应愈强。由于离子愈小，水合数就愈大，盐析效应也愈强。研究表明阳离子溶剂化作用对盐析作用的影响更为显著。盐析剂所含阳离子半径愈小，电荷愈多，其盐析效应愈强。所以工业生产中常用的盐析剂多是离子势较大的阳离子 Li^+、Na^+、Mg^{2+}、Sn^{2+}、Al^{3+}、Fe^{3+} 等形成的盐。

第八节　凝胶和气凝胶简介

扫码"学一学"

一、凝胶

胶体中的悬浮粒子或大分子在一定条件下互相连接，形成空间网状结构，结构空隙中充满了原为分散介质的液体，这样一种特殊的分散体系称作凝胶（gel）。凝胶中分散相的含量很低，一般在 $1 \sim 3\%$ 之间。尽管凝胶内部含有大量液体，但其连续相是结成空间网状结构的固体，所以没有流动性。凝胶失去液体后得到固体称为干凝胶（xerogel）。

凝胶分弹性凝胶（elastic gel）和刚性凝胶（rigid gel）。弹性凝胶主要由大分子化合物形成，脱去液体形成干凝胶，吸收液体可重新恢复成弹性凝胶。如明胶、海藻酸盐、透明质酸、琼脂、橡胶等制成的凝胶。刚性凝胶主要由一些刚性结构的分散颗粒构成，脱去液体后不能重新吸收溶剂成为凝胶，故也称为不可逆凝胶。如 SiO_2、Fe_2O_3、WO_3 凝胶等。

凝胶属于多相体系，具有溶胀、触变、离浆等性质。

溶胀性是指弹性凝胶放入适当的溶剂中，会自动吸收液体而体积膨胀的现象。根据固体物质在液体中的溶解度不同而分为有限溶胀和无限溶胀两种：橡胶和苯的体系，橡胶可以一直溶胀到成为溶液为止，称为无限溶胀；硫化橡胶与苯，溶胀有一定限度，则为有限溶胀。

触变性指凝胶在外力作用下恢复流动性，转变为溶胶，静置后又成凝胶的现象。

凝胶放置一段时间后，出现液体自动而缓慢地从凝胶中分离出来，凝胶本身体积缩小的现象称为离浆。例如血液放置分离出血清，豆腐放置后渗出水，都是凝胶的离浆现象。

凝胶在生物医药领域存在广泛的应用，常见的是水凝胶。水凝胶是用一些天然或合成的亲水性大分子为原料合成出具有立体网络结构的聚合物，在水中充分溶胀而形成。这种亲水性聚合物能够保持大量水分而又不溶解，同时拥有良好溶胀性、柔软性和弹性以及较低的表面张力等特殊性质。水凝胶具有吸收并保持水分的能力，具有良好生物安全性的水凝胶被用作体表创伤敷料，不仅可防止创面体液流失，吸收创面积液，还可防止细菌等外源物质感染伤口。胶原基水凝胶具有止血、促进创面愈合修复、抗炎、减少创面瘢痕和色素沉着等优势而用作医用敷料。水凝胶在角膜移植、软骨修复、药物输送与控释等方面的应用还只处于研究阶段。

二、气凝胶

凝胶通过干燥除去内部液体的同时保持其形状不变，得到的多孔固体中充满的是气体，所以称为气凝胶（aerogel）。气凝胶是干凝胶的一种特殊类型，具有高孔隙率、低导热率、低介电常数和低密度等特点。

最早发现的气凝胶是二氧化硅气凝胶，采用超临界干燥条件保证凝胶向气凝胶转变的过程体积收缩很小。由于气凝胶是多孔物质且孔径在纳米级，所以有弱丁达尔效应，无色的二氧化硅气凝胶显淡蓝色。

气凝胶可以看成是气体分散到固体中的分散体系，但其又不是固体泡沫。固体泡沫是指气体分散到固体中形成的分散体系。气体可以被分散隔开，也可以连续相存在。空隙尺寸大多是微米级的。两者的性质和用途有很大区别。

思考题

1. 简述胶体的科学定义。什么是亲液胶体，什么是憎液胶体，简述两种胶体的异同点，其本质区别是什么？

2. 平均直径和平均分子量都有哪些表示方法？各采用何种实验方法测定？

3. 胶体的多分散性如何表征？

4. 溶胶是热力学不稳定体系，它能稳定存在较长时间的主要因素是什么？

5. 简述溶胶有哪些制备方法？

6. 简述胶粒表面电荷的来源。

7. 布朗运动的本质是什么？

8. 在用渗透压法测定大分子电解质分子量时，为什么要加入大量电解质？试用 Donnan 平衡解释？

9. 小分子溶液和透明胶体分散体系的本质区别是什么？如何简单区分？

10. 为什么晴朗的天空呈蓝色，晚霞呈红色？简述交通信号灯使用红灯停的原理。

11. 电动现象有哪些？什么是 ζ 电位，ζ 电位大小与溶胶的稳定性有什么关系？

12. 什么是非牛顿流体，有哪些类型？

13. 什么是电黏效应？如何消除？

14. 试着用胶体知识解释江河入海处三角洲的形成原理。

15. 用胶体知识解释明矾的净水原理。

16. 什么情况下大分子化合物对溶胶具有保护作用和絮凝作用，为什么？

 习题

1. 某高聚物样品是由平均摩尔质量为 $20.0 kg \cdot mol^{-1}$ 和 $100.0 kg \cdot mol^{-1}$ 两种分子组成，它们的物质的量分数分别为 0.0167 和 0.9833，试计算此样品的各种相对分子量及体系的多分散系数 $\overline{M}_m / \overline{M}_n$。

2. 观测半径为 212 nm 的胶粒的布朗运动，测得时间 t 与平均位移的数据如下：

t / s	30	60	90	120
$\overline{x^2} \times 10^{12} / m^2$	50.2	113.2	128	144

实验温度 290.2K，胶体黏度为 $1.10 \times 10^{-3} Pa \cdot s$，求阿弗加德罗常数。

3. 某溶胶粒子的平均直径 $\overline{d} = 4.2 nm$，黏度为 $1.0 \times 10^{-3} Pa \cdot s$，求25℃时胶粒的扩散系数 D，及胶粒在 10 s 内的布朗运动位移。

4. 某金溶胶在298K 时达沉降平衡，在某一高度粒子的数量为 $8.89 \times 10^8 mol$，再上升 0.001 m 粒子数量为 $1.08 \times 10^8 mol$。设粒子为球形，金的密度为 $1.93 \times 10^4 kg \cdot m^{-3}$，试求胶粒的平均半径及平均摩尔质量。

5. 在显微电泳管内装入 $BaSO_4$ 的水混悬液，管的两端装上电极，设电极之间的距离为 6cm，接通直流电源，电极两端的电压为 40 V，在298K 时于显微镜下测得 $BaSO_4$ 颗粒平均位移 $275 \times 10^{-6} m$ 所需时间为 22.12 s。已知水的介电常数 $\varepsilon_r = 81$，黏度为 $1.0 \times 10^{-3} Pa \cdot s$，粒子形状参数 $K = 4$，求 $BaSO_4$ 颗粒的 ζ 电势。

6. 将等体积的 $0.02 mol \cdot L^{-1}$ 的 KBr 溶液与 $0.015 mol \cdot L^{-1} AgNO_3$ 溶液混合制备 AgBr 溶胶，试写出 AgBr 溶胶的胶团结构，并比较下列 5 种电解质 $NaNO_3$、KNO_3、$MgSO_4$、$K_3[Fe(CN)_6]$、$Al_2(SO_4)_3$ 的聚沉能力。

7. 有两块面积为 $0.5 m^2$ 平板相距 0.01m 平行浸泡在液体中，其中一块静止，另一块浮在液面上，欲使该平板以 0.1m/s 的速度移动需施加 0.5N 的力，问液体黏度是多少？

8. 298.15K 时用乌氏黏度计测定 PEG 的黏均分子量，实验数据如下：

$c \times 10^3 / (g/mL)$	1.43	2.86	4.29	5.71	7.14	8.57
η_r	1.036	1.069	1.095	1.119	1.141	1.164

已知该温度下特性常数 $K = 0.156$，$\alpha = 0.5$，求 PEG 的黏均分子量。

9. 在内径为 2 cm 的管中盛油，使其直径为 0.1588 cm 的铜球从其中落下，下降 15 cm 需 16.7 秒，已知油与铜的密度分别为 0.96 与 $7.65 g \cdot cm^{-3}$。试求算该温度下油的黏度系数。

10. 将浓度为 $0.012 mol \cdot dm^{-3}$ 的多元酸钠盐 NaR 溶液和浓度为 $0.1 mol \cdot dm^{-3}$ 的 NaOH 溶液等量混合，将混合后的溶液置于半透膜中，膜外是纯水，求平衡后膜两边的离子浓度和渗透压。

11. 将浓度为 $0.12 mol \cdot dm^{-3}$ 的多元酸钠盐 RNa 溶液置于半透膜内，膜外有浓度为 $0.5 mol \cdot dm^{-3}$ 的 NaCl 溶液，求平衡后膜两边的离子浓度和渗透压。

附　录

附录1　部分气体的摩尔等压热容与温度的关系
$$C_{p,\mathrm{m}} = a + bT + cT^2$$

物质		a $(\mathrm{J \cdot mol^{-1} \cdot K^{-1}})$	$10^3 b$ $(\mathrm{J \cdot mol^{-1} \cdot K^{-2}})$	$10^6 c$ $(\mathrm{J \cdot mol^{-1} \cdot K^{-3}})$	温度范围 （K）
H_2	氢	29.09	0.836	-0.3265	273~3800
Cl_2	氯	31.696	10.144	-4.038	300~1500
Br_2	溴	35.241	4.075	-1.487	300~1500
O_2	氧	36.16	0.845	-0.7494	273~3800
N_2	氮	27.32	6.226	-0.9502	273~3800
HCl	氯化氢	28.17	1.810	1.547	300~1500
H_2O	水	30.00	10.7	-2.022	273~3800
CO	一氧化碳	26.537	7.6831	-1.172	300~1500
CO_2	二氧化碳	26.75	42.258	-14.25	300~1500
CH_4	甲烷	14.15	75.496	-17.99	298~1500
C_2H_6	乙烷	9.401	159.83	-46.229	298~1500
C_2H_4	乙烯	11.84	119.67	-36.51	298~1500
C_3H_6	丙烯	9.427	188.77	-57.488	298~1500
C_2H_2	乙炔	30.67	52.810	-16.27	298~1500
C_3H_4	丙炔	26.50	120.66	-39.57	298~1500
C_6H_6	苯	-1.71	324.77	-110.58	298~1500
$C_6H_5CH_3$	甲苯	2.41	391.17	-130.65	298~1500
CH_3OH	甲醇	18.40	101.56	-28.68	273~1000
C_2H_5OH	乙醇	29.25	166.28	-48.898	298~1500
$(C_2H_5)_2O$	二乙醚	-103.9	1417	-248	300~400
$HCHO$	甲醛	18.82	58.379	-15.61	291~1500
CH_3CHO	乙醛	31.05	121.46	-36.58	298~1500
$(CH_3)_2CO$	丙酮	22.47	205.97	-63.521	298~1500
$HCOOH$	甲酸	30.7	89.20	-34.54	300~700
$CHCl_3$	三氯甲烷	29.51	148.94	-90.734	273~773

附录2 部分有机物的标准摩尔燃烧焓
($p^\ominus$ = 100 kPa，298.15 K)

物质		$-\Delta_c H_m^\ominus$ (kJ·mol^{-1})	物质		$-\Delta_c H_m^\ominus$ (kJ·mol^{-1})
$CH_4(g)$	甲烷	890.31	$C_3H_7COOH(l)$	正丁酸	2183.5
$C_2H(g)(g)$	乙炔	1299.6	$C_3H_7OH(l)$	正丙醇	2019.8
$C_2H_4(g)$	乙烯	1411.0	$C_4H_8(l)$	环丁烷	2720.5
$C_2H_6(g)$	乙烷	1559.8	$C_4H_9OH(l)$	正丁醇	2675.8
$C_3H_6(g)$	环丙烷	2091.5	$C_5H_{10}(l)$	环戊烷	3290.9
$C_3H_8(g)$	丙烷	2219.9	$(C_2H_5)_2O(l)$	二乙醚	2751.1
$C_5H_{12}(g)$	正戊烷	3536.1	$(CH_3)_2CO(l)$	丙酮	1790.4
$C_6H_{12}(l)$	环己烷	3919.9	$(CH_3CO)_2O(l)$	乙酸酐	1806.2
$C_6H_{14}(l)$	正己烷	4163.1	$(CH_2COOH)_2(s)$	丁二酸	1491.0
$C_6H_6(l)$	苯	3267.5	$C_5H_{12}(l)$	正戊烷	3509.5
$C_{10}H_8(s)$	萘	5153.9	$C_6H_5N(l)$	吡啶	2782.4
$CH_3OH(l)$	甲醇	726.51	$C_6H_4(COOH)_2(s)$	邻苯二甲酸	3223.5
$CH_3CHO(l)$	乙醛	1166.4	$C_6H_5CHO(l)$	苯甲醛	3527.9
$CH_3CH_2OH(l)$	乙醇	1366.8	$C_6H_5COCH_3(l)$	苯乙酮	4148.9
$CH_3COOH(l)$	乙酸	874.54	$C_6H_5COOCH_3(l)$	苯甲酸甲酯	3957.6
$C_6H_5OH(s)(s)$	苯酚	3053.5	$CH_2(COOH)_2(s)$	丙二酸	861.15
$C_6H_5COOH(s)$	苯甲酸	3226.9	$CH_3COC_2H_5(l)$	甲乙酮	2444.2
$(NH_2)_2CO(s)$	尿素	631.66	$CH_3NH_2(l)$	甲胺	1060.6
$C_{12}H_{22}O_{11}(s)$	蔗糖	5640.9	$CH_3OC_2H_5(g)$	甲乙醚	2107.4
$C_2H_5CHO(l)$	丙醛	1816.3	$HCHO(g)$	甲醛	570.78
$C_2H_5COOH(l)$	丙酸	1527.3	$HCOOH(l)$	甲酸	254.6
$C_2H_5NH_2(l)$	乙胺	1713.3	$HCOOCH_3(l)$	甲酸甲酯	979.5

附录3　部分物质的热力学数据表值

物质的标准摩尔生成焓、标准摩尔熵、标准摩尔生成吉布斯函数及标准恒压摩尔热容（$p^{\ominus}$ = 100 kPa，298.15 K）

物质	$\Delta_f H_m^{\ominus}$ (kJ·mol^{-1})	$S_m^{\ominus}$ (J·K^{-1}·mol^{-1})	$\Delta_f G_m^{\ominus}$ (kJ·mol^{-1})	$C_{p,m}^{\ominus}$ (J·K^{-1}·mol^{-1})
Ag (s)	0	42.55	0	25.35
AgBr (s)	-100.37	107.70	-96.90	52.38
AgCl (s)	-127.07	96.20	-109.79	50.79
Al (s)	0	28.32	0	24.34
Al$_2$O$_3$ (s)	-1669.79	52.99	-1576.41	78.99
Al$_2$O$_3$ (s)　刚玉	-1675.70	50.92	-1582.30	79.04
Br$_2$ (l)	0	152.23	0	75.69
Br$_2$ (g)	30.91	245.46	3.11	36.02
C (s)　金刚石	1.90	2.38	2.90	6.11
C (s)　石墨	0	5.74	0	8.58
CO (g)	-110.53	197.67	-137.17	29.14
CO$_2$ (g)	-393.51	213.74	-394.36	37.11
CS$_2$ (g)	117.36	237.84	67.12	45.40
H$_2$ (g)	0	130.59	0	28.84
NaOH (s)	-426.73	523	-377	80.3
NaCl (s)	-411	72.4	-384	49.71
NaSO$_4$·10H$_2$O (s)	-4324.08	592.87	-3643.97	587.4
NaNO$_3$ (s)	-466.68	116.3	-365.89	93.05
KCl (s)	-435.87	82.67	-408.32	51.5
KMnO$_4$ (s)	-813.4	171.71	-713.79	119.2
Mg (s)	0	32.51	0	23.89
MgO (s)	-601.83	26.8	-569.57	37.4
Mg (OH)$_2$ (s)	-924.66	63.14	-833.74	77.03
MgCl$_2$ (s)	-641.82	89.5	-592.32	71.3
Ca (s)	0	41.63	0	26.27
CaO (s)	-635.09	39.7	-604.2	42.8
CaF$_2$ (s)	-1214.6	68.87	-1161.9	67.02
CaCO$_3$ (s)　方解石	-1206.87	92.9	-1128.76	81.88
CaSiO$_3$ (s)	-1584.1	82	-1498.7	85.27
CaSO$_4$ (s, 无水)	-1432.68	106.7	-1320.3	99.6
CaSO$_4$·1/2H$_2$O (s)	-1575.15	130.5	-1435.2	119.7

续表

物质		$\Delta_f H_m^\ominus$ (kJ·mol^{-1})	$S_m^\ominus$ (J·K^{-1}·mol^{-1})	$\Delta_f G_m^\ominus$ (kJ·mol^{-1})	$C_{p,m}^\ominus$ (J·K^{-1}·mol^{-1})
$CaSO_4 \cdot 2H_2O(s)$		-2021.12	193.97	-1795.53	186.2
CH_4 (g)	甲烷	-74.85	186.19	-50.79	35.71
C_2H_6 (g)	乙烷	-84.67	229.49	-32.89	52.65
C_3H_8 (g)	丙烷	-103.85	270.02	-23.37	73.51
C_4H_{10} (g)	正丁烷	-126.15	310.23	-17.02	97.45
C_4H_{10} (g)	异丁烷	-134.52	294.75	20.75	96.82
C_5H_{12} (g)	正戊烷	-146.44	349.06	-8.21	120.21
C_5H_{12} (g)	异戊烷	-154.47	343.20	-14.65	118.78
C_6H_{14} (g)	正己烷	-167.19	388.51	-0.05	143.09
C_7H_{16} (g)	庚烷	-187.78	428.01	8.22	165.98
C_8H_{18} (g)	辛烷	-208.45	466.84	16.66	188.87
C_2H_2 (g)	乙炔	226.75	200.82	209.2	43.93
C_2H_4 (g)	乙烯	52.28	219.45	68.12	43.55
C_3H_6 (g)	丙烯	20.42	267.05	62.79	63.89
C_4H_8 (g)	1-丁烯	-0.13	305.71	71.40	85.65
C_4H_6 (g)	1,3-丁二烯	110.16	278.85	150.74	79.54
C_3H_4 (g)	丙炔	185.43	248.22	194.46	60.67
C_3H_6 (g)	环丙烷	53.30	237.55	104.46	55.94
C_6H_{12} (g)	环乙烷	-123.14	298.35	31.92	106.27
C_6H_{10} (g)	环乙烯	-5.36	310.86	106.99	105.02
C_6H_6 (g)	苯	82.93	269.31	129.73	81.67
C_6H_6 (l)	苯	49.04	173.26	124.45	135.77
C_7H_8 (l)	甲苯	12.01	220.96	113.89	157.11
C_7H_8 (g)	甲苯	50.00	320.77	122.11	103.64
C_2H_6O (g)	甲醚	-184.05	266.38	-112.59	64.39
$C_4H_{10}O$ (l)	乙醚	-279.5	253.1	-122.75	
$C_4H_{10}O$ (g)	乙醚	-252.21	342.78	-112.19	122.51
C_2H_4O (g)	环氧乙烷	-52.63	242.53	-13.01	47.91
C_3H_6O (g)	环氧丙烷	-92.76	286.84	-25.69	72.34
CH_3OH (g)	甲醇	-200.66	237.6	-161.92	43.89
CH_3OH (l)	甲醇	-238.64	126.8	-166.31	81.6
C_2H_6O (l)	乙醇	-277.69	160.7	-174.78	111.46
C_2H_6O (g)	乙醇	-235.10	282.70	-168.49	65.44
C_3H_8O (l)	丙醇	-304.55	192.9	-170.52	
C_3H_8O (g)	丙醇	-257.53	324.91	-162.86	87.11
C_3H_8O (l)	异丙醇	-318.0	180.58	-180.26	
C_3H_8O (g)	异丙醇	-272.59	310.02	-173.48	88.74
$C_4H_{10}O$ (l)	丁醇	-325.81	225.73	-160.00	
$C_4H_{10}O$ (g)	丁醇	-274.42	363.28	-150.52	110.50
$C_2H_6O_2$ (l)	乙二醇	-454.80	166.9	-323.08	149.8

物质		$\Delta_f H_m^{\ominus}$ ($kJ \cdot mol^{-1}$)	$S_m^{\ominus}$ ($J \cdot K^{-1} \cdot mol^{-1}$)	$\Delta_f G_m^{\ominus}$ ($kJ \cdot mol^{-1}$)	$C_{p,m}^{\ominus}$ ($J \cdot K^{-1} \cdot mol^{-1}$)
CH_2O (g)	甲醛	-108.57	218.77	-102.53	35.40
C_2H_4O (l)	乙醛	-192.30	160.2	-128.12	
C_2H_4O (g)	乙醛	-166.19	250.3	-128.86	54.64
C_3H_6O (l)	丙酮	-248.1	200.4	-133.28	124.73
C_3H_6O (g)	丙酮	-217.57	295.04	-152.97	74.89
CH_2O_2 (l)	甲酸	-424.72	128.95	-361.35	99.04
$C_2H_4O_2$ (l)	乙酸	-484.5	159.8	-389.9	124.3
$C_2H_4O_2$ (g)	乙酸	-432.25	282.5	-374.0	66.53
$C_4H_6O_3$ (l)	乙酐	-624.00	268.61	-488.67	
$C_4H_6O_3$ (g)	乙酐	-575.72	390.06	-476.57	99.50
$C_3H_4O_2$ (g)	丙烯酸	-336.23	315.12	-285.99	77.78
$C_7H_6O_2$ (s)	苯甲酸	-385.14	167.57	-245.14	155.2
$C_7H_6O_2$ (g)	苯甲酸	-290.20	369.10	-210.31	103.47
$C_4H_8O_2$ (l)	乙酸乙酯	-479.03	259.4	-332.55	
$C_4H_8O_2$ (g)	乙酸乙酯	-442.92	362.86	-327.27	113.64
C_6H_6O (s)	苯酚	-165.02	144.01	-50.31	
C_6H_6O (g)	苯酚	-96.36	315.71	-32.81	103.55
C_5H_5N (l)	吡啶	100.0	177.90	181.43	
C_5H_5N (g)	吡啶	140.16	282.91	190.27	78.12
C_6H_7N (l)	苯胺	31.09	191.29	149.21	199.6
C_6H_7N (g)	苯胺	86.86	319.27	166.79	108.41
C_2H_3N (l)	乙腈	31.38	149.62	77.22	91.46
C_2H_3N (g)	乙腈	65.23	245.12	82.58	52.22
C_3H_3N (g)	丙烯腈	184.93	274.04	195.34	63.76
CF_4 (g)	四氟化碳	-925	261.61	-879	61.09
C_2F_6 (g)	六氟乙烷	-1297	332.3	-1213	106.7
CH_3Br (g)	一溴甲烷	-34.3	245.77	-24.69	42.59
CH_3Cl (g)	一氯甲烷	-80.83	234.58	-57.37	40.75
CH_2Cl_2 (l)	二氯甲烷	-121.46	177.8	-67.26	100.0
CH_2Cl_2 (g)	二氯甲烷	-92.47	270.23	-65.87	50.96
$CHCl_3$ (l)	三氯甲烷	-134.47	201.7	-73.66	113.8
$CHCl3$ (g)	三氯甲烷	-103.14	295.71	-70.34	65.69
CCl_4 (l)	四氯化碳	-135.44	216.40	-65.21	131.75
CCl_4 (g)	四氯化碳	-102.9	309.85	-60.59	83.30
C_6H_5Cl (l)	氯苯	10.79	209.2	89.3	
C_6H_5Cl (g)	氯苯	51.84	313.58	99.23	98.03
HCN (g)		130.5	201.79	120.1	35.9
$CO(NH_2)_2$ (s)	尿素	-333.19	104.6	-197.15	93.14
CS_2 (l)		87.9	151.04	63.6	75.7
Si (s)		0	18.7	0	19.87

续表

物质		$\Delta_f H_m^{\ominus}$ $(kJ \cdot mol^{-1})$	$S_m^{\ominus}$ $(J \cdot K^{-1} \cdot mol^{-1})$	$\Delta_f G_m^{\ominus}$ $(kJ \cdot mol^{-1})$	$C_{p,m}^{\ominus}$ $(J \cdot K^{-1} \cdot mol^{-1})$
SiO_2（s）	石英	-859.4	41.84	-805	44.43
N_2（g）		0	191.49	0	29.12
NO（g）		90.37	210.62	86.69	29.86
NO_2（g）		33.85	240.45	51.84	39.71
N_2O_4（g）		9.66	304.3	98.29	38.71
NH_3（g）		-46.19	192.51	-16.63	35.66
NH_4Cl（s）		-315.39	94.6	-203.89	84.1
HNO_3（l）		-173.23	155.6	-79.91	109.87
P（s，白）		0	44	0	23.22
O_2（g）		0	205.03	0	29.36
O_3（g）		142.2	237.6	163.43	28.16
H_2O（g）		-241.83	188.72	-228.59	33.58
H_2O（l）		-285.84	69.94	-237.19	75.3
H_2O_2（l）		-187.61	109.96	-120.35	89.1
S（s，斜方）		0	31.88	0	22.59
S（s，单斜）		0.3	32.55	0.1	23.64
SO_2（g）		-296.06	248.52	-300.37	39.79
SO_3（g）		-395.18	256.22	-370.37	50.63
H_2S（g）		-20.15	205.64	-33.02	33.97
F_2（g）		0	203.3	0	31.46
HF（g）		268.6	173.51	-270.7	29.08
Cl_2（g）		0	222.95	0	33.93
HCl		-92.31	186.68	-95.26	29.12
Br_2		30.71	245.24	3.14	35.98
HBr		-36.23	198.4	-53.22	29.12
I_2		0	116.7	0	54.98
I_2		62.24	260.58	19.37	36.86
HI		25.9	206.33	1.3	29.16
Pb		0	64.89	0	26.82
Zn		0	41.63	0	25.06
ZnS（s，闪锌矿）		-202.9	57.74	-198.3	45.2
Hg		0	77.4	0	27.82
HgO（s，红）		-90.71	72	-58.53	45.77
Hg_2Cl_2		-264.93	195.8	-210.66	101.7
Cu		0	33.3	0	24.47
CuO		-155.2	43.51	-127.2	44.4
Cu_2O		-166.69	100.8	-146.36	69.9
$CuSO_4$		-769.86	113.4	-661.9	100.8
$CuSO_4 \cdot 5H_2O$		-2277.98	305.4	-1879.9	281.2
Ag		0	42.7	0	25.49

续表

物质	$\Delta_f H_m^{\ominus}$ ($kJ \cdot mol^{-1}$)	$S_m^{\ominus}$ ($J \cdot K^{-1} \cdot mol^{-1}$)	$\Delta_f G_m^{\ominus}$ ($kJ \cdot mol^{-1}$)	$C_{p,m}^{\ominus}$ ($J \cdot K^{-1} \cdot mol^{-1}$)
Ag_2O	-30.57	121.71	-10.82	65.56
$AgCl$	-127.03	96.11	-109.72	50.79
$AgNO_3$	-123.14	140.92	-32.17	93.05
Fe	0	27.15	0	25.23
Fe_2O_3（s, 赤铁矿）	-822.2	90	-741	104.6
Fe_3O_4（s, 磁铁矿）	-1120.9	146.4	-1014.2	143.43
MnO_2	-519.6	53.1	-466.1	54.02